北京理工大学"双一流"建设精品出版工程

Transfer Learning: Foundations and Applications

# 迁移学习基础及应用

吴心筱 王晗 武玉伟 ◎ 编著

北京理工大学出版社
BEIJING INSTITUTE OF TECHNOLOGY PRESS

## 内容简介

本书系统地阐述了迁移学习的解决方法和典型应用。首先，论述了迁移学习的基本概念、方法分类及发展历程，介绍了迁移学习的相关基础知识。其次，探讨了迁移学习的基本方法，包括基于样本、基于特征、基于模型和基于关系的迁移学习方法，阐述了深度迁移学习的经典方法，包括神经网络自适应迁移方法和神经网络对抗迁移方法，介绍了更加实用的部分域适应方法和开集域适应方法。最后，介绍了迁移学习在动作识别、目标检测及语义分割三个方向的应用。

本书可供从事机器学习、模式分类、人工智能以及相关领域研究和应用的技术研发人员参考，也可作为相关专业的高年级本科生和研究生的教材。



**图书在版编目（CIP）数据**

迁移学习基础及应用 / 吴心筱，王晗，武玉伟编著. --北京：北京理工大学出版社，2021.5

ISBN 978-7-5682-9861-2

Ⅰ. ①迁… Ⅱ. ①吴… ②王… ③武… Ⅲ. ①机器学习—研究 Ⅳ. ①TP181

中国版本图书馆 CIP 数据核字（2021）第 098190 号

出版发行 / 北京理工大学出版社有限责任公司
社　　址 / 北京市海淀区中关村南大街 5 号
邮　　编 / 100081
电　　话 /（010）68914775（总编室）
（010）82562903（教材售后服务热线）
（010）68944723（其他图书服务热线）
网　　址 / http://www.bitpress.com.cn
经　　销 / 全国各地新华书店
印　　刷 / 保定市中画美凯印刷有限公司
开　　本 / 787 毫米 × 1092 毫米　1/16
印　　张 / 15
彩　　插 / 3
字　　数 / 352 千字
版　　次 / 2021 年 5 月第 1 版　2021 年 5 月第 1 次印刷
定　　价 / 79.00 元

责任编辑 / 刘　派
文案编辑 / 国　珊
责任校对 / 周瑞红
责任印制 / 李志强

# 前言

PREFACE

机器学习是人工智能的一种主要实现途径，其主要研究如何让计算机模拟人类的学习行为，从数据中获取新的知识或技能，并重新组织已有的知识结构使之不断改善自身能力。传统机器学习方法依赖于大量带标签数据，且假设训练数据和测试数据来自相同的数据分布。然而，收集足够的训练数据通常是昂贵且耗时的，甚至在有些实际应用场景中是无法实现的。同时，随着时间的推移，新采集的测试数据不可能完全服从与训练数据相同的数据分布。在此背景下，迁移学习应运而生，其主要解决如何减少训练数据的标注代价，将在已标注数据域学习的模型有效迁移至新的无标注数据域，使之适应于目标数据域的任务。

自 1995 年机器学习领域中的迁移学习概念首次被提出，到 1998 年迁移学习研究领域的正式形成，再到 2005 年迁移学习的重新定义，再到现在基于深度神经网络的迁移学习，迁移学习引起了越来越多研究人员的关注。迁移学习的思想同样被其他机器学习方法所借鉴，如主动学习、在线学习、度量学习和强化学习。由于其出色的知识迁移和模型适应能力，迁移学习在图像识别、目标检测、情感分类、语音识别、推荐系统等诸多实际场景中具有广泛的应用。然而，迁移学习所涉及的具体任务、面临的研究难点以及采取的问题解决思路呈现多样性，导致迁移学习方法门类众多、研究成果分散，不利于初学者在短时间内系统地掌握这方面的理论、方法和技术。因此，本书对迁移学习的基本方法进行归纳、总结，同时尽量挑选具有代表性的经典方法和具有应用性的研究成果来进行介绍，以求兼顾内容的基础性和实用性。

本书分为 8 章。第 1 章为绪论，概述机器学习以及阐述迁移学习的基本概念、方法分类、发展历史及与之相关的其他学习方法。第 2 章简单介绍迁移学习的相关基础知识。第 3 章分别介绍了基于样本、基于特征、基于模型、基于关系这四类迁移学习的基本方法。第 4 章介绍基于深度神经网络的迁移学习方法，重点阐述神经网络自适应迁移和神经网络对抗迁移这两类方法。第 5 章介绍更加实用的其他迁移方法，包括部分域适应方法和开集域适应方法。第 6 ~ 8 章分别介绍迁移学习在动作识别、目标检测、语义分割中的应用。

本书由吴心筱、王晗和武玉伟共同编写。部分内容由研究生参与撰写，他们是陈谨、张婷婷、刘祎程、闻子涵、伊嘉诚、滑蕊、李彤、李天宇。在此感谢学生们的辛勤劳动和付出。由于作者水平有限，书中难免存在不足，恳请同行专家和广大读者批评指正。欢迎读者来信勘误和交流。

本书可供从事机器学习、模式分类、人工智能以及相关领域研究和应用的技术研发人员参考，也可作为相关专业的高年级本科生和研究生的教材。

**吴心筱　王晗　武玉伟**
**2020 年 12 月 2 日**

# 致　　谢

感谢北京理工大学研究生院对本书出版的资助。感谢北京理工大学出版社对本书的出版给予的支持和帮助。本书的撰写过程得到了北京理工大学研究生教育培养综合改革项目的资助，在此表示衷心感谢。

最后，特别感谢作者的家人在作者从事研究和撰写本书过程中给予的关心和支持。

# 目　录
CONTENTS

# 第 1 章

# 绪　　论

## 1.1　机器学习概述

AlphaGo 作为围棋界的 AI（人工智能）代表，击败了许多人类顶尖棋手，向大众展示了人工智能的实力。而随着人工智能的进一步发展，越来越多的技术如无人驾驶汽车等也日渐成熟，开始走向大众的生活。除此之外，人工智能也已经渗透到医疗、金融、物流、保险等无数的领域，发挥着它的作用。

人工智能是计算机科学中一个比较宽泛的分支，是由机器所体现出来的智能。其应用主要有感知能力、认知能力、创造力以及更深的智能几大部分。其中感知能力主要对应人类的五官感知，即看、听、读、写等内容；认知能力主要指通过学习分析来产生判断结果的能力，如灾害预测、自动驾驶等；创造力主要是指产生新的、以前不存在的东西，如计算机作诗、计算机绘制漫画等。

机器学习是人工智能的一种方式，主要研究如何让计算机模拟人类的学习行为，从数据中获取新的知识或技能，并重新组织已有的知识结构使之不断改善自身。在数据科学中，算法是一系列统计处理步骤的流程。在机器学习的过程中，算法在大量数据中找到某种模式或特征，从而可以在新的数据上做出合适的决策或者预测结果。算法设计得越好，得到的决策和预测结果就越准确，能处理的数据也就越多。

如今，人们的生活中存在着各种各样的机器学习案例。数字语音助手根据语音指令就可以在互联网中搜索并播放出用户想要的音乐和电影；推荐系统产品通过查询用户的浏览记录、购买记录为用户播放相应的广告视频；医疗图像分析系统帮助医生定位他们可能忽略的那些肿瘤；家中无人时，扫地机器人自动为我们清洁房间的地板……对于机器学习，我们仍然有着更多的期待。随着数据的激增和计算设备算力的增强，机器学习终将使我们的生活变得越来越高效。

机器学习是一类算法的总称，这些算法企图从大量历史数据中挖掘出其中隐含的规律，并将其用于预测或者分类。更具体地说，机器学习可以看作寻找一个函数，输入是样本数据，输出是期望的结果，只是这个函数过于复杂，以至于不太方便形式化表达。需要注意的是，机器学习的目标是使学到的函数能够很好地适用于“新样本”，而不仅仅是在训练样本上表现很好。我们将学到的函数适用于新样本的能力，称为泛化（generalization）能力。

### 1.1.1　机器学习的主要步骤

机器学习根据数据生成预测模型，模型生成包含以下几个主要步骤（图 1.1）。

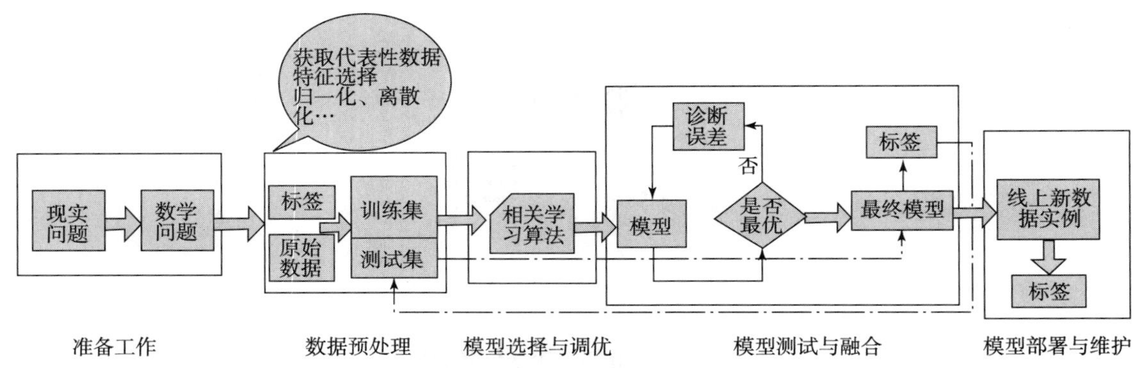


**图 1.1 机器学习主要步骤**

第一步，准备工作：明确问题是进行机器学习的第一步，即将现实问题抽象成数学问题。在实际应用中我们得到的并非一个明确的机器学习任务，而是一个需要解决的问题。这时我们可以将该问题抽象成数学问题，通过数学模型的方式来解决。如明确在学习过程中可以获取到的数据类型，明确学习目标为分类问题（classification problem）还是回归问题（regression problem），明确模型中的参数的作用等。根据不同的问题目标，形成不同数学表达，为后续模型选择做好准备。

第二步，数据预处理：数据预处理包括两方面，一方面是获取数据，另一方面是特征预处理与特征选择（feature selection）。数据的质量决定了机器学习结果的上限，而算法只是尽可能逼近这个上限。如在预测房屋价格时，需要通过人工获取数据，可以从和房屋相关的网站上获取数据、提取特征并进行标注。人工收集数据耗时较长且非常容易出错，只有在其他方法都无法实现时才会采用。因此，通常我们可以通过网络爬虫从相关网站收集数据，从传感器收集实测数据（如压力传感器的压力数据），从某些 API（应用程序接口）获取数据（如交易所的交易数据），从 App 或 Web 端收集数据等。对于某些领域，也可直接采用业界的公开数据集，从而节省时间和精力。此外，数据要有代表性，否则必然会过拟合（overfitting）。而且对于分类问题，数据偏移不能过于严重，即不同类别的数据所占的比例尽可能均衡。通过数据采集得到的原始数据可能并不规范，需对数据进行清洗才能满足使用需求。如去掉数据集中的重复数据、噪声数据，修正错误数据等。最后将数据转换为需要的格式，以便后续处理。对数据分布进行评估，决定使用何种特征表达。特征预处理包括标准化、归一化、信号增强等特征转换处理。这在机器学习过程中是关键步骤之一，在很大程度上影响了任何后续统计或机器学习算法的效果。通过消除数据冗余性、去除噪声，提取具有代表性的部分来提高机器学习的效率。如何获取这些特征中较为重要的部分则是特征选择所要做的工作。特征选择是模式分类、机器学习中一个关键的环节，良好的特征设计能够减少对后续机器学习算法的依赖性。特征的好坏也直接制约着整个机器学习系统的性能。因此，特征的预处理和特征选择一直是机器学习领域的一个重要的研究方向。例如在计算机视觉领域的长期研究过程中，研究人员提出各种特征提取方法用于解决具体的分类问题。这些特征包括基本的图像颜色特征、纹理特征、局部特征以及全局特征等，在基本的图像分类（image classification）和识别任务上取得了较好的应用效果。然而，这些人工设计的特征主要存在两个方面的问题：一方面，随着视觉任务规模的增大以及复杂性的增强，使用简单的基本特征进行分类任务，往往效果不佳；另一方面，针对某一视觉问题，通常情况下我们需要非常强的先验知识或者通过不同的特征尝试或参数选择才能得到令人满意的特征，给整个分类问题带来了复杂性和不确定性。近年来，基于特定神经网络（neural network）结构自动发现图像中隐藏的模式以学习有效特征的特征学习模式被广泛使用。使用如卷积神经网络（convolutional neural networks，CNN）的方式自动发现数据中的特征，有助于对海量数据进行进一步的分类和识别。典型的方式有基于单层网络结构的特征学习和基于深度结构的特征学习，它们在图像分类和识别上均有成功应用的案例。

第三步，模型选择与调优：对于具有不同分布的数据，我们需要选择合适的模型。直到这一步才用到我们上面说的算法进行训练。现在很多算法都能够封装成黑盒供人使用。但是真正考验水平的是调整这些算法的（超）参数，使结果变得更加优良。这需要我们对算法的原理有深入的理解。理解越深入，就越能发现问题的症结，提出良好的调优方案。

第四步，模型测试与融合：如何确定模型调优的方向与思路呢？这就需要对模型进行诊断的技术。我们实际希望得到的是能够在新样本上表现很好的机器。在新样本上的误差，我们称为泛化误差。训练分类器的时候，分类器学习训练集“太好”，可能会导致分类器将训练集的一些特点当成所有样本的普遍规律，这样会导致泛化性能下降，这种现象在机器学习中被称为“过拟合”。相反，如果分类器学习训练集“太差”，甚至没有学习到训练集中的一般特性，这种现象称为“欠拟合”（underfitting）。过拟合、欠拟合判断是模型诊断中至关重要的一步。常见的判断方法如交叉验证、绘制学习曲线等。过拟合的基本调优思路是增加数据量，降低模型复杂度。欠拟合的基本调优思路是提高特征数量和质量，增加模型复杂度。我们将分类器的预测输出与样本的真实输出之间的差异称为误差，将预测正确的样本数占样本总数的比例称为准确率（accuracy），预测错误的样本数占样本总数的比例称为错误率（error rate）。但是准确率并不能有效说明机器学习性能，实际上达到准确率100%的分类器在大多数情况都不好。误差分析也是机器学习至关重要的步骤。通过观察误差样本，全面分析产生误差的原因：是参数的问题还是算法选择的问题，是特征的问题还是数据本身的问题……诊断后的模型需要进行调优，调优后的新模型需要重新进行诊断，这是一个反复迭代、不断逼近的过程，需要不断地尝试，进而达到最优状态。

第五步，模型部署与维护：这一部分内容和工程实现的相关性比较大。工程是结果导向，模型在线上运行的效果直接决定模型的成败。对模型效果的评价不仅仅包含准确程度、误差等情况，还包括其运行的速度（时间复杂度）、资源消耗程度（空间复杂度）、稳定性是否可接受。

这些工作流程主要是工程实践中总结出的一些经验，并不是每个项目都包含一个完整的流程。这里的部分只是一个指导性的说明，在具体的机器学习实践过程中，需要具体问题具体分析，经验的积累和理论的指导缺一不可。

### 1.1.2 机器学习的分类

广义上来讲，任何从训练数据中获得信息的模型都需要进行机器学习。由于几乎所有实用或者是有意义的机器学习问题都具有一定的难度，无法提前预知模型的结果，因此研究者将花费大量的时间用来设计如何进行机器学习。机器学习试图通过对已有的训练数据集进行分析，并通过降低在训练集上的预测错误率来估计模型中的未知参数。目前的机器学习方法主要可以分为有监督机器学习、无监督机器学习和强化学习（RL）三类。如图 1.2 所示。

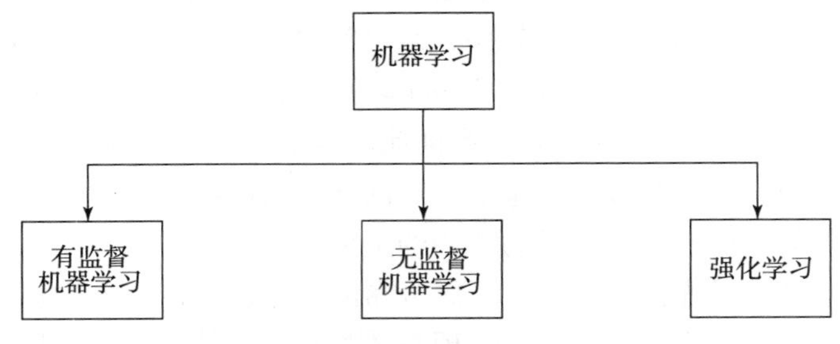


**图 1.2　机器学习的分类**

### 1. 有监督机器学习

在有监督机器学习中，由“教师”提供训练数据以及与这些数据相应的类别标签，算法通过分析这些数据样本，从而习得模型参数（函数）。当新的数据到来时，可以根据这个函数预测结果。简单来说，就像是有标准答案的练习题。在学习和做题的过程中，可以对照答案，分析问题找出解决方法。在高考题没有给出答案的时候，也可以对题目的答案做出合理的预测，这就是监督学习（supervised learning）。

在有监督机器学习中，可以将较典型的问题分为：将输入变量与输出变量均为连续变量的预测问题称为回归问题，将输出变量为有限个离散变量的预测问题称为分类问题，将输入变量与输出变量均为变量序列的预测问题称为标注问题。如图 1.3 所示。

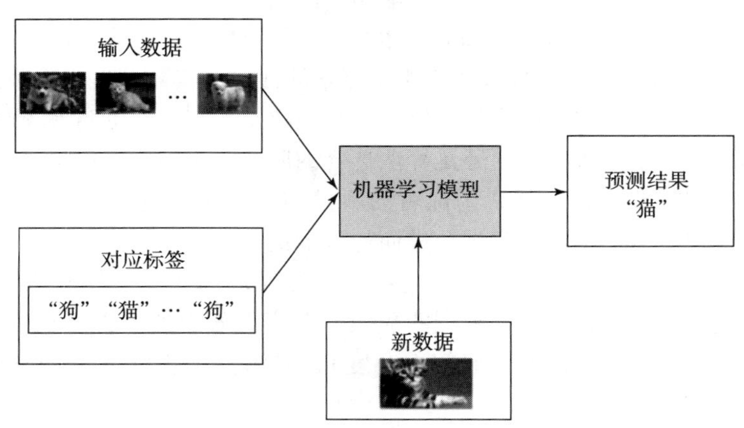


**图 1.3　有监督机器学习**

### 2. 无监督机器学习

在无监督机器学习中，并没有一个明确的“教师”来给出数据集的标签。样本数据类别未知，需要根据样本之间的相似性或者联系来揭示数据的内容性质及规律，为进一步的数据分析提供基础。在此类机器学习任务中，使用最多、最广的方法是对样本集进行聚类（clustering），将具有相似特征的样本聚集在一起，试图将类内差距最小化、类间差距最大化。比如，对于一系列没有答案的模拟试题，也就是没有参照是对还是错，但是我们还是可以根据这些问题之间的联系将语文、数学、英语分开，这个过程就叫作聚类。在只有特征、没有标签的训练数据集中，通过数据之间的内在联系和相似性将它们分成若干类。如图1.4所示。

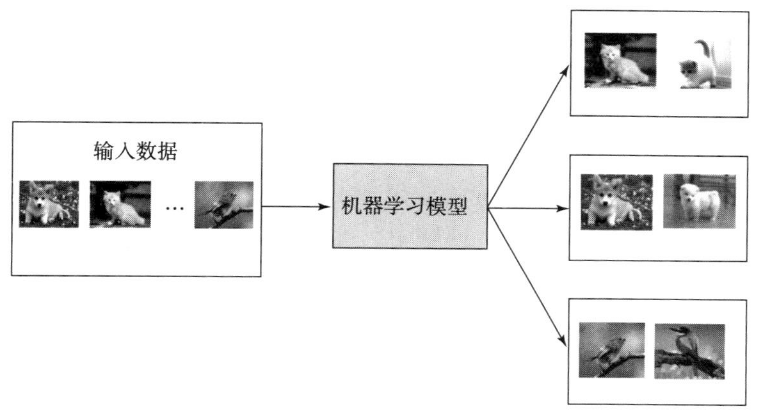


图1.4 无监督机器学习

**3. 强化学习**

强化学习是与有监督机器学习和无监督机器学习并列的第三种机器学习范式。其强调如何基于环境而行动，以取得最大化的预期利益。其灵感来源于心理学中的行为主义理论，即有机体如何在环境给予的奖励或惩罚的刺激下，逐步形成对刺激的预期，产生能获得最大利益的习惯性行为。强化学习也是使用没有标签的数据，但是可以通过一些方法知道你是离正确答案越来越近还是离正确答案越来越远（奖惩函数）。可以把奖惩函数看作正确答案的一个延迟、稀疏的反馈形式，并且只会提示是离正确答案越来越近还是离正确答案越来越远。如图1.5所示。

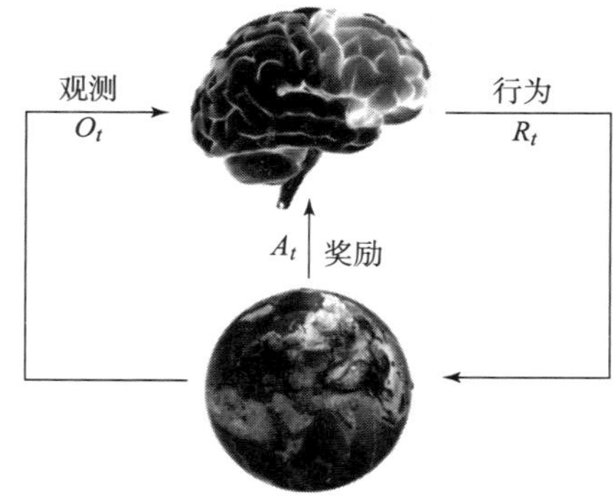


图1.5 强化学习

## 1.2 迁移学习的基本概念

### 1.2.1 迁移学习的定义

数据挖掘（data mining）和机器学习技术已经在许多知识工程领域获得了广泛的应用，包括分类、回归和聚类[1-2]。然而，在一些实际应用场景中，传统机器学习的方法仍然存在一定的局限性。如医学诊断和医学图像领域，短时间内无法获得新病症的大量高质量训练数据；再如交通路况以及行人检测，使用日间图片训练得到的行人检测模型可能无法在夜间行人检测中获得很好的效果；进一步地，如果把检测行人的模型用于检测骑车人，该模型几乎是无法使用的。在上述例子中，由于缺少训练数据、场景变化、任务变化等，现有已训练好的模型不能很好地适应到新的应用场景中。传统机器学习方法依赖于大量带标签数据，且假设训练数据和测试数据来自相同的数据分布。然而，收集足够的训练数据通常是昂贵、耗时的，甚至在许多现实应用中是无法实现的。如何减少重新收集训练数据的工作，将已有数据习得的模型迁移至新的数据场景中，是本书要讨论的主要问题。

迁移学习（transfer learning）是一种思想，通过从相关领域中迁移学习过的知识，完成或改进目标域中的任务学习效果。生活中便有很多这样的例子，比如学过钢琴的人可以利用其五线谱优势、音准优势去学习小提琴，通常会比无基础学习者学得更快更好。再如学会跳舞的人，可以利用自身的柔韧性、肢体协调能力更容易学会体操。迁移学习主要研究如何将某个旧数据或任务上学习到的知识或模式应用到不同但相关的数据或任务上。

在图片分类（image classification）问题中，也有迁移学习的实例。对于一个已有的可以正确识别出图片中猫和狗的分类器，该分类器通过学习大量带有“猫”或“狗”标签的图片获得。如果将分类器应用于一个新的任务，识别象和马，传统机器学习方法由于缺少大量可用的带有“象”和“马”标签的图片作为训练数据而遇到瓶颈。迁移学习的思想让我们发现，这些“猫”“狗”以及“象”和“马”的图像是具有相关性的，即均为四足动物的图片。因此，可以利用在“猫”和“狗”数据集上训练得到的分类器中的相关参数，去优化新任务的分类器。

迁移学习不仅仅应用在图片分类问题上，在情绪分类问题中也被广泛使用。现有的任务是要求模型自动对一个产品的评论划分为积极和消极的观点。如把对相机品牌的评论分成积极观点和消极观点两类。对于这个分类任务，首先需要收集产品的许多评论并对它们进行注释，然后利用这些收集到的带有标签的数据，去训练出一个评论分类器。由于这些评论数据在不同类型产品之间的分布差异较大，为了保持分类器的泛化性，我们需要收集大量的带标签的数据来训练每个产品的评论分类模型。然而，此类数据采集过程费时、费力，为了减少为各种产品注释评论的工作量，可以调整一个在某些产品上训练过的分类模型，用以帮助学习一些其他产品的分类模型。在这种情况下，迁移学习可以节省大量的数据标注工作[3]。

在多语言语音识别问题中，迁移学习也起到了很好的作用。假设现在有大量不同语言的语音数据，如法语、德语、西班牙语、意大利语、汉语的语音数据。任务是要求训练出一个语音识别模型，可以同时识别这五种不同的语言。通过利用人类语言的相关性，该语音识别模型可以共用一部分语音分类参数，比起在训练过程中只学习一门语言，这样的效果反而更好。同理，迁移学习的思想也可以用在语言翻译的工作中。这样一来，不仅减少了工作量，而且还能达到更好的效果。

在个性化领域，迁移学习能够帮助生成效果更好的用户画像。用户画像就是用户信息标签化，每个用户都有自己的兴趣爱好、行为习惯，从用户产生的各种数据中挖掘出用户在不同属性上的标签，用这些标签揭示出用户的特点，从而做到为用户进行精准的个性化推荐。在尝试将通用模型应用到某些定制场景中时，传统的机器学习算法会遇到冷启动问题。比如在一个电影推荐平台上新增书籍推荐的内容，但是如何为没有买书记录的用户群体推荐书呢？可以通过迁移学习来解决，利用已有电影推荐平台的用户画像描述，将其迁移到书籍内容推荐上。简单来说，就是为喜欢看悬疑内容电影的人推荐悬疑题材的书籍。

综上所述，使用迁移学习的主要原因在于可训练数据资源不易获取、重新训练新任务的成本开销大。一般情况下，数据是有限的，标注数据更为稀缺，在有限的标注数据上习得的模型极有可能泛化性能较差。迁移学习的出现便很好地解决了这一方面的问题。迁移学习的应用场景及示例如图1.6所示。

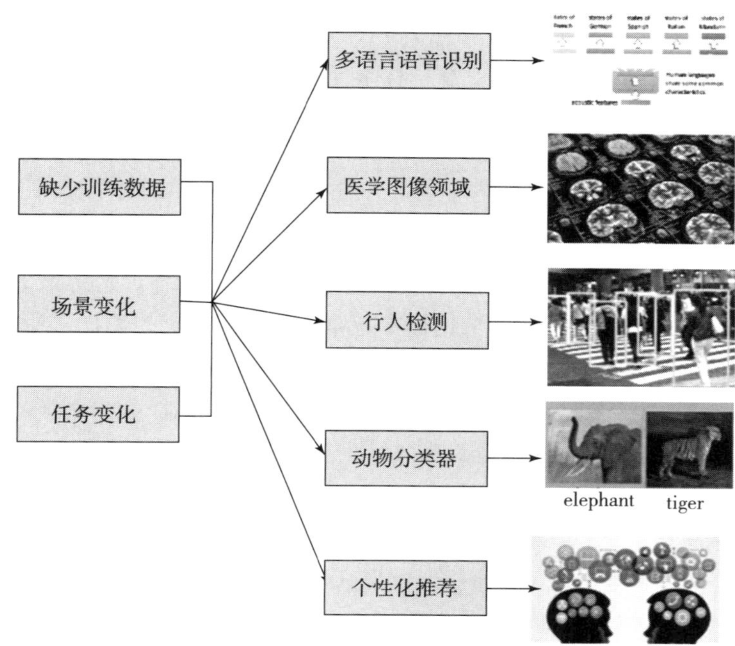


**图1.6 迁移学习的应用场景及示例**

## 1.2.2 域和任务

本文遵循文献［4］中对于“数据域”“任务”以及“迁移学习”的符号定义。数据域(domain) $D$ 由一个特征空间（feature space）$\mathcal{X}$ 和特征空间上的边界概率分布（marginal probability distribution）$P(X)$ 两部分组成，即 $D=\{\mathcal{X},P(X)\}$，其中 $X=\{x_1,\cdots,x_n\}\in\mathcal{X}$。通俗来讲，域是由数据以及产生这样数据的概率分布（probability distribution）组成。具体来说，$x$ 表示数据域上的数据，即输入的每个样本，使用向量作为其表示形式。例如，$\boldsymbol{x}_i$ 表示第 $i$ 个样本或特征。$X$ 为一个域的数据集合，换句话来说是一个样本集，使用矩阵（matrix）作为其表示形式。而 $\mathcal{X}$ 表示所有数据的特征空间。$P(X)$ 是所有数据的概率分布，不同域有不同的概率分布，这种概率分布是逻辑上的概念，很难给出具体形式。举例说明，在文档分类问题中，目标是根据词频把文档分为一个或几个类别。其中需要把每个词转换成二进制特征，$X$ 是特定的学习样本，$x_i$ 对应于某些文档的第 $i$ 个词向量，而 $\mathcal{X}$ 是所有词向量的空间，$P(X)$ 是生成这些词向量的概率分布。

综上，给出**定义1.1**：一个域 $D$ 是由服从边缘分布为 $P(X)$ 的特征空间 $\mathcal{X}$ 中的一组样本组成的集合。也就是 $D=\{\mathcal{X},P(X)\}$，其中 $X\in\mathcal{X}$。

任务（task）$T$ 由一个标签空间（label space）$Y$ 和一个目标预测函数 $f(\cdot)$ 组成，即 $T=\{Y,f(\cdot)\}$。其中 $f(\cdot)$ 通过大量训练数据 $(x_i,y_i)$，$x_i\in\mathcal{X}$，$y_i\in Y$ 中习得。通俗来讲，学习的目标是得到一个客观预测函数 $f(\cdot)$，其作用为能够正确对新样本 $x_j$ 进行分类，也就是为新

样本 $x_j$ 找到它所对应的标签 $f(x_j)$ 。传统机器学习模型实际上输出的是样本的条件分布的预测，在这种情况下，$f(x_j) = \{P(y_k \mid x_j) \mid y_k \in Y, k = 1, \cdots, \mid Y \mid\}$ 。例如，在文档分类问题中，$Y$ 是所有标签的集合，对于二分类任务，$Y$ 为 true、false，而 $y_i$ 为"true"或"false"。我们的目标则是给文档找到正确的标签。

综上，给出**定义 1.2**：给定一个域 $D$ ，任务 $T$ 由一个标签空间 $Y$ 和一个决策函数 $f(\cdot)$ 组成，即 $T = \{Y, f(\cdot)\}$ 。决策函数 $f(\cdot)$ 可以由训练数据集 $(x_i, y_i)$ 习得，其中，$x_i \in X$，$y_i \in Y$ 。该函数通过计算 $f(x_i)$ 预测任意测试样本 $x_i$ 的标签。从统计学的角度来看，$f(x_i)$ 可以写为 $P(y_i \mid x_i)$。

源域（source domain）和目标域（target domain）：源域 $D_S = \{(x_{S1}, y_{S1}), \cdots, (x_{S_{nS}}, y_{S_{nS}})\}$ ，其中 $x_{Si} \in X_S$ 表示数据样本，$y_{Si} \in Y_S$ 表示数据样本相应的类标签。目标域 $D_T = \{(x_{T1}, y_{T1}), \cdots, (x_{T_{nT}}, y_{T_{nT}})\}$ ，其中 $x_{Ti} \in X_T$ 表示数据样本，$y_{Ti} \in Y_T$ 是相应的输出类标签。大多数情况下，$0 \leqslant n_T \ll n_S$ 。通俗来讲，源域是有大量带标签数据的域，而目标域是最终需要赋予标签的对象。从源域上学习到的知识传递到目标域，便完成了迁移。

### 1.2.3 迁移学习的数学表示

为了更加清楚地表示迁移学习，现只考虑单源域 $D_S = (X_S, P(X_S))$ ，其任务为 $T_S = \{Y_s, f_S(\cdot)\}$ ，以及单目标域 $D_T = (X_T, P(X_T))$ ，其任务为 $T_T = \{Y_T, f_T(\cdot)\}$ 的情况。基于以上的定义，给出迁移学习形式化的定义。

**定义 1.3** 迁移学习是一种机器学习问题，其目标是通过使用从 $D_S$ 和 $T_S$ 迁移得来的知识来帮助学习目标域的决策函数 $f_T(\cdot)$ 。其中，$D_S \neq D_T$ 或者 $T_S \neq T_T$。

在定义 1.3 中，$D_S \neq D_T$ 包含 $X_S \neq X_T$ 或者 $P_X(X) \neq P_T(X)$ 。$T_S \neq T_T$ 包含 $Y_S \neq Y_T$ 或者 $f_T(\cdot) \neq f_S(\cdot)$［从统计的角度说也就是 $P(Y_S \mid X_S) \neq P(Y_T \mid X_T)$ ］。同样可以观察到如果 $D_S = D_T$ 或者 $T_S = T_T$ ，学习问题就转换为传统的机器学习问题。

具体来说，给定一个源域 $D_S = \{(x_{S1}, y_{S1}), \cdots, (x_{S_{nS}}, y_{S_{nS}})\}$ 和学习任务 $T_S$ ，一个目标域 $D_T = \{(x_{T1}, y_{T1}), \cdots, (x_{T_{nT}}, y_{T_{nT}})\}$ 和学习任务 $T_T$ ，迁移学习借助源域 $D_S$ 和学习任务 $T_S$ 中的知识，来提高目标域中客观预测函数 $f_T(\cdot)$ 的效果。其中，$D_S \neq D_T$ 或者 $T_S \neq T_T$ 。图 1.7、图 1.8 表明传统机器学习和迁移学习的区别。

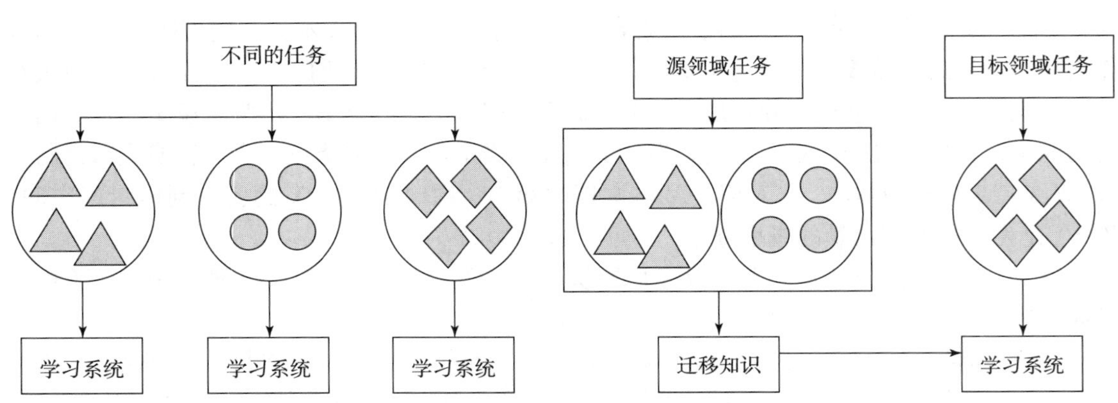


**图 1.7** 传统机器学习的学习过程

**图 1.8** 迁移学习的学习过程

在之前的定义中，数据域 $D = \{X,P(X)\}$，于是 $D_S \neq D_T$ 的情况包括 $X_S \neq X_T$ 或者 $P_X(X) \neq P_T(X)$。举例来说，在文档分类的问题中，这意味着在源文档集和目标文档集之间，不同数据域包括的两个数据集之间的词特征是不同的，或者它们的词特征边界概率分布是不同的。

同理，任务被定义为 $T = \{Y,P(Y|X)\}$，于是 $T_S \neq T_T$ 的情况包括 $Y_S \neq Y_T$ 或者 $P(Y_S|X_S) \neq P(Y_T|X_T)$。当目标域和源域相同，即 $D_S = D_T$，学习任务相同，即 $T_S = T_T$ 时，迁移学习问题就变成了传统的机器学习问题。

这里进一步给出更详细的解释。数据域不同包括两种情况，第一种情况是域之间的特征空间不同，即 $X_S \neq X_T$；第二种情况是域间特征空间相同，但域数据间的边缘概率（conditional probability）分布不同，即 $P_X(X) \neq P_T(X)$，其中 $X_{S_i} \in X_S$，$X_{T_i} \in X_T$。举例说明，在我们的文档分类问题中，第一种情况对应于：用不同的语言来描述两组文档。第二种情况则对应于：源域文档和目标域文档的内容关注了不同主题。

数据域不变，即给定特定域 $D_S$ 和 $D_T$，当学习任务 $T_S$ 和 $T_T$ 不同时，对应了两种情况，第一种情况是域之间的标签空间不同，即 $Y_S \neq Y_T$；第二种情况是域之间的条件概率（conditional probability）分布不同，$P_X(X) \neq P_T(X)$，其中 $Y_{S_i} \in Y_S$，$Y_{T_i} \in Y_T$。举例说明，在文档分类示例中，第一种情况对应于：源域中有两个文档分的类，而目标域中有 10 个文档分的类。第二种情况对应于：源域文档和目标文档在用户定义类上是非常不平衡的。

有了上述定义，迁移学习可以从大的方面如下分类，源域 $D_S = \{(x_{S1},y_{S1}),\cdots,(x_{S_{nS}},y_{S_{nS}})\}$，目标域 $D_T = \{(x_{T1},y_{T1}),\cdots,(x_{T_{n_T}},y_{T_{n_T}})\}$，如果 $n_S$ 等于1，叫作单源迁移学习，否则叫作多源迁移学习；另外，$n_T$ 也是目标域的任务个数，一般来说少数研究集中在 $n_T \geqslant 2$ 的情况，现有的迁移学习更多地关注 $n_T = 1$ 的情况。

### 1.2.4 迁移学习的基础研究问题

在设计一个迁移学习算法的过程中，我们主要需要解决三个方面的问题：①迁移什么；②如何迁移；③何时迁移。

首先，我们需要了解迁移的对象，即“迁移什么”。在迁移学习的过程中，需要解决的首要问题是哪些部分的知识可以跨域或者跨任务进行迁移。需要弄清楚，哪些知识是可以在不同数据域之间进行跨域使用的，哪些知识是针对特定的域或者特定的任务单独使用的。此处的“知识”，可以是特征描述，也可以是模型描述。在实际应用中根据不同的应用场景，“知识”的定义规范也不相同。当确定了需要迁移哪部分“知识”以后，接着就需要开发将这些“知识”进行迁移的学习算法。这便是迁移学习中第二个问题：如何迁移。

“如何迁移”指的是迁移学习中需要采用的方式。根据在迁移过程中的不同考量，迁移学习的方式有多种分类情况。如根据在迁移过程中“知识”的哪一部分作为迁移对象的载体，迁移学习的方法可以分为基于样本（sample - based）的迁移学习、基于特征（feature - based）的迁移学习、基于模型的迁移学习和基于关系的迁移学习等。根据实际应用中对于“知识”的不同考量可以选择不同的方法进行迁移。关于迁移学习方法的具体分类准则，将会在 1.3 节进行详细介绍。

“何时迁移”讨论的是在什么样的情况下可以实施迁移学习的方法或者技术。在迁移学习过程中，我们关注可以被迁移的那部分“知识”的同时，也同样对那些不能被迁移的部分感兴趣。例如，当源域与目标域的数据和任务完全不相关时，强制迁移可能会失败，甚至会降低在目标域学习的效果。这样的情况，我们通常称之为负迁移（negative transfer）。已有方法中，大部分研究都关注于“迁移什么”和“如何迁移”，这些方法的提出都基于源域和目标域彼此关联的假设。然而，在学习迁移的过程中，如何避免负迁移仍然是一个具有开放性且亟待解决的问题。

## 1.3 迁移学习方法的分类

根据不同的分类准则，可以使用不同的方式将现有的迁移学习方法进行分类总结。一般来说，迁移学习可以根据目标域中有标签数据的情况、学习任务、学习方法、源域与目标域的特征属性、学习形式等进行不同的类别划分。不同的分类方式有不同的专业名称与之对应。如图 1.9 所示。

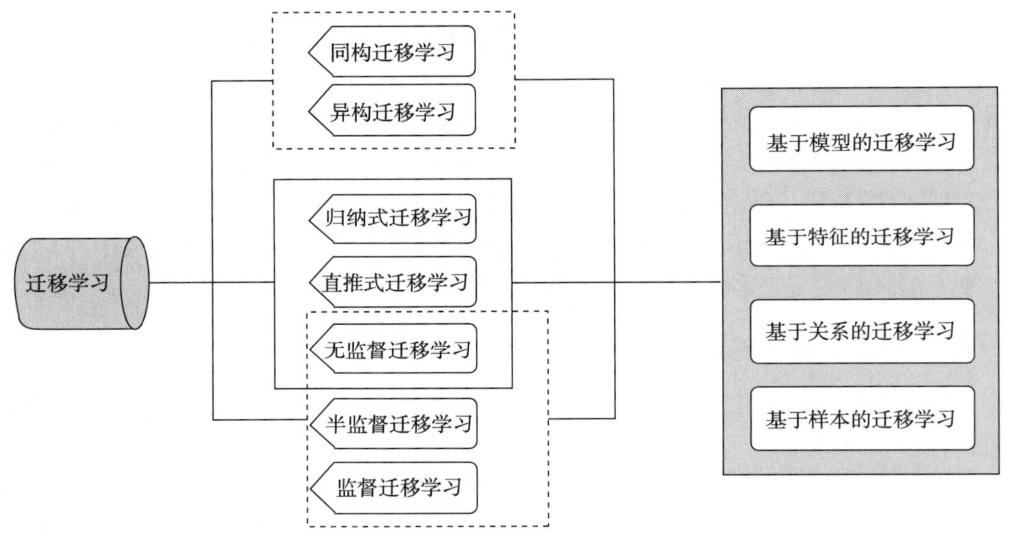


**图 1.9 迁移学习的分类**

### 1.3.1 根据目标域中所包含的有标签数据情况分类

根据目标域中所包含的有标签数据情况，迁移学习可以分为[4]监督迁移学习（supervised transfer learning）、半监督迁移学习（semi－supervised transfer learning）以及无监督迁移学习（unsupervised transfer learning）。

**1. 监督迁移学习**

源域数据均为有标签数据，目标域数据有少量标签数据，即 $D_S = \{(x_{S1}, y_{S1}), \cdots, (x_{S_{nS}}, y_{S_{nS}})\}, D_T = \{(x_{T1}, y_{T1}), \cdots, (x_{T_{nT}}, y_{T_{nT}})\}, n_T \ll n_S$。源域数据与目标域任务并不直接相关。

模型微调（fine－tuning）便是监督迁移学习的一种学习方法，它适用于源域数据和目标域数据都带标签的情况。该方法的思想是使用源域数据训练模型，然后用目标域数据对模型进行微调，因为目标域数据非常有限，因此需要注意避免出现过拟合的现象。为了避免过拟合现象，可采用保守训练的方式。即使用源域数据训练好的模型参数去初始化目标域的新模型，再用目标域数据对新模型进行微调，这个微调的过程要使用保守训练的方法，从结果来看就是使两个模型尽可能相同。保守训练有很多种方法，比如让两个模型的输出尽可能相近；或使用目标域数据进行微调时，仅调整某一层神经网络的参数。具体来说，从源域模型中复制几个参数到新的模型里，然后再利用目标域数据训练没有被复制的参数。由此可以做到每次使用目标域数据训练较少的参数，避免了过拟合的现象。至于要复制哪几层的参数，通常视任务而定。

**2. 半监督迁移学习**

源域数据均为有标签数据，目标域数据没有标签数据或有少量标签的情况，即 $D_S = \{(x_{S1},y_{S1}),\cdots,(x_{S_{nS}},y_{S_{nS}})\}$，$D_T = \{x_{T1},\cdots,x_{T_{nT}}\}$ 或者 $D_T = \{(x_{T1},y_{T1}),\cdots,(x_{T_{nT}},y_{T_{nT}})\}$ 。源域数据与目标域任务并不一定直接相关。

半监督迁移学习有域自适应（domain adaptation）、零样本学习（zero - shot learning，ZSL）的方法。其中，域自适应可以分为三类：基于差异自适应（discrepancy based domain adaptation）：利用源域数据与目标域数据的差异来调整源域数据，从而减小域偏差（domain bias），进一步进行域自适应。基于对抗学习自适应（adversarial based domain adaptation）：通过对抗判别器（discriminator），生成器（generator）将源域数据和目标域数据在特征空间上对齐，以此学习域不变性的特征，进一步进行域自适应。基于数据重构自适应（reconstruction based domain adaptation）：使用数据重构作为辅助任务，以此确保所学到的特征不变，从而进行域自适应。

在零样本学习中，源域和目标域数据分布不同，源域任务与目标域任务也不同。例如，源域任务是识别猫和狗两种动物，而目标域则要求训练出一个能识别羊的分类器。那么如何做到把源域模型迁移到目标域中呢？此时有两种方法，一种方法是用属性表示每个类。这种方法的动机来源于既然没有办法直接预测图片中的物体是什么，就换一种角度，让模型去预测图片中的物体有哪些特征（例如有毛、四条腿、有尾巴等）。此时知道图中物体的特征之后，就可以查询一个人工建立的数据库，便可以得知拥有此特征对应哪种物体。另一种方法是利用属性嵌入（attribute embedding）。具体做法为，把属性和图片映射到同一个嵌入空间（embedding space）中。例如，把一个样本 $x_1$ 通过一个模型 $f(\cdot)$ 映射到嵌入空间的 $f(x_1)$，把样本 $x_1$ 的属性通过另外一个模型 $g(\cdot)$ 映射到嵌入空间的 $g(x_1)$ 。调整 $f(\cdot)$ 和 $g(\cdot)$ 的参数，使得 $f(x_1)$ 和 $g(x_1)$ 在嵌入空间中越接近越好。此时若要识别新样本 $x_i$ 的类型，就找到嵌入空间中与 $f(x_i)$ 最接近的属性嵌入 $g(x_i)$，属性嵌入 $g(x_i)$ 对应的动物就是样本 $x_i$ 所对应的动物。

**3. 无监督迁移学习**

源域数据均为没有标签数据、目标域数据也没有标签数据的情况，即 $D_S = \{x_{S1},\cdots,x_{S_{nT}}\}$，$D_T = \{x_{T1},\cdots,x_{T_{nT}}\}$ 。源域数据与目标域任务并不直接相关。无监督迁移学习的一种学习方法是自主聚类（self - taught clustering）。

### 1.3.2 根据源域与目标域的数据和任务的不同分类

根据源域与目标域的数据和任务的不同，迁移学习设置可以分为归纳式迁移学习

（inductive transfer learning）、直推式迁移学习（transductive transfer learning）和无监督迁移学习[4]。

**1. 归纳式迁移学习**

给定源域 $D_S$ 和源域学习任务 $T_S$ 、目标域 $D_T$ 和目标域任务 $T_T$ ，且 $T_S \neq T_T$ 。归纳式迁移学习使用源域 $D_S$ 和 $T_S$ 中的知识完成或改进目标域 $D_T$ 中目标预测函数 $f_T(\cdot)$ 的学习效果。在归纳式迁移学习中，源域学习任务与目标域学习任务一定不同，但是源域和目标域可以相同也可以不相同。在这种情况下，目标域需要一部分带标签的数据用于建立目标域的目标预测函数 $f_T(\cdot)$。

根据源域数据是否有标签，可以把归纳式迁移学习分为两种情况。其中一种情况是当源域有很多标签样本时，归纳式迁移学习与多任务学习（multi – task learning）类似。二者均是从源域迁移知识进行学习，区别在于，归纳式迁移学习只注重改进目标域学习任务的效果；但是多任务学习注重同时提升源任务和目标任务的学习效果。另一种情况是当源域没有标签样本时，归纳式迁移学习与文献［5］中提出的自学习类似。在自学习设置中，源域和目标域之间的标签空间可能不同，这意味着源域的边界概率信息不能直接使用。因此，它类似于源域中的标签数据不可用的归纳迁移学习设置。

在归纳式迁移学习中，目标任务和源任务不同但相关，而目标域与源域可以相同或者不同。为了训练目标决策函数，需要目标域中少量数据带有标签。形式化地定义归纳式迁移学习的设置如下。

**定义 1.4** 归纳式迁移是迁移学习的一种，其目标是通过使用从 $D_S$ 和 $T_S$ 迁移得来的知识来帮助学习目标域的决策函数 $f_T(\cdot)$ 。其中，$T_S \neq T_T$ 且训练阶段存在少量带标签的目标域数据。

在此设置中，目标域需要给出带标签的训练数据，源域中是否存在数据以及目标域中是否有标签的数据是可选的。由此，在归纳式迁移的设置下可以存在三种情况。

（1）源域中的数据可用，而目标域中的没有标签数据不可用。

（2）源域中的数据可用，且目标域中的没有标签数据亦可用。

（3）源域中的数据不可用，而目标域中的没有标签数据可用。

归纳式迁移中的大多数迁移学习方法属于上述分类中的前两类。为了同时利用源域和目标域中的有标签训练样本，Daum'e Ⅲ[6]提出了一种特征复制方法得到增广特征以适应于不同的域，所得到的增广特征可以用于构建核方法中的核函数。使用自适应支持向量机[7]（adaptive support vector machine，A – SVM）为目标域习得一个新的 SVM（support vector machine，支持向量机）分类器 $f_T(\cdot)$ ，该分类器是由源域中训练出来的现有的分类器 $f_S(x)$ 适应得到的。类似于 A – SVM，Schweikert 等[8]提出先从源域和目标域中通过使用监督学习方法（如 SVM）习得一些分类器，然后将这些分类器按照一些预定义参数组合得到最终能够在目标域上进行预测的分类器。TrAdaBoost[9]是一种扩展 AdaBoost[10]方法的改进方法，该方法迭代地对源域中的数据重新赋值以自动选择并使源域中的部分数据自动适应为一个较好的目标分类器。Wu 和 Dietterich[11]直接将源域数据结合到一个 SVM 框架以习得目标分类器。跨域 SVM（cross – domain SVM，CD – SVM）方法[12]使用目标域的 $k$ 近邻来为每一个源域样本分配权重，然后使用赋予了新权重的源域样本和有标签的目标域样本习得一个类 SVM 分类器。Jiang 等[13]提出通过挖掘不同视觉概念之间的关系来检测食品概念。该方法首次构建了语义图并将其在线地适应为适用于测试数据的新知识。

当源域中没有任何有标签数据时（源域中只有没有标签的数据可用），源域中的信息可以迁移到目标域和目标任务中。Raina 等[14]把这种情况称为自学习过程。对应于该情况，他们提出了一种稀疏编码的方式：通过利用目标域中没有标签的数据构建高层特征。

然而，目标域中大量没有标签的样本在上述迁移学习的方法中并未被发掘出来[6,9,11-14]。如文献［15］~文献［18］所述，这些没有标签的样本同样可以用来提高所得分类器的泛化性能。Duan 等[15-16]基于最大均值差方法提出使目标域中没有标签数据以更准确地估算源域和目标域的特征之间的不匹配性。

也存在源域与目标域的特征空间不相同的情况（例如，两个域中特征向量的长度不相等）。Dai 等[19]提出通过使用马尔可夫链以及最小化风险的语言模型来将不同特征空间中的异构特征联系起来。Saenko 等[20]和 Kulis 等[21]通过基于信息论度量的学习方法[22]来习得距离度量标注已发掘的两个不同特征空间之间的关系。

**2. 直推式迁移学习**

在直推式迁移任务设定下，一般认为源任务和目标任务是相同的，但是源域和目标域是不同的。另外，目标域中不存在任何有标签数据，而源域可以有大量有标签的数据。直推式迁移形式化的定义如下。

**定义 1.5** 直推式迁移是迁移学习的一种，其目标为通过使用从 $D_S$ 和 $T_S$ 迁移得来的知识来帮助学习目标域的决策函数 $f_T(\cdot)$ 。其中，$D_S \neq T_S$ 或者 $T_S = T_T$ ，且训练过程中可以利用目标域中部分没有标签数据。

在定义 1.5 中，包含如下两种情况。

（1）源域与目标域的特征空间不同（$X_S \neq X_T$）。

（2）两个域中数据的边缘分布不同（$P(x_T) \neq P(x_S)$）。

第二种情况与协变量转换（covariate transformation）类似[23-26]，协变量转换主要关注训练数据与测试数据分布不相同的情况。另外，协变量转换属于样本选择偏差的概念范畴[27-29]。如果训练任务和测试任务相同（即 $T_{\text{train}} = T_{\text{test}}$），样本选择偏差则成为协变量转换[28]。直推式迁移的第二种情况也同样被认为是自然语言处理（natural language processing，NLP）中的域适应[30]。

研究人员提出了大量的方法，以解决直推式迁移的第二种情况。由于不同域中的数据分布有所不同，仅从源域样本中习得的分类器并不能在目标域中取得同样好的分类效果。为减少这种不同域间的不匹配问题，Huang 等[28]提出了核均值匹配（kernel mean matching，KMM）的两步法。第一步通过对源域中样本 $\phi(x_i)$ 二次加权为 $\beta_i\phi(x_i)$ 来消除重构希尔伯特空间中两个域样本均值不匹配问题，其中 $\beta_i$ 由最大平均差异（maximum mean discrepancy，MMD）[31]习得。第二步是使用二次加权得到的 $\beta_i$ 习得决策函数 $f(x) = w'\phi(x) + b$ 以分离 $D$ 中不同类的样本。通过扩展 KMM 方法得到的多核均值匹配[7]方法可以解决多域特征不匹配问题。在 Multi－KMM 方法中，每个源域中的样本在不考虑标签信息的情况下根据目标域数据均值进行一定的偏移。Dai 等[32]提出使用基于 EM 的朴素贝叶斯分类器[33]来进行直推式迁移。Wang 等[34]提出了迁移判别式分析（tansferred discriminative analysis，TDA）方法，能够在迁移过程中进行降维：先对目标域中没有标签的数据进行聚类以生成这些没有标签数据的伪标签，再使用 TDA 方法对目标域中的没有标签数据和源域中的没有标签数据进行降维。

迭代地进行这两步以获得对目标域数据更具有判别性的子空间。Blitzer 等[35]提出使用结构化对应学习（structural correspondence learning，SCL）算法以获得不同域之间的对应关系；使用一种启发式的方法来选择两个域中频繁出现的轴特征（piovt features）。Duan 等[36]认为目标分类器在目标域没有标签样本上的决策值应该与预先学习的分类器得到的决策值类似，基于此平滑性假设他们提出包含一个数据依赖正则项的域适应机器（domain adaptation machine，DAM）。Bruzzone 和 Marconcini[37]提出了域适应支持向量机（domain adaptation support vector machine，DASVM），该方法迭代式地学习目标分类器。在每一步迭代过程中，DASVM 对目标域没有标签样本进行标注，同时移除那些对学习目标分类器帮助不大的有标签源域样本。

**3. 无监督迁移学习**

在无监督迁移中，假定目标任务与源域任务不同但相关，这与归纳式迁移中的假设类似。无监督迁移与归纳式迁移的不同之处在于无监督迁移中源域和目标域中都没有标签的样本。下面给出无监督迁移的形式化定义。

**定义 1.6** 无监督迁移是迁移学习的一种，其目标为通过使用从 $D_S$ 和 $T_S$ 迁移得来的知识来帮助学习目标域的决策函数 $f_T(\cdot)$ 。其中 $T_S \neq T_T$ ，且训练过程中不论是源域或目标域都没有任何有标签样本。

直观上理解，聚类[38-39]以及降维方法[40-41]都可以被划分为机器学习中的经典的无监督学习方法。然而，至今为止少有工作研究无监督迁移学习。为了在迁移学习设置中聚类数据，Dai 等[9]基于协同聚类[42]提出自学习聚类。Pan 等[43]提出最大化均值差植入（maximum mean discrepancy embedding，MMDE）法，通过 MMD 准则[31]的最小二乘以习得降维核矩阵。他们使用习得的核矩阵获得隐含的低维空间以降低源域和目标域特征分布的不匹配性。然而，当训练数据的个数相当大时，MMDE 方法的计算量也会相应增大很多。文献［17］进一步提出了一个更有效的算法名为迁移成分分析（transfer component analysis，TCA）。

### 1.3.3 根据源域与目标域的特征空间或标签是否同构分类

根据源域与目标域的特征空间或标签空间是否同构，即源域数据和目标域数据的结构和概率分布的情况，迁移学习的工作还可以分为同构迁移学习（homogeneous transfer learning）和异构迁移学习（heterogeneous transfer learning）两大类[4]。

（1）在同构迁移学习中，给定源域特征空间 $X_S$ 和源域标签空间 $Y_S$ 、目标域特征空间 $X_T$ 和目标域标签空间 $Y_T$ ，如果 $X_S = X_T, Y_S = Y_T$ ，就称为同构迁移学习。

（2）在异构迁移学习中，给定源域特征空间 $X_S$ 和源域标签空间 $Y_S$ 、目标域特征空间 $X_T$ 和目标域标签空间 $Y_T$ ，如果 $X_S \neq X_T, Y_S \neq Y_T$ ，就称为异构迁移学习。这种情况下，源域或目标域的特征空间不一致，或是特征表示不同，例如源域是颜色而目标域是大小。在异构迁移学习中，源域具有丰富的标签信息，目标域无标签或是带有少量标签。

### 1.3.4 迁移学习方法的总结分类

基于上述三种不同配置，迁移学习方法可以总结为以下四大类[4]：基于样本的迁移学习方法（instance based transfer learning）、基于特征的迁移学习方法（feature based transfer learning）、基于模型的迁移学习方法（model based transfer learning）以及基于关系的迁移学习方法（relation based transfer learning）。

**1. 基于样本的迁移学习方法**

基于样本的迁移学习方法是把源域中数据的某一部分通过重定权重（re－weighting）的方法重用于目标域任务的学习。简单来说，就是在源域中找到与目标域相似的数据，调整这些数据的权值，使修改后的数据可以匹配目标域，从而完成相关知识的迁移。例如，假设源域中存在不同种类动物的图片，包括狗、猫、鸟，而目标域只有猫这一种类别的图片。在从源域迁移知识到目标域中时，源域中会有很多对于目标域没有用的狗类、鸟类图片数据。此时便可以人为地增加源域中猫这一类别的样本权重（sample weight），使源域数据与目标域数据分布尽可能一致，以完成对知识的迁移。这样的方法简单、容易实现，但只适用于源域数据和目标域数据相似度较高的情况。

上述例子表明尽管源域数据不能直接重用，但数据的某些部分仍然可以与目标域中的一些标签数据一起重用。由于源域和目标域在分布上的差异，一些源域数据可能对目标域学习有用，但其中一些可能没有用处，甚至可能有害。Dai 等[44]提出了一个增强算法，迭代地重估源域数据的权重，以减少“坏”源域数据的影响，同时鼓励“好”源域数据为目标域贡献更多。Jiang 和 Zhai[45]提出了根据条件概率 $P(Y_T \mid X_T)$ 和 $P(Y_S \mid X_S)$ 的差值去除“坏”源域数据的方法。Liao 等[46]提出了一种新的主动学习方法，利用源域数据选择目标域中未标签的数据标注，以获得关于目标域的辅助信息。

**2. 基于特征的迁移学习方法**

基于样本的迁移学习方法背后的一个常见假设是源域数据和目标域数据具有类似或相同的分布。但是在许多真实场景中，这个假设是无法满足的。例如，根据客户对不同类型产品的评价进行情感分类。在这里，每种类型的产品都可以称为一个域，客户可以使用通用的或域特定的词汇来表达他们的意见。例如，“无聊”一词可以用来表达对电影类数据的负面情绪，但它从不适用于表达对家具域的看法。因此，这意味着一些特征是特定于源（或目标）域的，在相反的域中是不存在的。在这种情况下，重采样本对减少域间数据的差异帮助不大。基于特征的迁移学习可以解决这个问题，它允许迁移学习在一个抽象的“特征空间”中进行，而不是在原始的输入空间中进行。当源域数据和目标域数据含有一些交叉特征时，便可以通过特征变换的方法，使得源域和目标域在某个特征空间下表现出相似的性质。具体来说，用于跨域传输的知识被编码为可学习的特征表示形式，这样便能提高目标任务完成准确度。基于特征的迁移学习方法适用于大多数情况且效果较好，但该方法难于求解，容易发生过拟合问题。

值得一提的是，基于样本的迁移学习方法与基于特征的迁移学习方法不同点在于，前者是直接从实际源域数据中选择与目标域中相近的数据来进行迁移；后者则先通过特征变换把源域、目标域数据变换到同一特征空间，再进行迁移学习。

**3. 基于模型的迁移学习方法**

基于模型的迁移学习方法是从模型的角度出发，共享源域模型与目标域模型之间的某些参数以达到迁移学习的效果。也就是说，将之前在源域中通过大量数据训练好的模型应用到目标域中进行预测。根据共享参数的不同假设，提出了各种基于模型的迁移学习算法，包括层次贝叶斯模型和深度强化学习。例如，利用上千万张图像训练一个图像识别的系统，该系统的任务是可以正确识别出猫类的图像。当遇到一个新的图像域问题时，比如要训练出一个模型用来识别老虎的图像，此时就不用再去找几千万张老虎的图像来重新训练了，只需把原来训练好的模型迁移到新的域，在新的域往往只需几万张图像就同样可以得到很高的精度。因为模型的前几层只是训练出图像一些通用图案，比如圆脑袋、有眼睛、有动物皮毛、垂直黑色花纹等，因此“旧”的模型也适用于新域的任务。基于模型的迁移学习方法比较直接，优点在于可以充分利用模型间的相似性，实现跳跃启动、提高学习速度，缺点在于模型参数不易收敛。

**4. 基于关系的迁移学习方法**

基于关系的迁移学习方法是通过利用两个域之间的相关性知识建立一个映射来达到迁移学习的效果。源域和目标域相似，那么它们之间也会共享某种相似关系，此时可以把从源域中学习到的逻辑网络关系迁移到目标域上。例如师生关系可以迁移至上下级关系，生物病毒传播规律可以迁移至计算机病毒传播规律。

## 1.4 迁移学习的发展历史

传统的数据挖掘和机器学习算法使用统计模型对未来的数据进行预测，这些统计模型使用之前收集的有标签或无标签的训练数据[47-49]进行训练。

半监督学习（semi-supervised learning）是介于有监督学习（源域和数据域均为有标签数据）和无监督学习（源域和数据域均为无标签数据）之间的一种机器学习任务和方法。通常，半监督任务使用大量的没有标签样本和有限数量的有标签样本来训练学习模型，解决了因为有标签数据太少而无法构建一个好的模型的问题[50-53]。半监督学习减轻了对有标签样本的依赖，从而降低了昂贵的标注成本。尽管如此，它们中的大多数假设有标签和没有标签的数据的分布是相同的。相反，迁移学习解决了因为有标签数据太少而无法构建一个效果好的分类器的问题。在现实世界中，我们看到了许多迁移学习的例子。例如，我们可能会发现，学会识别苹果可能有助于识别梨。同样，学习弹奏电子琴也有助于学习弹奏钢琴。迁移学习的研究动机是人们可以聪明地应用以前学到的知识，更快地解决新问题或有更好的解决方案。

迁移学习的初衷是节省人工标注样本的时间，让模型可以通过已有的有标签数据向没有标签的数据迁移。从而训练出适用于目标域的模型。

最早在机器学习领域引用迁移这个词的是 Lorien Pratt，他在 1993 年制定了基于可区分性转移（DBT）算法。最初提出关于迁移学习的研究是在 NIPS95 研讨会上关于机器学习领域的一个研讨课题“学会学习”，该课题关注如何保留和重用先前学到的知识以不断更新现有知识模型的永久学习方法。

自从 1995 年开始，迁移学习就以不同的名字受到了越来越多人的关注：学身学习、终身学习、知识迁移、感应迁移、多任务学习、知识整合、背景敏感学习、基于感应阈值的学习、元学习、增量或者累积学习[54]。在这些情况中，与迁移学习密切相关的一种学习技术是多任务学习框架[55]。多任务学习的一个典型的方法是揭示出每个任务都受益的共同（潜在）特征。具体来说，多任务学习的思想是共同学习一组相关的任务，这样便增强了每个任务的泛化性。

1997 年，机器学习杂志发表了一个专门讨论迁移学习的专题，到 1998 年，迁移学习已经成为比较完整的学习领域，包括多任务学习，以及对其理论基础的更正式的分析。

2005 年，美国国防部高级研究计划局的信息处理技术办公室发表的代理公告，给出了关于迁移学习的新问题：如何将前序任务中学习到的知识和技能应用到新的任务中？在这个报告中，迁移学习旨在从一个或者多个源域任务中提取信息，进而应用到目标任务上。此时便出现了迁移学习与多任务学习的区别，即在迁移学习中，源域任务和目标任务不再是对称的。具体来说，迁移学习是迁移相关领域内的知识，而多任务学习是通过同时学习一些相关任务来迁移知识。换句话说，多任务学习对每一项任务的关注是平等的，而迁移学习对目标任务的关注多于对源任务的关注。此外，迁移学习和多任务学习之间也存在一些共性和联系。二者都旨在通过知识转移来提高学习模型的学习成绩，都采用了一些相似的构建模型的策略，如特征转换和参数共享（parameter sharing）等。

2005 年，Andrew Ng 探讨了在文本分类中应用迁移学习的方法。2007 年，Mihalkova 等学者开发了用于马尔可夫逻辑网络（Markov logic networks）的转移学习算法。同年，Niculescu - Mizil 等学者讨论了迁移学习在贝叶斯网络中的应用。2012 年，Lorien Pratt 和 Sebastian Thrun 出版了 *Learning to Learn*，对迁移学习的发展进行了回顾。

在深度学习大行其道的今天，由于神经网络的训练越来越费时，同时其需要的数据集大小也不是在所有情况下都能满足的，因此使用已经训练好的神经网络去完成其他任务变得越来越流行，迁移学习也变得越来越重要。深度学习方法在机器学习领域尤其流行。许多研究者利用深度学习技术构建了迁移学习模型。如对抗域适应的统一框架[56]、采用了 Wasserstein distance 进行域适应[57]；采用了循环一致性丢失的方法来保证结构和语义的一致性[58]；利用了条件域识别器来辅助对抗自适应的条件域对抗网络（CDAN）[59]；对源和目标分类器采用了对称设计[60]；利用域对抗性网络来解决多源转移学习问题[61]等。

## 1.5 其他学习方法

近年来，迁移学习思想同样被其他机器学习方法所采用，如主动学习（active learning）、在线学习（online learning）、度量学习（distance metric learning）、深度迁移学习、强化学习（reinforcement learning）等。

### 1.5.1 主动学习

主动学习主要是用于帮助解决数据标注问题[18,62-63]。主动学习是指这样一种学习方法：当有标签的数据比较稀少而没有标签的数据较为丰富时，考虑到对数据进行人工标注非常昂贵，学习算法可以主动地提出一些标注请求，将一些经过筛选的数据提交给专家进行标注。在使用了迁移学习解决源域与目标域数据不匹配的问题后，研究人员能够从目标域中选择具有代表性的样本并标注它们以有效地训练分类器。一些研究人员已经提出一些组合迁移学习和主动学习的算法[64-68]。Rajan 等[67]为迁移学习提出一种主动学习算法尽可能少地使用图像中的有标签样本以有效地更新现有分类器。Liao 等[66]提出通过使用源域中的数据主动选择并标注目标域中没有标签样本，通过使用迁移学习方法 TrAdaBoost[9]和标注支持向量机，Shi 等[68]开发了一种能够选择重要目标样本的主动学习算法。

主动学习的模型如果记为 $A = (C, Q, S, L, U)$，其中 $C$ 为机器模型，具体是一组或者一个分类器；$L$ 是用于训练的标记样本集；$Q$ 是查询函数，用于从未标记样本集 $U$ 中查询信息量大的信息；$S$ 是督导者，可以为 $U$ 中样本标注正确的标签。学习者通过少量初始（initial）带标签样本 $L$ 开始学习，通过一定的查询函数 $Q$ 选择出一个或一批最有用的样本，并向督导者询问标签，然后利用获得的新知识来训练分类器和进行下一轮查询。主动学习是一个循环的过程，直至达到某一停止准则为止。如图 1.10 所示。

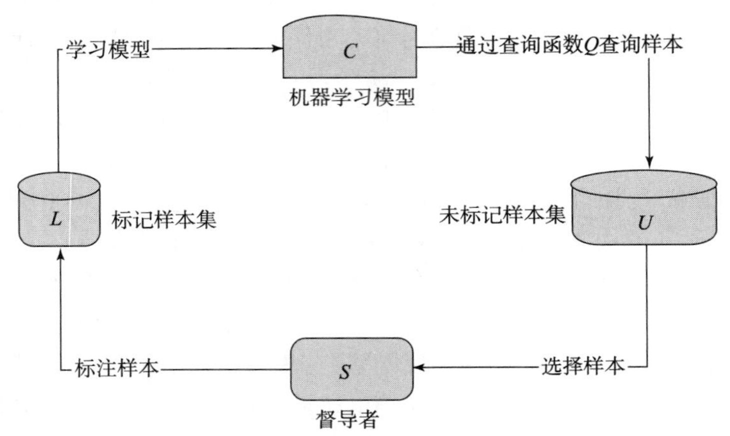


**图 1.10　主动学习的过程**

既然查询函数 $Q$ 用于查询一个或一批最有用的样本，那么，什么样的样本是有用的呢？即查询函数查询的是什么样的样本呢？在各种主动学习方法中，查询函数的设计最常用的策略是不确定性（uncertainty）准则和差异性（diversity）准则。

对于不确定性，可以借助信息熵的概念来进行理解。信息熵是衡量信息量的概念，也是衡量不确定性的概念。信息熵越大，就代表不确定性越大，包含的信息量也就越丰富。事实上，有些基于不确定性的主动学习查询函数就是使用了信息熵来设计的，比如熵值装袋查询（entropy query - by - bagging）。所以，不确定性策略就是要想方设法地找出不确定性高的样本，因为这些样本所包含的丰富信息量对我们训练模型来说就是有用的。

那么怎么来理解差异性呢？之前说到查询函数每次迭代中查询一个或者一批样本。我们希望所查询的样本提供的信息是全面的，各个样本能够提供非冗余信息，即样本之间具有一定的差异性。在每轮迭代抽取单个信息量最大的样本加入训练集的情况下，每一轮迭代中模型都被重新训练，以新获得的知识去参与对样本不确定性的评估可以有效地避免数据冗余。

### 1.5.2　在线学习

传统的机器学习算法是批量模式的，假设所有的训练数据预先给定，通过最小化定义在所有训练数据上的经验误差得到分类器。这种学习方法在小规模上取得了巨大成功，但当数据规模大时，其计算复杂度高、响应慢，无法用于实时性要求高的应用。与批量学习不同，在线学习假设训练数据持续到来，通常利用一个训练样本更新当前的模型，大大降低了学习算法的空间复杂度和时间复杂度，实时性强。早期在线学习应用于线性分类器，产生了著名的感知器（perceptron）算法，经过几十年的发展，在线学习已经形成了一套完备的理论。在线学习方法的核心是利用新的带标签训练数据不断更新现有分类器。在线学习可以定义为学习器和对手之间的博弈：在每一个时刻 $t$，学习器从决策空间选择一个决策 $w_t$，同时对手选择一个损失函数 $f_t(\cdot)$，学习器在当前时刻损失为 $f_t(w_t)$；根据当前损失，学习器对当前的决策进行更新，从而决定下一时刻的决策。学习器的目的是最小化 $T$ 个时刻的累计损失。在分析在线学习算法的效果时，我们通常将在线学习的累计误差与批量学习的累计误差相比较，将其差值称为后悔度（regret）。因此，在线学习最小化累计误差也等价于最小化后悔度，后悔度的上界也就成为衡量在线学习算法性能的标准。由于在训练过程中只需要访问新的数据，在线学习的方法既能适用于不断更新的数据又能保证学习效率。迄今为止，能够解决在线学习框架下迁移学习问题的方法很少。比较早的研究是由 Zhao 和 Hoi 完成的[69]，他们提出了一个在线学习框架，此框架可解决异构或同构域的知识迁移问题。Dekel 等[70]同样提出一个在线学习框架，其目标是使用一个全局损失函数以并行习得多任务。

### 1.5.3 度量学习

在机器学习中，对高维数据进行降维的主要目的是找到一个合适的低维空间，在该空间中能以比原始空间性能更好的方式进行学习。每个空间对应了在样本属性上定义的一个距离度量，而寻找合适的空间，本质上就是寻找一个合适的距离度量。度量学习的基本动机就是去学习一个合适的距离度量。

降维的核心在于寻找合适空间，而合适空间的定义就是距离度量，所以学习合适的距离度量就是度量学习的目的。要对距离度量进行学习，要有一个便于学习的距离度量表达形式。

对两个 $d$ 维样本 $x_i$ 和 $x_j$，它们之间的平方欧式距离可写为

$$dist_{ed}^2(x_i,x_j) = \|x_i - x_j\|_2^2 = dist_{ij,1}^2 + dist_{ij,2}^2 + \cdots + dist_{ij,d}^2 \tag{1.1}$$

其中，$dist_{ij,k}^2$，$k=1, 2, \cdots d$ 为 $x_i$ 与 $x_j$ 在第 $k$ 维上的距离。

若假定不同属性的重要性不同，则可引入属性权重 $w$，得到

$$\begin{aligned} dist_{web}^2(x_i,x_j) &= \|x_i - x_j\|_2^2 = w_1 \cdot dist_{ij,1}^2 + w_2 \cdot dist_{ij,2}^2 + \cdots + w_d \cdot dist_{ij,d}^2 \\ &= (x_i - x_j)^T \boldsymbol{W}(x_i - x_j) \end{aligned} \tag{1.2}$$

其中，$w_i \geqslant 0$，$i = 1,2,\cdots d$，$\boldsymbol{W} = diag(w)$ 为一个对角矩阵，$(\boldsymbol{W})_{ii} = w_i$，$\boldsymbol{W}$ 可通过学习确定。

再假定 $\boldsymbol{W}$ 的非对角元素是零，即坐标轴是正交的，属性之间无相关；当然现实中并不总是这样，于是将 $\boldsymbol{W}$ 替换为一个普通的半正定矩阵 $\boldsymbol{M}$，就得到马氏距离（Mahalanobis distance）：

$$dist_{mah}^2(x_i - x_j) = (x_i - x_j)^T \boldsymbol{M}(x_i - x_j) = \|x_i - x_j\|_M^2 \tag{1.3}$$

其中，$\boldsymbol{M}$ 为度量矩阵，度量学习就是对 $\boldsymbol{M}$ 进行学习。为保持距离非负且对称，$\boldsymbol{M}$ 须是半正定对称矩阵，即必有正交基 $P$ 使得 $\boldsymbol{M}$ 能写为 $\boldsymbol{M} = PP^T$。

至此，已构建了学习的对象是 $\boldsymbol{M}$ 这个度量矩阵，接下来就是给学习设定一个目标从而求得 $\boldsymbol{M}$。假定希望提高近邻分类器的性能，则可将 $\boldsymbol{M}$ 直接嵌入近邻分类器的评价指标中去，通过优化该性能指标相应地求得 $\boldsymbol{M}$。

一些研究人员通过使用学习度量来建立源域与目标域之间关系以解决迁移学习问题[20-21,71-73]：如通过使用从源域中预先习得的现有距离度量算法以习得一个适用于目标域的新的距离度量[72]；基于信息论度量学习方法提出直接学习不同域之间的距离度量方法；

在文献［20］的基础上加入非线性核[21]进行扩展从而很容易地扩展以解决异构空间的知识迁移问题；Qi 等[71]提出学习有效地发掘两个类别训练数据之间的共有信息的度量，这些度量进而通过其生成的跨类别集合结合在一起以习得目标分类器。

### 1.5.4 深度迁移学习

深度学习近年来在许多研究领域取得了主导地位。深度学习是用于建立、模拟人脑进行分析学习的神经网络，并模仿人脑的机制来解释数据的一种机器学习技术。它的基本特点是试图模仿大脑的神经元（neuron）之间传递处理信息的模式。最显著的应用是计算机视觉和自然语言处理领域。显然，“深度学习”与机器学习中的“神经网络”是强相关，“神经网络”也是其主要的算法和手段；或者我们可以将“深度学习”称之为“改良版的神经网络”算法。深度学习又分为卷积神经网络和深度置信网（deep belief nets，DBN）。其主要的思想就是模拟人的神经元，每个神经元接收到信息，处理完后传递给与之相邻的所有神经元，如图 1.11 所示。

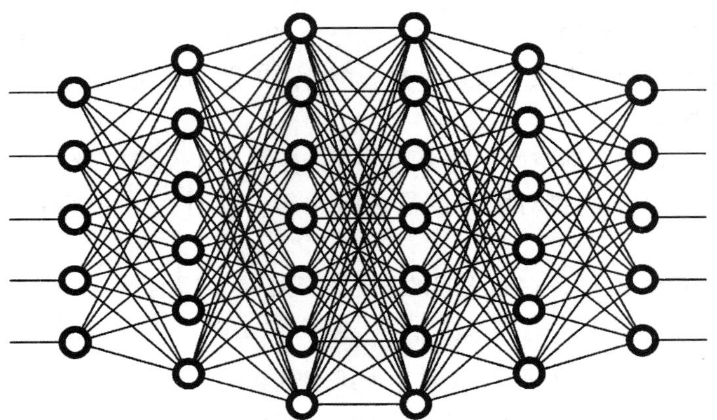

**图 1.11　神经网络数据处理方式示意图**

神经网络的计算量非常大，事实上在很长时间里由于基础设施技术的限制进展并不大。而 GPU（图形处理器）的出现让人看到了曙光，也造就了深度学习的蓬勃发展。将深度学习应用到迁移学习中，重要的是要找到通过深度神经网络有效地传递知识的方法。基于深度学习的迁移学习定义：

给定一个由 $< D_S, T_S, D_T, T_T, f_T(\cdot) >$ 定义的迁移学习任务。这就是一个深度迁移学习任务，其中 $f_T(\cdot)$ 是一个表示深度神经网络的非线性函数。

深度迁移学习研究如何通过深度神经网络利用其他领域的知识。由于深度神经网络在各个领域都很受欢迎，人们已经提出了相当多的深度迁移学习方法，那么对这些方法进行分类和总结非常重要。根据深度迁移学习中使用的技术，本书将深度迁移学习分为四类[74]：基于样本的深度迁移学习、基于映射的深度迁移学习、基于网络的深度迁移学习和基于对抗的深度迁移学习。

**1. 基于样本的深度迁移学习**

基于样本的深度迁移学习是指使用特定的权重调整策略，通过为那些选中的样本分配适当的权重，从源域中选择部分样本作为目标域训练集的补充。基于样本的深度迁移学习基于

“尽管两个域之间存在差异，但源域中的部分样本可以分配适当权重供目标域使用”这样的假设展开。基于样本的深度迁移学习的示意图如图 1. 12 所示，其中源域中与目标域不相似的浅色样本被排除在训练数据集之外；源域中与目标域相似的深色样本以适当权重包括在训练数据集中。

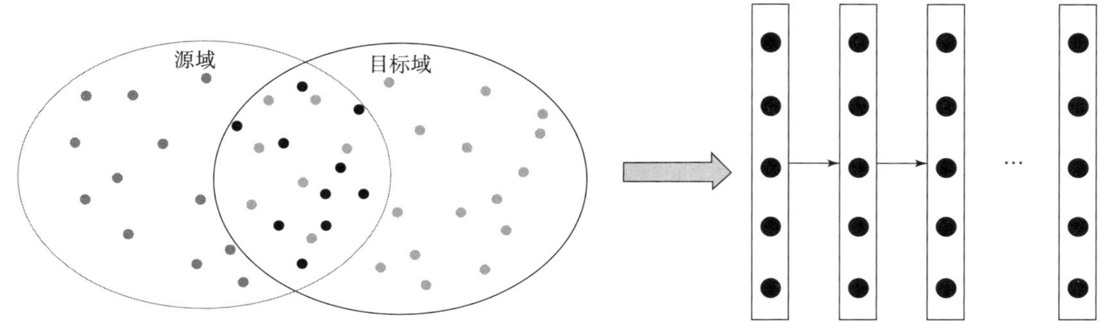


**图 1. 12 基于样本的深度迁移学习的示意图**[74]

TrAdaBoost[75]使用基于 AdaBoost 的技术来过滤掉源域中与目标域不同的样本，在源域中对样本重新加权以构成类似于目标域的分布。最后，通过使用来自源域的重新加权样本和来自目标域的原始样本来训练模型。它可以减少保持 AdaBoost 属性的不同分布域上的加权训练误差。而 TaskTrAdaBoost 是一种快速算法[76]，可以促进对新目标域的快速再训练。与 TrAdaBoost 设计用于分类问题不同，ExpBoost. R2 和 TrAdaBoost. R2[77]可以用于解决回归问题。双权重域自适应（BIW）[78]可以将两个域的特征空间对齐到公共坐标系中，然后为源域的样本分配适当的权重。增强的 TrAdaBoost[79]可用来处理区域砂岩显微图像分类的问题。文献［80］提出了一个度量迁移学习框架，用于在并行框架中学习样本权重和两个不同域的距离，以使跨域的知识迁移更有效。Liu 等[81]将集成迁移学习引入可以利用源域样本的深度神经网络。

**2. 基于映射的深度迁移学习**

基于映射的深度迁移学习是指将源域和目标域中的样本映射到新的特征空间。在这个新的特征空间中，来自两个域的样本相似且都适用于联合深度神经网络。它基于假设：尽管两个原始域之间存在差异，但它们在精心设计的新特征空间中可能更为相似。基于映射的深度迁移学习的示意图如图 1. 13 所示。在基于映射的深度迁移学习中，来自源域和目标域的样本同时映射到新特征空间，将新特征空间中所有的样本视为神经网络的训练集。

由文献［82］引入的迁移成分分析和基于 TCA[83]的方法已被广泛用于传统迁移学习的许多应用中。一个自然的想法是将 TCA 方法也扩展到深度神经网络。Tzeng 等[84]通过引入适应层和额外的域混淆损失来扩展 MMD 用以比较深度神经网络中的分布，以学习具有语义意义和域不变性的表示。Long 等[85]通过使用文献［86］中提出的多核变量 MMD（MK－MMD）距离代替 MMD 距离改进了以前的工作。与卷积神经网络中的学习任务相关的隐藏层被映射到再生核 Hilbert 空间（reproducing kernel Hilbert space，RKHS），并且通过多核优化方法使不同域之间的距离最小化。Long 等提出联合最大均值差异（JMMD）[87]来衡量联合分布的关系。JMMD 用于泛化深度神经网络（DNN）的迁移学习能力，以适应不

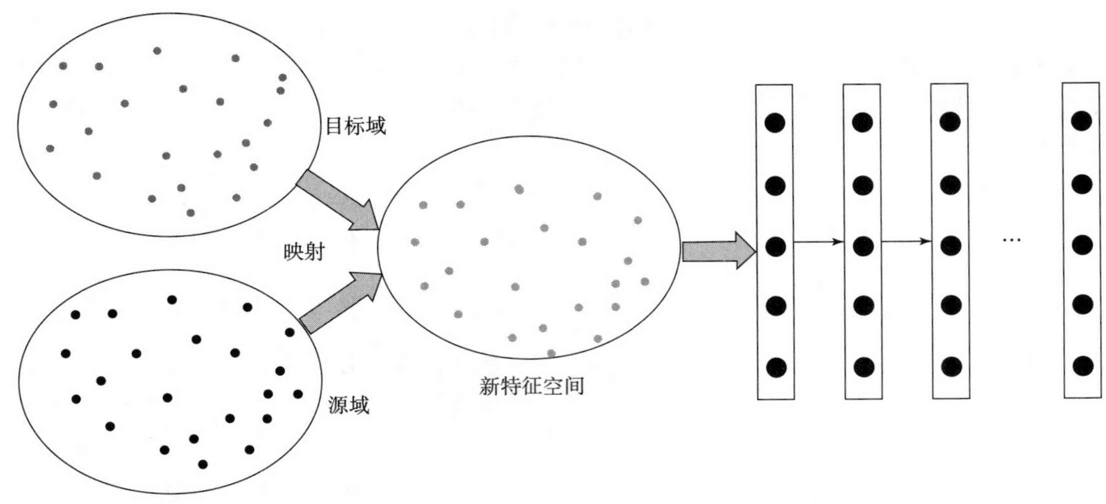


图 1.13　基于映射的深度迁移学习的示意图[74]

同域的数据分布，并改进了以前的工作。Wasserstein 距离[88]可以用作域的新距离度量，以便找到更好的映射。

**3. 基于网络的深度迁移学习**

基于网络的深度迁移学习是指复用在源域中预先训练好的部分网络，包括其网络结构和连接参数，将其迁移到目标域中使用的深度神经网络的一部分。基于网络的深度迁移学习认为“神经网络类似于人类大脑的处理机制，它是一个迭代且连续的抽象过程。网络的前面层可被视为特征提取器，提取的特征是通用的”。基于网络的深度迁移学习的示意图如图 1.14 所示。在迁移的过程中，首先，在源域中使用大规模训练数据集训练网络。然后，基于源域预训练的部分网络被迁移到为目标域设计的新网络的一部分。最后，它就成了在微调策略中更新的子网络。

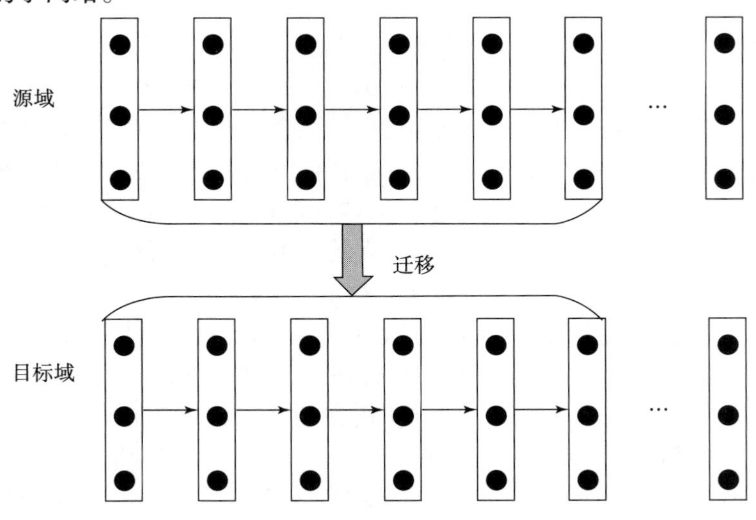


图 1.14　基于网络的深度迁移学习的示意图[74]

文献［89］将网络分为两部分，前者是与语言无关的特征变换，后者是与语言相关的分类器。语言独立的特征变换可以在多种语言之间迁移。反复使用CNN在ImageNet数据集上训练的前几层来提取其他数据集图像的中间图像表征，在这一过程中，CNN被训练去学习图像表征，它可以有效地迁移到其他训练数据量受限的视觉识别任务[90]。Long等[91]提出了一种联合学习源域中有标签数据和目标域中没有标签数据的自适应分类器和可迁移特征的方法，它通过将多个层插入深层网络，指引目标分类器显式学习残差函数。Zhu等[92]提出了在DNN中同时学习域自适应和深度哈希特征。此外，一种新颖的多尺度卷积稀疏编码方法可以以一种联合方式自动学习不同尺度的滤波器组，强制规定学习模式的明确尺度，并提供无监督的解决方案，用于学习可迁移的基础知识并将其微调到目标任务。George等[94]应用深度迁移学习将知识从现实世界的物体识别任务迁移到glitch分类器，用于多重力波信号的探测。它证明了DNN可以作为优秀的无监督聚类方法特征提取器，根据样本的形态识别新类，而无须任何有标签样本。另一个值得注意的结果是网络结构和可迁移性之间的关系。文献［95］证明了某些模块可能不会影响域内准确性，但会影响可迁移性，并指出哪些特征在深层网络中可以迁移，哪种类型的网络更适合迁移。文献给出的结论为LeNet、AlexNet、VGG（visual geometry group）、Inception、ResNet在基于网络的深度迁移学习中是很好的选择。

**4. 基于对抗的深度迁移学习**

基于对抗的深度迁移学习是指引入受生成对抗网络（generative adversarial networks，GAN）[95]启发的对抗技术，以找到适用于源域和目标域的可迁移表征。它基于这个假设：为了有效迁移，良好的表征应该为主要学习任务提供判别力，并且在源域和目标域之间不可区分。基于对抗的深度迁移学习的示意图如图1.15所示。在源域大规模数据集的训练过程中，网络的前几层被视为特征提取器。它从两个域中提取特征并将它们输入对抗层。

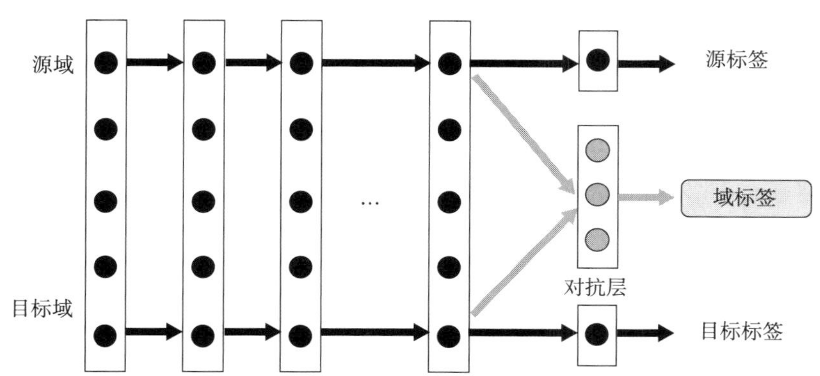


**图1.15　基于对抗的深度迁移学习的示意图[74]**

对抗层试图区分特征的来源。如果对抗网络的表现很差，则意味着两种类型的特征之间存在细微差别，可迁移性更好，反之亦然。在以下训练过程中，将考虑对抗层的性能以迫使迁移网络发现更多具有可迁移性的通用特征（general feature）。基于对抗的深度迁移学习由于其良好的效果和较强的实用性，近年来取得了快速发展。例如通过在损失函数中使用域自适应正则化项，引入对抗技术来迁移域适应的知识[96]。Ganin和Lempitsky[97]提出了一种对抗训练方法，通过增加几个标准层和一个简单的新梯度翻转层，使其适用于大多数前馈神经模型。Tzeng 等[98]为稀疏标记的目标域数据提供了一种方法迁移同时跨域和跨任务的知识。他们在这项工作中使用了一种特殊的联合损失函数来迫使 CNN 优化域之间的距离，其定义为 $LD = L_c + \lambda \mathrm{Ladver}$ ，其中 $L_c$ 是分类损失，Ladver 是域对抗损失。在计算的过程中引入迭代优化算法，固定一个损失时更新另一个损失。此外还有一种新的 GAN 损失[99]，可以将判别模型与新的域自适应方法相结合。Long 等[100]提出一个随机多线性对抗网络，其利用多个特征层和基于随机多线性对抗的分类器层来实现判别对抗适应的深度网络。Luo 等[101]利用域对抗性损失，并使用基于度量学习的方法将嵌入泛化到新任务，以在深度迁移学习中找到更易处理的特征。

### 1.5.5 强化学习

即便是深度学习，也存在很多局限性。如表达能力的限制。因为一个模型是一种现实的反映，它能够描述现实的能力越强，基于该模型得到的学习结果就越准确。机器学习通过参数来描述具体问题，然而参数数量是有限的，神经网络的深度也是有限的。另外网络对数据的需求量随着模型的增大而增加，但现实中高质量数据并不是十分充足。因此，对于数据量大小优先、数据复杂度不确定等问题，用固定不变的单一神经网络来描述数据的复杂度还远远不够。

同时，传统的深度学习缺乏反馈机制。目前深度学习对图像识别、语音识别等问题来说较有效，但是还存在不足，特别是有延迟反馈的问题，例如机器人的行动，AlphaGo 下围棋不仅仅包含单次深度学习，还有强化学习的一部分，学习的过程中不断接收反馈，直到最后一步才能判断输赢。还有很多其他的学习任务都不一定是简单的单次学习就能完成的。

强化学习是一种根据环境反馈进行学习的技术。强化学习中的 agent 辨别自身所处的状态（state），按照某种策略决定动作（action），并根据环境提供的奖赏来调整策略，直至达到最优。马尔可夫决策（Markov decision process，MDP）是强化学习任务的标准描述，我们定义一个任务 $M$ ，用四元组 $< S,A,T,R >$ 表示，其中 $S$ 是状态空间，$A$ 是动作空间，$T$ 是状态转移概率，$R$ 是奖赏函数。state - action 空间 $S \times A$ 定义了任务的域，状态转移概率 $T$ 和奖赏函数 $R$ 定义了任务的目标。当强化学习的状态 - 动作空间 $S \times A$ 很大时，寻找最优策略的搜索过程非常耗时。此外，学习近似最优解所需的样本数量在实际问题中往往令人望而却步。无论是基于值的方法还是基于策略的方法，只要问题稍稍变动，之前的学习结果就会失效，而重新训练的代价巨大。因此，研究者们针对强化学习中的迁移学习展开了研究，希望能够将知识从源任务迁移到目标任务以改善性能。

关于强化学习中的迁移研究已经有很多，这些研究涉及许多不同的迁移问题。由于在处理这一复杂而具有挑战性的问题时采用的方法和思路大不相同，因此通常很难清晰地了解 RL 的当前最新技术。从主要的迁移设置、迁移的知识种类以及迁移目标这三个方面，对强化学习中的迁移进行分类[102]，根据源任务数量和与目标域之间的差异，强化学习中的迁移设定有以下三种。

（1）从单一源任务到目标任务的固定域迁移（domain transfer，DT）。任务域由其状态 - 动作空间 $S \times A$ 决定，而任务的具体结构和目标由状态转移概率 $T$ 和奖励函数 $R$ 决定。$R$ 中迁移学习的早期研究大多任务域是固定的且只涉及两个任务：一个源任务和一个目标任务。

（2）跨多个源任务到目标任务的固定域迁移。在这种情况下，任务共享相同的域，迁移算法将以从一组源任务中收集到的知识作为输入，并使用它来改进在目标任务中的表现。

（3）源任务和目标任务不同域迁移。在该设置中，任务有不同的状态 - 动作空间 $S \times A$，无论是在数量上还是范围上。在这种情况下，大多数迁移方法都着重于如何定义源状态 - 动作变量和目标变量之间的映射，以便获得有效的知识迁移。

根据迁移知识的种类，强化迁移学习包含以下几种。

（1）样本迁移（instance transfer）。强化学习算法依赖于以与马尔可夫决策 MDP 的直接交互中收集的一组样本来为手头的任务构建解决方案。这组样本可以用于在基于模型的方法中估计 MDP 模型，或者在无模型方法中构建值函数或策略的近似。最简单的迁移算法收集来自不同源任务的样本，并将其重用于目标任务的学习。

（2）特征迁移（feature transfer）。每种强化学习算法对于任务和解决方案都使用特定的表示，如神经网络，或一组近似最优值函数的基函数。在不同任务的学习过程中，迁移算法通常会改变任务和解的表示形式以进行目标任务的学习。

（3）参数迁移（parameter transfer）。强化学习算法有大量参数定义了初始化和算法行为。一些迁移方法根据源任务改变和调整算法参数。例如，如果某些状态 - 动作对中的动作值在所有源任务中都非常相似，则可以据此将目标任务的查询表（Q - table）初始化，从而加快学习过程。初始解决方案（策略或值函数）通常被用来在只有一个源任务的迁移设置中初始化算法。

根据迁移目标，强化迁移学习包含以下几种。

（1）学习速度的提升。学习算法的复杂性通常由实现目标性能所需的样本数量来衡量。在实践中，可以使用时间与阈值，面积比，有限样本分析等来衡量学习速度的提升。通过设置阈值，并测量单任务和迁移算法需要多少经验（如样本、批处理、迭代）来达到这个阈值，以判定迁移效果。面积比度量方法通过考虑迁移学习前后学习曲线下的区域进行度量。

（2）初始提升。通过源任务进行迁移，以 agent 在目标任务中的初始性能的提升来衡量迁移学习的效果。学习过程通常从假设空间中的随机或任意的假设开始。根据环境的定义，所有的任务都来自同一个分布 $\Omega$。

（3）渐进（asymptotic）提升。在大多数实际感兴趣的问题中，最优值函数或策略的完美近似几乎是很难实现的。使用函数逼近技术，近似值越精确，收敛性越好。近似的准确率严格依赖于用于表示解决方案的假设空间的结构。

## 参考文献

[1] WEISS K, KHOSHGOFTAAR T M, WANG D. A survey of transfer learning [J]. Journal of big data, 2016, 3 (1): 1 -40.

[2] HUANG J, SMOLA A J, GRETTON A, et al. Correcting sample selection bias by unlabeled data [C]//Proceedings of the 19th International Conference on Neural Information Processing Systems, 2006: 601 -608.

[3] BLITZER J, DREDZE M, PEREIRA F. Biographies, bollywood, boom - boxes and blenders: domain adaptation for sentiment classification [C]//The 45th Annual Meeting of the

Association for Computational Linguistics, 2007.

[4] PAN S J, YANG Q. A survey on transfer learning [C]//IEEE Transactions on Knowledge and Data Engineering, 2010: 1345 - 1359.

[5] RAINA R, BATTLE A, LEE H, et al. Self - taught learning: transfer learning from unlabeled data [C]//The 24th International Conference on Machine Learning, 2007: 759 - 766.

[6] DAUM'E Ⅲ H. Frustratingly easy domain adaptation [C]//The Annual Meeting of the Association for Computational Linguistics, 2007: 256 - 263.

[7] YANG J, YAN R, HAUPTMANN A G. Cross - domain video concept detection using adaptive SVMs [C]//The International Conference on Multimedia, 2007: 188 - 197.

[8] SCHWEIKERT G, WIDMER C, SCHÖLKOPF B, et al. Boosting for transfer analysis of domain adaptation algorithms for genomic sequence analysis [C]//Advances in Neural Information Processing Systems 21, 2009: 1433 - 1440.

[9] DAI W, YANG Q, XUE G R, et al. Boosting for transfer learning [C]//International Conference on Machine Learning, 2009: 193 - 200.

[10] FREUND Y, SCHAPIRE R E. A decision - theoretic generalization of on - line learning and an application to boosting [C]//The European Conference on Computational Learning Theory, 1995: 23 - 37.

[11] WU P, DIETTERICH T G. Improving SVM accuracy by training on auxiliary data sources [C]//International Conference on Machine Learning, 2004: 871 - 878.

[12] JIANG W, ZAVESKY E, CHANG S F, et al. Cross - domain learning methods for high - level visual concept classification [C]//The IEEE International Conference on Image Processing, 2008: 161 - 164.

[13] JIANG Y G, WANG J, CHANG S F, et al. Domain adaptive semantic diffusion for large scale context - based video annotation [C]//The IEEE International Conference on Computer Vision, 2009: 1420 - 1427.

[14] RAINA R, NG A Y, KOLLER D. Constructing informative priors using transfer learning [C]//International Conference on Machine Learning, 2006: 713 - 720.

[15] DUAN L, XU D, TSANG I W, et al. Visual event recognition in videos by learning from web data [C]//The IEEE International Conference on Computer Vision and Pattern Recognition, 2010: 1959 - 1966.

[16] DUAN L, TSANG I W, XU D, et al. Domain transfer SVM for video concept detection [C]//The IEEE International Conferenceon Computer Vision and Pattern Recognition, 2009: 1375 - 1381.

[17] PAN S J, TSANG I W, KWOK J T, et al. Domain adaptation via transfer component analysis [J]. IEEE transactions on neural networks, 2011, 22 (2): 199 - 210.

[18] COHN D A, GHAHRAMANI Z, JORDAN M I. Active learning with statistical models [J]. Journal of artificial intelligence research, 1996 (4): 129 - 145.

[19] DAI W, CHEN Y, XUE G R, et al. Translated learning: transfer learning across different

feature spaces [C]//Advances in Neural Information Processing Systems 21, 2009: 353 - 360.

[20] SAENKO K, KULIS B, FRITZ M, et al. Adapting visual category models to new domains [C]//The European Conference on Computer Vision, 2010: 213 - 226.

[21] KULIS B, SAENKO K, DARRELL T. What you saw is not what you get: domain adaptation using asymmetric kernel transforms [C]//The IEEE International Conference on Computer Vision and Pattern Recognition, 2011: 1785 - 1792.

[22] DAVIS J V, KULIS B, JAIN P, et al. Information - theoretic metric learning [C]// International Conference on Machine Learning, 2007: 209 - 216.

[23] QUIONERO - CANDELA J, SUGIYAMA M, SCHWAIGHOFER A, et al. Dataset shift in machine learning [M]. Cambridge: The MIT Press, 2009.

[24] SHIMODAIRA H. Improving predictive inference under covariate shift by weighting the log - likelihood function [J]. Journal of statistical planning and inference, 2000, 90 (2): 227 - 244.

[25] STORKEY A J, SUGIYAMA M. Mixture regression for covariate shift [C]//Advances in Neural Information Processing Systems 19, 2007: 1337 - 1344.

[26] SUGIYAMA M, MÜLLER K - R. Input - dependent estimation of generalization error under covariate shift [J]. Statistics and decisions, 2005, 23 (4): 249 - 279.

[27] DUD'IK M, SCHAPIRE R, PHILLIPS S. Correcting sample selection bias in maximum entropy density estimation [C]//Advances in Neural Information Processing Systems 18, 2006: 323 - 330.

[28] HUANG J, SMOLA A J, GRETTON A, et al. Correcting sample selection bias by unlabeled data [C]//Advances in Neural Information Processing Systems 19, 2007: 601 - 608.

[29] ZADROZNY B. Learning and evaluating classifiers under sample selection bias [C]// International Conference on Machine Learning, 2004: 114 - 121.

[30] BLITZER J. Domain adaptation of natural language processing systems [D]. Philadelphia: University of Pennsylvania, 2008.

[31] BORGWARDT K M, GRETTON A, RASCH M J, et al. Integrating structured biological data by kernel maximum mean discrepancy [J]. Bioinformatics, 2006, 22 (4): 49 - 57.

[32] DAI W, XUE G R, YANG Q, et al. Transferring naive bayes classifiers for text classification [C]//The AAAI Conference on Artificial Intelligence, 2007: 540 - 545.

[33] LEWIS D D. Representation and learning in information retrieval [R]. University of Massachusetts, 1992.

[34] WANG Z, SONG Y, ZHANG C. Transferred dimensionality reduction [C]//The European Conference on Machine Learning and Knowledge Discovery in Databases, 2008: 550 - 565.

[35] BLITZER J, MCDONALD R, PEREIRA F. Domain adaptation with structural correspondence learning [C]//The Conference on Empirical Methods in Natural Language Processing, 2006: 120 - 128.

[36] DUAN L, TSANG I W, XU D, et al. Domain adaptation from multiple sources via auxiliary

classifiers [C]//International Conference on Machine Learning, 2009: 289 -296.

[37] BRUZZONE L, MARCONCINI M. Domain adaptation problems: a DASVM classification technique and a circular validation strategy [J]. IEEE transactions on pattern analysis and machine intelligence, 2010, 32 (5): 770 -787.

[38] JAIN A K, MURTY M N, LYNN P J. Data clustering: a review [J]. ACM computing surveys, 1999, 31 (3): 264 -323.

[39] XU R, WUNSCH II D. Survey of clustering algorithms [J]. IEEE transactions on neural networks, 2005, 16 (3): 645 -678.

[40] FODOR I K. Survey of dimension reduction techniques [J]. Neoplasia, 2002, 7 (5): 475 - 485.

[41] ROWEIS S, SAUL L. Nonlinear dimensionality reduction by locally linear embedding [C]// Science, 2000: 2323 -2326.

[42] DHILLON I S. Co - clustering documents and words using bipartite spectral graph partitioning [C]//The ACM SIGKDD International Conference on Knowledge Discovery and Data Mining, 2001: 269 -274.

[43] PAN S J, KWOK J T, YANG Q. Transfer learning via dimensionality reduction [C]//The AAAI Conference on Artificial Intelligence, 2008: 677 -682.

[44] DAI W, YANG Q, XUE G, et al. Boosting for transfer learning [C]//The 24th International Conference on Machine Learning, Corvalis, 2007: 193 -200.

[45] JIANG J, ZHAI C. Instance weighting for domain adaptation in NLP [C]//The 45th Annual Meeting of the Association of Computational Linguistics, 2007: 264 -271.

[46] LIAO X, XUE Y, CARIN L. Logistic regression with an auxiliary data source [C]//The 21st International Conference on Machine Learning, 2005: 505 -512.

[47] YIN X, HAN J, YANG J, et al. Efficient classification across multiple database relations: a crossmine approach [C]//IEEE Transactions on Knowledge and Data Engineering, 2006: 770 -783.

[48] KUNCHEVA L I, RODRIGUEZ J. Classifier ensembles with a random linear oracle [C]// IEEE Transactions on Knowledge and Data Engineering, 2007: 500 -508.

[49] BARALIS E, CHIUSANO S, GARZA P. A lazy approach to associative classification [C]// IEEE Transactions on Knowledge and Data Engineering, 2008: 156 -171.

[50] ZHU X. Semi - supervised learning literature survey [D]. Madison: University of Wisconsin - Madison, 2006.

[51] NIGAM K, MCCALLUM A K, THRUN S, et al. Text classification from labeled and unlabeled documents using EM [J]. Machine learning, 2000, 39 (2): 103 -134.

[52] BLUM A, MITCHELL T. Combining labeled and unlabeled data with co - training [C]// The Eleventh Annual Conference on Computational Learning Theory, 1998: 92 -100.

[53] JOACHIM S T. Transductive inference for text classification using support vector machines [C]//Sixteenth International Conference on Machine Learning, 1999: 825 -830.

[54] THRUN S, PRATT L. Learning to learn [M]. Berlin: Springer Science Business Media,

LLC, 1998.

[55] CARUANA R. Multitask learning [J]. Machine learning, 1997, 28 (1): 41 – 75.

[56] TZENG E, HOFFMAN J, SAENKO K, et al. Adversarial discriminative domain adaptation [C]//IEEE Conference on Computer Vision and Pattern Recognition, 2017: 2962 – 2971.

[57] SHEN J, QU Y, ZHANG W, et al. Wasserstein distance guided representation learning for domain adaptation [C]//The 32nd AAAI Conference on Artificial Intelligence, 2018: 4058 – 4065.

[58] HOFFMAN J, TZENG E, PARK T, et al. CyCADA: cycle – consistent adversarial domain adaptation [C]//The 35th International Conference on Machine Learning, 2018: 1994 – 2003.

[59] LONG M, CAO Z, WANG J, et al. Conditional adversarial domain adaptation [C]//The 32nd Annual Conference on Neural Information Processing Systems, 2018: 1640 – 1650.

[60] ZHANG Y, TANG H, JIA K, et al. Domain – symmetric networks for adversarial domain adaptation [C]//IEEE Conference on Computer Vision and Pattern Recognition, 2019: 5031 – 5040.

[61] ZHAO H, ZHANG S, WU G. et al. Adversarial multiple source domain adaptation [C]// The 32nd Annual Conference on Neural Information Processing Systems, 2018: 8559 – 8570.

[62] LEWIS D D, GALE W A. A sequential algorithm for training text classifiers [C]//The Annual International ACM SIGIR Conference on Research and Development in Information Retrieval, 2009: 3 – 12.

[63] SETTLE S B. Active learning literature survey [D]. Madison: University of Wisconsin – Madison, 2009.

[64] CHAN Y S, NG H T. Domain adaptation with active learning for word sense disambiguation [C]//The Annual Meeting of the Association for Computational Linguistics, 2007: 49 – 56.

[65] HARPALE A, YANG Y. Active learning for multi – task adaptive filtering [C]// International Conference on Machine Learning, 2010: 431 – 438.

[66] LIAO X, XUE Y, CARIN L. Logistic regression with an auxiliary data source [C]// International Conference on Machine Learning, 2005: 505 – 512.

[67] RAJAN S, GHOSH J, CRAWFORD M M. An active learning approach to knowledge transfer for hyperspectral data analysis [C]//IEEE International Conference on Geoscience and Remote Sensing Symposium, 2006: 541 – 54.

[68] SHI X, FAN W, REN J. Actively transfer domain knowledge [C]//The European conference on Machine Learning and Knowledge Discovery in Databases, 2008: 342 – 357.

[69] ZHAO P, HOI S C H. OTL: a framework of online transfer learning [C]//International Conference on Machine Learning, 2010: 1231 – 1238.

[70] DEKEL O, LONG P M, SINGER Y. Online learning of multiple tasks with a shared loss [J]. Journal of machine learning research, 2007 (8): 2233 – 2264.

[71] QI G J, AGGARWAL C, RUI Y, et al. Towards cross category knowledge propagation for

learning visual concepts [C]//IEEE International Conference on Computer Vision and Pattern Recognition, 2001: 897 –904.

[72] ZHA Z – J, MEI T, WANG M, et al. Robust distance metric learning with auxiliary knowledge [C]//International Joint Conference on Artificial Intelligence, 2009: 1327 – 1332.

[73] ZHANG Y, YEUNG D Y. Transfer metric learning by learning task relationships [C]//ACM SIGKDD International Conference on Knowledge Discovery and Data Mining, 2010: 1199 – 1208.

[74] TAN, SUN F, KONG T, et al. A survey on deep transfer learning [C]//The Internet Corporation for Assigned Names and Numbers (ICANN), 2018: 270 –279.

[75] DAI W, YANG Q, XUE G R, Yu Y. Boosting for transfer learning [C]//The 24th International Conference on Machine Learning, 2007: 193 –200.

[76] YAO Y, DORETTO G. Boosting for transfer learning with multiple sources [C]//Computer Vision and Pattern Recognition (CVPR), 2010: 1855 –1862.

[77] PARDOE D, STONE P. Boosting for regression transfer [C]//The 27th International Conference on International Conference on Machine Learning, 2010: 863 –870.

[78] WAN C, PAN R, LI J. Bi – weighting domain adaptation for cross – language text classification [C]//IJCAI Proceedings – International Joint Conference on Artificial Intelligence, 2011: 1535.

[79] LI N, HAO H, GU Q, et al. A transfer learning method for automatic identification of sandstone microscopic images [J]. Computers and geosciences, 2017 (103): 111 –121.

[80] XU Y, PAN S J, XIONG H, et al. A unified framework for metric transfer learning [C]// IEEE Transactions on Knowledge and Data Engineering, 2017: 1158 –1171.

[81] LIU X, LIU Z, WANG G, et al. Ensemble transfer learning algorithm [C]//IEEE Access 6, 2018: 2389 –2396.

[82] PAN S J, TSANG, I W, KWOK T, et al. Domain adaptation via transfer component analysis [C]//IEEE Transactions on Neural Networks, 2011: 199 –210.

[83] ZHANG J, LI W, OGUNBONA P. Joint geometrical and statistical alignment for visual domain adaptation [C]//Computer Vision and Pattern Recognition, 2017.

[84] TZENG E, HOFFMAN J, ZHANG N, et al. Deep domain confusion: maximizing for domain invariance [J]. Computing research repository1412. 3474, 2014

[85] LONG M, CAO Y, WANG J, et al. Learning transferable features with deep adaptation networks [C]//International Conference on Machine Learning, 2015: 97 –105.

[86] GRETTON A, SEJDINOVIC D, STRATHMANN H, et al. Optimal kernel choice for large – scale two – sample tests [C]//Conference and Workshop on Neural Information Processing Systems, 2012: 1205 –1213.

[87] LONG M, WANG J, JORDAN M I. Deep transfer learning with joint adaptation networks [J]. CoRR abs/1605. 06636, 2016.

[88] ARJOVSKY M, CHINTALA S, BOTTOU L. Wasserstein gan [J]. CoRR abs/1701. 07875,

2017.

[89] HUANG J T, LI J, YU D, et al. Cross – language knowledge transfer using multilingual deep neural network with shared hidden layers [C]//Acoustics, Speech and Signal Processing (ICASSP), 2013: 7304 – 7308.

[90] OQUAB M, BOTTOU L, LAPTEV I, et al. Learning and transferring mid – level image representations using convolutional neural networks [C]//Computer Vision and Pattern Recognition (CVPR), 2014: 1717 – 1724.

[91] LONG M, ZHU H, WANG J, et al. Unsupervised domain adaptation with residual transfer networks [C]//Advances in Neural Information Processing Systems, 2016: 136 – 144.

[92] ZHU H, LONG M, WANG J, et al. Deep hashing network for efficient similarity retrieval [C]//The Association for the Advance of Artificial Intelligence AAAI, 2016: 2415 – 2421.

[93] CHANG H, HAN J, ZHONG C, et al. Unsupervised transfer learning via multi – scale convolutional sparse coding for biomedical applications [C]//IEEE Transactions on Pattern Analysis and Machine Intelligence, 2017.

[94] GEORGE D, SHEN H, HUERTA E. Deep transfer learning: a new deep learning glitch classification method for advanced ligo [J]. CoRR abs/1706. 07446, 2017.

[95] YOSINSKI J, CLUNE J, BENGIO Y, et al. How transferable are features in deep neural networks? [C]//Advances in Neural Information Processing Systems, 2014: 3320 – 3328.

[96] AJAKAN H, GERMAIN P, LAROCHELLE H, et al. Domain adversarial neural networks [J]. CoRR abs/1412. 4446 (2014).

[97] GANIN Y, LEMPITSKY V. Unsupervised domain adaptation by backpropagation [J]. CoRR abs/1409. 7495 (2014).

[98] TZENG E, HOFFMAN J, DARRELL T, et al. Simultaneous deep transfer across domains and tasks [C]//Computer Vision (ICCV), 2015: 4068 – 4076.

[99] TZENG E, HOFFMAN J, SAENKO K, et al. Adversarial discriminative domain adaptation [C]//Computer Vision and Pattern Recognition (CVPR), 2017.

[100] LONG M, CAO Z, WANG J, et al. Domain adaptation with randomized multilinear adversarial networks [J]. CoRR abs/1705. 10667, 2017.

[101] LUO Z, ZOU Y, HOFFMAN J, et al. Label efficient learning of transferable representations acrosss domains and tasks [C]//Advances in Neural Information Processing Systems, 2017: 164 – 176.

[102] LAZARIC A. Transfer in reinforcement learning: a framework and a survey [M]// WIERING, VAN OTTERLO M. Reinforcement learning. Berlin: Springer – Verlag, 2012: 143 – 173.

# 第 2 章

# 基础知识

## 2.1　矩阵分析

由 $m \times n$ 个数 $a_{i,j}(i = 1,2,\cdots,m;j = 1,2,\cdots,n)$ 排成的 $m$ 行 $n$ 列的矩阵表称为 $m$ 行 $n$ 列矩阵，简称“ $m \times n$ 矩阵”。通常，用粗斜体字母表示矩阵，如

$$\boldsymbol{A} = \begin{bmatrix} a_{1,1} & a_{1,2} & \cdots & a_{1,n} \\ a_{2,1} & a_{2,2} & \cdots & a_{1,1} \\ \vdots & \vdots & & \vdots \\ a_{m,1} & a_{m,2} & \cdots & a_{m,n} \end{bmatrix} \tag{2.1}$$

矩阵中的数称为矩阵的元素，简称“元”。在矩阵 $\boldsymbol{A}$ 中，第 $i$ 行第 $j$ 列的元素表示为 $a_{i,j}$ 。特别地，若一个矩阵的行数与列数均为 $n$ ，则称为 $n$ 阶方阵，记作 $\boldsymbol{A}_n$ 。一个 $m \times n$ 矩阵既可以看作一个由 $m$ 个 $n$ 维向量构成的行向量组，也可以看作一个由 $n$ 个 $m$ 维列向量构成的列向量组。若矩阵 $\boldsymbol{A}$ 与矩阵 $\boldsymbol{B}$ 的行数相等且列数相等，则称这两个矩阵为同型矩阵；在此基础上，若它们在对应位置上的元素均相等，则称为这两个矩阵相等，即 $\boldsymbol{A} = \boldsymbol{B}$。

### 2.1.1　基本概念

**1. 矩阵的秩**

在一个 $m \times n$ 矩阵 $\boldsymbol{A}$ 中，任取其中的 $k$ 行和 $k$ 列（ $k \leqslant \min(m , n)$ ），对位于这些行列交叉处的 $k^2$ 个元素，将不改变它们在行列式中的位置次序而得到的 $k$ 阶行列式称为矩阵 $\boldsymbol{A}$ 中 $k$ 阶子式。在此基础上，当矩阵 $\boldsymbol{A}$ 中存在一个对应行列式不等于 0 的 $r$ 阶子式 $\boldsymbol{D}$ ，且所有 $r+1$ 阶子式的行列式均为 0 时，则称子式 $\boldsymbol{D}$ 为矩阵 $\boldsymbol{A}$ 的最高阶非零子式，$\boldsymbol{D}$ 的阶数 $\boldsymbol{r}$ 即矩阵 $\boldsymbol{A}$ 的秩（rank），记为 $R(\boldsymbol{A}) = r$。

**2. 矩阵运算**

1）矩阵加法

对于同型矩阵 $\boldsymbol{A}$ 和 $\boldsymbol{B}$，定义矩阵 $\boldsymbol{C}$ 为矩阵 $\boldsymbol{A}$ 和矩阵 $\boldsymbol{B}$ 的和矩阵，矩阵 $\boldsymbol{C}$ 的每个元素均等于矩阵 $\boldsymbol{A}$ 和矩阵 $\boldsymbol{B}$ 中对应位置上的元素的和，即

$$\boldsymbol{C} = \boldsymbol{A} + \boldsymbol{B} = \begin{bmatrix} a_{1,1} + b_{1,1} & a_{1,2} + b_{1,2} & \cdots & a_{1,n} + b_{1,n} \\ a_{2,1} + b_{2,1} & a_{2,2} + b_{2,2} & \cdots & a_{2,n} + b_{2,n} \\ \vdots & \vdots & & \vdots \\ a_{n,1} + b_{n,1} & a_{n,2} + b_{n,2} & \cdots & a_{n,n} + b_{n,n} \end{bmatrix} \tag{2.2}$$

在深度学习中，我们定义一种非常规的操作，即允许矩阵和向量相加，产生另一个矩阵：

$$C_{i,j} = A_{i,j} + b_j, \tag{2.3}$$

也就是将向量 $\boldsymbol{b}$ 与矩阵 $\boldsymbol{A}$ 的每行相加。我们将这种隐式地将向量 $\boldsymbol{b}$ 复制到很多位置的方式称为广播（broadcasting）。

2）矩阵乘法

矩阵乘法包括矩阵的数乘、矩阵与矩阵相乘、矩阵的哈达玛积（Hadamard product）。

矩阵的数乘定义为一个标量 $\lambda$ 与矩阵 $\boldsymbol{A}$ 的乘积，记作 $\lambda\boldsymbol{A}$ 或 $\boldsymbol{A}\lambda$，规定：

$$\lambda\boldsymbol{A} = \boldsymbol{A}\lambda = \begin{bmatrix} \lambda a_{1,1} & \lambda a_{1,2} & \cdots & \lambda a_{1,n} \\ \lambda a_{2,1} & \lambda a_{2,2} & \cdots & \lambda a_{2,n} \\ \vdots & \vdots & & \vdots \\ \lambda a_{n,1} & \lambda a_{n,2} & \cdots & \lambda a_{n,n} \end{bmatrix} \tag{2.4}$$

设矩阵 $\boldsymbol{A} \in \mathbf{R}^{m\times s}$ 是一个 $m\times s$ 矩阵，矩阵 $\boldsymbol{B} \in \mathbf{R}^{s\times n}$ 是一个 $s\times n$ 矩阵，规定矩阵 $\boldsymbol{A}$ 与矩阵 $\boldsymbol{B}$ 的乘积为一个 $m\times n$ 矩阵 $\boldsymbol{C} \in \mathbf{R}^{m\times n}$，其中：

$$c_{i,j} = a_{i,1}b_{1,j} + a_{i,2}b_{2,j} + \cdots + a_{i,s}b_{s,j} = \sum_{k=1}^{s} a_{i,k}b_{k,j}$$
$$(i = 1,2,\cdots,m;j = 1,2,\cdots,n) \tag{2.5}$$

由式（2.5）可知，矩阵 $\boldsymbol{C} = \boldsymbol{AB}$ 的第 $(i,j)$ 元素等于矩阵 $\boldsymbol{A}$ 的第 $i$ 行元素与矩阵 $\boldsymbol{B}$ 的第 $j$ 列元素的乘积之和。

矩阵乘法具有以下性质。

（1）分配律：$\boldsymbol{A}(\boldsymbol{B}+\boldsymbol{C}) = \boldsymbol{AB}+\boldsymbol{AC}$ 或 $(\boldsymbol{A}+\boldsymbol{B})\boldsymbol{C} = \boldsymbol{AC}+\boldsymbol{BC}$。

（2）结合律：$\boldsymbol{A}(\boldsymbol{BC}) = (\boldsymbol{AB})\boldsymbol{C}$。

矩阵的哈达玛积：设两个 $m\times n$ 的矩阵 $\boldsymbol{A} \in \mathbf{R}^{m\times n}$ 和矩阵 $\boldsymbol{B} \in \mathbf{R}^{m\times n}$ 的哈达玛积的结果为矩阵 $\boldsymbol{C} \in \mathbf{R}^{m\times n}$，则矩阵 $\boldsymbol{C}$ 的元素为矩阵 $\boldsymbol{A}$ 与矩阵 $\boldsymbol{B}$ 对应元素的乘积，即

$$\boldsymbol{C} = \boldsymbol{A}\cdot\boldsymbol{B} = \begin{bmatrix} a_{1,1}b_{1,1} & a_{1,2}b_{1,2} & \cdots & a_{1,n}b_{1,n} \\ a_{2,1}b_{2,1} & a_{2,2}b_{2,2} & \cdots & a_{2,n}b_{2,n} \\ \vdots & \vdots & & \vdots \\ a_{m,1}b_{m,1} & a_{m,2}b_{m,2} & \cdots & a_{m,n}b_{m,n} \end{bmatrix} \tag{2.6}$$

3）矩阵的转置

把将矩阵 $\boldsymbol{A} \in \mathbf{R}^{m\times n}$ 的行换成同序数的列所得的新矩阵称为矩阵 $\boldsymbol{A}$ 的转置（transpose），记作 $\boldsymbol{A}^{\mathrm{T}}$。矩阵转置满足的一些运算规律可以简化数学分析。例如：

（1）$(\boldsymbol{A}^{\mathrm{T}})^{\mathrm{T}} = \boldsymbol{A}$。

（2）$(\lambda\boldsymbol{A})^{\mathrm{T}} = \lambda\boldsymbol{A}^{\mathrm{T}}$。

（3）$(\boldsymbol{A}+\boldsymbol{B})^{\mathrm{T}} = \boldsymbol{A}^{\mathrm{T}}+\boldsymbol{B}^{\mathrm{T}}$。

（4）$(\boldsymbol{AB})^{\mathrm{T}} = \boldsymbol{B}^{\mathrm{T}}\boldsymbol{A}^{\mathrm{T}}$。

**3. 求导运算**

1）元素对矩阵求导公式

假定变量 $y$ 是一个标量，变量 $\boldsymbol{X}$ 是一个 $m\times n$ 的矩阵，即

$$\boldsymbol{X}=\begin{bmatrix} x_{11} & x_{12} & \cdots & x_{1n} \\ x_{21} & x_{22} & \cdots & x_{2n} \\ \vdots & \vdots & & \vdots \\ x_{m1} & x_{m2} & \cdots & x_{mn} \end{bmatrix} \tag{2.7}$$

那么 $y$ 对 $\boldsymbol{X}$ 的偏导数为

$$\frac{\partial y}{\partial \boldsymbol{X}}=\begin{bmatrix} \frac{\partial y}{\partial x_{11}} & \frac{\partial y}{\partial x_{12}} & \cdots & \frac{\partial y}{\partial x_{1n}} \\ \frac{\partial y}{\partial x_{21}} & \frac{\partial y}{\partial x_{22}} & \cdots & \frac{\partial y}{\partial x_{2n}} \\ \vdots & \vdots & & \vdots \\ \frac{\partial y}{\partial x_{m1}} & \frac{\partial y}{\partial x_{m2}} & \cdots & \frac{\partial y}{\partial x_{mn}} \end{bmatrix} \tag{2.8}$$

2）元素对向量求导公式

假定变量 $y$ 是一个标量，变量 $\boldsymbol{x}$ 是一个 $n\times 1$ 的列向量，即 $\boldsymbol{x}=[x_1 \quad x_2 \quad \cdots \quad x_n]^{\mathrm{T}}$，那么 $y$ 对 $\boldsymbol{x}$ 的偏导数为

$$\frac{\partial y}{\partial \boldsymbol{x}}=\begin{bmatrix} \frac{\partial y}{\partial x_1} \\ \frac{\partial y}{\partial x_2} \\ \vdots \\ \frac{\partial y}{\partial x_n} \end{bmatrix} \tag{2.9}$$

3）向量对向量求导公式

假定变量 $\boldsymbol{y}$ 是一个 $m\times 1$ 的列向量，即 $\boldsymbol{y}=[y_1 \quad y_2 \quad \cdots \quad y_m]^{\mathrm{T}}$，变量 $\boldsymbol{x}$ 是一个 $n\times 1$ 的列向量，即 $\boldsymbol{x}=[x_1 \quad x_2 \quad \cdots \quad x_n]^{\mathrm{T}}$，那么 $\boldsymbol{y}$ 对 $\boldsymbol{x}$ 的偏导数是一个雅可比矩阵，为

$$\frac{\partial \boldsymbol{y}}{\partial \boldsymbol{x}}=\begin{bmatrix} \frac{\partial y_1}{\partial x_1} & \frac{\partial y_1}{\partial x_2} & \cdots & \frac{\partial y_1}{\partial x_n} \\ \frac{\partial y_2}{\partial x_1} & \frac{\partial y_2}{\partial x_2} & \cdots & \frac{\partial y_2}{\partial x_n} \\ \vdots & \vdots & & \vdots \\ \frac{\partial y_m}{\partial x_1} & \frac{\partial y_m}{\partial x_2} & \cdots & \frac{\partial y_m}{\partial x_n} \end{bmatrix} \tag{2.10}$$

4）矩阵求导的链式法则

矩阵的链式求导法则比较复杂，这里只介绍复合函数的变量 $\boldsymbol{y}$ 是标量的情况。设 $\boldsymbol{y}=f(\boldsymbol{u})$，$\boldsymbol{u}=g(\boldsymbol{X})$。其中，$y$ 是标量；$\boldsymbol{u}$ 是列向量，即 $\boldsymbol{u}=[u_1 \quad u_2 \quad \cdots \quad u_m]^{\mathrm{T}}$；$\boldsymbol{X}$ 是矩阵，即

$$\boldsymbol{X}=\begin{bmatrix} x_{11} & x_{12} & \cdots & x_{1n} \\ x_{21} & x_{22} & \cdots & x_{2n} \\ \vdots & \vdots & & \vdots \\ x_{m1} & x_{m2} & \cdots & x_{mn} \end{bmatrix} \tag{2.11}$$

可得

$$\frac{\partial y}{\partial x_{i,j}} = \sum_{k}^{m} \frac{\partial y}{\partial u_k} \frac{\partial u_k}{\partial x_{i,j}} \tag{2.12}$$

式中，$\frac{\partial y}{\partial u_k}$ 为标量。根据元素对矩阵求导公式，可得

$$\frac{\partial y}{\partial \boldsymbol{X}} = \sum_{k}^{m} \frac{\partial y}{\partial u_k} \frac{\partial u_k}{\partial \boldsymbol{X}} \tag{2.13}$$

5）向量求导的链式法则

变量 $\boldsymbol{y}$ 是列向量，即 $\boldsymbol{y} = [y_1 \quad y_2 \quad \cdots \quad y_n]^{\mathrm{T}}$ 。设 $\boldsymbol{y} = f(\boldsymbol{u})$ ，$\boldsymbol{u} = g(\boldsymbol{x})$ ，$\boldsymbol{u}$ 和 $\boldsymbol{x}$ 均为列向量。根据雅可比矩阵的传递性，可得

$$\frac{\partial \boldsymbol{y}}{\partial \boldsymbol{x}} = \frac{\partial \boldsymbol{y}}{\partial \boldsymbol{u}} \frac{\partial \boldsymbol{u}}{\partial \boldsymbol{x}} \tag{2.14}$$

变量 $y$ 是标量。设 $y = f(\boldsymbol{u})$ ，$\boldsymbol{u} = g(\boldsymbol{x})$ ，$\boldsymbol{u}$ 和 $\boldsymbol{x}$ 均为列向量。根据雅可比矩阵性质和元素对向量求导公式，可得

$$\frac{\partial y}{\partial \boldsymbol{x}} = \left(\frac{\partial \boldsymbol{u}}{\partial \boldsymbol{x}}\right)^{\mathrm{T}} \frac{\partial y}{\partial \boldsymbol{u}} \tag{2.15}$$

**4. 特殊矩阵**

1）零矩阵

所有元素均为 0 的矩阵称为零矩阵，记作 $\boldsymbol{0}$。规定零矩阵的秩为 0。

2）单位矩阵

主对角线元素均为 1，其他位置元素均为 0 的矩阵，称为单位矩阵，并将 $n$ 阶单位矩阵记为 $\boldsymbol{I}_n$ 。任意矩阵与同阶单位矩阵的乘积均为原矩阵。

3）可逆矩阵

对于 $n$ 阶矩阵 $\boldsymbol{A}$ ，如果存在 $n$ 阶矩阵 $\boldsymbol{B}$ 使 $\boldsymbol{AB} = \boldsymbol{BA} = \boldsymbol{I}_n$ 成立，则矩阵 $\boldsymbol{A}$ 是可逆的，矩阵 $\boldsymbol{B}$ 称为矩阵 $\boldsymbol{A}$ 的逆矩阵。矩阵 $\boldsymbol{A}$ 的逆矩阵记为 $\boldsymbol{A}^{-1}$ ，即 $\boldsymbol{B} = \boldsymbol{A}^{-1}$ 。如果矩阵 $\boldsymbol{A}$ 可逆，则其逆矩阵 $\boldsymbol{A}^{-1}$ 存在且唯一。对应行列式的值不为 0，是判定矩阵可逆的充要条件。

4）对角矩阵

只在主对角线上含有非零元素，其他位置元素均为 0 的矩阵称为对角矩阵，记作 $\mathrm{diag}(\boldsymbol{v})$ ，其中 $\boldsymbol{v}$ 是由对角矩阵的主对角线元素构成的行向量。单位矩阵是一种特殊的对角矩阵。

5）对称矩阵

若矩阵 $\boldsymbol{A}$ 与它的转置矩阵 $\boldsymbol{A}^{\mathrm{T}}$ 相等，即 $\boldsymbol{A} = \boldsymbol{A}^{\mathrm{T}}$，则称矩阵 $\boldsymbol{A}$ 是对称矩阵。特别地，如果对称矩阵 $\boldsymbol{A}$ 的特征值都为实数，则称矩阵 $\boldsymbol{A}$ 为实对称矩阵。

6）正交矩阵

正交矩阵是指行向量和列向量均为标准正交向量的方阵，它满足条件：$\boldsymbol{A}\boldsymbol{A}^{\mathrm{T}} = \boldsymbol{A}^{\mathrm{T}}\boldsymbol{A} = \boldsymbol{I}$。结合可逆矩阵的定义，即可得正交矩阵 $\boldsymbol{A}$ 满足 $\boldsymbol{A}^{-1} = \boldsymbol{A}^{\mathrm{T}}$。

7）正定矩阵

对于给定的 $n$ 阶方阵 $\boldsymbol{A}$ ，如果对于任何非零向量 $\boldsymbol{x}$ 都有

$$\boldsymbol{x}^{\mathrm{T}}\boldsymbol{A}\boldsymbol{x} > 0 \tag{2.16}$$

则称这样的矩阵 $\boldsymbol{A}$ 为正定矩阵。正定矩阵满足以下性质。

(1) 正定矩阵的行列式恒为正。

(2) 实对称矩阵 $\boldsymbol{A}$ 正定当且仅当 $\boldsymbol{A}$ 与单位矩阵合同①。

(3) 两个正定矩阵的和仍为正定矩阵。

(4) 正实数与正定矩阵的乘积仍为正定矩阵。

(5) 正定矩阵的逆矩阵仍为正定矩阵。

### 2.1.2 矩阵分解

**1. 特征分解**

特征分解是指将矩阵分解为一组特征值与特征向量的乘积。设 $\boldsymbol{A}$ 是 $n$ 阶方阵，如果存在实数 $\lambda$ 和 $n$ 维非零列向量 $\boldsymbol{x}$，能使

$$\boldsymbol{Ax} = \lambda\boldsymbol{x} \tag{2.17}$$

成立，则将 $\lambda$ 称为矩阵 $\boldsymbol{A}$ 的特征值，将非零向量 $\boldsymbol{x}$ 称为矩阵 $\boldsymbol{A}$ 对应于特征值 $\lambda$ 的特征向量。

式（2.17）也可以写为

$$(\boldsymbol{A} - \lambda\boldsymbol{E})x = 0 \tag{2.18}$$

这是一个含有 $n$ 个未知数 $n$ 个方程的齐次线性方程组，它有非零解的充分必要条件为系数行列式

$$|\boldsymbol{A} - \lambda\boldsymbol{E}| = 0 \tag{2.19}$$

即

$$\begin{vmatrix} a_{1,1}-\lambda & a_{1,2} & \cdots & a_{1,n} \\ a_{2,1} & a_{2,2}-\lambda & \cdots & a_{2,n} \\ \vdots & \vdots & & \vdots \\ a_{n,1} & a_{n,2} & \cdots & a_{n,n}-\lambda \end{vmatrix} = 0 \tag{2.20}$$

通过求解式（2.20），即可得到矩阵 $\boldsymbol{A}$ 的所有特征值及其对应的特征向量。

如果 $\boldsymbol{x}$ 是矩阵 $\boldsymbol{A}$ 的特征向量，则任何缩放后的向量 $s\boldsymbol{x}(s \in \mathbf{R}, s \neq 0)$ 也是矩阵 $\boldsymbol{A}$ 的特征向量，且 $s\boldsymbol{x}$ 与 $\boldsymbol{x}$ 有相同的特征值。因此，我们通常只考虑单位特征向量。假设矩阵 $\boldsymbol{A}$ 有 $n$ 个线性无关的特征向量 $\boldsymbol{v}_1, \boldsymbol{v}_2, \cdots \boldsymbol{v}_n$，它们分别对应于特征值 $\lambda_1, \lambda_2, \cdots, \lambda_n$。我们将特征向量连接成一个矩阵，即 $\boldsymbol{V} = [\boldsymbol{v}_1 \quad \boldsymbol{v}_2 \quad \cdots \quad \boldsymbol{v}_n]$。与之类似，我们也可以将特征值排列成一个向量 $\boldsymbol{\lambda} = (\lambda_1, \lambda_2, \cdots, \lambda_n)$，并以此构造对角矩阵 $\boldsymbol{\Lambda}$。因此，矩阵 $\boldsymbol{A}$ 的特征分解可以记作 $\boldsymbol{A} = \boldsymbol{V\Lambda V}^{-1}$。

只有可以对角化的矩阵才能进行特征分解。在此，给出矩阵对角化的定义：对于 $n$ 阶矩阵 $\boldsymbol{A}$ 和 $\boldsymbol{B}$，若存在可逆矩阵 $\boldsymbol{P}$，能使

$$\boldsymbol{P}^{-1}\boldsymbol{AP} = \boldsymbol{B} \tag{2.21}$$

成立，则称矩阵 $\boldsymbol{B}$ 是矩阵 $\boldsymbol{A}$ 的相似矩阵，或者说矩阵 $\boldsymbol{A}$ 与矩阵 $\boldsymbol{B}$ 相似。式（2.21）的这一过程即对矩阵 $\boldsymbol{A}$ 进行相似变换，我们把可逆矩阵 $\boldsymbol{P}$ 称为矩阵 $\boldsymbol{A}$ 到矩阵 $\boldsymbol{B}$ 的相似变换矩阵。当矩阵 $\boldsymbol{B}$ 为对角矩阵 $\boldsymbol{\Lambda}$ 时，可通过相似变换矩阵 $\boldsymbol{P}$，使

---

① 两个矩阵 $\boldsymbol{A}$ 和 $\boldsymbol{B}$ 是合同的，当且仅当存在可逆矩阵 $\boldsymbol{P}$，使 $\boldsymbol{A} = \boldsymbol{P}^{\mathrm{T}}\boldsymbol{BP}$ 成立。

$$P^{-1}AP = \Lambda \tag{2.22}$$

式（2.21）的这一过程就称为矩阵 $\boldsymbol{A}$ 的对角化。

**2. 奇异值分解**

奇异值分解（singular value decomposition，SVD）是另一种常用的矩阵分解方法，其可以对特征分解无法处理的非可对角化矩阵进行分解。对于任意 $m \times n$ 矩阵 $\boldsymbol{A}$，奇异值分解都可以将 $\boldsymbol{A}$ 分解成一个 $m \times m$ 矩阵 $\boldsymbol{U}$、一个 $m \times n$ 矩阵 $\boldsymbol{D}$ 和一个 $n \times n$ 矩阵 $\boldsymbol{V}$ 的乘积，即

$$\boldsymbol{A} = \boldsymbol{U}\boldsymbol{D}\boldsymbol{V}^{\mathrm{T}} \tag{2.23}$$

式（2.23）中的分解方式就称为奇异值分解。

对于矩阵 $\boldsymbol{D}$，有 $D_{ii} = \sigma_i$ 且其他位置的元素均为 0，$\sigma_i$ 为非负数且满足 $\sigma_1 \geqslant \sigma_2 \geqslant \cdots \geqslant 0$，其中 $\sigma_i$ 称为奇异值（singular value）。矩阵 $\boldsymbol{A}$ 的秩等于非零奇异值的个数。矩阵 $\boldsymbol{U}$ 和矩阵 $\boldsymbol{V}$ 均为正交矩阵，其中矩阵 $\boldsymbol{U}$ 的列向量 $\boldsymbol{u}_i$ 称为矩阵 $\boldsymbol{A}$ 的左奇异向量，矩阵 $\boldsymbol{V}$ 的列向量 $\boldsymbol{v}_i$ 称为矩阵 $\boldsymbol{A}$ 的右奇异向量。我们给矩阵 $\boldsymbol{A}$ 左乘它的转置 $\boldsymbol{A}^{\mathrm{T}}$，得到方阵 $\boldsymbol{A}^{\mathrm{T}}\boldsymbol{A}$，对这个方阵进行特征分解，有

$$(\boldsymbol{A}^{\mathrm{T}}\boldsymbol{A})\boldsymbol{v}_i = \lambda_i \boldsymbol{v}_i \tag{2.24}$$

由此得到的 $\boldsymbol{v}_i$ 就是矩阵 $\boldsymbol{A}$ 的右奇异向量。此外，我们还可以得到

$$\sigma_i = \sqrt{\lambda_i}, \tag{2.25}$$

$$\boldsymbol{u}_i = \frac{1}{\sigma_i}\boldsymbol{A}\boldsymbol{v}_i \tag{2.26}$$

这里的 $\sigma_i$ 就是上面定义的奇异值，$\boldsymbol{u}_i$ 就是矩阵 $\boldsymbol{A}$ 的左奇异向量。

**3. LU 分解**

LU 分解是矩阵分解的一种，其将一个 $n \times n$ 方阵 $\boldsymbol{A}$ 分解为一个下三角矩阵 $\boldsymbol{L}$ 和一个上三角矩阵 $\boldsymbol{U}$ 的乘积。

令 $\boldsymbol{A} = \boldsymbol{L}\boldsymbol{U}$，记

$$\begin{bmatrix} a_{11} & a_{12} & \cdots & a_{1n} \\ a_{21} & a_{22} & \cdots & a_{2n} \\ \vdots & \vdots & & \vdots \\ a_{n1} & a_{n2} & \cdots & a_{nn} \end{bmatrix} = \begin{bmatrix} 1 & 0 & \cdots & 0 \\ l_{21} & 1 & \cdots & 0 \\ \vdots & \vdots & & \vdots \\ l_{n1} & l_{n2} & \cdots & 1 \end{bmatrix} \begin{bmatrix} u_{11} & u_{12} & \cdots & u_{1n} \\ 0 & u_{22} & \cdots & u_{2n} \\ \vdots & \vdots & & \vdots \\ 0 & 0 & \cdots & u_{nn} \end{bmatrix} \tag{2.27}$$

由矩阵乘法，得

$$\begin{cases} u_{1j} = a_{1j}, & j = 1:n \\ l_{i1} = \dfrac{a_{i1}}{u_{11}}, & i = 2:n \end{cases} \tag{2.28}$$

和

$$\begin{cases} u_{ij} = a_{ij} - \displaystyle\sum_{k=1}^{i-1} l_{ik}u_{kj}, & j = i:n \\ l_{ij} = \dfrac{\left(a_{ij} - \displaystyle\sum_{k=1}^{j-1} l_{ik}u_{kj}\right)}{u_{jj}}, & i = j+1:n \end{cases} \tag{2.29}$$

**4. QR 分解**

设 $n \times n$ 矩阵 $\boldsymbol{A}$ 的秩为 $n$，QR 分解都可以将 $\boldsymbol{A}$ 为一个 $n \times n$ 正交矩阵 $\boldsymbol{Q}$、一个 $n \times n$ 上

三角矩阵 $\boldsymbol{R}$，即

$$\boldsymbol{A}=\boldsymbol{Q}\boldsymbol{R} \tag{2.30}$$

式（2.30）中的分解方式就称为 QR 分解。将矩阵 $\boldsymbol{A}$ 按列向量分块：

$$\boldsymbol{A}=[\boldsymbol{\alpha}_1 \quad \boldsymbol{\alpha}_2 \quad \cdots \quad \boldsymbol{\alpha}_n] \tag{2.31}$$

由于矩阵 $\boldsymbol{A}$ 是满秩的，故 $\boldsymbol{\alpha}_1$，$\boldsymbol{\alpha}_2$，…，$\boldsymbol{\alpha}_n$ 是线性无关的，用 Schmidt 正交化将线性无关的向量组 $\{\boldsymbol{\alpha}_i\}$ 正交化得 $\{\boldsymbol{\beta}_i\}$，再单位化得 $\{\boldsymbol{q}_i\}$，即

1）正交化

$$\begin{gathered}
\boldsymbol{\beta}_1=\boldsymbol{\alpha}_1,\\
\boldsymbol{\beta}_2=\boldsymbol{\alpha}_2-\frac{(\boldsymbol{\alpha}_2,\boldsymbol{\beta}_1)}{(\boldsymbol{\beta}_1,\boldsymbol{\beta}_1)}\boldsymbol{\beta}_1\\
\boldsymbol{\beta}_3=\boldsymbol{\alpha}_3-\frac{(\boldsymbol{\alpha}_3,\boldsymbol{\beta}_1)}{(\boldsymbol{\beta}_1,\boldsymbol{\beta}_1)}\boldsymbol{\beta}_1-\frac{(\boldsymbol{\alpha}_3,\boldsymbol{\beta}_2)}{(\boldsymbol{\beta}_2,\boldsymbol{\beta}_2)}\boldsymbol{\beta}_2\\
\vdots \qquad \vdots \qquad \vdots \qquad \vdots\\
\boldsymbol{\beta}_n=\boldsymbol{\alpha}_n-\frac{(\boldsymbol{\alpha}_n,\boldsymbol{\beta}_1)}{(\boldsymbol{\beta}_1,\boldsymbol{\beta}_1)}\boldsymbol{\beta}_1-\frac{(\boldsymbol{\alpha}_n,\boldsymbol{\beta}_2)}{(\boldsymbol{\beta}_2,\boldsymbol{\beta}_2)}\boldsymbol{\beta}_2-\cdots-\frac{(\boldsymbol{\alpha}_n,\boldsymbol{\beta}_{n-1})}{(\boldsymbol{\beta}_{n-1},\boldsymbol{\beta}_{n-1})}\boldsymbol{\beta}_{n-1}.
\end{gathered} \tag{2.32}$$

2）单位化

$$\boldsymbol{q}_1=\frac{\boldsymbol{\beta}_1}{\|\boldsymbol{\beta}_1\|},\boldsymbol{q}_2=\frac{\boldsymbol{\beta}_2}{\|\boldsymbol{\beta}_2\|},\cdots,\boldsymbol{q}_n=\frac{\boldsymbol{\beta}_n}{\|\boldsymbol{\beta}_n\|} \tag{2.33}$$

且可得

$$\begin{gathered}
\boldsymbol{\alpha}_1=c_{11}\boldsymbol{q}_1\\
\boldsymbol{\alpha}_2=c_{21}\boldsymbol{q}_1+c_{22}\boldsymbol{q}_2\\
\boldsymbol{\alpha}_3=c_{31}\boldsymbol{q}_1+c_{32}\boldsymbol{q}_2+c_{33}\boldsymbol{q}_3\\
\vdots \qquad \vdots \qquad \vdots \qquad \vdots\\
\boldsymbol{\alpha}_n=c_{n1}\boldsymbol{q}_1+c_{n2}\boldsymbol{q}_2+c_{n3}\boldsymbol{q}_3+\cdots+c_{nn}\boldsymbol{q}_n
\end{gathered} \tag{2.34}$$

其中 $c_{ii}=|\boldsymbol{\beta}_i|>0$，$i=1$，2，…，$n$，于是

$$\begin{aligned}
\boldsymbol{A}&=[\boldsymbol{\alpha}_1 \quad \boldsymbol{\alpha}_2 \quad \cdots \quad \boldsymbol{\alpha}_n]\\
&=[c_{11}\boldsymbol{q}_1 \quad c_{21}\boldsymbol{q}_1+c_{22}\boldsymbol{q}_2 \quad \cdots \quad c_{n1}\boldsymbol{q}_1+c_{n2}\boldsymbol{q}_2+\cdots+c_{nn}\boldsymbol{q}_n]\\
&=[\boldsymbol{q}_1 \quad \boldsymbol{q}_2 \quad \cdots \quad \boldsymbol{q}_n]\begin{bmatrix} c_{11} & c_{21} & \cdots & c_{n1}\\ 0 & c_{22} & \cdots & c_{n2}\\ \vdots & \vdots & & \vdots\\ 0 & 0 & \cdots & c_{nn}\end{bmatrix}\\
&=\boldsymbol{Q}\boldsymbol{R}
\end{aligned} \tag{2.35}$$

最终得到的 $\boldsymbol{Q}=[\boldsymbol{q}_1 \quad \boldsymbol{q}_2 \quad \cdots \quad \boldsymbol{q}_n]$ 是正交矩阵，$\boldsymbol{R}=\begin{bmatrix} c_{11} & c_{21} & \cdots & c_{n1}\\ 0 & c_{22} & \cdots & c_{n2}\\ \vdots & \vdots & & \vdots\\ 0 & 0 & \cdots & c_{nn}\end{bmatrix}$ 是上三角矩阵。

# 2.2　概率论

## 2.2.1　随机变量

在概率论中，样本空间（sample space）是一个随机实验所有可能结果的集合。在一个给定的随机实验的样本空间 $S=\{e\}$ 中，若 $X=X(e)$ 是定义在样本空间 $S$ 上的实值单值函数，则称 $X=X(e)$ 为随机变量（random variable）。随机变量包括离散型随机变量（discrete random variable）、连续型随机变量（continuous random variable）。

存在这样一类随机变量，其全部可能的取值是有限个或可列无限多个，我们称这种随机变量为离散型随机变量。例如，抛 10 次硬币可得到的正面向上的次数为 $n$，$n$ 的取值是 0，1，2，…，10 之中的任意一个数，次数 $n$ 即一个离散型随机变量。

对另一类随机变量而言，其全部可能的取值充满一个区间，无法按一定次序将其一一列举，我们称这样的随机变量为连续型随机变量。例如，某灯泡的使用寿命为 $T$，其取值可能是某区间的任意实数，使用寿命 $T$，为一个连续型随机变量。

## 2.2.2　概率分布

概率分布用于描述随机变量取值的概率规律，不同类型的随机变量有不同的概率分布形式。

**1. 离散型随机变量的概率分布**

离散型随机变量的概率分布可以用概率质量函数（probability mass function，PMF）来描述，通常用大写字母 $P$ 来表示质量概率函数。设离散型随机变量 $X$ 的所有可能的取值为 $x_k(k=1,2,\cdots)$，则取各可能值的概率（即事件 $X=x_k$ 的概率）为

$$P\{X=x_k\}=p_k,(k=1,2,\cdots) \tag{2.36}$$

由概率定义可知，$p_k$ 满足以下两个条件。

(1) $p_k \geqslant 0, k=1,2,\cdots$。

(2) $\sum_{k=1}^{+\infty} p_k=1$。

条件（2）之所以成立，是因为 $\{X=x_1\} \cup \{X=x_2\} \cup \cdots$ 为必然事件，且 $\{X=x_i\} \cap \{X=x_j\}=\varnothing(i \neq j)$，所以有 $P(\cup_{k=1}^{+\infty} X=x_k)=\sum_{k=1}^{+\infty} P\{X=x_k\}=1$。

我们称式（2.36）为离散型随机变量 $X$ 的分布律，分布律也可以用表格的形式来直观地表示，如

| $X$ | $x_1$ | $x_2$ | … | $x_n$ | … |
|---|---|---|---|---|---|
| $P$ | $p_1$ | $p_2$ | … | $p_n$ | … |

(2.37)

**2. 连续型随机变量的分布函数**

对于连续型随机变量 $X$，由于其可能的取值不能像连续型随机变量那样一一列举，因而就不能用分布律来描述概率分布。对于随机变量 $X$，若存在任意实数 $x$，有函数

$$F(x) = P\{X \leqslant x\}, (-\infty < x < +\infty) \tag{2.38}$$

则将 $F(x)$ 称为 $X$ 的分布函数。

基于此，对于任意实数 $x_1$、$x_2(x_1 < x_2)$，有

$$P\{x_1 < X \leqslant x_2\} = P\{X \leqslant x_2\} - P\{X \leqslant x_1\} = F(x_2) - F(x_1) \tag{2.39}$$

由式（2.39）可知，若已知 $X$ 的分布函数，就可以知道 $X$ 落在任一区间 $(x_1, x_2)$ 的概率。对于连续型随机变量若存在任意实数 $x$，有非负函数 $f(x)$，使得

$$F(x) = \int_{-\infty}^{x} f(t)\,\mathrm{d}t \tag{2.40}$$

则 $F(x)$ 就是 $X$ 的分布函数，其中非负函数 $f(x)$ 称为 $X$ 的概率密度函数（probability density function，PDF)，简称“概率密度”。

**3. 边缘分布**

在已知一组变量的联合概率分布的条件下，有时会考察其中一个随机变量的概率分布，我们将这种单一变量的概率分布称为边缘概率分布（marginal probability distribution)。以二维随机变量 $(X,Y)$ 为例，其两个一维分量 $X$ 和 $Y$ 均为随机变量，且有各自的分布函数 $F_X(x)$ 和 $F_Y(y)$。这两个分布函数即随机变量 $(X,Y)$ 关于 $X$ 和关于 $Y$ 的边缘分布函数。边缘分布函数可以由 $(X,Y)$ 的联合概率分布函数 $F(x,y)$ 来确定，如

$$F_X(x) = P\{X \leqslant x\} = P\{X \leqslant x, Y < +\infty\} = F(x, +\infty) \tag{2.41}$$

即

$$F_X(x) = F(x, +\infty) \tag{2.42}$$

也就是说，只要在函数 $F(x,y)$ 中令 $y \to +\infty$，就能得到 $F_X(x)$。同理，令 $x \to +\infty$，可得

$$F_Y(y) = F(+\infty, y) \tag{2.43}$$

对于离散型随机变量，记

$$p_{i\cdot} = \sum_{j=1}^{+\infty} p_{ij} = P_X = x_i, (i = 1,2,\cdots)$$

$$p_{\cdot j} = \sum_{i=1}^{+\infty} p_{ij} = P_Y = y_j, (j = 1,2,\cdots) \tag{2.44}$$

我们称 $p_{i\cdot}(i = 1,2,\cdots)$ 和 $p_{\cdot j}(j = 1,2,\cdots)$ 为二维离散型随机变量 $(X,Y)$ 关于 $X$ 和关于 Y 的边缘分布律①。

对于连续型随机变量 $(X,Y)$，设它的概率密度函数为 $f(x,y)$，由式（2.42)，有

$$F_X(x) = F(x, +\infty) = \int_{-\infty}^{x} \left( \int_{-\infty}^{+\infty} f(x,y)\,\mathrm{d}y \right) \mathrm{d}x \tag{2.45}$$

则随机变量 $X$ 的概率密度为

$$f_X(x) = \int_{-\infty}^{+\infty} f(x,y)\,\mathrm{d}y \tag{2.46}$$

同理 $Y$ 的概率密度为

$$f_Y(y) = \int_{-\infty}^{+\infty} f(x,y)\,\mathrm{d}x \tag{2.47}$$

---

① 记号 $p_{i\cdot}$ 中的“·”表示 $p_{i\cdot}$，是由 $p_{ij}$ 关于 $j$ 求和后得到的；同理，$p_{\cdot j}$ 是由 $p_{ij}$ 关于 $i$ 求和后得到的。

$f_X(x)$ 和 $f_Y(y)$ 分别称为二维连续型随机变量 $(X,Y)$ 关于 $X$ 和关于 $Y$ 的边缘概率密度。

**4. 条件分布**

有时需要考察某个事件在其他事件发生的条件下的出现概率，这样的概率称为条件概率。对于给定的随机事件 $X=x$，它在事件 $Y=y$ 发生的情况下的条件概率为 $P\{X=x \mid Y=y\}$。其可以通过以下公式进行计算：

$$P\{X=x \mid Y=y\}=\frac{P\{X=x,Y=y\}}{P\{Y=y\}} \tag{2.48}$$

由式（2.48）可知，要想计算条件概率 $P\{X=x \mid Y=y\}$，则事件 $Y$ 不能为不可能事件，即条件事件发生的概率 $P\{Y=y\}$ 必须大于0。

对于二维离散型随机变量 $(X,Y)$，当 $j$ 固定时，若 $P\{Y=y_j\}>0$，则称

$$P\{X=x_i \mid Y=y_j\}=\frac{P\{X=x_i,Y=y_j\}}{P\{Y=y_j\}}=\frac{p_{ij}}{p_{\cdot j}},(i=1,2,\cdots) \tag{2.49}$$

为在事件 $Y=y_j$ 发生的条件下随机变量 $X$ 的条件分布律。同理，当 $i$ 固定时，若 $P\{X=x_i\}>0$，则称

$$P\{Y=y_j \mid X=x_i\}=\frac{P\{X=x_i,Y=y_j\}}{P\{X=x_i\}}=\frac{p_{ij}}{p_{i\cdot}},(j=1,2,\cdots) \tag{2.50}$$

为 $X=x_i$ 条件下随机变量 $Y$ 的条件分布律。

对于二维连续型随机变量 $(X,Y)$，记其概率密度为 $f(x,y)$，其关于随机变量 $Y$ 的边缘概率密度为 $f_Y(y)$。若对于固定的 $y$ 有 $f_Y(y)>0$，则在 $Y=y$ 的条件下随机变量 $X$ 的条件概率密度为

$$f_{X|Y}(x|y)=\frac{f(x,y)}{f_Y(y)} \tag{2.51}$$

且称 $\int_{-\infty}^{x} f_{X|Y}(x|y)\mathrm{d}x=\int_{-\infty}^{x}\frac{f(x,y)}{f_Y(y)}\mathrm{d}x$ 为 $Y=y$ 的条件下随机变量 $Y$ 的条件分布函数，即

$$F_{X|Y}(x|y)=P\{X\leqslant x \mid Y=y\}=\int_{-\infty}^{x}\frac{f(x,y)}{f_Y(y)}\mathrm{d}x \tag{2.52}$$

同理，可以定义 $f_{Y|X}(y|x)=\frac{f(x,y)}{f_X(x)}$ 和 $F_{Y|X}(y|x)=\int_{-\infty}^{y}\frac{f(x,y)}{f_X(x)}\mathrm{d}y$

### 2.2.3　随机变量的数字特征

设有 $A$ 和 $B$ 两个事件，如果满足

$$P(AB)=P(A)P(B) \tag{2.53}$$

则称事件 $A$、$B$ 相互独立。进而，设 $F(x,y)$，及 $F_X(x)$、$F_Y(y)$ 分别是二维随机变量 $(X,Y)$ 的分布函数及边缘分布函数，若对于所有的 $x$ 和 $y$ 有

$$P\{X\leqslant x,Y\leqslant y\}=P\{X\leqslant x\}P\{Y\leqslant y\} \tag{2.54}$$

即

$$F(x,y)=F_X(x)F_Y(y) \tag{2.55}$$

则称随机变量 $X$ 和 $Y$ 是相互独立的。我们称一组相互独立且服从同一概率分布的随机变量独立同分布（independent identically distribution，IID）。

**1. 数学期望**

数学期望（expectation）是随机变量每次取值与其相应概率的乘积的总和，反映了随机变量的平均取值。数学期望简称“期望”，也称为均值，记作 $E(X)$ 对于分布律为 $P\{X = X_k\} = p_k(k = 1,2,\cdots)$ 的离散型随机变量 $X$，它的期望可以用式（2.56）计算得到。

$$E(X) = \sum_{k=1}^{+\infty} x_k p_k \tag{2.56}$$

对于概率密度函数为 $f(x)$ 的连续型随机变量 $X$，它的期望的计算公式为

$$E(X) = \int_{-\infty}^{+\infty} x f(x)\,\mathrm{d}x \tag{2.57}$$

**2. 方差**

设 $X$ 是一个随机变量，若 $E((X - E(x))^2)$ 存在，则称 $E((X - E(x))^2)$ 为随机变量的方差（variance），记作 $D(X)$ 或 $\mathrm{Var}(X)$，即

$$D(X) = \mathrm{Var}(X) = E(X - E(X))^2 \tag{2.58}$$

通过式（2.58）可以得到离散型随机变量方差的计算公式为

$$D(X) = \sum_{k=1}^{+\infty} (x_k - E(X))^2 p_k \tag{2.59}$$

连续型随机变量方差的计算公式为

$$D(X) = \int_{-\infty}^{+\infty} (x - E(X))^2 f(x)\,\mathrm{d}x \tag{2.60}$$

**3. 协方差**

在期望和方差的基础上，我们将量 $E((X - E(X))(Y - E(Y)))$ 称为随机变量 $X$ 和 $Y$ 的协方差（covariance），记为 $\mathrm{Cov}(X,Y)$，即

$$\mathrm{Cov}(X,Y) = E((X - E(X))(Y - E(Y))) \tag{2.61}$$

从式（2.61）中可以看到，若随机变量 $X$ 和 $Y$ 相互独立，则协方差 $\mathrm{Cov}(X,Y) = 0$，进一步，将

$$\rho_{XY} = \frac{\mathrm{Cov}(X,Y)}{\sqrt{D(x)}\sqrt{D(y)}} \tag{2.62}$$

称为随机变量 $X$ 和 $Y$ 的相关系数。

由上述定义可以得到下列等式：

$$D(X + Y) = D(X) + D(Y) + 2\mathrm{Cov}(X,Y) \tag{2.63}$$

$$\mathrm{Cov}(X,Y) = E(XY) - E(X)E(Y) \tag{2.64}$$

我们可以用式（2.63）和式（2.64）来求解协方差。

## 2.3 最优化方法

作为机器学习的重要组成部分，最优化方法（optimization methods）[1]的作用是使机器学习算法能够快速收敛至最小值，以提高学习效率。常用的最优化方法可以分为两类，即一阶优化方法、二阶优化方法。一阶优化方法仅使用梯度（gradient）信息，如梯度下降法（gradient descent）；二阶优化方法则引入了海森矩阵（Hessian matrix），如牛顿法（Newton's method）。本节将对梯度下降法、牛顿法、拟牛顿法（quasi - Newton method）进行介绍。

## 2.3.1　梯度下降法

梯度是一个向量，表示某一函数在该点处的方向导数沿着该方向取得最大值，函数 $f(x,y)$ 在点 $(x_0,y_0)$ 处的梯度表示为 $\nabla f(x_0,y_0)$ 。梯度可以通过对函数求偏导数而方便地获得，其对应关系为

$$\nabla f(x,y) = f_x(x_0,y_0)\boldsymbol{i} + f_y(x_0,y_0)\boldsymbol{j} \tag{2.65}$$

函数梯度具有这样的性质：沿着梯度的方向，函数增加得最快，即更容易得到函数的最大值或局部极大值；而沿着与梯度相反的方向，函数减少得最快，即更容易得到函数的最小值或局部极小值。梯度下降（gradient descent）法[2]正是应用了梯度的这一性质，通过沿着与梯度相反的方向按一定的步长进行迭代搜索，从而使函数快速收敛于一个局部极小值（甚至全局最小值）。

假设 $f(\boldsymbol{x})$ 具有一阶连续偏导数，若第 $k$ 次的迭代值为 $\boldsymbol{x}^{(k)}$ ，则将 $f(\boldsymbol{x})$ 在 $\boldsymbol{x}^{(k)}$ 附近进行一阶泰勒展开，有

$$f(\boldsymbol{x}) = f(\boldsymbol{x}^{(k)}) + \boldsymbol{g}_k^{\mathrm{T}}(\boldsymbol{x} - \boldsymbol{x}^{(k)}) \tag{2.66}$$

此处，$\boldsymbol{g}_k = \boldsymbol{g}(\boldsymbol{x}^{(k)}) = \nabla f(\boldsymbol{x}^{(k)})$ 就是函数 $f(\boldsymbol{x})$ 在 $\boldsymbol{x}^{(k)}$ 处的梯度。由此，第 $k+1$ 次迭代的值 $\boldsymbol{x}^{(k+1)}$ 为

$$\boldsymbol{x}^{(k+1)} = \boldsymbol{x}^{(k)} - \boldsymbol{\theta}_k \nabla f(\boldsymbol{x}^{(k)}) \tag{2.67}$$

式中，$\boldsymbol{\theta}_k$ 为学习率，又称步长，它指的是在梯度下降的过程中，每次沿梯度负方向前进的长度。取梯度负方向 $\boldsymbol{p}_k = -\nabla f(\boldsymbol{x}^{(k)})$ ，通过搜索可以确定 $\boldsymbol{\theta}_k$ 的最优取值，使

$$f(\boldsymbol{x}^{(k)} + \boldsymbol{\theta}_k\boldsymbol{p}_k) = \min_{\theta_k \geqslant 0} f(\boldsymbol{x}^{(k)} + \boldsymbol{\theta}_k\boldsymbol{p}_k) \tag{2.68}$$

梯度下降法的算法描述[3]如算法 2.1 所示。

---

算法 2.1　梯度下降法

---

输入：目标函数 $f(\boldsymbol{x})$ ，梯度函数 $\boldsymbol{g}(\boldsymbol{x}) = \nabla f(\boldsymbol{x})$ ，计算精度 $\varepsilon$

输出：$f(\boldsymbol{x})$ 的极小值点 $\boldsymbol{x}^*$

取初始值 $\boldsymbol{x}^{(0)} \in \mathbf{R}^n$ ，置 $k=0$；

while True do

　计算函数值 $f(\boldsymbol{x}^{(k)})$ 和梯度 $\boldsymbol{g}_k = \boldsymbol{g}(\boldsymbol{x}^{(k)})$；

　if $\|\boldsymbol{g}_k\| \leqslant \varepsilon$ then

　　令 $\boldsymbol{p}_k = -\boldsymbol{g}(\boldsymbol{x}^{(k)})$；

　　求 $\boldsymbol{\theta}_k$ ，使 $f(\boldsymbol{x}^{(k)} + \boldsymbol{\theta}_k\boldsymbol{p}_k) = \min_{\theta_k \geqslant 0} f(\boldsymbol{x}^{(k)} + \boldsymbol{\theta}_k\boldsymbol{p}_k)$；

　else

　　令 $\boldsymbol{x}^* = \boldsymbol{x}^{(k)}$ ，停止迭代；

　end if

　　令 $\boldsymbol{x}^{(k+1)} = \boldsymbol{x}^{(k)} + \boldsymbol{\theta}_k\boldsymbol{p}_k$；

　　计算 $f(\boldsymbol{x}^{(k+1)})$；

　　if $\|f(\boldsymbol{x}^{(k+1)}) - f(\boldsymbol{x}^{(k)})\| < \varepsilon$ 或 $\|\boldsymbol{x}^{(k+1)} - \boldsymbol{x}^{(k)}\| < \varepsilon$ then

　　　令 $\boldsymbol{x}^* = \boldsymbol{x}^{(k+1)}$ ，停止迭代；

---

    end if
    令 $k = k + 1$;
end while
输出 $\boldsymbol{x}^*$.

### 2.3.2 牛顿法

牛顿法是另一种常用的优化算法，它通过一个二阶泰勒展开式来近似 $x$ 附近的 $f(x)$。以一维函数 $f(x)$ 为例，它在 $x = x_k$ 处的二阶泰勒展开式为

$$f(x) \approx f(x_k) + f'(x_k)(x - x_k) + \frac{1}{2}f''(x_k)(x - x_k)^2 \tag{2.69}$$

忽略展开式中的高阶无穷小量，在式子两边对 $x$ 求导并令之为 0，有

$$x = x_k - \frac{f'(x_k)}{f''(x_k)} \tag{2.70}$$

式（2.70）即牛顿法的迭代公式。

通常，在一维函数的基础上，引入海森矩阵，从而将牛顿法推广到高维函数。海森矩阵是一个由多变量实值函数的二阶偏导数组成的方阵：

$$\boldsymbol{H}(f) = \begin{bmatrix} \frac{\partial^2 f}{\partial x_1^2} & \frac{\partial^2 f}{\partial x_1 \partial x_2} & \cdots & \frac{\partial^2 f}{\partial x_1 \partial x_n} \\ \frac{\partial^2 f}{\partial x_2 \partial x_1} & \frac{\partial^2 f}{\partial x_2^2} & \cdots & \frac{\partial^2 f}{\partial x_2 \partial x_n} \\ \vdots & \vdots & & \vdots \\ \frac{\partial^2 f}{\partial x_n \partial x_1} & \frac{\partial^2 f}{\partial x_n \partial x_2} & \cdots & \frac{\partial^2 f}{\partial x_n^2} \end{bmatrix} \tag{2.71}$$

牛顿法通过利用极小值点的必要条件

$$\nabla f(\boldsymbol{x}) = 0 \tag{2.72}$$

在每次迭代中从点 $\boldsymbol{x}^{(k)}$ 开始，求目标函数的极小值点，作为第 $k$ 次迭代值。记 $\boldsymbol{g}_k = \nabla f(\boldsymbol{x})$，$\boldsymbol{H}_k = \boldsymbol{H}(f(\boldsymbol{x}^{(k)}))$，假设 $\boldsymbol{x}^{(k+1)}$ 满足

$$\nabla f(\boldsymbol{x}^{(k+1)}) = 0 \tag{2.73}$$

由式（2.69）可得

$$\nabla f(\boldsymbol{x}) = \boldsymbol{g}_k + \boldsymbol{H}_k(\boldsymbol{x} - \boldsymbol{x}^{(k)}) \tag{2.74}$$

式（2.73）可写为

$$\boldsymbol{g}_k + \boldsymbol{H}_k(\boldsymbol{x}^{(k+1)} - \boldsymbol{x}^{(k)}) = 0 \tag{2.75}$$

所以

$$\boldsymbol{x}^{(k+1)} = \boldsymbol{x}^{(k)} - \boldsymbol{H}_k^{-1}\boldsymbol{g}_k \tag{2.76}$$

或

$$\boldsymbol{x}^{(k+1)} = \boldsymbol{x}^{(k)} + \boldsymbol{p}_k \tag{2.77}$$

其中

$$\boldsymbol{H}_k\boldsymbol{p}_k = -\boldsymbol{g}_k \tag{2.78}$$

用式（2.76）作为迭代公式的算法就是牛顿法。牛顿法的算法描述[3]如算法 2.2 所示。

---

算法 2.2　牛顿法

---

输入：目标函数 $f(\boldsymbol{x})$，梯度函数 $\boldsymbol{g}(\boldsymbol{x}) = \nabla f(\boldsymbol{x})$，海森矩阵 $\boldsymbol{H}(\boldsymbol{x})$，计算精度 $\varepsilon$

输出：$f(\boldsymbol{x})$ 的极小值点 $\boldsymbol{x}^*$

取初始值 $\boldsymbol{x}^{(0)}$，令 $k = 0$;

while True do

　计算梯度 $\boldsymbol{g}_k = \boldsymbol{g}(\boldsymbol{x}^{(k)})$;

　if $\|\boldsymbol{g}_k\| < \varepsilon$ then

　　得到近似解 $\boldsymbol{x}^* = \boldsymbol{x}^{(k)}$，停止迭代;

　else

　　计算 $\boldsymbol{H}_k = \boldsymbol{H}(\boldsymbol{x}^{(k)})$，根据式 $\boldsymbol{H}_k\boldsymbol{p}_k = -\boldsymbol{g}_k$ 求解 $\boldsymbol{p}_k$;

　　令 $\boldsymbol{x}^{(k+1)} = \boldsymbol{x}(k) + \boldsymbol{p}_k$

　end if

　　令 $k = k + 1$;

end while

输出 $\boldsymbol{x}^*$.

---

### 2.3.3　拟牛顿法

从牛顿法的原理可知，在每次得到新的搜索方向时，都需要计算海森矩阵的逆矩阵 $\boldsymbol{H}_k^{-1}$，$\boldsymbol{H}_k^{-1} = \boldsymbol{H}^{-1}(\boldsymbol{x}^{(k)})$，当自变量的维数非常大时，计算量也会相应增大。为了解决这一矛盾，产生了对牛顿法的改进方法——拟牛顿法。拟牛顿法旨在通过一定的方法来构造与海森矩阵近似的正定矩阵 $\boldsymbol{G}_k = \boldsymbol{G}\boldsymbol{x}^{(k)}$，以代替海森矩阵的逆矩阵 $\boldsymbol{H}_k^{-1}$，从而减少计算量。

在式（2.74）中取 $\boldsymbol{x} = \boldsymbol{x}^{(k)}$，得到

$$\boldsymbol{g}_{k+1} - \boldsymbol{g}_k = \boldsymbol{H}_k(\boldsymbol{x}^{(k+1)} - \boldsymbol{x}^{(k)}) \tag{2.79}$$

记 $\boldsymbol{y}_k = \boldsymbol{g}_{k+1} - \boldsymbol{g}_k$，$\boldsymbol{\delta}_k = \boldsymbol{x}^{(k+1)} - \boldsymbol{x}^{(k)}$，则

$$\boldsymbol{y}_k = \boldsymbol{H}_k\boldsymbol{\delta}_k \tag{2.80}$$

或

$$\boldsymbol{H}_k^{-1}\boldsymbol{y}_k = \boldsymbol{\delta}_k \tag{2.81}$$

式（2.80）或式（2.81）称为拟牛顿条件。

拟牛顿法将 $\boldsymbol{G}_k$ 作为 $\boldsymbol{H}_k^{-1}$ 的近似，要求矩阵 $\boldsymbol{G}_k$ 满足与矩阵 $\boldsymbol{H}_k^{-1}$ 相同的条件。首先，每次迭代矩阵 $\boldsymbol{G}_k$ 都要求是正定的；其次，$\boldsymbol{G}_k$ 需满足拟牛顿条件

$$\boldsymbol{G}_k\boldsymbol{y}_k = \boldsymbol{\delta}_k \tag{2.82}$$

按照拟牛顿条件选择 $\boldsymbol{G}_k$ 作为 $\boldsymbol{H}_k^{-1}$ 的近似的算法就称为拟牛顿法。

根据拟牛顿条件，在每次迭代中可以选择更新矩阵 $\boldsymbol{G}_{k+1}$，即

$$G_{k+1} = G_k + \Delta G_k \tag{2.83}$$

这种更新方式具有一定的灵活性，有着许多不同的实现方式，如 DFP 算法①和 BFGS 算法②。

## 2.4 神经网络

神经网络是一种受人脑工作方式启发而构建的数学模型，被广泛应用于深度学习。前向神经网络是一种最常见的神经网络，该网络中的神经元分层排列，并且每个神经元都与前一层的神经元相连接，即它们接受来自上一层的输入信号，并将处理后的信号输出给下一层神经元。常见的前向神经网络有感知器、径向基网络、卷积神经网络等，本节主要以最简单且有代表性的一种前向神经网络——感知器为例，介绍前向神经网络的基本原理。

### 2.4.1 神经元模型

图 2.1 为神经元的数学模型结构，为了模拟神经元的信号传递过程，输入 $x_i$ 在进入神经元之前，需与权重 $w_i$ 相乘，在对加权信号量求和之后加上偏置 $b$，因此该神经元得到的信号为 $\sum_{i=1}^{n} w_i x_i + b$。为了模拟生物神经细胞的兴奋（或抑制）的二元输出，一个常用的方式是在神经元的末尾添加阶跃函数 $f$，即当信号 $\sum_{i=1}^{n} w_i x_i + b$ 经过神经元时，用阶跃函数对信号做二值化处理，这个函数也称为阈值型激活函数 $f$。这种以阶跃函数模拟神经元的方式在早期被称为“感知器”[4]。经过激活函数后，神经元的输出表示为

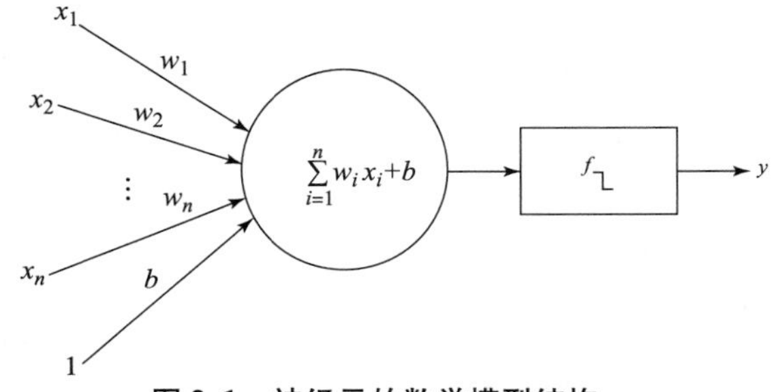


图 2.1 神经元的数学模型结构

$$y = \begin{cases} 1, & \sum_{i=1}^{n} x_i + b \geq 0 \\ 0, & \sum_{i=1}^{n} x_i + b < 0 \end{cases} \tag{2.84}$$

为了简单表示式（2.84），可以将偏置 $b$ 作为神经元权值向量 $\boldsymbol{w}$ 的第一个分量加到权值向量中，因此可以将输入信号与权重分别记为 $\boldsymbol{x} = [1 \quad x_1 \quad x_2 \quad \cdots \quad x_n]^{\mathrm{T}}$ 和 $\boldsymbol{w} = [b \quad w_1 \quad w_2 \quad \cdots \quad w_n]^{\mathrm{T}}$，输入向量 $\boldsymbol{x}$ 和权值向量 $\boldsymbol{w}$ 的内积就可以表示激活函数的输入③。在学习算法中若要求激活函数可导，可采用 sigmoid 函数来作为激活函数，将变量映射到区间 (0, 1)。sigmoid 函数的数学表示为

---

① 由 Davidon 于 1959 年提出，后于 1963 年经 Fletcher 和 Powell 改进，在命名时以 3 个人名字的首字母命名。

② 以其发明者 Broyden、Fletcher、Goldfarb 和 Shannon4 个人名字的首字母命名。

③ 本小节的 $\boldsymbol{x}$ 和 $\boldsymbol{w}$ 均是将偏置项 $b$ 吸收到了向量内部。

$$\sigma(x) = \frac{1}{1 + e^{-x}}. \tag{2.85}$$

sigmoid 函数的优点有：非线性、单调性、无限可导，当权值很大时可以近似为阈值函数，当权值较小时可以近似为线性函数。除了 sigmoid 函数外，常用的激活函数还有 tanh、ReLU（rectified linear unit，修正线性单元）、ELU（exponential linear unit，指数线性单元）、PReLU（parametric rectified linear unit，参数修正线性单元）等，如表2.1所示，这些激活函数各有特点，可以在不同的学习算法和应用场景中发挥各自的优势，因此在设计神经网络时采用何种激活函数也是一个难点。

**表 2.1　一组激活函数**

| 名称 | 示意图 | 公式 |
|---|---|---|
| 线性函数 | 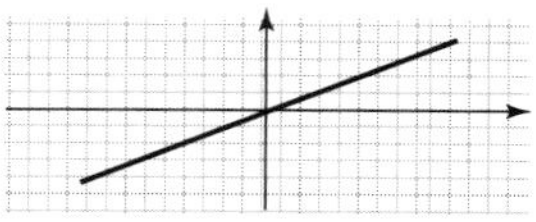 | $f(x) = x$ |
| 二值函数 | 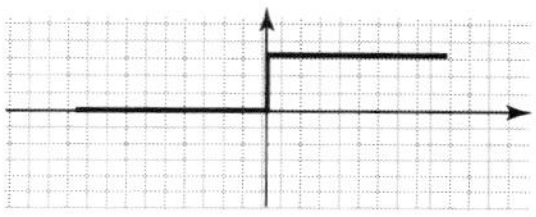 | $f(x) = \begin{cases} 0, & x < 0 \\ 1, & x \geqslant 0 \end{cases}$ |
| sigmoid 函数 | 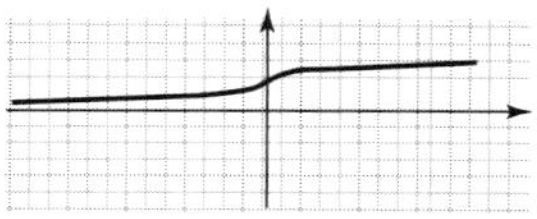 | $f(x) = \frac{1}{1 + e^{-x}}$ |
| tanh 函数 | 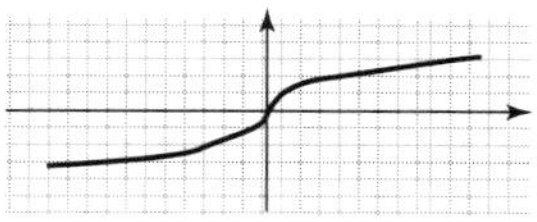 | $f(x) = \frac{2}{1 + e^{-2x}} - 1$ |
| ReLU 函数 | 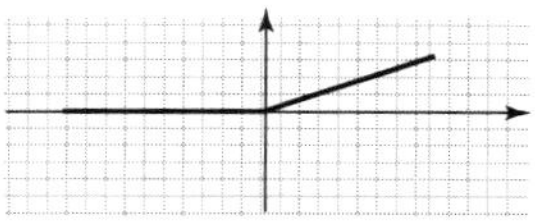 | $f(x) = \begin{cases} 0, & x < 0 \\ x, & x \geqslant 0 \end{cases}$ |
| PReLU 函数 | 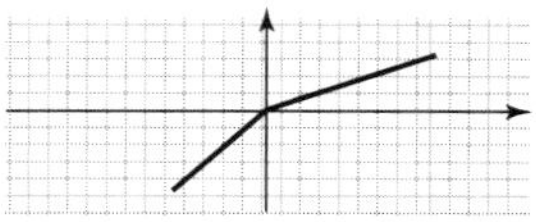 | $f(x) = \begin{cases} ax, & x < 0 \\ x, & x \geqslant 0 \end{cases}$ |
| ELU 函数 | 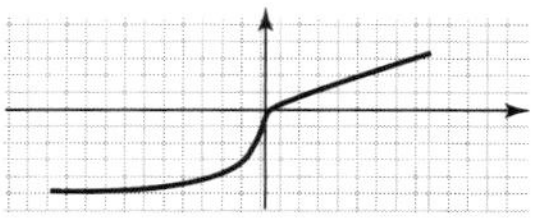 | $f(x) = \begin{cases} a(e^{x} - 1), & x < 0 \\ x, & x \geqslant 0 \end{cases}$ |

多个神经元连在一起就构成了神经网络。当神经元以有向无环的方式连接并做一定程度的修改时，就构成了前向神经网络。最简单的前向神经网络是只有一层神经元的感知器，称

为单层感知器。

### 2.4.2 单层感知器

感知器[5]，又称感知机，是在1957年由Frank Rosenblatt提出的一种最简单的前向人工神经网络。1958年Frank Rosenblatt又提出了最小二乘法、梯度下降法等感知器优化算法[6]。这些算法使得感知器可以完成二分类任务。图2.2为只有一个神经元的单层感知器模型。下面以二分类问题为例来介绍单层感知器。

单层感知器的神经元输出 $y$ 包含兴奋（1）或抑制（0）两种状态，分别对应二分类任务的类别 $c_1$ 和类别 $c_2$ 。如果采用阈值型激活函数，则单层感知器可以产生一个判决超平面 $\boldsymbol{w}^T\boldsymbol{x} = 0$ 。如果输入的样本位于高维空间，则单层感知器可以产生一个超平面完成二分类任务。如果在二维空间做分类，那么如图2.3所示，该判决超平面是一条直线，感知器的输入是一个二维向量，分类面可以表示为 $w_1x_1 + w_2x_2 + b = 0$ 。也就是说，将在直线上方的样本分类为 $c_1$ ，在直线下方的样本分类为 $c_2$。

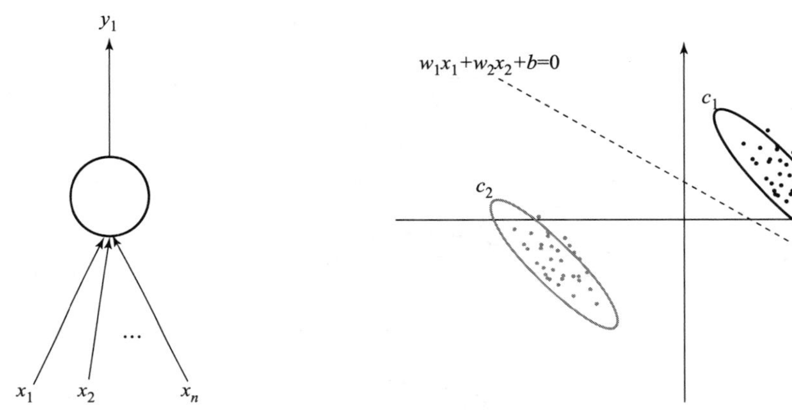


图2.2 只有一个神经元的单层感知器模型

图2.3 二维空间的分类超平面

可以看出，只要得到合适的单层感知器参数 $w_1$ 、$w_2$ 和 $b$ ，就可以完成分类任务。换而言之，单层感知器是一种参数化的估计方法，通过求解参数 $w_1$ 、$w_2$ 和 $b$ 来得到判决超平面，从而完成分类任务。作为一个只能解决线性可分问题的模型，纠错学习可以用于对单层感知器参数进行估计。我们用 $f(\cdot)$ 表示激活函数，$t$ 为迭代次数，$y(t)$ 表示迭代到第 $t$ 次网络的实际输出，$c(t)$ 表示期望的输出（输入量的类别），$\boldsymbol{\eta}$ 为学习率，$e(t)$ 表示实际输出和期望输出的误差，其算法描述如算法2.3所示。

算法2.3 纠错学习算法

输入：输入训练数据集合 **X**

输出：单层感知器的参数 $\boldsymbol{w}$

1：初始化，为权值向量 $\boldsymbol{w}(t)$ 的各个分量 $w_i$ ，赋一个较小的随机非零值，令 $t = 1$；

2：repeat

3：输入一组样本 $x(t)$ ，并给出它的期望输出 $c(t)$；

4：计算实际输出：$y(t) = f(x(t) + w(t))$；

5：求出期望输出和实际输出的差值：$e(t) = c(t) - y(t)$；
调整权重：$w(t+1) = w(t) + \eta e(t) w(t), t = t+1$；
6：until 对所有样本误差为零或者小于预设的值；
7：return $\boldsymbol{w}$.

### 2.4.3　多层感知器

多层感知器（multi - layer perceptron，MLP）[7]，顾名思义就是采用多层网络结构的感知器模型，它可以显著增强网络的建模能力。多层感知器的功能十分强大，当神经元的激活函数是阈值函数时，利用多层感知器的多层非线性特性可以模拟任意非线性逻辑函数，当神经元的激活函数为 sigmoid 时，上述结论可以推广到任何连续的非线性函数。在计算资源足够且条件宽松的情况下，利用三层感知器就可以逼近任意多元非线性函数。比起单层感知器，多层感知器能够处理现实世界中更复杂的数据结构或结构难以被预先定义的数据。从结构上看，多层感知器是在单层感知器的输入层（input layer）和输出层（output layer）之间添加一个（或多个）隐含层（hidden layer），这样的网络又称为多层前向神经网络，如图 2.4 所示。图 2.4（a）为用于解决二分类问题的模型，输出层只有一个单元；图 2.4（b）所示的网络结构面向多分类任务，输出层有多个单元。多层感知器的前向过程（forward process）又称前向传播过程，可以将输入量 $\{x_1, x_2, \cdots, x_m\}$（固定输入的维度是 $m$）映射到输出空间 $y_1$ 或 $\{y_1, y_2, \cdots, y_n\}$（假定有 $n$ 个类）从而完成分类或回归等任务。多层感知器与单层感知器一样，是一种参数化的模型，同样需要求解参数，当前最常用的方法是误差反向传播（back propagation，BP）算法[8]。除此之外，还有其他算法（如粒子群算法、遗传算法等）可以探索多层感知器的参数空间求出一组理想的参数。下面以分类为例，介绍多层感知器的前向传播过程、反向传播求解过程。

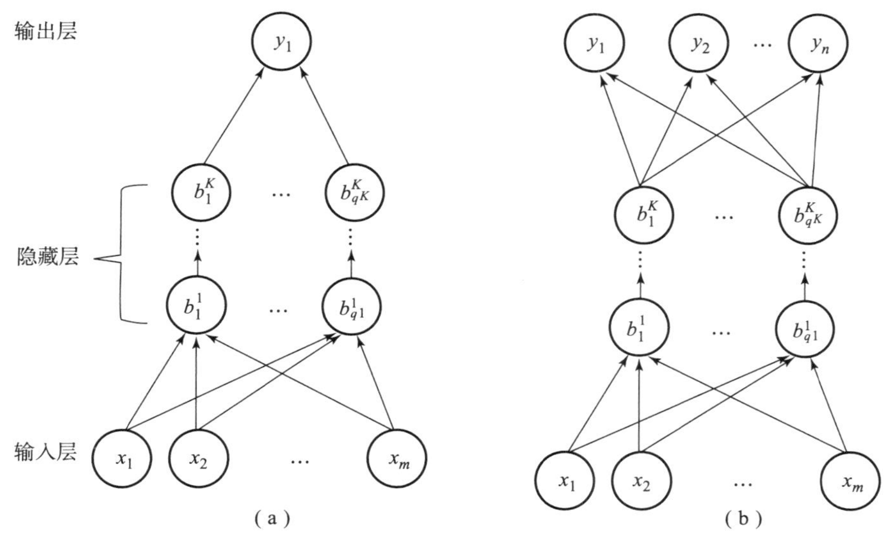


**图 2.4　多层感知器结构示意**

（a）二分类模型；（b）多分类模型

**1. 前向传播**

多层感知器的前向传播过程是将输入数据映射到一个输出空间。以二分类为例，输入样本是 $(x,y)$ ，$y$ 是类别标签，假定输入层有 $m$ 个单元，那么中间的第 1 层隐含层的输出为

$$\left.\begin{aligned} a_h^1 &= \sum_{i=1}^{m} w_{ih}^1 x_i \\ b_h^1 &= \sigma(a_h^1) \end{aligned}\right\} \tag{2.86}$$

式中，$h$ 为隐含层中的第 $h$ 个神经元；1（上标）为第 1 层隐含层；$i$ 为输入层的第 $i$ 个神经元；$w_{ih}^1$ 为输入层到隐含层之间的权重；$\sigma(\cdot)$ 为激活函数 Sigmoid。

假定第 $l$ 层隐含层有 $q^l$ 个单元，在得到第 $l$ 层隐含层每个单元的输出 $b_1^1,b_2^1,\cdots,b_{q^1}^1$ 后，可以递推得到第 $l$ 层隐含层的输出为

$$\left.\begin{aligned} a_h^l &= \sum_{i=1}^{q^{l-1}} w_{ih}^l b_i^{l-1} \\ b_h^l &= \sigma(a_h^l) \end{aligned}\right\} \tag{2.87}$$

式中，$a_h^l$、$b_h^l$ 为第 $l$ 层隐含层第 $h$ 个单元的输出。假定一共有 $K$ 层隐含层，那么输出层的输出为

$$a^o = \sum_{i}^{q^K} w_i^o b_i^K \tag{2.88}$$

式中，$w_i^o$ 为第 $K$ 层隐含层第 $i$ 个单元和输出单元之间的权值。若输出层的激活函数为 sigmoid 函数，则可得

$$y = \sigma(a^o) \tag{2.89}$$

采用 sigmoid 函数分类时，输出 $y$ 表示多层感知器的输出类别为 1 的概率，则输出类别为 0 的概率为 $1-y$ 。我们希望当类别标签 $c=1$ 时，$y$ 的值越大越好，而当 $c=0$ 时，$1-y$ 的值越大越好，这样才能得到最优的参数 $\boldsymbol{w}$ 。我们可以采用最大似然估计法求取参数 $\boldsymbol{w}$ ，用数学形式表示为 $y^c(1-y)^{1-c}$ ，这就是单个样本的似然函数。对于所有样本采用取对数的似然函数 $\sum_{(x,c)} c\log y + (1-c)\log(1-y)$ ，网络的最终目标就是最大化似然函数值，等价于极小化损失函数

$$L = -\left(\sum_{(x,c)} c\log y + (1-c)\log(1-y)\right) \tag{2.90}$$

对于多分类问题，输出层有多个神经元，那么输出层的第 $k$ 个输出单元为

$$a_k^o = \sum_{i}^{q^L} w_{ik}^o b_i^K \tag{2.91}$$

式中，$w_{ik}^o$ 表示第 $K$ 个隐含层的第 $i$ 个单元和输出层的第 $k$ 个单元之间的权值，多分类的回归方法可以采用 softmax 激活函数①对输出值进行归一化，有

$$y_k = \frac{e^{a_k}}{\sum_{j}^{n} e^{a_j}} \tag{2.92}$$

① 假定有 $n$ 个输出单元。

对于第 $k$ 类，类别标签 $c$ 只有第 $k$ 维为 1，其余为 0，而输出层的第 $k$ 个单元计算为 $y_k$，假定类别 $k$ 的概率可以写成 $\prod_k y_k^{c_k}$，则可以得到似然函数

$$O = \prod_{(x,c)} \prod_k y_k^{c_k} \tag{2.93}$$

同样地，损失函数是最小化负对数似然函数，也称为 softmax 损失函数。在预测类别时，对于 softmax 的输出 $\boldsymbol{y}$ 的每个维度就是属于该类的概率。

**2. 反向传播**

神经网络在工作时，数据是前向传播的，即输入数据 $\boldsymbol{x}$ 后，$\boldsymbol{x}$ 在网络中一层一层地向前传播，直到得到最终的输出 $\hat{\boldsymbol{y}}$。而在训练时，网络的代价函数 $J(\boldsymbol{\theta})$ 是关于网络当前输出 $\hat{\boldsymbol{y}}$ 与真实输出 $\boldsymbol{y}$ 之间差异的函数（$\boldsymbol{\theta}$ 是网络参数），它只能产生在输出端。因此，我们需要把误差反向传播到各个隐含层，以完成对各层的参数更新。

假设给定一组数据 $D = \{(\boldsymbol{x}_1,\boldsymbol{y}_1),(\boldsymbol{x}_2,\boldsymbol{y}_2),\cdots,(\boldsymbol{x}_m,\boldsymbol{y}_m)\},\boldsymbol{x}_i \in \mathbf{R}^d,\boldsymbol{y}_i \in \mathbf{R}^l$，即输入的数据包含 $m$ 个样本，输出为一个 $n$ 维的实向量。为了方便讨论，我们以一个有 $m$ 个输入神经元、$n$ 个输出神经元、$q$ 个隐含神经元的三层感知器为例，并假设：$\delta_j$ 表示输出层第 $j$ 个神经元的阈值；$\gamma_h$ 表示隐含层第 $h$ 个神经元的阈值；$v_{ih}$ 表示输入层第 $i$ 个神经元与隐含层第 $h$ 个神经元之间的连接权重；$w_{hj}$ 表示隐含层第 $h$ 个神经元与输出层第 $j$ 个神经元之间的连接权重；$\alpha_h$ 表示隐含层第 $h$ 个神经元接收的输入；$\beta_j$ 表示输出层第 $j$ 个神经元接收的输入；$b_h$ 表示隐含层第 $h$ 个神经元的输出。

对于训练样本 $(\boldsymbol{x}_k,\boldsymbol{y}_k)$，假设网络的输出为 $\hat{\boldsymbol{y}}_k = (\hat{y}_1^k,\hat{y}_2^k,\cdots,\hat{y}_l^k)$，即

$$\hat{y}_j^k = f(\beta_j - \delta_j) \tag{2.94}$$

则网络在 $(\boldsymbol{x}_k,\boldsymbol{y}_k)$ 上的均分误差为

$$E_k = \frac{1}{2}\sum_{j=1}^{l} (\hat{y}_j^k - y_j^k)^2 \tag{2.95}$$

反向传播算法作为一种迭代学习算法，其参数 $\boldsymbol{\theta}$ 的更新规则为

$$\boldsymbol{\theta} \leftarrow \boldsymbol{\theta} + \nabla\boldsymbol{\theta} \tag{2.96}$$

反向传播算法基于梯度下降策略，以目标的负梯度方向对参数进行调整，对式（2.95）给定的误差 $E_k$ 和学习率 $\boldsymbol{\eta}$，有

$$\nabla w_{hj} = -\boldsymbol{\eta}\frac{\partial E_k}{\partial w_{hj}} \tag{2.97}$$

注意到 $w_{hj}$ 先影响 $j$ 个输出层神经元的输入值 $\beta_j$，再影响其输出值 $\hat{y}_j^k$，然后影响 $E_k$，所以有

$$\frac{\partial E_k}{\partial w_{hj}} = \frac{\partial E_k}{\partial \hat{y}_j^k} \cdot \frac{\partial \hat{y}_j^k}{\partial \beta_j} \cdot \frac{\partial \beta_j}{\partial w_{hj}} \tag{2.98}$$

式（2.98）被称为链式法则。由 $\beta_j = \sum_{h=1}^{q} w_{hj} b_h$，易得

$$\frac{\partial \beta_j}{\partial w_{hj}} = \sum_{h=1}^{q} b_h \tag{2.99}$$

现假设使用 sigmoid 函数作为网络的激活函数，则其导数为

$$f'(x) = f(x)(1 - f(x)) \tag{2.100}$$

根据式（2.94）、式（2.95），可知神经元的梯度项为

$$
\begin{aligned}
g_j &= -\frac{\partial E_k}{\partial \hat{y}_j^k} \cdot \frac{\partial \hat{y}_j^k}{\partial \beta_j} \\
&= -(\hat{y}_j^k - y_j^k) f'(\beta_j - \delta_j) \\
&= \hat{y}_j^k (1 - \hat{y}_j^k)(y_j^k - \hat{y}_j^k)
\end{aligned} \tag{2.101}
$$

将式（2.99）、式（2.101）代入式（2.98），再代入式（2.97），就可以得到反向传播算法关于 $w_{hj}$ 的更新公式，为

$$\nabla w_{hj} = \eta g_j b_h \tag{2.102}$$

与之类似，可得

$$\nabla \delta_j = -\eta g_j \tag{2.103}$$

$$\nabla v_{ih} = \eta e_h x_i \tag{2.104}$$

$$\nabla \gamma_h = -\eta e_h \tag{2.105}$$

在式（2.104）、式（2.105）中，隐含层神经元的梯度项 $e_h$ 为

$$
\begin{aligned}
e_h &= -\frac{\partial E_k}{\partial b_h} \cdot \frac{\partial b_h}{\partial \alpha_h} \\
&= -\sum_{j=1}^{l} \frac{\partial E_k}{\partial \beta_j} \cdot \frac{\partial \beta_j}{\partial b_h} f'(\alpha_h - \gamma_h) \\
&= \sum_{j=1}^{l} w_{hi} g_j f'(\alpha_h - \gamma_h) \\
&= b_h (1 - b_h) \sum_{j=1}^{l} w_{hj} g_j
\end{aligned} \tag{2.106}
$$

学习率 $\eta \in (0,1)$ 控制着每轮权重更新的步长：$\eta$ 越大，则更新的步长越大，网络收敛的速度越快，但是也容易引起振荡；当 $\eta$ 越来越靠近 0 时，更新的步长就越小，网络就越稳定，但收敛的速度会变慢。有时为了权衡收敛速度和网络稳定性，可以设置自适应的学习率。

算法 2.4 给出了神经网络反向传播的算法描述。对于每个样本，首先将输入数据提供给网络，然后向前逐层传播信号，直到得到输出结果；然后根据网络的输出结果 $\hat{y}_j^k$ 与样本标签 $y_j^k$ 的差值，计算输出层的参数的梯度（第 4、5 行），再将误差反向传播到各个隐含层神经元，计算隐含层参数的梯度（第 6 行）；最后根据神经元的梯度来对连接权重和阈值进行更新（第 7 行）。迭代此过程，直到满足某些条件时停止，迭代停止条件可以是达到一定的迭代步数，或者是训练的误差已达到一个很小的值。

---

算法 2.4　反向传播算法

---

输入：训练集 $D = \{(\boldsymbol{x}_k, \boldsymbol{y}_k)\}_{k=1}^{m}$

学习率 $\eta$

输出：连接权重与阈值确定的多层前向神经网络

1：在（0，1）范围内随机初始化网络中的所有连接权重和阈值；

2：repeat

3：　for all $(\boldsymbol{x}_k, \boldsymbol{y}_k) \in D$ do

4：　　根据当前参数和式（2.94）计算当前的输出 $\hat{y}_j^k$；

---

5：　　根据式（2.101）计算神经元的梯度项 $g_j$；
6：　　根据式（2.106）计算隐含层神经元的梯度项 $e_h$；
7：　　根据式（2.102）~式（2.105）更新连接层权值 $w_{hj}$、$v_{ih}$ 与阈值 $\delta_j$、$\gamma_h$；
8：　end for
9：until 达到停止条件.

## 2.5　支持向量机

支持向量机思想最早由 Vapnik 和 Lerner 于 1963 年提出[9]。SVM 是一类以监督学习方式对数据进行二元分类的数学模型，其采用“最大间隔”的思想，通过构造一个超平面将数据集在特征空间中分离。1992 年，Boser 等人[10]提出通过将核技巧应用于最大间隔超平面来创建非线性分类器。1995 年，Cortes 和 Vapnik[11]提出了软间隔（soft margin）的非线性支持向量机模型并将其应用于手写字符识别问题。SVM 的学习策略就是间隔最大化，可转化为求解凸二次规划（convex quadratic programming）问题。SVM 模型因其坚实的理论基础和出色的分类性能，被广泛用于图像分类与识别等模式识别任务。

### 2.5.1　线性 SVM

**1. 线性可分 SVM**

给定训练样本集 $X = \{(\boldsymbol{x}_i, y_i)\}_{i=1}^{n}$，其中 $\boldsymbol{x}_i \in \mathbf{R}^N$ 为输入特征，$y_i \in \{-1, +1\}$ 为样本类别输出。线性 SVM 的目的是在样本空间中找到一个最优分类超平面将不同类别的样本分开。数学上，一个超平面 $\boldsymbol{wx} + b = 0$，其中 $\boldsymbol{w}$ 为法向量，$b$ 为偏移量，如果能以式（2.107）的形式将所有的样本 $\boldsymbol{x}_i$ 分类，我们称之为完全正确分类。

$$y_i = \begin{cases} +1, \text{if}(\boldsymbol{wx}_i + b) \geqslant +1 \\ -1, \text{if}(\boldsymbol{wx}_i + b) \leqslant -1 \end{cases} \tag{2.107}$$

即对于一个训练样本 $\boldsymbol{x}_i \in \mathbf{R}^N$，当 $\boldsymbol{wx}_i + b$ 与 $y_i$ 同号时可以认为超平面将 $\boldsymbol{x}_i$ 分类正确。由于 $|(\boldsymbol{wx}_i + b)| \geqslant +1$ 对所有的 $i = 1, 2, \cdots, n$ 都成立，因此当 $\boldsymbol{x}_i$ 被分类正确时有 $y_i(\boldsymbol{wx}_i + b) \geqslant +1$ 成立。

如图 2.5 所示，圆点和三角形分别代表正负两类样本，距离超平面最近的这几个训练样本点使式（2.107）的等号成立，它们被称为“支持向量”，两种不同类支持向量到超平面的距离之和为

$$\Delta = \frac{2}{\|\boldsymbol{w}\|} \tag{2.108}$$

它称为“间隔”（margin）。SVM 通过“最大化间隔”寻求最优分类超平面。最优分类超平面不但能够将两类样本完全正确分开，而且要求正负类样本中离它最近的样本点之间的距离尽可能大，即要求最大化分类间隔。

最大化分类间隔需要找到能满足式（2.107）中约束的参数 $\boldsymbol{w}$ 和 $b$，使得 $\Delta$ 最大，即

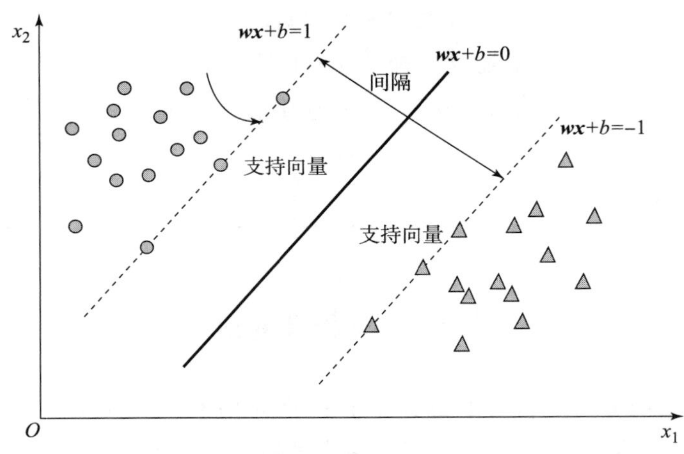


**图 2.5　硬间隔与支持向量**

$$\max_{\boldsymbol{w},b} \frac{2}{\|\boldsymbol{w}\|}$$
$$\text{s.t.} \quad y_i(\boldsymbol{w}\boldsymbol{x}_i + b) \geqslant 1, i = 1,2,\cdots,n \tag{2.109}$$

此时，这样的间隔称之为硬间隔（hard margin）。最大化 $\frac{2}{\|\boldsymbol{w}\|}$ 等价于最小化 $\|\boldsymbol{w}\|^2$ 。于是，求解最优超平面问题可表示为

$$\min_{\boldsymbol{w},b} \frac{1}{2} \|\boldsymbol{w}\|^2$$
$$\text{s.t.} \quad y_i(\boldsymbol{w}\boldsymbol{x}_i + b) \geqslant 1, i = 1,2,\cdots,n \tag{2.110}$$

式（2.110）是一个具有线性约束的凸二次规划问题。根据最优化理论，式（2.110）所描述的原始问题（primal problem）可利用拉格朗日乘子法构造拉格朗日函数，再通过求解其对偶问题（dual problem）得到原始问题的最优解。

具体地，我们引入 $n$ 个约束相关的拉格朗日变量 $\alpha_i \geqslant 0$ ，拉格朗日函数表示为

$$L = \frac{1}{2}\|\boldsymbol{w}\|^2 - \sum_{i=1}^{n} \alpha_i (y_i(\boldsymbol{w}\boldsymbol{x}_i + b) - 1) \tag{2.111}$$

想要求解 $L$ 的最小值，令 $L$ 对 $\boldsymbol{w}$ 和 $b$ 的偏导为零，可得

$$\boldsymbol{w} = \sum_{i=1}^{n} \alpha_i y_i \boldsymbol{x}_i$$
$$\sum_{i=1}^{n} \alpha_i y_i = 0 \tag{2.112}$$

将式（2.112）代入式（2.111）可得式（2.110）的对偶问题

$$\max_{\alpha} \sum_{i=1}^{m} \alpha_i - \frac{1}{2}\sum_{i=1}^{m}\sum_{j=1}^{m} \alpha_i \alpha_j y_i y_j \boldsymbol{x}_i \boldsymbol{x}_j$$
$$\text{s.t.} \quad \sum_{i=1}^{n} \alpha_i y_i = 0$$
$$\alpha_i \geqslant 0, i = 1,2,\cdots,n \tag{2.113}$$

记 $\boldsymbol{\alpha} = (\alpha_1, \alpha_2, \cdots, \alpha_n)$ 。此时原问题式（2.110）被转化为一个标准的线性约束凸二次

规划问题，并存在唯一最优解 $\boldsymbol{\alpha}$ ，优化过程在满足约束条件的同时还需要满足 Karush—Kuhn—Tucker（KKT）条件，即

$$\begin{cases} \alpha_i \geqslant 0, \quad i = 1,\cdots,n \\ y_i(\boldsymbol{w}\boldsymbol{x}_i + b) - 1 \geqslant 0 \\ \alpha_i(y_i(\boldsymbol{w}\boldsymbol{x}_i + b) - 1) = 0 \end{cases} \tag{2.114}$$

将式（2.112）的目标函数由求最大化转化为求最小，可得与之等价的对偶问题

$$\min_{\alpha} \frac{1}{2}\sum_{i=1}^{n}\sum_{j=1}^{n}\alpha_i\alpha_j y_i y_j \boldsymbol{x}_i\boldsymbol{x}_j - \sum_{i=1}^{n}\alpha_i$$

$$\text{s. t.} \quad \sum_{i=1}^{n}\alpha_i y_i = 0$$

$$\alpha_i \geqslant 0, i = 1,2,\cdots,n \tag{2.115}$$

我们可以使用序列最小最优化（sequential minimal optimization，SMO）算法求解问题的最优解 $\boldsymbol{\alpha}$ 。求得 $\boldsymbol{\alpha}$ 后得 SVM 决策函数

$$f(\boldsymbol{x}) = \text{sign}\left(\sum_{i=1}^{n}\alpha_i y_i \boldsymbol{x}_i \boldsymbol{x} + b\right) \tag{2.116}$$

其中，*sgn* 为符号函数。

**2. 线性不可分 SVM**

在前面的讨论中，我们一直假定训练数据是严格线性可分的，即存在一个超平面能完全将两类数据分开。然而，在大多数的实际应用中，训练样本并不是线性可分的，即对于任意的超平面 $\boldsymbol{w}\boldsymbol{x}_i + b = 0$ ，存在 $\boldsymbol{x}_i$ ，使得 $y_i(\boldsymbol{w}\boldsymbol{x}_i + \boldsymbol{b}) \ngeqslant 1$ 。为了在线性不可分情况下构造最优分类超平面，允许有一定的错分率，于是引入非负松弛变量（slack variable）$\xi_i \geqslant 0$ ，使得 $y_i(\boldsymbol{w}\boldsymbol{x}_i + \boldsymbol{b}) \geqslant 1 - \xi_i$ 。此时得到的超平面称为软间隔分类超平面。如图 2.6 所示，少数的训练样本噪声点造成了数据的不可分。软间隔支持向量机因松弛变量的存在，可以允许少数正负类的样本出现在对方区域的情况，从而使得超平面能够将两类样本分离开来。

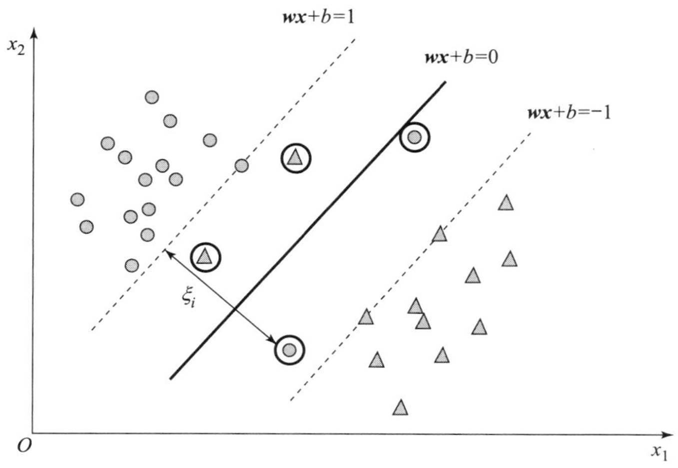


**图 2.6　软间隔与支持向量**

求解软间隔分类超平面的凸二次规划问题为

$$\min_{w,b,\xi_i}\left(\frac{1}{2}\|\boldsymbol{w}\|^2+C\sum_{i=1}^{n}\xi_i\right)$$
$$\text{s. t.}\quad y_i(\boldsymbol{w}\boldsymbol{x}_i+\boldsymbol{b})\geqslant 1-\xi_i$$
$$\xi_i\geqslant 0, i=1,\cdots,n \tag{2.117}$$

其中，$C>0$ 为误差惩罚系数，表示对误分类的惩罚程度。类似于线性可分 SVM，原始问题式（2.117）对应的拉格朗日函数为

$$L=\frac{1}{2}\|\boldsymbol{w}\|^2+C\sum_{i=1}^{n}\xi_i-\sum_{i=1}^{n}\alpha_i(y_i(\boldsymbol{w}\boldsymbol{x}_i+b)-1+\xi_i)-\sum_{i=1}^{n}\beta_i\xi_i \tag{2.118}$$

其中，$\alpha_i\geqslant 0$，$\beta_i\geqslant 0$ 为拉格朗日乘子。令 $L$ 对 $\boldsymbol{w}$、$b$ 和 $\xi_i$ 的偏导为零，可得

$$\boldsymbol{w}-\sum_{i=1}^{n}\alpha_i y_i\boldsymbol{x}_i=0$$
$$\sum_{i=0}^{n}\alpha_i y_i=0$$
$$C-\alpha_i-\beta_i=0 \tag{2.119}$$

将式（2.119）代入式（2.118）得原始问题的对偶问题

$$\max_{\alpha}\sum_{i=1}^{n}\alpha_i-\frac{1}{2}\sum_{i=1}^{n}\sum_{j=1}^{n}\alpha_i\alpha_j y_i y_j\boldsymbol{x}_i\boldsymbol{x}_j$$
$$\text{s. t.}\quad\sum_{i=1}^{n}\alpha_i y_i=0$$
$$0\leqslant\alpha_i\leqslant C, i=1,\cdots,n \tag{2.120}$$

该对偶问题仍然是具有线性约束的凸二次规划问题，存在唯一最优解。求解策略与线性可分 SVM 类似，在此不再赘述。

### 2.5.2 非线性 SVM

前面介绍的都是线性问题，当遇到非线性的问题（例如异或问题）时，就需要用到核技巧将线性支持向量机推广到非线性支持向量机。具体地，通过引入非线性函数 $\boldsymbol{\Phi}(\cdot)$ 将训练样本映射到高维特征空间，在该高维空间中构造最优分类超平面，即将非线性问题转化为高维特征空间的线性分类问题来解决。这样在原始空间中线性不可分的训练样本在被映射到足够高维的空间中后变成线性可分。

在非线性情况下，分类超平面为 $\boldsymbol{w}\boldsymbol{\Phi}(\boldsymbol{x})+b=0$。以软间隔为例，求解非线性最优分类超平面可描述为

$$\min_{w,b,\xi_i}\left(\frac{1}{2}\|\boldsymbol{w}\|^2+C\sum_{i=1}^{n}\xi_i\right)$$
$$\text{s. t.}\ y_i(\boldsymbol{w}\boldsymbol{\Phi}(\boldsymbol{x}_i)+\boldsymbol{b})\geqslant 1-\xi_i,\xi_i\geqslant 0, i=1,\cdots,n \tag{2.121}$$

类似于线性支持向量机，利用拉格朗日乘子法将式（2.121）转化为其对偶问题

$$\max_{\alpha}\sum_{i=1}^{n}\alpha_i-\frac{1}{2}\sum_{i=1}^{n}\sum_{j=1}^{n}\alpha_i\alpha_j y_i y_j\langle\boldsymbol{\Phi}(x_i),\boldsymbol{\Phi}(x_j)\rangle$$
$$\text{s. t.}\ \sum_{i=1}^{n}\alpha_i y_i=0$$

$$0 \leqslant \alpha_i \leqslant C, i = 1,2,\cdots,n \tag{2.122}$$

根据式（2.122）可知，在高维特征空间中构造最优超平面，只需要知道特征空间中的内积运算即可。由于特征空间维数可能很高，甚至可能是无穷维，因此直接计算 $\boldsymbol{\Phi}(x_i)\boldsymbol{\Phi}(x_j)$ 通常是困难的。如果能找到一个核函数 $K(\cdot,\cdot)$，使得 $K(\boldsymbol{x}_i,\boldsymbol{x}_j) = \langle \boldsymbol{\Phi}(x_i), \boldsymbol{\Phi}(x_j) \rangle$。我们就没必要直接去计算高维甚至无穷维特征空间中的内积。满足下面 Mercer 条件的内积函数 $K(\boldsymbol{x}_i,\boldsymbol{x}_j)$ 称为核函数。

Mercer 条件：任意给定的对称函数 $K(\boldsymbol{x}_i,\boldsymbol{x}_j)$ 是某个特征空间中内积运算的充分必要条件是：对于任意不恒为零的函数 $\boldsymbol{g}(\boldsymbol{x})$，且 $\int \boldsymbol{g}(\boldsymbol{x})^2 \mathrm{d}\boldsymbol{x} < \infty$，有 $\int \boldsymbol{K}(\boldsymbol{x}_i,\boldsymbol{x}_j)\boldsymbol{g}(\boldsymbol{x}_i)\boldsymbol{g}(\boldsymbol{x}_j)\mathrm{d}\boldsymbol{x}_i\mathrm{d}\boldsymbol{x}_j \geqslant \boldsymbol{0}$ 成立。

常用的核函数有：

（1）高斯（Gaussian）核函数：$K(x,z) = \exp\left(-\frac{\| x - z \|^2}{2\sigma^2}\right)$。

（2）多项式核函数：$K(x,z) = (x \cdot z + 1)^p$。

（3）拉普拉斯（Laplacian）核函数：$K(x,z) = \exp\left(-\frac{\| x - z \|}{\sigma}\right)$。

（4）sigmoid 核函数：$K(x,z) = \tanh(\gamma x \cdot z + r)$。

支持向量机通过引入核函数成功地将线性分类问题中最优分类面的思想用于非线性问题，实现了较复杂的非线性分类。此时的二次优化问题（2.122）变为

$$\max_{\boldsymbol{\alpha}} \sum_{i=1}^{n} \alpha_i - \frac{1}{2}\sum_{i=1}^{n}\sum_{j=1}^{n}\alpha_i\alpha_j y_i y_j K(\boldsymbol{x}_i,\boldsymbol{x}_j)$$

$$\text{s.t.} \sum_{i=1}^{n}\alpha_i y_i = 0$$

$$0 \leqslant \alpha_i \leqslant C, i = 1,2,\cdots,n \tag{2.123}$$

根据 Mercer 核的性质，核函数替换内积后的二次规划问题仍然是一个凸问题，存在着唯一的全局最优解，而且理论证明由 Mercer 核生成的再生核希尔伯特空间具备了良好的可分性。应用核函数有效地避免高维空间中的内积计算，并且无须知道映射函数 $\boldsymbol{\Phi}(\cdot)$ 的具体形式。求解后非线性 SVM 的分类决策函数为

$$f(\boldsymbol{x}) = \operatorname{sign}\left\{\left(\sum_{i=1}^{n}\alpha_i y_i K(\boldsymbol{x},\boldsymbol{x}_i)\right) + b\right\} \tag{2.124}$$

## 参考文献


[1] IAN G, YOSHUA B, AARON C. Deep learning [M]. Cambridge: MIT Press, 2016.

[2] LECUN Y, BOTTOU L, BENGIO Y, et al. Gradient - based learning applied to document recognition [J]. Proceedings of the IEEE, 1998, 86 (11): 2278 - 2324.

[3] 李航. 统计学习方法 [M]. 北京：清华大学出版社，2012.

[4] NIELSEN M A. Neural networks and deep learning [M]. [S. l. ]: Determination Press, 2015.

[5] ROSENBLATT F. The perceptron, a perceiving and recognizing automaton Project Para [M].

[S. l. ]: Cornell Aeronautical Laboratory, 1957.

[6] ROSENBLATT F. The perceptron: a probabilistic model for information storage and organization in the brain [J]. Psychological review, 1958, 65 (6): 386.

[7] RIEDMILLER M. Advanced supplementary views in multi – layer perceptrons – form backpropagation to adaptive learning algorithms [J]. Computer standards & interfaces, 1994, 16 (3): 265 – 278.

[8] RUMELHART D E, HINTON G E, WILLIAMS R J. Learning representations by back – propagating errors [J]. Nature, 1986, 323 (6088): 533.

[9] VAPNIK V N, LERNER A Y. Recognition of patterns with help of generalized portraits [J]. Avtomatika. i telemekh, 1963, 24 (6): 774 – 780.

[10] BOSER B E, GUYON I M, VAPNIK V N. A training algorithm for optimal margin classifiers [C]//Proceedings of the 5th Annual ACM Workshop on Computational Learning Theory, 1992: 144 – 152.

[11] CORTES C, VAPNIK V. Support – vector networks [J]. Machine learning, 1995, 20 (3): 273 – 297.

# 第 3 章
# 迁移学习基本方法

## 3.1　基于样本迁移学习

### 3.1.1　基于样本迁移基本思想

在迁移学习的过程中，最直接的想法是如何更有效地重复使用源域中已有的带标签数据以辅助在目标域中训练出更好的模型。当源域和目标域的数据及其分布足够相似时，可以将源域与目标域进行合并。由此，迁移学习问题便转化为传统的机器学习问题。然而，现实场景的应用中，直接重用源域中的样本无法将知识很好地迁移到目标域中。尽管如此，源域中仍然有部分数据通过结合目标域中少量有标签数据被很好地重用起来。

在使用源域中的部分数据的过程中，首先要解决“迁移什么”的问题。如何选择有利于目标域模型学习的部分样本，同时避免使用那些无法提高甚至会损害学习效果的部分样本，是基于样本迁移学习需要解决的主要问题。对于源域中样本的重用，通常根据一定的权重生成规则来进行迁移学习。

图 3.1 为基于样本迁移学习的基本思想。源域中存在不同种类的图像，如马、大象、鱼、带有条纹的动物等，目标域中所包含的是斑马的图像，该目标集合了马和条纹的特征。在迁移时，为了最大限度地为目标域贡献知识，可以人为地提高源域中条纹动物和马的样本学习权重。

**图 3.1　基于样本迁移学习的基本思想**

基于样本的迁移学习过程中主要涉及两方面的问题。第一个问题是如何准确地挑选出与目标域样本相似的源域样本，这些样本有助于将模型从源域迁移到目标域。第二个问题是如何设计算法以有效地使用挑选出来的那些源域有标签样本来训练出更准确的目标域模型。

一个域 $D$ 由特征空间 $\boldsymbol{X}$ 和关于这个特征空间的边缘概率分布 $P(X)$ 两部分组成。给定域 $D$，任务 $T$ 也同样由两部分组成，标签空间 $Y$ 和条件概率分布 $P(Y|X)$。大部分基于样本的迁移学习方法都是基于源域和目标域的输入样本，具有相同组成的假设，即大部分样本的特征取值范围相同。另外，源域和目标域的输出标签也需要具有一致性。这种假设保证了知识可以通过样本在不同的数据域中进行传递。根据前文所述关于域和任务的定义，这种假设认为在基于样本的迁移学习过程中，数据域或者任务之间的差异是由于特征边缘分布的不同 $P_S^X \neq P_t^X$ 或者条件概率不同 $P_S^{Y|X} \neq P_T^{Y|X}$ 导致的。

### 3.1.2　基于样本迁移经典方法

**1. 为源域样本分配权重**

基于样本的直推式迁移学习：当特征的边缘分布不同但条件概率相同时，问题可以被定义为直推式迁移学习。首先考虑一个简单的场景，其中有大量有标签的源域样本和有限数量的目标域样本可用，域仅在边缘分布上有所不同，即 $P_S^X \neq P_t^X$ 和 $P_S^{Y|X} = P_T^{Y|X}$。在这种情况下，考虑调整边缘分布。一个简单的想法是在损失函数中为源域样本分配权重。加权策略基于方程[1]

$$\mathbf{E}_{(x,y)\sim P^T}[L(x,y;f)] = \mathbf{E}_{(x,y)\sim P^T}\left[\frac{P^T(x,y)}{P^T(x,y)}L(x,y;f)\right] = \mathbf{E}_{(x,y)\sim P^T}\left[\frac{P^T(x)}{P^T(x)}L(x,y;f)\right] \tag{3.1}$$

因此，学习任务的一般目标函数可以写成[1]

$$\min_f \frac{1}{n^S}\sum_{i=1}^{n^S}\beta_i L(f(x_i^S),y_i^S) + \Omega(f) \tag{3.2}$$

其中，$\beta_i(i = 1,2\cdots,n^S)$ 为权重参数。$\beta_i$ 的理论值等于 $P^T(x_i)/P^S(x_i)$，然而，这一比例通常是未知的，难以用传统方法得到。

KMM 算法[1]是通过在 RKHS 中匹配源域和目标域样本的均值，解决了在 RKHS 中上述未知比值的估计问题，即

$$\underset{\beta_i \in [0,B]}{\operatorname{argmin}} \left\| \frac{1}{n^S}\sum_{i=1}^{n^S}\beta_i\Phi(x_i^S) - \frac{1}{n^T}\sum_{j=1}^{n^T}\Phi(x_j^T)\right\|_H^2$$

$$\text{s. t.} \left|\frac{1}{n^S}\sum_{i=1}^{n^S}\beta_i - 1\right| \leqslant \delta \tag{3.3}$$

其中，$\delta$ 为一个极小值参数；$B$ 为一个约束参数。通过对上述优化问题进行展开并利用核方法，可以将其转化为二次优化问题。这种估计分布比率的方法可以简单地融入许多现有的分类或回归算法中。一旦获得权重 $\beta_i$，就可以在加权的源域样本上训练模型。

KMM 算法在乳腺癌数据集（breast cancer dataset）上进行实验验证。该数据集包含 669 个样本，这些样本分为良性和恶性两类。在该数据集上的测试结果如图 3.2 所示。图 3.2（a）中的结果表明 KMM 始终优于非加权情况，并且匹配或超过使用已知分布比例获得的性能。图 3.2（b）中，KMM 的性能同样优于非加权情况，并且与使用抽样模型重新加权一样好或更好。图 3.2（c）显示了不同训练/测试分割比例下的平均性能，尽管不符合实验对训练分布和测试分布之间差异的假设，KMM 仍然具有更高的测试性能，并且在训练集样本数量较

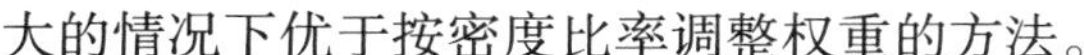
大的情况下优于按密度比率调整权重的方法。

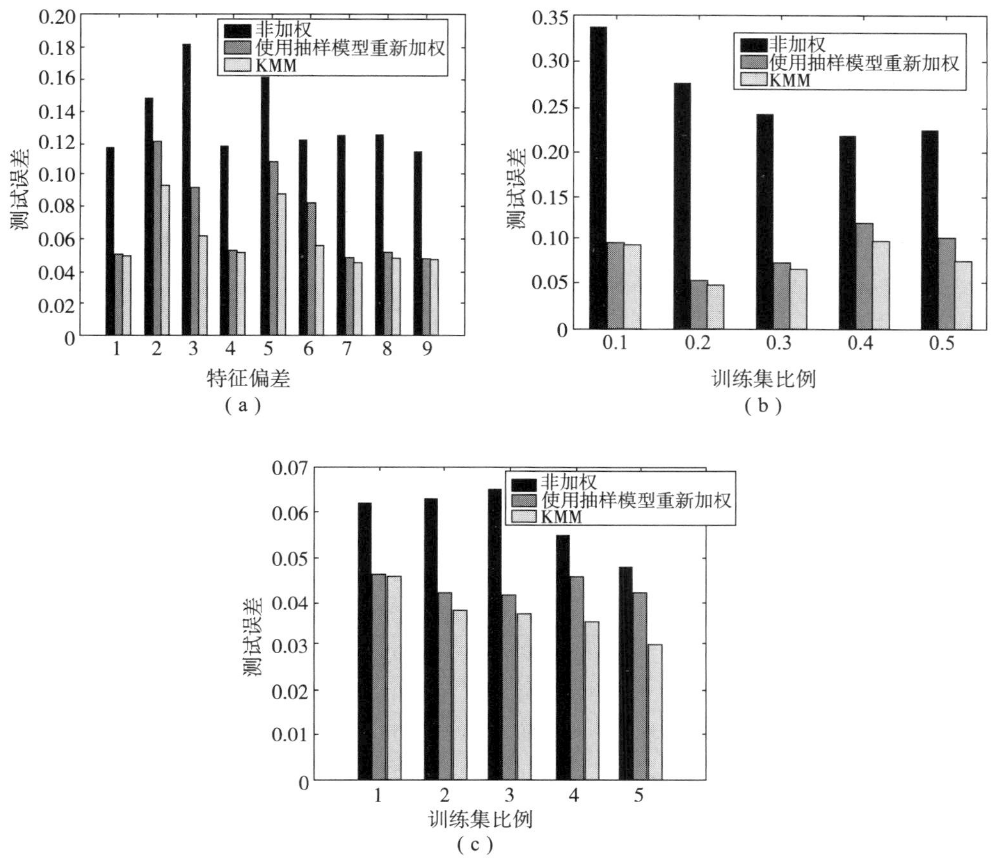


**图 3.2　KMM 实验测试结果**[1]

（a）特征上的单一偏差；（b）特征上的联合偏差；（c）标签上的偏差

**2. 估算权重**

另一些研究尝试估算权重。例如，Kullback-Leibler 重要度估计处理（Kullback-Leibler importance estimation procedure，KLIEP）[2]方法依赖于 Kullback-Leibler（KL）散度的最小化，它还包含了一个内置的模型选择过程，这使得这种方法更加有用和可靠。在研究权值估计的基础上，基于样本的迁移学习框架或算法也被提出。例如，Sun 等人[3]提出了多源转移学习框架，称为多源域适应的两阶段加权框架（2-stage weighting framework for multi-source domain adaptation，2SW－MDA），具体如下。

（1）样本权重：在第一阶段，对源域样本进行权值分配，以减少边缘分布差异，类似于 KMM。

（2）域权重（domain weight）：在第二阶段，基于平滑度假设[4]，对每个源域根据平滑假设进行加权以减小条件分布差异。

根据样本权重和域权重对源域样本进行重新加权。这些重新加权的样本和有标签的目标域样本用于训练目标分类器。2SW－MDA 采用两阶段加权操作，可以降低边界差和条件差。

该方法在 3 个真实数据集上进行测试，这 3 个真实数据集分别是新闻组数据集（newsgroups dataset）、情绪分析数据集（sentiment analysis dataset）以及一个从表面肌电图（surface electromyogram，SEMG）信号提取的表面肌电数据集。新闻组数据集是大约 20 000 个新闻组文档的集合，包含 20 个类别。情绪分析数据集包含对 4 个类别（包括厨房、书籍、DVD 和电子产品）的正面评论和负面评论。表面肌电数据集是由表面肌电生理信号衍生的 12 维时频域特征。表面肌电信号是利用表面电极从受试者肌肉中记录下来的生物信号，用于研究受试者的肌肉骨骼活动，从而对应了不同程度的疲劳。为了评估方法的有效性，表 3.1 将 2SW－MDA 与基线方法 SVM－C 以及五种域自适应方法［LWE（kernal ensemble），KE（locally weighted ensemble），KMM，TCA，DAM］进行了比较。由表 3.1 可观察到，2SW－MDA 方法优于其他域适应方法，在大多数情况下，特别是对于 SEMG 数据集，可以获得更高的分类精度。

**表 3.1　在 3 个真实数据集和一个虚构数据集上比较不同方法的分类准确率[3]**　　单位：%

| 数据集 | SVM－C | LWE | KE | KMM | TCA | DAM | 2SW－MDA |
|---|---|---|---|---|---|---|---|
| talk. politics. mideast | 46. 00 | 50. 66 | 49. 01 | 45. 78 | 58. 66 | 52. 03 | 73. 49 |
| | 49. 33 | 49. 39 | 53. 48 | 39. 75 | 56. 00 | 52. 00 | 65. 06 |
| | 49. 33 | 50. 27 | 54. 67 | 43. 37 | 52. 04 | 51. 81 | 62. 65 |
| talk. politics. misc | 48. 83 | 53. 62 | 46. 77 | 62. 32 | 55. 90 | 53. 22 | 63. 67 |
| | 48. 22 | 51. 12 | 48. 39 | 59. 42 | 53. 23 | 54. 12 | 60. 87 |
| | 48. 31 | 50. 72 | 55. 01 | 59. 07 | 54. 83 | 54. 12 | 68. 12 |
| comp. sys. ibm. pc. hardware | 48. 42 | 51. 25 | 49. 50 | 50. 56 | 61. 25 | 52. 50 | 62. 92 |
| | 47. 44 | 51. 44 | 49. 44 | 59. 55 | 57. 50 | 52. 50 | 60. 67 |
| | 45. 93 | 49. 88 | 48. 00 | 58. 43 | 59. 75 | 57. 80 | 64. 04 |
| rec. sport. baseball | 56. 25 | 61. 51 | 47. 50 | 61. 79 | 61. 75 | 61. 25 | 79. 78 |
| | 58. 75 | 50. 09 | 51. 25 | 64. 04 | 57. 75 | 53. 75 | 60. 22 |
| | 56. 35 | 59. 26 | 56. 25 | 58. 43 | 57. 83 | 55. 05 | 61. 24 |
| kitchen electronics book dvd | 35. 55 | 40. 12 | 49. 38 | 64. 04 | 64. 10 | 58. 61 | 70. 55 |
| | 35. 95 | 42. 66 | 48. 38 | 65. 55 | 54. 20 | 52. 61 | 59. 44 |
| | 37. 77 | 40. 12 | 49. 38 | 58. 88 | 55. 01 | 54. 10 | 59. 47 |
| | 36. 01 | 49. 44 | 48. 77 | 50. 00 | 50. 00 | 50. 61 | 51. 11 |
| SEMG－8 subjects | 70. 76 | 67. 44 | 63. 55 | 64. 94 | 66. 35 | 74. 83 | 83. 03 |
| | 43. 69 | 77. 54 | 74. 62 | 63. 63 | 59. 94 | 81. 36 | 87. 96 |
| | 50. 11 | 75. 55 | 62. 50 | 64. 06 | 56. 78 | 74. 77 | 88. 96 |
| | 59. 65 | 81. 22 | 69. 35 | 52. 68 | 73. 38 | 80. 63 | 88. 49 |
| | 40. 37 | 52. 48 | 65. 61 | 49. 77 | 57. 48 | 76. 74 | 86. 14 |
| | 59. 21 | 65. 77 | 83. 92 | 70. 62 | 76. 92 | 59. 21 | 87. 10 |
| | 47. 13 | 60. 32 | 77. 97 | 51. 13 | 55. 64 | 74. 27 | 87. 08 |
| | 69. 85 | 72. 81 | 79. 48 | 67. 24 | 42. 79 | 84. 55 | 93. 01 |
| Toy data | 60. 05 | 75. 63 | 81. 40 | 68. 01 | 64. 97 | 84. 27 | 98. 54 |

### 3. 迭代调整权重

除了直接估算权重参数外，迭代调整权重（adjusting weights iteratively）也是有效的。迭代调整权重的关键是设计一种机制来减少对目标模型产生负面影响的样本的权重。一个代表性的产物是 TrAdaBoost[5]，它是一个由 Dai 等人提出的框架。这个框架是 AdaBoost[6] 的扩展。AdaBoost 是一种针对传统机器学习任务设计的有效的增强算法。在 AdaBoost 的每次迭代中，要学习的分类器模型都是在权重更新的样本上训练的，这导致了分类器的效果不佳，即弱分类器。样本的权重机制会对分类不正确的样本给予更多的关注。最后，其将得到的弱分类器组合成强分类器。TrAdaBoost 将 AdaBoost 扩展到迁移学习场景，设计了一种新的权重分配机制，以减少分布差异的影响。具体来说，在 TrAdaBoost 中，将有标签的源域样本和没有标签的目标域样本组合为一个整体，即一个训练集来训练弱分类器。对于源域样本和目标域样本，权重机制是不同的。在每次迭代中，计算一个临时变量 $\bar{\delta}$（衡量目标域样本的分类错误率）。然后，目标域样本的权重根据 $\bar{\delta}$ 和单个分类结果进行更新，而源域样本的权重根据设计的常量和单个分类结果更新。为了更好地理解，在第 $k$ 次迭代（$k=1,\cdots,N$）中用于更新权重的公式重复表示如下[5]：

$$\beta_{k,i}^{S}=\beta_{k-1,i}^{S}\left(1+\sqrt{2\ln\frac{n^{S}}{N}}\right)-\left|f_k(x_i^S)-y_i^S\right|(i=1,\cdots,n^S) \tag{3.4}$$

$$\beta_{k,j}^{T}=\beta_{k-1,j}^{T}\left(\frac{\bar{\delta}_k}{1-\bar{\delta}_k}\right)-\left|f_k(x_j^T)-y_j^T\right|(j=1,\cdots,n^T) \tag{3.5}$$

请注意，每次迭代都会形成一个新的弱分类器。通过投票的方式将新生成的弱分类器的一半进行组合和集成，从而得到最终的分类器。多源 TrAdaBoost（multi - source AdaBoost，MsTrAdaBoost）[7]方法进一步扩展了 TrAdaBoost。该方法设计用于多源迁移学习，每次迭代主要有以下两步。

（1）候选分类器构造（candidate classifier construction）：在每个源域和目标域正确的加权样本上分别训练一组候选弱分类器，即 $D_{Si}\cup D_T(i=1,\cdots,m^S)$。

（2）样本加权：选择目标域样本上分类错误率 $\bar{\delta}$ 最小的分类器（用 $j$ 表示），然后用于更新 $D_{S_j}$ 和 $D_T$ 中样本的权重。最后，将每次迭代中选择的分类器组合起来，形成最终的分类器。

MsTrAdaBoost 使用了 Caltech－256 数据集进行目标识别，该数据集包含 256 个目标类别；另外还使用了通过谷歌图像搜索引擎收集的背景数据集，以及其他类别作为增强背景数据集。对于每一个实验，把分类器输出的 ROC（接受者操作特性）曲线用于性能比较，且将 ROC 曲线下面积 $A_{ROC}$ 作为定量绩效评价。图 3.3 比较了 AdaBoost、TrAdaBoost、MsTrAdaBoost、TaskTrAdaBoost 在不同数量的目标正训练样本数 $n_T^+\in\{1,5,15,50\}$ 和源域 $N\in\{1,2,3,5\}$ 的 ROC 曲线下面积。图 3.3（a）假设 $N=3$，并显示了当 $n_T^+$ 提高时算法的表现。由于 AdaBoost 不会从源头转移任何知识，它的性能严重依赖于 $n_T^+$，根据 $A_{ROC}$ 的结果，一个非常小的 $n_T^+$ 的性能略好于随机概率。TrAdaBoost 联合学习 3 个源域中的知识，并在 AdaBoost 基础上改进了迁移学习机制。通过合并来自多个领域知识转移的能力，即使是对于一个很小的 $n_T^+$，MsTrAdaBoost 也显著提高了识别精度。此外，AdaBoost 和 TrAdaBoost 算法的性能很大程度上取决于源域和目标域所选择的正样本。正如预期的那样，随着 $n_T^+$ 的提高，所有方法之间的性能差距都会缩小。当 $n_T^+ = 50$ 时，对于具有有限的测试正样本的给定数据集，它们显示出显著的下降。图 3.3（b）假设 $N=1$。结果表明，MsTrAdaBoost 还原为 TrAdaBoost，因此它们具有相同的性能。

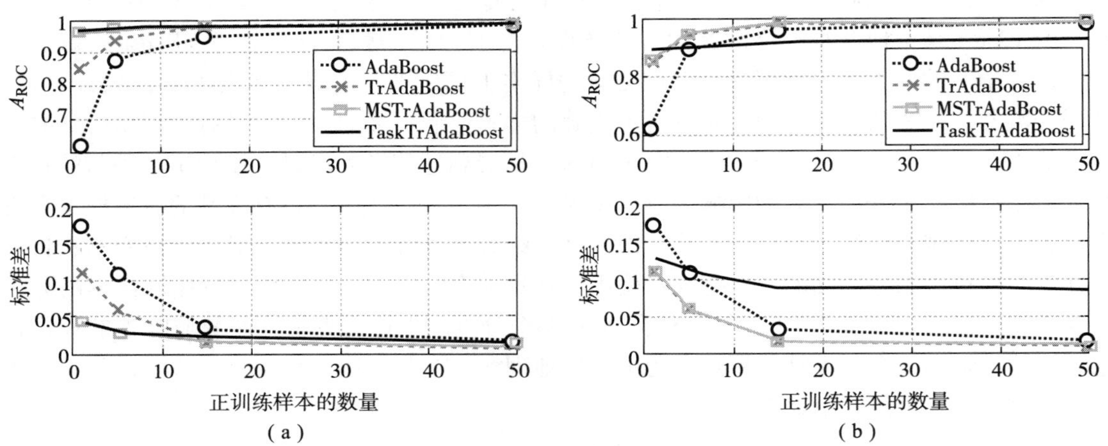


**图 3.3　Adaboost、TrAdaBoost、MSTrAdaBoost 以及 TaskTrAdaBoost 方法的性能比较[7]**

（a）假设 $N=3$；（b）假设 $N=1$

**4. 启发式方法实现样本加权策略**

一些方法采用启发式方法实现样本加权策略。例如，在用于样本适应的通用权重框架中，使用如下三种类型的样本来构造目标分类器，且目标函数中有 3 个根据样本类型设计的目标项，目的是使交叉熵损失最小。

（1）带标签的目标域样本：分类器最小化它们的交叉熵损失，这实际上是一个标准的监督学习任务。

（2）不带标签的目标域样本：这些样本的真实条件分布 $P(y \mid x_i^{T,U})$ 是未知的，需要估计。一种可能的解决方案是在有标签的源域和目标域样本上训练辅助分类器，以帮助估计条件分布或为这些样本分配伪标签。

（3）带标签的源域样本：将 $x_i^{T,U}$ 的权重定义为两个部分的乘积，即 $\alpha_i$ 和 $\beta_i$ 。理想情况下，权重 $\beta_i$ 等于 $P^T(x_i)/P^S(x_i)$ ，可以用非参数方法估计，如 KMM，也可以在最坏情况下统一设置。权重 $\alpha_i$ 用于过滤出与目标域有很大差异的源域样本。$\alpha_i$ 的值可以由一种启发式方法来产生得到，其中包含以下三个步骤。

①辅助分类器构造（auxiliary classifier construction）：使用在有标签的目标域样本上训练的辅助分类器对没有标签的源域样本进行分类。

②样本排序（sample ranking）：根据概率预测结果对源域样本进行排序。

③启发式加权法（heuristic weighting $\beta_i$）：预测错误的 top - k 源域样本（the top - k source - domain instances）的权重设置为 0，其他样本的权重设置为 1。

该框架的目标函数由四个部分组成，即包含三类样本的损失函数，以及一个正则化项控制模型的复杂度。

Jiang 等[8]选择 3 个不同的 NLP 任务来评估样本加权方法的域适应能力。第一个任务是词性标注，使用了来自 Penn Treebank 语料库的 00 节和 01 节的 6 166 个华尔街日报（WSJ）语句作为源域数据，以及来自 PennBioIE 语料库肿瘤学章节的 2 730 个 PubMed 句子作为目标域数据。第二个任务是实体类型分类。假设实体边界已被正确识别，希望对实体的类型进行分类，为此使用 ACE 2005 训练数据来完成这项任务。对于源域，使用了新闻专线语料集合，其中包含 11 256 个示例；对于目标域使用了博客语料集合（5 164 个示例）和对话性电话语音（CTS）集合（4 868 个示例）。第三个任务是个性化垃圾邮件过滤。为此使用了 ECML/PKDD 2006 发现挑战数据集（http://ceas2009. cc/）。源域包含 4 000 封公开来源的垃圾邮件和非垃圾邮件，目标域是 3 个个人用户的收件箱，每个收件箱包含 2 500 封邮件。

第一组实验中使用仅有的少量带标记的目标样本，逐步从源域删除带有“误导”标签的样本，这个过程遵循启发式加权法。该方法使用所有具有同等权重的源样本，但不使用目标样本，将其与基线方法进行比较。结果如表 3. 2 所示。从表 3. 2 中可以看到，在大多数实验中，删除这些预测的“误导”样本可以提高基准的性能。在一些实验中（肿瘤学、CTS、u00、u01）当所有错误分类的源样本被删除时，改进最大。然而，在 weblog NE 类型分类的情况下，删除源样本会损害性能。原因可能是实验使用的有标签的目标样本集是来自目标领域的有偏差的样本，因此在这些样本上训练的模型并不总是能够很好地预测“误导”源样本。

**表 3. 2　删除“误导”源域样本后，目标域上的精确性**[8]

| 词性标注 | | 实体类型分类 | | | | 个性化垃圾邮件过滤 | | | |
|---|---|---|---|---|---|---|---|---|---|
| $k$ | **肿瘤学** | $k$ | **CTS** | $k$ | **WL** | $k$ | **u00** | **u01** | **u02** |
| 0 | 0. 863 0 | 0 | 0. 781 5 | 0 | 0. 704 5 | 0 | 0. 630 6 | 0. 695 0 | 0. 764 4 |
| 4 000 | 0. 867 5 | 800 | 0. 824 5 | 600 | 0. 707 0 | 150 | 0. 641 7 | 0. 707 8 | 0. 795 0 |
| 8 000 | 0. 870 9 | 1 600 | 0. 864 0 | 1 200 | 0. 697 5 | 300 | 0. 661 1 | 0. 722 8 | 0. 822 2 |
| 12 000 | 0. 871 3 | 2 400 | 0. 882 5 | 1 800 | 0. 683 0 | 450 | 0. 710 6 | 0. 780 6 | 0. 823 9 |
| 16 000 | 0. 871 4 | 3 000 | 0. 882 5 | 2 400 | 0. 679 5 | 600 | 0. 791 1 | 0. 832 2 | 0. 832 8 |
| 全部 | 0. 872 0 | 全部 | 0. 883 0 | 全部 | 0. 660 0 | 全部 | 0. 810 6 | 0. 851 7 | 0. 806 7 |

第二组实验是将已标记的目标域样本添加到训练集中，这相当于设置了一些非零值，但仍保留了一些非零值。如表 3. 3 所示，添加一些标记的目标样本可以极大地提高所有任务的性能。在几乎所有情况下，将目标样本加权到比源样本多的位置要比将它们平均加权更好。

**表 3. 3　添加标记目标样本后未标记目标样本的准确性**[8]

| 词性标注 | | 实体类型分类 | | | 个性化垃圾邮件过滤 | | | |
|---|---|---|---|---|---|---|---|---|
| 方法 | **肿瘤学** | 方法 | **CTS** | **WL** | 方法 | **u00** | **u01** | **u02** |
| $D_s$ | 0. 863 0 | $D_s$ | 0. 781 5 | 0. 704 5 | $D_s$ | 0. 630 6 | 0. 695 0 | 0. 764 4 |
| $D_s+D_{t,l}$ | 0. 934 9 | $D_s+D_{t,l}$ | 0. 934 0 | 0. 773 5 | $D_s+D_{t,l}$ | 0. 957 2 | 0. 957 2 | 0. 946 1 |
| $D_s+5D_{t,l}$ | 0. 941 1 | $D_s+2D_{t,l}$ | 0. 935 5 | 0. 781 0 | $D_s+2D_{t,l}$ | 0. 960 6 | 0. 960 0 | 0. 953 3 |

续表

| 词性标注 | | 实体类型分类 | | | 个性化垃圾邮件过滤 | | | |
|---|---|---|---|---|---|---|---|---|
| 方法 | **肿瘤学** | 方法 | **CTS** | **WL** | 方法 | **u00** | **u01** | **u02** |
| $D_s+10D_{t,l}$ | 0.942 9 | $D_s+5D_{t,l}$ | 0.936 0 | 0.782 0 | $D_s+5D_{t,l}$ | 0.962 8 | 0.961 1 | 0.960 1 |
| $D_s+20D_{t,l}$ | 0.944 3 | $D_s+10D_{t,l}$ | 0.935 5 | 0.784 0 | $D_s+10D_{t,l}$ | 0.963 9 | 0.962 8 | 0.963 3 |
| $D_s'+20D_{t,l}$ | 0.942 2 | $D_s'+10D_{t,l}$ | 0.895 0 | 0.667 0 | $D_s'+10D_{t,l}$ | 0.971 7 | 0.947 8 | 0.949 4 |

**5. 生成式零样本学习**

生成式零样本学习也可以认为是基于样本的迁移学习的一种。在零样本学习中，特征空间中有一些带标签的训练样本，这些训练样本属于可见类（seen class）。在特征空间中，还有一些没有标签的测试样本，它们属于另一组类，这一组类被称为不可见类（unseen class）。特征空间通常是一个实数空间，每个样本都被表示为其中的一个向量。通常假设一个样本属于一个类。零样本学习的定义如下：$S = \{c_i^s \mid i = 1,\cdots,N_s\}$ 表示可见类的集合，其中每个 $c_i^S$ 表示一个可见类。$U = \{c_i^u \mid i = 1,\cdots,N_u\}$ 为不可见类的集合，其中每个 $c_i^u$ 表示一个不可见类。注意 $S \cap U = \varnothing$ 。$X$ 为 $D$ 维的特征空间，它通常是一个实数空间 $\mathbf{R}^d$ 。定义 $D^{tr} = \{(x_i^{tr},y_i^{tr}) \in X \times S\}_{i=1}^{N_{tr}}$ 为可见类的有标签训练样本的集合。对于每个有标签的样本（$x_i^{tr}$，$y_i^{tr}$）来说，$x_i^{tr}$ 是特征空间的样本，$y_i^{tr}$ 是该样本对应的类标签。定义 $X^{te} = \{x_i^{te} \in X\}_{i=1}^{N_{te}}$ 为测试样本的集合，其中每个 $x_i^{te}$ 是特征空间中的一个测试样本。定义 $Y^{te} = \{y_i^{te} \in U\}_{i=1}^{N_{te}}$ 作为样本集合 $X^{te}$ 的待预测的类标签。

零样本学习：有标签训练样本 $D^{tr}$ 属于可见类 $S$ ，零样本学习的目标是学习一个分类器 $f^u(\cdot):X \to U$ ，该分类器的作用是分出测试样本 $X^{te}$ 是属于哪个不可见类 $U$ ，即预测测试样本的标签 $Y^{te}$。

由定义可知，零样本学习的一般思想是将训练样本中包含的知识迁移到测试样本分类的任务中。训练样本和测试样本所覆盖的标签空间是不相交的。因此，零样本学习是迁移学习的一个子域[9]。在迁移学习中，源域和源域中的任务中包含的知识被迁移到目标域，进一步学习目标任务中的模型。

广义零样本学习（generalized zero - shot learning，GZSL）：在零样本学习中，训练样本和测试样本所覆盖的类是不相交的。实际上，这在现实问题中是不切实际的。在许多现实情况下，测试样本不仅包括不可见类的样本也包括可见类样本。在广义零样本学习[10]的设定下，测试样本既可以来自可见类，也可以来自不可见类。在测试阶段，可见类和不可见类同时存在，所以这种设定下的问题更具挑战性。许多零样本学习方法也在广义零样本学习设定下进行了测试，但是测试结果不佳[11]。

尽管通过对样本赋予不同的权重来进行知识迁移理论具有较好的解释，但这类方法通常只在数据域分布差异较小时效果较好，在自然语言处理、计算机视觉等具有复杂特征表示的任务上效果并不理想。如何通过特征的分析来进行迁移学习，是迁移学习研究的重点。

# 3.2 基于特征迁移学习

## 3.2.1 基于特征迁移基本思想

在许多实际应用中，源域和目标域中只有一部分特征空间重叠，这意味着许多特征不能被直接用于建立知识迁移的通道。因此，一些基于样本的算法可能无法有效地进行知识迁移。如果考虑学习一种能够同时表示源域和目标域数据的特征空间，并将两个域的样本同时映射到这个共同的特征空间，目标域数据学习建模的问题就可以通过源域建模问题解决了。基于特征的迁移学习就是基于这样的思想开展的。先将源域数据映射至这个共同的特征空间，通过利用源域中的知识习得在该特征空间中的分类模型。当目标域数据被映射至该空间后，可以通过使用在该空间上习得的模型对目标域数据进行分析。如图 3.4 所示。

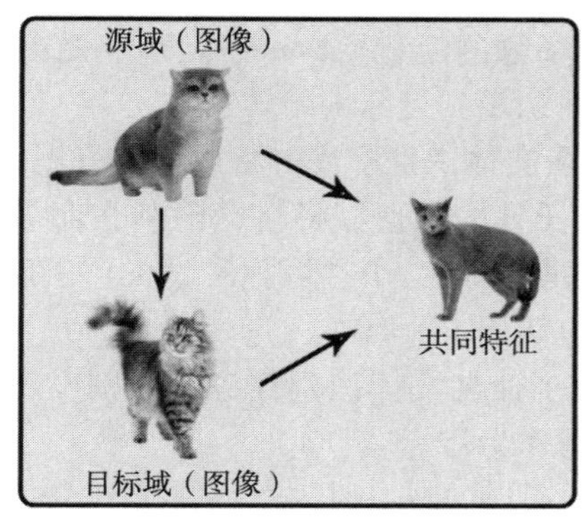


源域和目标域特征空间一致

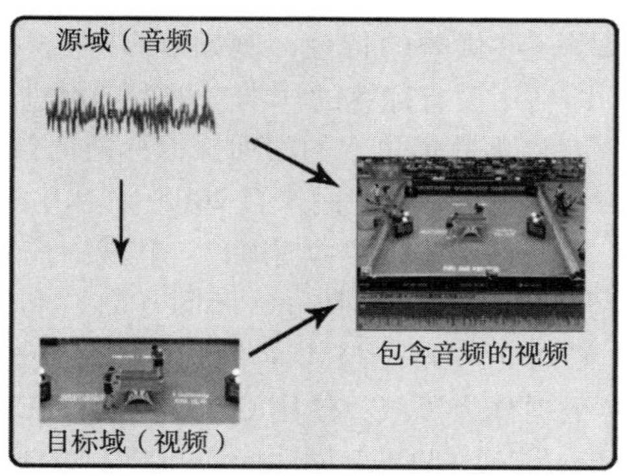


源域和目标域特征空间不一致

**图 3.4 基于特征的迁移学习方法示意图**

## 3.2.2 基于特征迁移经典方法

一个完整的基于特征迁移经典方法在设计过程中主要包含以下几个操作[12]。

**1. 分布差异度量（distribution difference metric）**

减少源域和目标域样本的分布差异是特征转换的一个主要目的。因此，如何有效地度量域之间的分布差异或分布相似性是一个非常重要的问题。为解决该问题，最大平均差异[13]的测量方法被广泛应用于各个迁移学习领域，其公式如下：

$$\mathrm{MMD}(X^S,X^T) = \left\| \frac{1}{n^S}\sum_{i=1}^{n^S}\Phi(X_i^S) - \sum_{i=1}^{n^S}\Phi(X_i^S) - \frac{1}{n^T}\sum_{j=1}^{n^T}\Phi(X_j^T) \right\|_H \tag{3.6}$$

通过该方法我们可以很容易地计算出 MMD，MMD 通过计算 RKHS 样本平均值的距离来量化分布差异。值得注意的是，上述 KMM 实际上是通过最小化域之间的 MMD 距离来生成样本的权重。

**2. 特征增广**

特征增广（feature augmentation）操作广泛应用于特征变换中，尤其是在基于对称特征的方法中。有多种方法能够实现特征增广，例如特征复制和特征叠加。为了更好地理解，我们从基于特征复制的简单迁移学习方法开始介绍。

Daum[14]提出了一种简单的域适应方法，即特征增广方法（feature augmentation method，FAM）。该方法通过简单的特征复制来对原始特征进行转换。具体来说就是在单源迁移学习场景中，特征空间被扩充到其原始大小的 3 倍。新的特征表示包括一般特征、源特定特征和目标特定特征。需要注意的是，对于转换后的源域样本，它们的目标特定特征被设置为零。同样地，对于转换后的目标域样本，它们的源特定特征也被设置成零。FAM 的新特征表示如下：

$$\boldsymbol{\Phi}_S(X_i^S) = < X_i^S, X_i^S, 0 >, \boldsymbol{\Phi}_T(X_j^T) = < X_j^T, 0, X_j^T > \tag{3.7}$$

其中，$\boldsymbol{\Phi}_S$ 和 $\boldsymbol{\Phi}_T$ 分别为从源域和目标域到新特征空间的映射。最终的分类器是在转换的有标签样本上训练的。这种扩增方法其实是多余的，换句话说，以其他方式（用更少的维度）扩充特征空间可能会产生具有竞争力的效果。FAM 的优势在于其特征扩展具有简洁的形式，从而带来了一些优秀的特性，例如对多源迁移学习场景的泛化。Daum 等人[15]提出了 FAM 的扩展，即利用没有标签的样本来进一步促进知识从源域到目标域的转移。

FAM 在以下数据集上的序列执行标记任务（命名实体识别、浅解析或词性标记）。

（1） ACE - NER。使用来自 2005 自动内容提取任务的数据，将自己限制在命名实体识别任务。2005 年 ACE 数据来自 6 个域：广播新闻（bn）、广播对话（bc）、新闻专线（nw）、网络日志（wl）、Usenet 新闻（un）和转换电话语音（cts）。

（2） CoNLL - NE。与 ACE - NER 类似，这是一个命名实体识别任务。区别在于：使用 2006ACE 数据作为源域，使用 CoNLL 2003 NER 数据作为目标域。

（3） PubMed - POS。词性标注问题，源域是 Penn Treebank 的华尔街日报部分，目标域是 PubMed。

（4） CNN - Recap。其源域是新闻专线，目标域是 ASR 系统的输出。

（5） Treebank - Chunk。这是一个基于来自 Penn Treebank 的数据的浅解析任务。这些数据来自各种各样的域：标准的 WSJ 域、TIS 交换机域和 Brown 语料库。

（6） Treebank - Brown。这与 Treebank - Chunk 任务相同，只是将所有 Brown 语料库视为一个单一域。在所有情况下（除了 CNN - 重述）都使用了大致相同的特征集，在某种程度上进行了标准化：词汇信息（单词、词干、大小写、前缀和后缀），地名词典的成员资格等。

如表 3.4 所示，前两列指定了任务和域。对于只有一个源域和目标域的任务只在目标域中报告结果。对于多域适应任务报告目标域的每个设置的结果。可以发现，在暂时不考虑 Treebank - Chunk 任务中的“br - *”域，Daum 采用的算法总是表现最好。在排除“br - *”的情况下，排名第二的显然是先验模型，这一发现与之前的研究一致。当重复 Treebank - Chunk 任务，但将所有“br - *”数据集中到一个“brown”域时，可以发现 Daum 采用的算法取得了最好的执行效果。

表 3.4 FAM 在不同数据集上的序列执行标记任务的结果[13]

| 任务 | 域 | SRCONLY | TGTONLY | ALL | WEIGHT | PRED | LININT | PRIOR | AUGMENT | T < S | Win |
|---|---|---|---|---|---|---|---|---|---|---|---|
| ACE - NER | bn | 4.98 | 2.37 | 2.29 | 2.23 | 2.11 | 2.21 | 2.06 | **1.98** | + | + |
| | bc | 4.54 | 4.07 | 3.55 | 3.53 | 3.89 | 4.01 | **3.47** | **3.47** | + | + |
| | nw | 4.78 | 3.71 | 3.86 | 3.65 | 3.56 | 3.79 | 3.68 | **3.39** | + | + |
| | wl | 2.45 | 2.45 | **2.12** | **2.12** | 2.45 | 2.33 | 2.41 | **2.12** | = | + |
| | un | 3.67 | 2.46 | 2.48 | 2.40 | 2.18 | 2.10 | 2.03 | **1.91** | + | + |
| | cts | 2.08 | 0.46 | 0.40 | 0.40 | 0.46 | 0.44 | **0.34** | **0.32** | + | + |
| CoNLL - NE | tgt | 2.49 | 2.95 | 1.80 | **1.75** | 2.13 | **1.77** | 1.89 | **1.76** | | + |
| PubMed-POS | tgt | 12.02 | 4.15 | 5.43 | 4.15 | 4.14 | 3.95 | 3.99 | **3.61** | + | + |
| CNN - Recap | tgt | 10.29 | 3.82 | 3.67 | 3.45 | 3.46 | 3.44 | **3.35** | **3.37** | + | + |
| Tree bank - Chunk | wsj | 6.63 | 4.35 | 4.33 | 4.30 | 4.32 | 4.32 | 4.27 | **4.11** | + | + |
| | swbd3 | 15.90 | 4.15 | 4.50 | 4.10 | 4.13 | 4.09 | 3.60 | **3.51** | + | + |
| | br - cf | 5.16 | 6.27 | 4.85 | 4.80 | 4.78 | **4.72** | 5.22 | 5.15 | | |
| | br - cg | 4.32 | 5.36 | **4.16** | **4.15** | 4.27 | 4.30 | 4.25 | 4.90 | | |
| | br - ck | 5.05 | 6.32 | 5.05 | 4.98 | **5.01** | **5.05** | 5.27 | 5.41 | | |
| | br - cl | 5.66 | 6.60 | 5.42 | **5.39** | **5.39** | 5.53 | 5.99 | 5.73 | | |
| | br - cm | 3.57 | 6.59 | **3.14** | **3.11** | 3.15 | 3.31 | 4.08 | 4.89 | | |
| | br - cn | 4.60 | 5.56 | 4.27 | 4.22 | **4.20** | **4.19** | 4.48 | 4.42 | | |
| | br - cp | 4.82 | 5.62 | 4.63 | **4.57** | **4.55** | **4.55** | 4.87 | 4.78 | | |
| | br - cr | 5.78 | 9.13 | 5.71 | 5.19 | 5.20 | **5.15** | 6.71 | 6.30 | | |
| Treebank - brown | | 6.35 | 5.75 | 4.80 | 4.75 | 4.81 | 4.72 | 4.72 | **4.65** | + | + |

### 3. 特征映射

在传统机器学习领域，有很多可行的基于映射的特征提取方法，如主成分分析（principal component analysis，PCA）[16]和核化 - PCA（kernelized - PCA，KPCA）[17]。然而，这些方法主要关注数据方差而非分布差异。为了解决分布差异，人们提出了一些用于迁移学习的特征提取方法。假定在一个简单的场景中，域的条件分布几乎没有差异。在这种情况下，可以使用以下简单的目标函数来找到用于特征提取的映射：

$$\min_{\Phi}(\mathrm{DIST}(X^S,X^T;\Phi)+\lambda\boldsymbol{\Omega}(\Phi))/(\mathrm{VAR}(X^S\cup X^T;\Phi)) \tag{3.8}$$

其中，$\Phi$ 表示低维映射函数；DIST(·) 表示分布差度量；$\boldsymbol{\Omega}(\Phi)$ 表示控制 $\Phi$ 复杂度的正则化矩阵；VAR(·) 表示样本的方差。该目标函数旨在找到一个映射函数 $\Phi$ 使得域之间的边界分布差异达到最小，同时使样本的方差尽可能大。分母对应的目标可以通过多种方式进行优化。一种可能的方法是用方差约束来优化分子的目标。例如，映射样本的散布矩阵可以限定为单位矩阵。另一种方法是首先在高维特征空间中优化分子目标，然后执行诸如 PCA 或 KPCA 的降维算法来实现分母的目标。

此外，准确找到 $\Phi(\cdot)$ 的数学表现形式并不容易。为了解决这一问题，一些方法采用了线性映射技术或转向核方法。一般来说，处理上述优化问题有三种主要思路。

（1）映射学习 + 特征提取：通过习得一个核矩阵或寻找变换矩阵的方式找到目标所在的高维空间，压缩高维特征以低维特征的形式表示。比如学习了核矩阵之后，就能够提取出隐含的高维特征的主要成分来构建基于 PCA 的新特征表示。

（2）映射构造 + 映射学习：将原始特征映射（feature mapping）到构造的高维特征空间，学习低维映射以满足目标函数。例如可以基于选定的核函数来构造核矩阵，然后学习变换矩阵，将高维特征投影到一个共同的潜在子空间中。

（3）直接低维映射学习：一般来说，直接找到所需的低维映射是比较困难的。但是，如果假定这个映射满足某些条件，即可计算出映射关系。例如，如果低维映射被确定为线性映射，优化问题则能够轻易解决。

**4. 特征选择**

特征选择是特征降维的另一种操作，用于提取轴特征。轴特征是在不同域中以相同方式表现的特征。由于这些特征的稳定性，可以将其作为传递知识的桥梁。Blitzer 等人[18]提出了一种叫作结构化对应学习的方法，SCL 通过执行以下步骤来构造新的特征表示。

（1）特征选择：SCL 首先执行特征选择操作来获得轴特征。

（2）映射学习：通过使用结构学习技术，利用轴特征寻找低维的公共潜在特征空间[19]。

（3）特征叠加：通过特征增广构建新的特征表示，即将原始特征与获得的低维特征进行叠加。

以词性标注问题为例，选定的轴特征应经常出现在源域和目标域中。因此，限定词能够被包含在轴特征中。一旦定义和选择了所有的轴特征，就构建了若干二元线性分类器，这些分类器的功能是预测每个轴特征的出现。被用于预测第 $i$ 个轴特征的第 $i$ 个分类器的决策函数，能够被公式化为 $f_i(X) = \operatorname{sign}(\theta_i \cdot X)$，其中 $X$ 被假设成二进制特征输入，并且第 $i$ 个分类器在除了从第 $i$ 个轴特征导出的特征之外的所有样本上训练。以下公式可用于估计第 $i$ 个分类器的各个参数：

$$\theta_i = \underset{\theta}{\operatorname{argmin}} \frac{1}{n}\sum_{j=1}^{n} L(\theta \cdot X_j, \operatorname{Row}_i(X_j)) + \lambda \|\theta\|^2 \tag{3.9}$$

其中，$\operatorname{Row}_i(X_j)$ 为使用第 $i$ 个轴特征表示的没有标签样本 $X_j$ 的真实值。通过将获得的参数向量堆叠为列元素来获得矩阵 $\tilde{\boldsymbol{W}}$，然后基于奇异值分解，取前 $k$ 个奇异向量，即矩阵 $\tilde{\boldsymbol{W}}$ 的主要成分，来构造变换矩阵 $\boldsymbol{W}$。最后在增广特征空间中的有标签样本上训练最终的分类器，即 $([X_i^L; W^T X_i^L]^{\mathrm{T}}, y_i^L)$。

Blitzer 等[18]给出了对应的实验结果，图 3.5（a）用不同数量的华尔街日报培训数据绘制了三种模型的准确性。在 100 个句子的训练数据中，SCL 在监督基线上的误差相对减少了 19.1%，并且始终优于另外两种基线模型。图 3.5（b）为在 40 000 个句子上进行训练的实验结果，其中第二列给出了生物医学数据上未知单词的准确性。在 13 000 个测试样本中，大约有 3 000 个是未知的。对于未知单词，即使在 40 000 个源域训练数据中，SCL 的误差也比 Ratnaparkhi（1996）模型相对减少了 19.5%。图 3.5（c）为对应的显著性检验，$p < 0.05$ 为显著性。实验使用 McNemar 成对测验来标记不同意见。即使使用了所有华尔街日报提供的训练数据，SCL 模型也显著提高了监督基线和 ASO 基线的准确性。

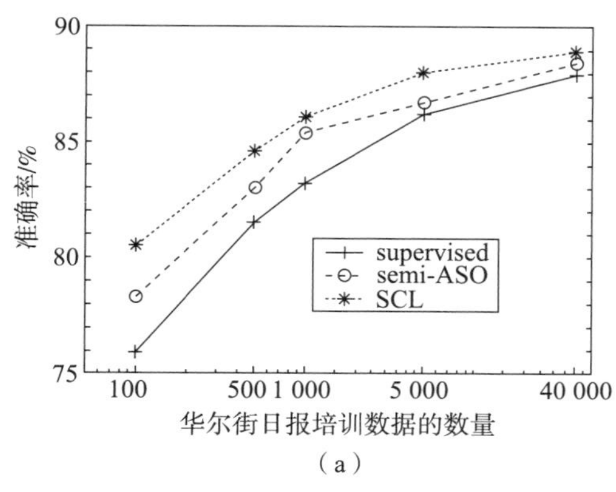


（a）

单位：%

| 模型 | 单词 | |
|---|---|---|
| | 全部 | 未知 |
| Ratnaparkhi (1996) | 87.2 | 65.2 |
| 监督 | 87.9 | 68.4 |
| 半交替结构优化 | 88.4 | 70.9 |
| SCL | **88.9** | **72.0** |

（b）

全部单词　　(McNemar's)

| 零假设 | p值 |
|---|---|
| semi-ASO vs. 监督 | 0.001 5 |
| SCL vs. 监督 | $2.1 \times 10^{-12}$ |
| SCL vs. semi-ASO | 0.000 3 |

（c）

**图 3.5　没有目标标签训练数据的 PoS 标记结果**[18]

（a）561 MEDLINE 测试句的结果；（b）561 MEDLINE 测试集的准确率；（c）显著性检验

**5. 特征编码**

除了特征提取和特征选择，特征编码（feature encoding）也是一个有效的工具。例如，深度学习领域经常采用的自动编码器可以用于特征编码。自动编码器由编码器和解码器组成。编码器尝试产生更抽象的输入表示，解码器旨在逆映射该表示，并最小化重建误差，自动编码器可以堆叠起来构建一个深度学习架构。一旦一个自动编码器完成了这个训练过程，另一个自动编码器可以堆叠在它的顶部，然后通过使用上层编码器的编码输出作为其输入来训练新添加的自动编码器。通过这种方式，构建了深度学习架构。

基于自动编码器开发了一些迁移学习方法。例如，Glorot 等人[20]提出了一种称为多层降噪自动编码器（stacked denoising autoencoder，SDA）的方法。这种降噪自动编码器可以提高鲁棒性，是基本编码器[21]的一种扩展。这种降噪自动编码器包含一种随机损坏机制，在映射前向输入添加噪声。例如，通过添加掩蔽噪声或高斯噪声，可以损坏或部分破坏输入。然后训练去噪自动编码器来最小化原始输入和输出之间的去噪重建误差。本书提出的 SDA 算法主要包括以下步骤。

（1）自动编码器训练：源域和目标域样本被用来训练去噪自动编码器的每一层。

（2）特征编码与叠加：通过叠加中间层的编码输出构建一个新的特征表示，并将样本的特征转化为获得的新表示。

（3）模型训练：目标分类器在转换过的有标签样本上训练。

**6. 特征对齐**

特征增广和特征降维主要关注特征空间中的明确的特征。相反地，除了明确的特征之外，特征对齐（feature alignment）还关注一些不明确的特征，例如统计特征和光谱特征。因此，特征对齐在特征转换过程中可以发挥各种作用。例如，可以对齐明确的特征以生成新的特征表示，或对齐不明确的特征以构建满意的特征变换。

可以对齐的特征包括子空间特征、光谱特征和统计特征。以子空间特征对齐为例，一种较为典型的方法主要包含以下步骤。

（1）子空间生成：在这个步骤中，样本被用来为源域和目标域生成各自的子空间，然后获得源域和目标域子空间的正交基，分别用 $M_S$ 和 $M_T$ 表示。这些正交基用于学习子空间之间的转换。

（2）子空间对齐：在这个步骤中，学习将 $M_S$ 与 $M_T$ 子空间对齐的映射规则，样本的特征被投影到对齐的子空间以生成新的特征表示。

（3）模型训练：最后，目标函数在转换后的样本上进行模型训练。

## 3.3 基于模型迁移学习

### 3.3.1 基于模型迁移基本思想

基于模型的迁移学习假设源域和目标域共享模型参数，将之前在源域中通过大量数据训练好的模型应用到目标域上进行预测，比如利用上千万张图像来训练好一个图像识别的系统，当我们遇到一个新的图像域问题的时候，就不用再去找几千万张图像来训练，只需把原来训练好的模型迁移到新的域，在新的域往往只需几万张图像就可以得到很高的精度。基于模型的迁移学习可以充分利用模型之间存在的相似性，假设在模型层次上源任务和目标任务共享部分通用知识。顾名思义，所迁移的知识被编码到模型参数、模型先验知识、模型架构等模型层次上。因此，基于模型的迁移学习的核心是明确源域模型的哪些部分有助于目标域模型的学习。

### 3.3.2 基于模型迁移经典方法

根据迁移学习模型的具体假设，现有相关工作可以划分为三种方法：模型控制策略（model control strategy）、参数控制策略（parameter control strategy）和模型集成策略（model ensemble strategy）。

**1. 模型控制策略**

模型控制策略通过利用源域中的模型成分来确定目标域模型。此类方法基于对于数据分布概率的一些先验假设进行，如利用高斯过程的迁移学习，利用贝叶斯模型的知识迁移。如图 3.6 所示。

模型上的共享知识也可以通过正则化在源域和目标域间进行知识迁移。正则化是一种解决不适定的机器学习问题的技术，也是一种通过限制模型灵活性来防止模型过拟合的技术。在该类方法中，在一些先验假设下，正则化约束了模型的超参数。其中，SVM 由于具有良好的计算性能以及在一些应用中有良好的预测表现，目前已被广泛应用于正则化的知识迁移中。在学习模型中，一些方法将模型参数从辅助任务转移到预先训练的深度模型中，作为目标域模型的初始化参数。Duan 等人[22-23]提出了一种通用框架，称为域适应机器，该框架用于多源迁移学习。DAM 的目标是利用在多个源域上分别训练得到的一些预先获得的基础分类器（base classifiers），为目标域构造一个鲁棒分类器。它的目标函数为

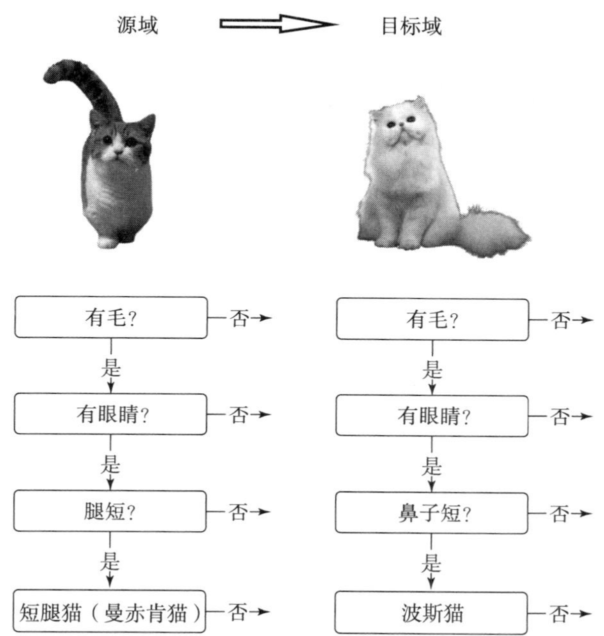


**图 3.6 模型迁移**

$$\min_{f^T} L^{T,L}(f^T) + \lambda_1 \Omega^D(f^T) + \lambda_2 \Omega(f^T) \tag{3.10}$$

第一项损失函数用于最小化有标签目标域样本的分类器损失，第二项表示不同的正则分类器，第三项用于控制最终决策函数 $f^T$ 的复杂度。$L^{T,L}(f^T)$ 可以采用不同类型的损失函数，可以是平方损失函数，也可以是交叉熵损失函数。一些迁移学习方法在一定程度上可以看作是该框架的特例。

一致性正则化器（consensus regularizer）：Luo 等人[24]提出了一个框架，称为一致性正则化框架（consensus regularization framework，CRF）。CRF 是专为无标签目标域样本的多源转移学习设计的。该框架构建了对应于每个源域的 $m^S$ 分类器，这些分类器需要在目标域上达成一致。每个源分类器的目标函数定义为 $f_k^S$，其中 $k = 1, \cdots, m^S$。源分类器的目标函数与 DAM 相似，定义为

$$\min_{f_k^S} - \sum_{i=1}^{n^{S_k}} \log P(y_i^{S_k} \mid x_i^{S_k}; f_k^S) + \lambda_2 \Omega(f_k^S) + \lambda_1 \sum_{i=1}^{n^{T,U}} \sum_{y_j \in Y} S\left(\frac{1}{m^S} \sum_{k_0=1}^{m^S} P(y_j \mid x_i^{T,U}; f_{k_0}^S)\right) \tag{3.11}$$

其中，$f_k^S$ 为第 $k$ 个源域对应的决策函数 $S(x) = -x\log x$。第一项用于量化第 $k$ 个分类器在第 $k$ 个源域上的分类误差，最后一项是交叉熵形式的一致性正则化器。一致性正则化器不仅提高了各分类器的一致性，而且降低了在目标域上预测结果的不确定性。DAM 与 CRF 的不同之处在于，DAM 明确地构建了目标分类器，而 CRF 则根据源分类器达成的共识来进行目标预测。

域依赖正则化器（domain - dependent regularizer）：Fast - DAM 是 DAM 的一种具体算法[22]。根据流形假设[4]和基于图的正则化[25-26]，Fast - DAM 设计了一个域相关的正则化器。目标函数为

$$\min_{f^T} \sum_{j=1}^{n^{T,L}} (f^T(x_j^{T,L}) - y_j^{T,L})^2 + \lambda_2 \Omega(f^T) + \lambda_1 \sum_{k=1}^{m^S} \beta_k \sum_{i=1}^{n^{T,U}} (f^T(x_i^{T,U}) - f_k^S(x_i^{T,U}))^2 \tag{3.12}$$

其中，$f_k^S,(k=1,2\cdots,m^S)$ 为预先得到的第 $k$ 个源域的源决策函数，$\beta_k$ 代表由目标域和第 $k$ 个源域之间的相关性所确定的权重参数，可以使用基于 MMD 的度量方式来进行计算。第三项是域依赖正则约束，这个约束可以通过域之间的依赖关系对源域分类中的知识进行迁移。文献［22］还在上述基于对 $\varepsilon$ 不敏感损失函数（$\varepsilon$ – insensitive loss function）中引入并添加了一个新项[27]，使所得模型具有较高的计算效率。域依赖正则化器迁移的是由域依赖激发的源分类器中包含的知识。

域依赖的正则化器 + Universum 正则化器（domain – dependent regularizer + Universum regularizer）：Univer – DAM 是 Fast – DAM 的扩展[23]，它的目标函数包含一个额外的正则化器，即 Universum 正则化器（Universum regularizer）[28]。这个正则化器通常使用一个附加的 Universum 数据集，这个数据集中的样本既不属于正类也不属于负类，在这个方法中会把源域样本视为目标域的 Universum，Univer – DAM 的目标函数如下所示：

$$\min_{f^T} \sum_{j=1}^{n^{T,L}} (f^T(x_j^{T,L}) - y_j^{T,L})^2 + \lambda_2 \sum_{j=1}^{n^S} (f^T(x_j^S))^2 + \lambda_1 \sum_{k=1}^{m^S} \beta_k \sum_{i=1}^{n^{T,U}} (f^T(x_i^{T,U}) - f_k^S(x_i^{T,U}))^2 + \lambda_3 \Omega(f^T) \tag{3.13}$$

与 Fast – DAM 类似，Univer – DAM 可以利用 $\varepsilon$ 不敏感损失函数[23]进行约束。

**2. 参数控制策略**

在使用模型共享的方法时，一种直观的控制参数的方法是直接将源域模型的参数共享给目标域模型。参数共享被广泛应用于基于网络的方法中。例如，如果我们有一个用于源任务的神经网络，我们可以共享它大部分的层，只调整最后几个层来生成目标网络。

除了基于网络的参数共享外，基于矩阵分解的参数共享（matrix – factorization – based parameter sharing）也是可行的。例如，Zhuang 等人[29]提出了一种文本分类方法（matrix tri – factorization based classification framework，MTrick）。在该方法中会发现，在不同的域中，不同的词或短语有时表达相同或相似的语义。因此，使用单词背后的概念比使用单词本身作为源域知识传递的桥梁更有效。基于概率隐语义分析（the probabilistic latent semantic analysis，PLSA）[30]的迁移学习方法通过构造贝叶斯网络来利用这些概念，与它不同，MTrick 试图通过矩阵三因式分解来找到文档类（document classes）和词簇（word clusters）所表达的概念之间的联系。这些联系被认为是应该被迁移的稳定知识。具体而言，分别对源域和目标域文档到单词矩阵进行矩阵三因式分解，构造出一个联合优化问题：

$$\min_{Q,S,W} \|\boldsymbol{X}^S - \boldsymbol{Q}^S\boldsymbol{R}\boldsymbol{W}^S\|^2 + \lambda_1 \|\boldsymbol{X}^T - \boldsymbol{Q}^T\boldsymbol{R}\boldsymbol{W}^T\|^2 + \lambda_2 \|\boldsymbol{Q}^S - \check{\boldsymbol{Q}}^S\|^2 \tag{3.14}$$

其中，$\boldsymbol{X}$ 为文档 – 单词矩阵（document – to – word matrix）；$\boldsymbol{Q}$ 为文档 – 聚类矩阵（document – to – cluster matrix）；$\boldsymbol{R}$ 为文档聚类 – 单词聚类的变换矩阵（the transformation matrix from document clusters to word clusters）；$\boldsymbol{W}$ 为聚类 – 单词矩阵（cluster – to – word matrix）；$\check{\boldsymbol{Q}}^S$ 为标签矩阵。矩阵 $\check{\boldsymbol{Q}}^S$ 的构造基于源域文档的类信息。如果第 $i$ 个文档属于第 $k$ 个类，则 $\check{\boldsymbol{Q}}^S_{[i,k]}=1$。在上述目标函数中，矩阵 $\boldsymbol{R}$ 为共享参数。第一项旨在对源域中文档到单词矩阵进行三因式分解，第二项分解目标域中文档 – 单词矩阵，最后一项包含了源域标签信息，其采用交替迭代法求解优化问题。一旦得到 $\boldsymbol{Q}^T$ 的解，第 $k$ 个目标域样本的类别就是 $Q^T$ 的第 $k$ 行中取值最大的类别。

此外，Zhuang 等人[31]对 MTrick 进行了扩展，并提出了一种称为三形迁移学习（triplex transfer learning，TriTL）的方法。MTrick 假设这些域在它们的词簇背后共享相似的概念。与这一点不同的是，TriTL 假设这些域的概念可以进一步划分为三类，即域无关语义、可迁移域语义和不可迁移域语义，这与 HIDC 类似。这种想法是由双重转移学习（DTL）激发的，其中的概念假定由域无关语义和可迁移域语义组成[32]。TriTL 的目标函数如下：

$$\min_{Q,S,W} \sum_{k=1}^{m^S+m^T} \left\| X_k - Q_k [R^{DI} \quad R^{TD} \quad R_k^{ND}] \begin{bmatrix} W^{DI} \\ W_k^{TD} \\ W_k^{ND} \end{bmatrix} \right\|^2 \tag{3.15}$$

其中，符号的定义类似于 MTrick 的定义，下标 $k$ 表示域的索引，假设第一个 $m^S$ 是源域，最后一个 $m^T$ 是目标域。这是一种求解优化问题的迭代算法，初始化阶段根据 PLSA 算法的聚类结果对 $W^{DI}$ 和 $W_k^{TD}$ 进行初始化，与此同时，$W_k^{ND}$ 进行随机初始化，PLSA 算法是在所有域样本的组合上执行的。

Zhuang 等[31]将 TriTL 与一些最先进的基线方法［LR（logistic regression）、SVM、TSVM（transductive support vector machine）、CoCC（co - clustering based classification）、DTL（dual transfer learning）和 MTrick］在数据集 rec 和 sci 上进行比较，144 个分类任务的所有结果记录在图 3.7 和表 3.5 中。在图 3.7 中，这 144 个任务是按照 LR 性能的递增顺序排序的。LR 的准确率较低，说明从源域到目标域的知识转移较困难。该实验把这些分类任务分为两部分，图 3.7 中红色虚线左侧表示 LR 准确率低于 65% 的问题，右侧表示 LR 准确率高于 65% 的问题。表 3.5 列出了相应的平均性能。从这些结果中，我们有以下发现。TriTL 明显优于监督学习算法 LR 和 SVM，以及半监督方法 TSVM。通过统计检验，TriTL 显著优于所有比较迁移学习算法 CoCC、MTrick 和 DTL。在表 3.5 中，无论 LR 准确率低于或高于 65% 的分类任务，TriTL 的平均性能都是最好的。

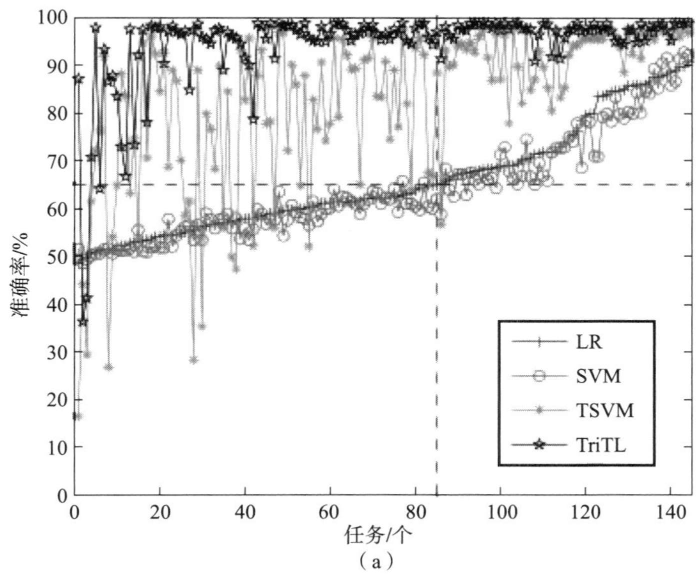


（a）

**图 3.7　性能比较[31]（见彩插）**

（a）TriTL 和 LR、SVM、TSVM 相比

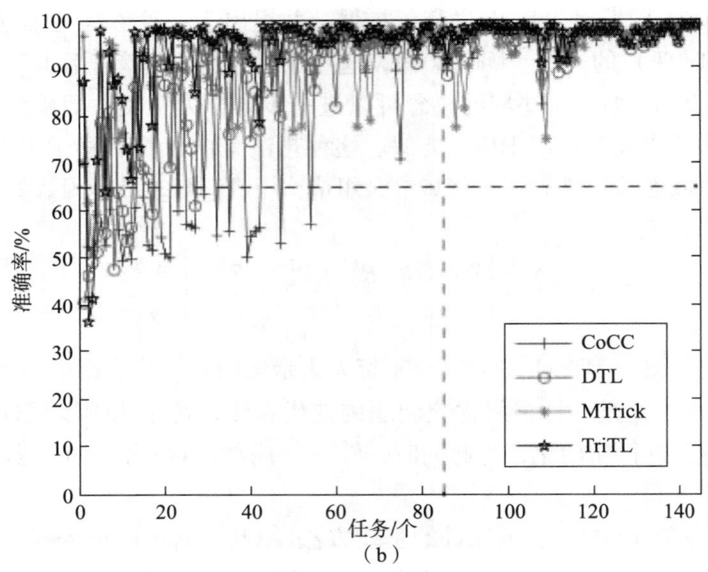


（b）

**图 3.7　性能比较[31]（见彩插）（续）**

（b）TriTL 和 CoCC、DTL、MTrick 相比

**表 3.5　数据集 rec 与 sci 的 144 个任务的平均性能[31]**

| 数据集 | | LR | SVM | TSVM | CoCC | DTL | MTrick | TriTL |
|---|---|---|---|---|---|---|---|---|
| rec vs. sci | 低 | 57.41 | 56.78 | 75.73 | 79.69 | 84.29 | 90.44 | 92.23 |
| | 高 | 75.77 | 73.48 | 91.66 | 96.18 | 96.56 | 95.53 | 97.19 |
| | 合计 | 65.57 | 64.20 | 82.81 | 87.02 | 89.75 | 92.70 | 94.43 |

**3. 模型集成策略**

模型集成是另一个常用的策略。该策略的目的是结合大量的弱分类器来进行最终的预测。例如，TrAdaBoost[5] 和 MsTrAdaBoost[7] 分别通过投票和加权来集成弱分类器。以下列出几种典型的嵌入式的迁移学习方法（ensemble - based transfer learning），以帮助读者更好地理解这种策略的功能和应用。

TaskTrAdaBoost[7] 是 TrAdaBoost 的扩展，用于处理多源场景。TaskTrAdaBoost 主要有以下两个阶段。

（1）候选分类器构造：通过对每个源域进行 AdaBoost 来构造一组候选分类器。注意对于每个源域，AdaBoost 的每次迭代都会产生一个新的弱分类器。为了避免过拟合问题，此方法引入了一个阈值来选择合适的分类器到候选组中。

（2）分类器选择与集成：在目标域样本上执行 AdaBoost 的修订版本，构建最终的分类器。在每一次迭代中，挑选出一个在目标域有标签的 16 个样本上分类误差最小的最优候选分类器，并根据分类误差分配权重。然后，根据所选分类器在目标域中的性能更新每个目标域样本的权值。在迭代过程中，选择的分类器被集成，以产生最终的预测。

原始 AdaBoost 与第二阶段 TaskTrAdaBoost 的区别在于，在每次迭代中，前者在加权的目标域样本上构造一个新的候选分类器，而后者在加权的目标域样本上选择一个预先获得的分类误差最小的候选分类器。

如图 3.8 所示，Yao 和 Doretto[7] 比较了基于 ROC 曲线的分类器的性能。当 $n_T^+ = 50$ 时，所有的分类器性能相差无几。当 $n_T^+$ 减少变为 1 时，可以观察到显著的性能差异。他们所提出的方法可以有效地利用多个资源之间的决策边界，并且性能优于 TrAdaBoost。TaskTrAdaBoost 第二阶段降低了时间复杂度，这使得它很适合那些需要快速再训练以检测新目标的应用程序。

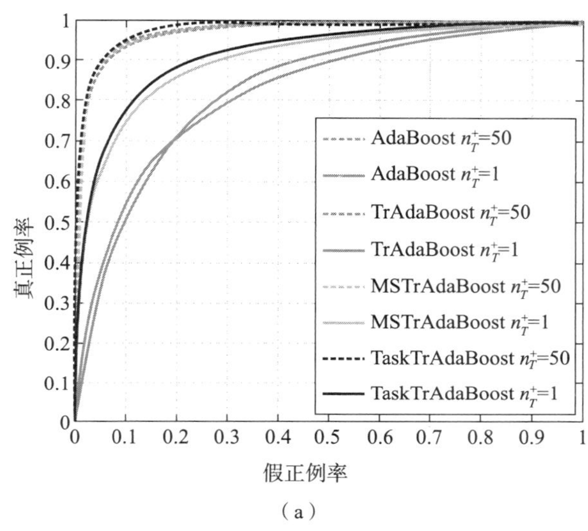


（a）

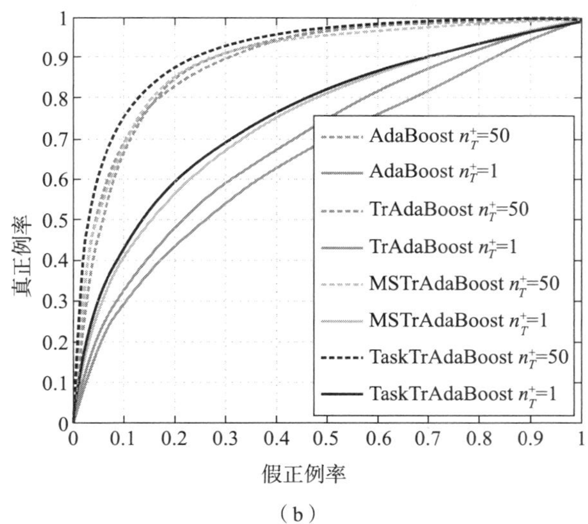


（b）

**图 3.8　两方法的性能比较[7]（见彩插）**

（a）序列 A；（b）序列 B

## 3.4 基于关系迁移学习

### 3.4.1 基于关系迁移基本思想

与3.1节至3.3节所提到的三种方法不同，基于关系迁移学习方法处理了具有关联性的数据域中的迁移学习问题，其中的数据是非同分布的（non-i.i.d），且可由多种关系表示，例如网络数据和社交网络数据。这种方法并不像传统的假设那样假定从每个域提取出的数据都是独立且同分布的（i.i.d.），它尝试将数据之间的关系从源域转移到目标域。在这种背景下，统计关系学习技术被提出来以解决这些问题。

### 3.4.2 基于关系迁移经典方法

Mihalkova 等人[33]提出了一种 TAMAR（transfer via automatic mapping and revision）算法，该算法使用 Markov 逻辑网络（MLNs）[34]在关系域之间传输关系知识。MLNs 是一种强大的形式化方法，它将一阶逻辑的紧凑表达和概率的灵活性相结合，将其用于统计关系学习。在 MLNs 中，关系域中的实体由谓词表示，它们的关系由一阶逻辑表示。TAMAR 的动机来源于：如果两个域相互关联，则可能存在从源域到目标域的连接实体及其关系的映射。例如，教授可以被认为是在学术领域扮演着与工业管理领域的经理相似的角色。此外，教授与其学生之间的关系类似于经理与其工人之间的关系。因此，可能存在一个从教授到经理的映射以及一个从教授-学生关系到经理-工人关系的映射。在这种情况下，TAMAR 试图利用为源域学习的 MLNs 来帮助目标域的 MLNs 学习。大体上，TAMAR 是一个分为两阶段的算法。在第一步中，基于加权伪对数似然度量（WPLL），可以构建一个从源 MLNs 到目标域的映射。在第二步中，通过用于修改一阶理论的归纳逻辑编程（ILP）的 FORTE 算法[35]，可以对目标域中的映射结构进行修改。修正后的 MLNs 可以用作目标域中对于关系模型的推导或推理。

在 AAAI-2008 年关于复杂任务4迁移学习的研讨会中，Mihalkova 和 Mooney[36]将 TAMAR 扩展到以单一实体为中心的迁移学习环境。在这种环境下，目标域中只有一个实体可用。Davis 和 Domingos[37]提出了一种基于二阶 Markov 逻辑形式的关系知识迁移算法。该算法的基本思想是通过使用来自目标域的谓词来样本化这些公式，以带有谓词变量的 Markov 逻辑公式的形式来寻找源域中的结构规律。

Mihalkova 等[33]使用了3个真实世界的关系域——IMDB、UW-CSE 和 WebKB。每一个数据集都被分解为若干个数据集合，每个数据集合都包含了一组相互关联的事实，单个的数据集合是相互独立的。IMDB 数据库被划分为5个数据集合，每个集合包含关于4部电影、导演和首次出现在其中的演员的信息。UW-CSE 数据集基于计算机科学的五个领域，该数据集被划分为多个数据集合。UW-CSE 列出了一个学院里的人（比如学生、教授）和他们的关系。WebKB 数据集包含的信息来源于“大学计算机科学系”资料集，原始的数据集包含来自4所大学的网页，这些网页根据它们描述的实体（例如 student、course）进行了标记。该实验的 WebKB 版本包含了谓词 student（A）、faculty（A）、course TA（C，A）、course prof（C，A）、project（P，A）和 same person（A，B）。实验考虑了以下迁移场景：WebKB→IMDB、UW-CSE→IMDB、WebKB→UW-CSE、IMDB→UW-CSE；此外还考虑了一个场景，其中使用带有 UW - CSE 数据的手工构建的知识库作为源 MLNs（UW - KB→IMDB）。这里使用了两个度量标准：曲线下面积（AUC）和条件对数似然（CLL）。AUC 很有用，因为它展示了算法如何很好地预测数据中少数的积极方面。另外，CLL 决定算法输出的概率预测的质量。迁移比例（transfer ratio，TR）是迁移学习模型（TAMAR 或 TrKD）在学习曲线下的面积与从零开始学习模型（ScrKD）在学习曲线下的面积之比，TR 给出了从零开始学习的迁移过程中性能的提升情况，TR > 1 表示在目标域上较从零开始学习的提升。表 3.6 给出了在观察目标域内的一个元样本集合（meta sample set）上的精度提升百分比（percent improvement，PI）。在 AUC 方面，两种迁移系统在所有实验中都优于 ScrKD，只有一个实验例外。在这一实验中，两种迁移学习模型的表现都不一致。从表 3.7 可以看出，在 CLL 方面，迁移学习总是优于从零开始学习，TAMAR 在所有情况下的性能都优于 TrKD。此外，从表 3.8 中可以看出，TAMAR 的训练时间比 TrKD 短，两种迁移系统的训练时间都短于 ScrKD 的训练时间。其中，迁移系统的训练时间不包括学习源结构所需的时间。

**表 3.6　在 ScrKD 上的 TR 和 PI 的 AUC[33]**

| 实验 | TR | | PI | |
|---|---|---|---|---|
| | TrKD | TAMAR | TrKD | TAMAR |
| Web KB→IMDB | 1. 51 | 1. 55 | 50. 54 | 53. 90 |
| UW - CSE→IMDB | 1. 42 | 1. 66 | 32. 78 | 52. 87 |
| UW - KBI→IMDB | 1. 61 | 1. 52 | 40. 06 | 45. 74 |
| Web KB→UW - CSE | 1. 84 | 1. 78 | 47. 04 | 37. 43 |
| IMDB→UW - CSE | 0. 96 | 1. 01 | - 1. 70 | - 2. 40 |

**表 3.7　在 ScrKD 上的 TR 和 PI 的 CLL[33]**

| 实验 | TR | | PI | |
|---|---|---|---|---|
| | TrKD | TAMAR | TrKD | TAMAR |
| Web KB→IMDB | 1. 41 | 1. 46 | 51. 97 | 67. 19 |
| UW - CSE→IMDB | 1. 33 | 1. 56 | 49. 55 | 69. 28 |
| UW - KB→IMDB | 1. 21 | 1. 44 | 30. 66 | 58. 62 |
| WebKB→UW - CSE | 1. 17 | 1. 36 | 19. 48 | 32. 69 |
| IMDB→UW - CSE | 1. 62 | 1. 67 | 34. 69 | 54. 02 |

**表 3.8　平均（在所有学习曲线点上）总训练时间[33]**　　单位：min

| 实验 | ScrKD | TrKD | TAMAR |
|---|---|---|---|
| WebKB→IMDB | 62. 23 | 32. 20（0. 89） | 11. 98（0. 89） |
| UW - CSE→IMDB | 62. 23 | 38. 09（9. 18） | 15. 21（9. 10） |
| UW - KB→IMDB | 62. 23 | 40. 67（9. 98） | 6. 57（9. 99） |
| WebKB→UW - CSE | 1 127. 48 | 720. 02（6. 71） | 13. 70（6. 75） |
| IMDB→UW - CSE | 1 127. 48 | 440. 21（42. 48） | 34. 57（42. 28） |

括号中的数字给出了构造谓词映射所需的平均秒数

## 3.5 异构迁移学习

3.1~3.4 节中介绍了迁移学习的四种基本方法，这四种方法均假设源域和目标域中样本的特征表示结构相同，只是概率分布不同。当源域和目标域的样本处于无法比较的特征空间或者不同的标签空间时，我们需要使用异构迁移学习来完成知识迁移的任务。在介绍异构迁移学习之前，首先回顾一下同构迁移学习。

### 3.5.1 同构迁移

在同构迁移学习中，源域和目标域中数据的特征空间由相同的特征（$X_s = X_t$）和标签（$Y_s = Y_t$）表示，而空间本身具有相同的维数（$d_s = X_t$）。因此，这种方法侧重于拟合跨域传输中数据域之间的数据分布差距[38]。总体而言，如文献［38］和文献［39］所述，同构迁移学习方法可分为五类：基于样本、基于特征（对称或非对称）、基于模型（model-based）、基于关系（relational-based）和基于混合（hybrid-based）的方法。文献［38］中描述了对这些方法的深入总结和归纳，还可以注意到，当前的许多文献都解决了同构域适配的问题。

### 3.5.2 异构迁移

在迁移学习是异构迁移学习中，源和目标之间的特征空间是不等价的，并且通常不重叠。在这种情况下，作为源域和目标域的 $X_s \neq X_t$ 和/或 $Y_s \neq Y_t$ 可能不共享特征和/或标签，而特征空间的维度也可能不同。因此，该方法需要特征和/或标签空间转换来弥补知识迁移的差距，以及处理跨域数据分布差异。这个案例更具挑战性，因为域之间没有相同的特征表示。换句话说，知识可以从源数据中获得，但它的表示方式不同于目标数据，我们的问题是如何去提取它。

大多数异构迁移学习方法可以在转换特征空间时分为两类：对称变换和非对称变换。图 3.9（a）所示的对称变换采用源特征空间 $X_s$ 和目标特征空间 $X_t$，并学习特征变换，以便于将每个变换投影到公共子空间 $X_C$ 中进行适应转换。这个子空间即为关联跨域数据的域不变的特征子空间，并且实际上减少了边缘分布差异。执行此操作会将两个域的特征空间合并到一个公共特征表示中，在这个公共特征表示中就可以应用传统的机器学习模型，如支持向量机。在最好的情况下，人们还可以应用为同构迁移学习建立的模型，这些模型考虑了在子空间中观察到的分布差异和域迁移能力。如图 3.9（b）所示，非对称变换映射将源特征空间与目标特征空间（$X_t \rightarrow TX_s$）进行对齐转换，或将目标特征空间与源特征空间（$X_s \rightarrow TX_t$）进行对齐转换。实际上，这弥补了特征空间的差距，并且当需要校正更深层次的分布差异时，将问题转化为同构迁移问题。当源域和目标域具有相同的类标签空间，并且可以在没有上下文特征差异的情况下转换 $X_s$ 和 $X_t$ 时，这种方法是最合适的。当域之间存在条件分布差异时，一个域中的特征在另一个域中可能有不同的含义，这样就会出现语义特征偏差。在任一类别中，一旦解决了不同特征空间的问题，我们就可能需要去解决边界和/或条件分布差异。这可以通过同构适应方法来实现，该方法考虑了在跨域的任务中观察到的这些分布差异。

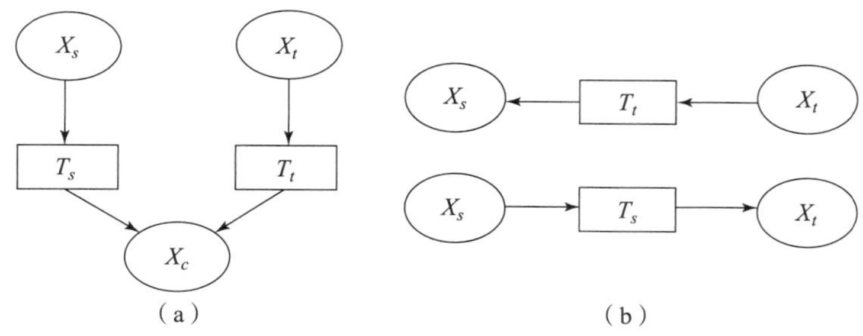


**图 3.9　异构迁移学习对称和非对称特征变换图解**

(a) 对称变换；(b) 非对称变换

例如，在无约束的用户视频中存在各种复杂背景、镜头抖动的问题以及较大的类间差异，对此类视频中的事件进行标注是一项极具挑战性的工作。为了得到具有泛化性能的模型，传统方法不得不耗费大量的人力、物力来标注种类繁多的用户视频。互联网中存在大量含有丰富事件相关信息的粗标注图像，本章主要研究如何借助这些互联网中的粗标注图像来标注用户视频的方法。从互联网图像中获取知识既方便又有合理性，主要有两方面的优势：①知识更容易获取，通过简单的关键词检索就可以获得所需图像；②具有可扩展性，通过加入新的关键字进行检索就可以获得所需要的知识。另外，由于大部分视频内容基本上可以从单帧图像中获得定义，从互联网上获得的图像可以在很大程度上帮助推导出视频的内容。但是对于一些不能依靠单帧图像简单地定义其内容的视频（如“起立”和“坐下”），视频的运动特征在标注中便起到了至关重要的作用。基于以上的观察，对没有标签的用户视频（目标域）中的事件进行标注，可以从有标签的互联网图像和没有标签的用户视频中获得知识。

将知识从图像迁移到视频中遇到的首要困难是图像数据与视频数据分别处于两个不同的特征空间中。一般来说，不能期望一个较好的图像分类器也可以在视频数据上得到同样好的分类效果。因此需要设计一个连接两个异构特征空间的翻译器，以完成将知识从图像域（源域）迁移到视频域（目标域）的迁移任务。为了使习得的分类器能够适应异构特征空间，通常的做法就是将源域的特征“翻译”到目标特征空间中，或者建立一个共同特征空间，以便将这两个异构的特征空间联系起来。由此，学习过程可以在一个单一的特征空间中完成。这种方法已经在跨语言文本分类[40]的若干应用中被证明是有效的。但是对于更一般的迁移学习问题来说，这个方法可能行不通。这是由于在诸如将文本翻译到图像[41]等非自然语言的情况下，不同的特征空间是很难进行机器翻译的。因此，为不同特征空间习得一个“特征空间翻译器”成为非常具有挑战性的工作。典型相关性分析（canonical correlation analysis，CCA）[41-42]广泛用于获取文本和图像之间相关性。Yamanishi 等[43]提出使用基于核方法的典型相关性分析（kernel canonical correlation analysis，KCCA）以习得描述排序标签和图像描述子之间相关性特征表示，并以此计算两个域中数据的相似度。例如，由典型相关性分析习得的两个映射矩阵分别将异构空间的特征翻译到一个共同的特征空间中。由此，源域中的图像特征和目标域中的视频特征可以映射到一个共同的特征空间。在这个空间中习得的源域的分类器可以直接适用于分类目标域的视频。

# 参考文献


[1] HUANG J, SMOLA A, GRETTON A, et al. Correcting sample selection bias by unlabeled data [C]//Conference on Neural Information Processing Systems, 2006: 601 -608.

[2] SUGIYAMA M, SUZUKI T, NAKAJIMA S, et al. Direct importance estimation for covariate shift adaptation [J]. Annals of the institute of statistical mathematics, 2008, 60 (4): 699 -746.

[3] SUN Q, CHATTOPADHYAY R, PANCHANATHAN S, et al. A two - stage weighting framework for multi - source domain adaptation [C]//Neural Information Processing Systems, 2011: 505 -513.

[4] BELKIN M, NIYOGI P, SINDHWANI V. Manifold regularization: a geometric framework for learning from labeled and unlabeled examples [J]. Journal of machine learning research, 2006 (7): 2399 -2434.

[5] DAI W, YANG Q, XUE G, et al. Boosting for transfer learning [C]//International Conference on Machine Learning, 2007: 193 -200.

[6] FREUND Y, SCHAPIRE R E. A decision - theoretic generalization of on - line learning and an application to boosting [J]. Journal of computer and system sciences, 1997, 55 (1): 119 -139.

[7] YAO Y, DORETTO G. Boosting for transfer learning with multiple sources [C]//IEEE Conference on Computer Vision and Pattern Recognition, 2010: 1855 -1862.

[8] JIANG J, ZHAI C. Instance weighting for domain adaptation in NLP [C]//The Association of Computational Linguistics, 2007: 264 -271.

[9] PAN S J, YANG Q. A survey on transfer learning [J]. IEEE transactions on knowledge and data engineering, 2010, 22 (10): 1345 -1359.

[10] CHAO W L, CHANGPINYO S, GONG B, et al. An empirical study and analysis of generalized zero - shot learning for object recognition in the wild [C]//European Conference on Computer Vision, 2016: 52 -68.

[11] XIAN Y Q, LAMPERT C H, SCHIELE B, et al. Zero - shot learning—a comprehensive evaluation of the good, the bad and the ugly [J]. IEEE transactions on pattern analysis & machine intelligence, 2019, 41 (9): 2251 -2265.

[12] ZHUANG F Z, QI Z Y, DUAN K Y, et al. A comprehensive survey on transfer learning [J]. Proceedings of the IEEE, 2020 (99): 1 -34.

[13] BORGWARDT K M, GRETTON A, RASCH M J, et al. Integrating structured biological data by kernel maximum mean discrepancy [J]. Bioinformatics, 2006 (22): 49 -57.

[14] DAUM Ⅲ H. Frustratingly easy domain adaptation [C]//The Association for Computational Linguistics, 2007: 256 -263.

[15] DAUM Ⅲ H, KUMAR A, SAHA A. Co - regularization based semi - supervised domain adaptation [C]//Neural Information Processing Systems, 2010: 478 -486.

[16] DIAMANTARAS K I, KUNG S Y. Principal component neural networks: theory and applications [J]. Pattern analysis and application, 1990, 1 (1): 74–75.

[17] SCHLKOPF B, SMOLA A, MLLER K. Nonlinear component analysis as a kernel eigenvalue problem [J]. Neural compution, 1998, 10 (5): 1299–1319.

[18] BLITZER J, MCDONALD R, PEREIRA F. Domain adaptation with structural correspondence learning [C]//Conference on Empirical Methods in Natural Language Processing, 2006: 120–128.

[19] ANDO R K, ZHANG T. A framework for learning predictive structures from multiple tasks and unlabeled data [J]. Journal of machine learning research, 2005 (6): 1817–1853.

[20] GLOROT X, BORDES A, BENGIO Y. Domain adaptation for large – scale sentiment classification: a deep learning approach [C]//International Conference on Machine Learning, 2011: 513–520.

[21] VINCENT P, LAROCHELLE H, BENGIO Y, et al. Extracting and composing robust features with denoising autoencoders [C]//International Conference on Machine Learning, 2008: 1096–1103.

[22] DUAN L, TSANG I W, XU D, et al. Domain adaptation from multiple sources via auxiliary classifiers [C]//International Conference on Machine Learning, 2009: 289–296.

[23] DUAN L, XU D, TSANG I W. Domain adaptation from multiple sources: a domain – dependent regularization approach [J]. IEEE transactions on neural networks and learning systems, 2012, 23 (3): 504–518.

[24] LUO P, ZHUANG F, XIONG H, et al. Transfer learning from multiple source domains via consensus regularization [C]//ACM Conference on Information and Knowledge Management, 2008: 103–112.

[25] EVGENIOU T, MICCHELLI C A, PONTIL M. Learning multiple tasks with kernel methods [J]. Journal of machine learning research, 2005 (6): 615–637.

[26] KATO T, KASHIMA H, SUGIYAMA M, et al. Multi – task learning via conic programming [C]//Conference on Neural Information Processing Systems, 2007: 737–744.

[27] SMOLA A J, SCHLKOPF B. A tutorial on support vector regression [J]. Statistics and computing, 2004, 14 (3): 199–222.

[28] WESTON J, COLLOBERT R, SINZ F, et al. Inference with the universum [C]// International Conference on Machine Learning, 2006: 1009–1016.

[29] ZHUANG F Z, LUO P, XIONG H, et al. Exploiting associations between word clusters and document classes 26 for cross – domain text categorization [J]. Statistical analysis and data mining, 2011, 4 (1): 100–114.

[30] HOFMANN T. Probabilistic latent semantic analysis [C]//Conference on Uncertainty in Artificial Intelligence, 1999: 289–296.

[31] ZHUANG F, LUO P, DU C, et al. Triplex transfer learning: exploiting both shared and distinct concepts for text classification [J]. IEEE transactions on cybernetics, 2014, 44 (7): 1191–1203.

[32] LONG M, WANG J, DING G, et al. Dual transfer learning [C]//SIAM International Conference on Data Mining, 2012: 540-551.

[33] MIHALKOVA L, HUYNH T, MOONEY R J. Mapping and revising Markov logic networks for transfer learning [C]//AAAI Conference on Artificial Intelligence, 2007: 608-614.

[34] RICHARDSON M, DOMINGOS P. Markov logic networks [J]. Machine learning journal, 2006, 62 (1-2): 107-136.

[35] RAMACHANDRAN S, MOONEY R J. Theory refinement of Bayesian networks with hidden variables [C]//International Conference on Machine Learning, 1998: 454-462.

[36] MIHALKOVA L, MOONEY R J. Transfer learning by mapping with minimal target data [C]//AAAI Conference on Workshop on Transfer Learning for Complex Tasks, 2008.

[37] DAVIS J, DOMINGOS P. Deep transfer via second-order Markov logic [C]//International Conference on Machine Learning, 2008.

[38] WEISS K, KHOSHGOFTAAR T M, WANG D D. A survey of transfer learning [J]. Big data, 2016, 3 (1): 1-40.

[39] PAN S J. Transfer learning. Data classifcation: algorithms and applications [M]. Routledge and CRC Press, 2014: 537-570.

[40] BEL N, KOSTER C, VILLEGAS M. Cross-lingual text categorization [C]//European Conference on Research and Advanced Technology for Digital Libraries, 2003: 126-139.

[41] RASIWASIA N, PEREIRA J C, COVIELLO E, et al. A new approach to cross-modal multimedia retrieval [C]//The International Conference on Multimedia, 2010: 251-260.

[42] HARDOON D, SZEDMAK S, SHAWE-TAYLOR J. Canonical correlation analysis: an overview with application to learning methods [J]. Neural computation, 2004, 16 (12): 2639-2664.

[43] YAMANISHI Y, VERT J P, NAKAYA A, et al. Extraction of correlated gene clusters from multiple genomic data by generalized kernel canonical correlation analysis [J]. Bioinformatics, 2003, 19 (suppl 1): i323-i330.

# 第 4 章
# 深度迁移学习

## 4.1　深度神经网络基础

随着深度学习的兴起，深度迁移学习近年来逐渐得到人们的关注，在物体分类、目标检测、图像风格迁移等领域得到了应用。深度迁移学习的目标是将深度神经网络在不同域之间迁移，使得在源域上训练好的深度神经网络能够自动地适应目标域的任务。深度迁移学习的基础模型为深度神经网络。因此，本章首先介绍深度神经网络的基础知识，包括卷积神经网络、生成对抗网络以及网络优化。

### 4.1.1　卷积神经网络

卷积神经网络是一种用来处理类网格结构数据的神经网络，可被视为一种使用参数共享与局部连接的卷积运算正则化后的多层感知机。它在图像分类、图像检索（image retrieval）、物体检测（object detection）等计算机视觉任务上表现优异，在自然语言处理、数据挖掘等领域也有广泛应用。卷积网络由卷积层和池化层组成。卷积层使用卷积核（同样为网格结构）对输入图像的局部区域进行卷积操作。通过将卷积核滑动遍历输入图像的各个位置，并进行相应的卷积操作，其结果就是卷积层的输出。池化层对输入数据进行空间维度上的下采样，在降低模型计算代价的同时，使其特征具有一定程度的平移不变性。卷积层和池化层的设计受到了人类大脑视觉感知机制的启发。

初级视觉皮层（primary visual cortex），也称 V1 区，是大脑视觉皮层接收视觉信号的第一个区域，它高度特化于处理输入信号中静态与运动物体的信息。V1 区的若干性质都与卷积网络相对应。V1 区与视网膜中的图像存在精确的位置对应关系，它具有二维结构来反映视网膜中的图像结构。例如，到达视网膜下半部的光仅影响相应的半块 V1 区。卷积网络通过将特征定义在二维图上来体现这种性质。V1 包含许多简单细胞（simple cell），简单细胞的功能等价于对输入信号局部区域信息的线性映射。简单细胞这一功能与卷积核的线性映射特点相对应。V1 还包含许多复杂细胞（complex cell），复杂细胞对简单细胞检测得到的特征进行响应，同时对特征位置的微小偏移具有不变性。复杂细胞的这一功能与池化操作的特点相对应。随着输入信号逐渐深入视觉皮层，一般认为上述的特征检测与池化机制被反复执行。在视觉皮层深处，我们可以找到一些响应特定概念的细胞，这些细胞对视觉输入的若干变换都具有不变性。这些细胞的响应与卷积网络的深层特征相对应。

本小节我们首先介绍卷积操作的细节和特点，然后介绍池化操作的具体细节和特点。最后介绍几种经典的深度卷积网络及其设计思想。

**1. 卷积运算**

在数学上，给定离散函数 $I(n)$ 和 $K(n)$ ，$I(n)$ 和 $K(n)$ 的离散卷积 $(I*K)(n)$ 定义为

$$(I*K)(n) = \sum_{\tau=-\infty}^{\infty} I(\tau)K(n-\tau) \tag{4.1}$$

在实际应用中，通常需要在多个维度进行卷积操作。例如在图像处理中，二维图像 $I \in \mathbf{R}^{M*N}$ 与二维核 $K \in \mathbf{R}^{M^k*N^k}$ 的二维离散卷积定义为

$$S(i,j) = (I*K)(i,j) = \sum_m \sum_n I(m,n)K(i-m,j-n) \tag{4.2}$$

在具体应用中，许多深度学习开源框架使用互相关函数（cross－correlation function）实现卷积，其具体计算方法是

$$S(i,j) = (I*K)(i,j) = \sum_m \sum_n I(i+m,j+n)K(m,n) \tag{4.3}$$

互相关函数的计算方法与卷积类似，但是不对核进行翻转。由于深度学习的学习算法根据核的位置学习参数，核翻转与否不会影响模型最终学到的参数。因此与深度学习开源框架一致，在本书中我们也称互相关函数为卷积。实际中二维图像经常由三维特征 $I \in \mathbf{R}^{M\times N\times C}$ 表示（$M$ 、$N$ 为空间维度，$C$ 为特征维度），通常称特征维度为通道，每个通道对应的空间特征 $I_c \in \mathbf{R}^{M^k\times N^k}$ 称为特征图（feature map），与三维特征对应的核 $K \in \mathbf{R}^{M^k\times N^k\times C}$ 也扩展到三维。三维特征 $I$ 与三维核 $K$ 的二维卷积的定义为

$$S(i,j) = (I*K)(i,j) = \sum_m \sum_n \left( \sum_c I(i+m,j+n,c)K(m,n,c) \right) \tag{4.4}$$

如果卷积操作只发生在图像内部（卷积核作用区域不超出图像边界），则每次卷积之后图像的尺寸都会变小。为了保持图像尺寸一致，通常对输入图像进行零填充（zero padding），填充的多少用填充量（padding）描述。例如在 $224\times224$ 的图像的四周进行 padding 为 1 的零填充，得到 $226\times226$ 的图像，再对这个图像使用 $3\times3$ 卷积核进行卷积，可以得到尺寸不变的 $224\times224$ 图像。

上述的卷积操作在图像内相互间隔距离为 1 的各个位置进行，实际中有时需要卷积操作在图像中相互间隔大于 1 的各个位置进行，这个间隔的长度通常称为步长（step）。步长为 $s$ 时的二维卷积为

$$\begin{aligned} S(i,j) &= (I*K)(i,j) \\ &= \sum_m \sum_n \sum_c I(i\times s+m,j\times s+n,c)K(m,n,c) \end{aligned} \tag{4.5}$$

考虑填充 padding 和步长 $s$ 后，对于尺寸为 $H_{\text{in}}$ 的输入，尺寸为 $F$ 的核，输出的尺寸 $H_{\text{out}}$ 为

$$H_{\text{out}} = \left\lfloor \frac{H_{\text{in}} - F + 2\times \text{padding}}{s} \right\rfloor + 1 \tag{4.6}$$

其中，$\lfloor \cdot \rfloor$ 为向下取整函数。

卷积层通常包含多个互相独立的卷积核，卷积核的数量 $C_{\text{out}}$ 称为输出维度，或输出通道数。每个卷积核 $K \in \mathbf{R}^{M^k\times N^k\times C}$ 与输入图像 $I \in \mathbf{R}^{M\times N\times C}$ 的卷积结果为一个输出特征图 $I_c$ ，$C_{\text{out}}$ 个特征度叠在一起构成卷积层的输出。相比传统的神经网络，卷积层的结构具有三个重要的特点：稀疏交互（sparse interactions）、参数共享和等变表示（equivariant representations）。稀

疏交互是指输出单元 $j$ 只与输入图像中局部区域的单元 $i$ 有关。传统的神经网络使用全连接形式来建立输入图像与输出图像的连接关系，这意味着每一个输出单元与每一个输入单元都有关。因此稀疏连接可以极大地减少参数量和运行时间。参数共享是指在一个模型的多个函数中使用相同的参数。在传统的神经网络中，在计算某一层的输出图像时，权重矩阵的每一个元素只使用一次。而在卷积神经网络中，核的每一个元素都重复作用在输入图像的每一个位置上。参数共享使我们只需要学习一个在各个位置共享的卷积核参数集合，而不是对于每一个位置都分别学习一个单独的连接参数集合。等变表示是指当输入图像按一定的平移方式改变，卷积网络的输出图像也按相同的平移方式改变。这一性质使得卷积可以表示某些特征在输入图像中的空间位置。

**2. 池化操作**

除了卷积层，卷积神经网络还常常使用非线性激活层和池化层。非线性激活层对图像的每一个单元进行非线性映射，提高模型容量。本部分我们主要介绍池化层，池化层使用池化函数对输入图像进行映射，池化函数将图像某一个位置的特征映射为该位置局部区域的总体统计特征。常见的池化方法有最大池化（max pooling）、平均池化（average pooling）、求和池化（sum pooling）等。三种池化方法的公式分别如下：

$$y_{i_{l+1},j_{l+1},d_{l+1}} = \max_{0\leqslant i<H,0\leqslant j<W} X^{l}_{i_{l+1}\times s+i,j_{l+1}\times s+j,d_{l+1}} \tag{4.7}$$

$$y_{i_{l+1},j_{l+1},d_{l+1}} = \frac{1}{HW}\sum_{0\leqslant i<H,0\leqslant j<W} X^{l}_{i_{l+1}\times s+i,j_{l+1}\times s+j,d_{l+1}} \tag{4.8}$$

$$y_{i_{l+1},j_{l+1},d_{l+1}} = \sum_{0\leqslant i<H,0\leqslant j<W} X^{l}_{i_{l+1}\times s+i,j_{l+1}\times s+j,d_{l+1}} \tag{4.9}$$

其中，$H$ 和 $W$ 是池化核尺寸，$s$ 是池化步长。令 $H_{l+1}$ 和 $W_{l+1}$ 表示第 $l+1$ 层特征图的尺寸，$D_{l+1}$ 表示特征图的数量，则 $0\leqslant i_{l+1}<H_{l+1},0\leqslant j_{l+1}<W_{l+1},0\leqslant d<D_{l+1}=D_{l}$。最大池化将池化核覆盖范围内的输入最大池作为池化结果；平均池化将池化核覆盖范围内的输入平均值作为池化结果；求和池化将池化核覆盖范围内的输入之和作为池化结果。

无论使用哪种池化函数，当输入发生少量的平移时，池化操作能使输入的表示近似不变。该性质可以称为池化层的局部平移不变性。当我们关注某个特征是否出现，而不关心它的精确位置时，局部平移不变性可以发挥出很大的作用。例如，当判断一张图片是否包含人脸时，我们并不需要知道眼睛的精确位置，而是只需要知道眼睛的相对位置，即检测出一只眼睛在脸的左边，另一只眼睛在脸的右边就可以了。

在很多任务中，池化对于处理不同大小的输入具有重要作用。例如需要对不同大小的图像进行分类时，分类层的输入必须具有固定的维度，而这可以通过调整池化参数来实现，这样分类层总能接收到固定维度的统计特征。

**3. AlexNet 卷积神经网络**

AlexNet[1]由 Alex Krizhevsky 等人在 2012 年的 ImageNet 挑战赛上提出。在网络结构上，相比于传统的前馈神经网络，AlextNet 使用大量卷积层，拥有更少的连接和参数，更容易训练；使用线性整流单元作为激活函数来缓解梯度消失问题；使用重叠池化（步长小于池化核大小）来获得更精确的特征表示。在硬件上，AlexNet 在 GPU 上实现卷积以加快模型的训练和测试。本部分我们首先详细介绍 AlexNet 的网络结构，然后介绍 AlexNet 的训练。

1）AlexNet 的网络结构

AlexNet 由 5 个卷积层、3 个全连层、共 8 个可学习层组成，具体网络配置如图 4.1 所示。AlexNet 的第一个卷积层使用 96 个大小为 11 ×11 ×3 的卷积核对 224 ×224 ×3 的输入图像以 4 为步长进行卷积操作。第二个卷积层使用 256 个大小为 5 ×5 ×48 的卷积核以 1 为步长进行卷积操作。第一个卷积层和第二个卷积层的输出结果分别依次经过线性整流层、局部响应归一化（local response normalization，LRN）层和步长为 2、池化核尺寸为 3 ×3 的最大池化层。第三个卷积层使用 384 个大小为 3 ×3 ×192 的卷积核，第四个卷积层使用 384 个大小为 3 ×3 ×192 的卷积核，第五个卷积层使用 256 个大小为 3 ×3 ×192 的卷积核。第三个、第四个和第五个卷积层的步长均为 1，输出结果均经过线性整流单元。第五个卷积层经过 3 ×3 的最大池化后的输出特征大小为 13 ×13 ×128 ×2 =21 632 ×2。第一个全连层将特征图平铺为一维特征，所以第一个全连层的输入为 21 632 ×2 =43 264，输出为 4 096；第二个全连层的输入和输出均为 4 096 维；第三个全连层的输入为 4 096 维，输出为 1 000 维（根据物体类别数量而定）。第一个全连层和第二个全连层分别连接线性整流层，最后一个全连层后连接一个 softmax 层得到物体类别的概率分布。

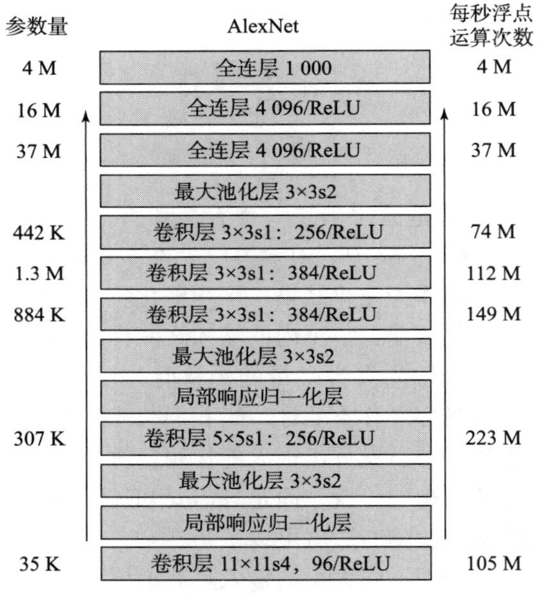


**图 4.1　AlexNet 网络配置**

AlexNet 的一个重要特点是使用线性整流单元作为激活函数。sigmoid 函数和 tanh 函数都是饱和的非线性函数，它们在 $x$ 远大于 0 和 $x$ 远小于 0 时非常平缓，梯度接近 0，因此 sigmoid 和 tanh 会使深层网络出现梯度消失问题。而线性整流单元（$f(x) = \max(0,x)$），是非饱和的非线性函数，在 $x$ 大于 0 的区域函数值趋于无穷大，导数恒为 1。在模型结构和超参数不变的情况下，ReLU 比 sigmoid 和 tanh 更容易收敛。AlexNet 还使用局部响应归一化来增加模型的泛化能力。

2）AlexNet 的训练

AlexNet 主要使用图片数据增广和随机失活（dropout）层来对抗过拟合。AlexNet 使用两种数据增广方法，第一种方法通过对图像进行平移和翻转获得更多训练图像，第二种方法通过改变训练图像的 RGB 通道的强度进行数据增广。随机失活层以失活概率 $p$ 将每个神经元失活（将神经元的值设为 0），在一个训练批次中停止其后向传播。随机失活可以降低同一层神经元代表的特征之间的关联，使模型学到更鲁棒的特征。AlexNet 使用小批量梯度下降方法训练模型，batch 设置为 128。优化的动量（momentum）设置为 0.9，权重衰减为 0.000 5。学习率初始化为 0.01，网络每层使用相同的学习率。每当网络在验证集的错误率不再降低，学习率衰减为当前的$\frac{1}{10}$，在网络训练终止前一共衰减 3 次。AlexNet 每层的权重由均值为 0、方差为 0.01 的高斯分布初始化。第二个、第四个、第五个卷积层和所有全连层的偏置初始化为 1、区域层初始化为 0，该初始化方法可以将 ReLU 层的大部分输入初始为正值，从而加快模型早期的训练。

AlexNet 使用两个 GPU 进行训练和测试，模型参数和计算过程在两个 GPU 上的分布如图 4.2 所示。

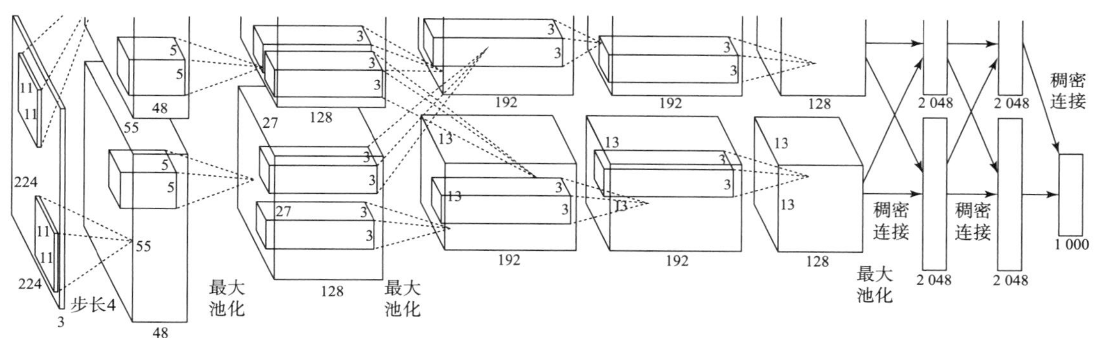


**图 4.2 AlexNet 结构图**[1]

**4. VGGNet 卷积神经网络**

VGGNet[2] 由 Karen Simonyan 等人在 2014 年的 ILSVRC（ImageNet 大规模视觉识别挑战赛）中提出，是当年定位任务的冠军和分类跟踪任务的亚军。VGGNet 证明了使用很小的 3×3 卷积核以及增加网络的深度就可以提升模型的性能。VGGNet 对其他数据集有很好的泛化能力，是目前为使用最广泛的深度卷积网络之一。本部分我们首先介绍 VGGNet 的网络结构，然后介绍 VGGNet 的训练。

1）VGGNet 的网络结构

VGGNet 由 5 个卷积模块和 1 个全连模块组成。每个卷积模块具有不同数量卷积层，每个卷积模块之后都连接一个最大池化层，卷积层和池化层的具体数量和配置如图 4.3 所示。VGGNet 的每个卷积层使用零填充，该填充使得卷积层的输出特征的空间尺寸维持不变。不同配置的 VGGNet 的全连模块均由 3 个全连层和 1 个 softmax 层组成，全连层的维度分别为 4 096、4 096 和 1 000。VGGNet 的每个可学习层之后都连接线性整流层。整体来说，VGGNet 主要使用大小为 3×3、步长为 1 的卷积核（能够获取上下左右方向信息的最小卷积核），在感受相同的同时，堆叠 3×3 卷积相比一个大卷积核有两个优势：第一，堆叠小卷积层引入了更多的非线性层，因此给模型增加了更多判别力。第二，堆叠小卷积层可以减少模型的参数，例如假设每个层的特征维度均为 $C$，则堆叠 3 个 $3 \times 3$ 卷积层的参数量为 $3(3^2C^2) = 27C^2$，而一个 $7 \times 7$ 的卷积层的参数量为 $7^2C^2 = 49C^2$。

| VGGNet 配置 | | | | | |
|---|---|---|---|---|---|
| A | A-LRN | B | C | D | E |
| 11可学习 | 11可学习 | 13可学习 | 16可学习 | 16可学习 | 19可学习 |
| 输入（224×224 RGB 图像） | | | | | |
| 卷积3-64 | 卷积3-64<br>局部响应归一化 | 卷积3-64<br>**卷积3-64** | 卷积3-64<br>卷积3-64 | 卷积3-64<br>卷积3-64 | E<br>卷积3-64<br>卷积3-64 |
| 最大池化 | | | | | |
| 卷积3-64 | 卷积3-128 | 卷积3-128<br>**卷积3-128** | 卷积3-128<br>卷积3-128 | 卷积3-128<br>卷积3-128 | 卷积3-128<br>卷积3-128 |
| 最大池化 | | | | | |
| 卷积3-256<br>卷积3-256 | 卷积3-256<br>卷积3-256 | 卷积3-256<br>卷积3-256 | 卷积3-256<br>卷积3-256<br>**卷积1-256** | 卷积3-256<br>卷积3-256<br>**卷积3-256** | 卷积3-256<br>卷积3-256<br>卷积3-256<br>**卷积3-256** |
| 最大池化 | | | | | |
| 卷积3-512<br>卷积3-512 | 卷积3-512<br>卷积3-512 | 卷积3-512<br>卷积3-512 | 卷积3-512<br>卷积3-512<br>**卷积1-512** | 卷积3-512<br>卷积3-512<br>**卷积3-512** | 卷积3-512<br>卷积3-512<br>卷积3-512<br>**卷积3-512** |
| 最大池化 | | | | | |
| 卷积3-512<br>卷积3-512 | 卷积3-512<br>卷积3-512 | 卷积3-512<br>卷积3-512 | 卷积3-512<br>卷积3-512<br>**卷积1-512** | 卷积3-512<br>卷积3-512<br>**卷积3-512** | 卷积3-512<br>卷积3-512<br>卷积3-512<br>**卷积3-512** |
| 最大池化 | | | | | |
| 全连接-512 | | | | | |
| 全连接-512 | | | | | |
| 全连接-512 | | | | | |
| softmax | | | | | |

**图 4.3　VGGNet 网络结构**[2]

2）VGGNet 的训练

VGGNet 网络在训练时采用小批量梯度下降策略，batch 设置为 256。动量设置为 0.9，权重衰减设置参数设置为 $5 \cdot 10^{-4}$。学习率初始化为 $1 \cdot 10^{-2}$，每当验证集的错误率不再降低，学习率衰减为当前的$\frac{1}{10}$，学习率一共衰减 3 次，模型共学习 74 期。VGGNet 前两个全连层之后分别连接随机失活层，失活参数为 0.5。

**5. ResNet 卷积神经网络**

ResNet[3] 由何凯明等人在 2015 年提出，是 ILSCRV2015 分类任务的冠军。ResNet 使用了残差学习思想，即学习映射结果与输入的残差而不是直接学习整个映射。残差学习在不增加参数量的情况下解决了随着网络加深而加重的性能劣化问题。本部分我们首先介绍 ResNet

的网络结构，然后介绍 ResNet 的训练。

1）ResNet 的网络结构

ResNet 由应用了残差学习的构件块（building block）组合而成。构件块是若干层网络的堆叠，假设 $x$ 为一个构件块的输入，$H(x)$ 为该构件块要拟合的映射，传统的方法直接学习映射 $H(x)$，而使用残差学习思想的构件块学习映射的残差 $F(x) = H(x) - x$。图 4.4 为常见的构件块，其中构件块要学习的映射为

$$y = F(x, \{W_i\}) + x \tag{4.10}$$

其中，$x$ 和 $y$ 为构件块的输入和输出；函数 $F(x, \{W_i\})$ 为要学习的残差映射。

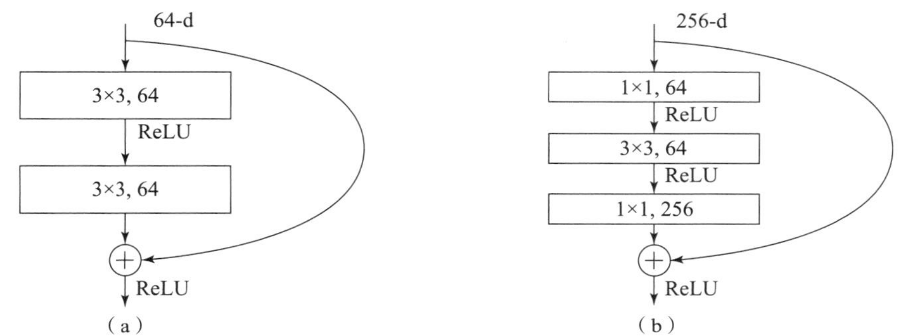


**图 4.4　常见的构件块**[3]

（a）二层网络构件块；（b）三层网络构件块

图 4.4（a）和图 4.4（b）的构件块表示的残差函数分别为

$$F(x, \{W_i\}) = W_2\sigma(W_1 x) \tag{4.11}$$

$$F(x, \{W_i\}) = W_3\sigma(W_2\sigma(W_1 x)) \tag{4.12}$$

式中，$\sigma$ 表示线性整流单元。构件块通过快捷连接（shortcut connection）将构件块的输入和残差函数的输出相加来得到输出 $y$，输出 $y$ 通过 ReLU 得到构件块最终的输出 $\sigma(y)$。当构件块的输入与输出具有相同的维度时，快捷连接直接使用恒等连接，当输出维度增加时，快捷连接可以使用零填充来补充增加的维度，也可以使用线性映射增加输入的维度。

ResNet 的网络配置如图 4.5 所示。各个深度的 ResNet 具有相似的网络结构：ResNet 第一层为卷积核大小为 $7\times7$、步长为 2 的卷积层。第一层卷积层后连接池化核大小为 $3\times3$、步长为 2 的池化层。在该池化层后，ResNet 使用 4 个卷积模块，每个卷积模块由若干结构相同的构件块堆叠而成。不同配置的 ResNet 的不同卷积模块使用不同的构件块，构件块的具体细节如图 4.5 所示。每个卷积模块的第一个构件块的快捷连接需要使用零填充或者线性映射进行升维，其余构件块的快捷连接使用恒等连接。在第四个卷积模块后，ResNet 使用池化核大小为 $7\times7$ 的平均池化，然后使用 1 000 维的 softmax 的层得到最终的分类结果。

2）ResNet 的训练

ResNet 训练时使用批大小为 256 的随机梯度下降法，权重衰减为 $1\times10^{-4}$，动量为 0.9。学习速度从 0.1 开始，当误差稳定时学习率除以 10。模型训练共迭代 $6\times10^4$ 次。ResNet 在每个卷积层之后，激活层之前使用批归一化，而没有使用任何随机失活层。ResNet 使用 Kaiming 初始化方法初始化各层参数。

| 名称 | 输出尺寸 | 18 | 34 | 50 | 101 | 152 |
|---|---|---|---|---|---|---|
| 卷积1 | 112×112 | 7×7, 64，步长 2 | | | | |
| 卷积2_x | 56×56 | 3×3 最大池化，步长 2 | | | | |
| | | $\begin{bmatrix}3\times3, 64\\3\times3, 64\end{bmatrix}\times2$ | $\begin{bmatrix}3\times3, 64\\3\times3, 64\end{bmatrix}\times3$ | $\begin{bmatrix}1\times1, 64\\3\times3, 64\\1\times1, 256\end{bmatrix}\times3$ | $\begin{bmatrix}1\times1, 64\\3\times3, 64\\1\times1, 256\end{bmatrix}\times3$ | $\begin{bmatrix}1\times1, 64\\3\times3, 64\\1\times1, 256\end{bmatrix}\times3$ |
| 卷积3_x | 28×28 | $\begin{bmatrix}3\times3, 128\\3\times3, 128\end{bmatrix}\times2$ | $\begin{bmatrix}3\times3, 128\\3\times3, 128\end{bmatrix}\times4$ | $\begin{bmatrix}1\times1, 128\\3\times3, 128\\1\times1, 512\end{bmatrix}\times4$ | $\begin{bmatrix}1\times1, 128\\3\times3, 128\\1\times1, 512\end{bmatrix}\times4$ | $\begin{bmatrix}1\times1, 128\\3\times3, 128\\1\times1, 512\end{bmatrix}\times8$ |
| 卷积4_x | 14×14 | $\begin{bmatrix}3\times3, 256\\3\times3, 256\end{bmatrix}\times2$ | $\begin{bmatrix}3\times3, 256\\3\times3, 256\end{bmatrix}\times6$ | $\begin{bmatrix}1\times1, 256\\3\times3, 256\\1\times1, 1\,024\end{bmatrix}\times6$ | $\begin{bmatrix}1\times1, 256\\3\times3, 256\\1\times1, 1\,024\end{bmatrix}\times23$ | $\begin{bmatrix}1\times1, 256\\3\times3, 256\\1\times1, 1\,024\end{bmatrix}\times36$ |
| 卷积5_x | 7×7 | $\begin{bmatrix}3\times3, 512\\3\times3, 512\end{bmatrix}\times2$ | $\begin{bmatrix}3\times3, 512\\3\times3, 512\end{bmatrix}\times3$ | $\begin{bmatrix}1\times1, 512\\3\times3, 512\\1\times1, 2\,048\end{bmatrix}\times3$ | $\begin{bmatrix}1\times1, 512\\3\times3, 512\\1\times1, 2\,048\end{bmatrix}\times3$ | $\begin{bmatrix}1\times1, 512\\3\times3, 512\\1\times1, 2\,048\end{bmatrix}\times3$ |
| | 1×1 | 平均池化，1 000维全连接，softmax | | | | |
| 每秒浮点运算次数 | | $1.8\times10^9$ | $3.6\times10^9$ | $3.8\times10^9$ | $7.6\times10^9$ | $11.3\times10^9$ |

**图 4.5　ResNet 的网络配置**[3]

### 4.1.2　生成对抗网络

生成对抗网络[4]在人工智能领域广泛应用，被深度学习代表性人物 Yann Lecun 评为近年来最令人欣喜的成就。生成对抗网络受启发于自博弈论中的两人零和博弈思想：参与博弈的双方在严格竞争下，一方收益必然意味着另一方损失，博弈双方的收益和损失相加总和永远为“零”，也就是说双方不存在合作的可能。在生成对抗网络中，博弈双方分别由生成模型和判别模型来建模。生成模型通过学习数据概率分布并生成新的数据，其目的是尽可能生成以假乱真的样本，称之为生成器。判别模型判断样本来自真实数据还是生成数据，称之为判别器。生成器和判别器互相竞争，直到生成数据和真实数据无法区分。生成器和判别器均由深度神经网络构成，且它们的目的互为对抗，所以称为对抗网络。

**1. 问题定义**

给定真实数据 $\boldsymbol{x}$ ，其数据分布表示为 $P_{\text{data}}(\boldsymbol{x})$ ，定义输入噪声变量的先验概率分布为 $P_z(\boldsymbol{z})$ ，深度生成对抗网络的生成器 $G$ 是由多层感知器构成的深度神经网络，目的是学习从噪声变量空间到真实数据空间的映射。将生成器学习到的分布表示为 $P_g(\boldsymbol{x})$ ，一个理想的生成器使得生成器学得的分布与真实数据分布完全相同，即 $P_{\text{data}}(\boldsymbol{x}) = P_g(\boldsymbol{x})$ 。判别器 $D$ 也是由多层感知器构成的深度神经网络，目的是学习区分输入样本是来自真实数据还是由 $G$ 生成。判别器 $D$ 的输入是真实数据 $\boldsymbol{x}$ 和生成器生成的数据 $G(\boldsymbol{z})$ ，输出表示输入来自真实数据分布 $P_{\text{data}}(\boldsymbol{x})$ 而不是生成数据分布 $P_g(\boldsymbol{x})$ 的概率，通常是维度为 1 的标量。

深度生成对抗网络的目标函数为

$$V(D,G) = \mathbf{E}_{\boldsymbol{x}\sim P_{\text{data}}(\boldsymbol{x})}[\log D(\boldsymbol{x})] + \mathbf{E}_{\boldsymbol{z}\sim P_z(\boldsymbol{z})}[\log(1 - D(G(\boldsymbol{z})))] \tag{4.13}$$

其中，第一项是根据真实数据 $\boldsymbol{x}$ 的对数损失函数构建的，最大化这一项相当于使判别器 $D$ 在 $\boldsymbol{x} \sim P_{\text{data}}(\boldsymbol{x})$ 时能够预测 $D(\boldsymbol{x}) = 1$ ；第二项是根据生成器生成的数据 $G(\boldsymbol{z})$ 的对数损失函数构建的，最大化这一项相当于使判别器 $D$ 在 $\boldsymbol{z} \sim P_z(\boldsymbol{z})$ 时能够预测 $D(G(\boldsymbol{z})) = 0$ 。最优化的判别器 $D^*$ 通过最大化目标函数得到，即

$$D^* = \underset{D}{\arg\max} V(D,G) \tag{4.14}$$

生成器 $G$ 的目的是尽可能生成足够真实的数据使得判别器无法正确区分真实数据和生成数据。根据其目的，当学到最优判别器 $D = D^*$ 时，最优化的生成器 $G^*$ 通过最小化目标函数得到，即

$$G^* = \underset{G}{\arg\min} V(D^*,G) \tag{4.15}$$

在下一部分将给出理论证明。因此，通过两人极大极小博弈，判别器 $D$ 和生成器 $G$ 的整体优化策略定义为

$$\begin{gathered}\min_G \max_D V(D,G) \\ V(D,G) = \mathbf{E}_{\boldsymbol{x}\sim P_{\text{data}}(\boldsymbol{x})}[\log(D(\boldsymbol{x}))] + \mathbf{E}_{\boldsymbol{z}\sim P_z(\boldsymbol{z})}[\log(1-D(G(\boldsymbol{z})))]\end{gathered} \tag{4.16}$$

两人极大极小博弈的对抗过程可以理解为，在给定 $G$ 的情况下，最大化 $V(D,G)$ 使得判别器能够正确区分真实数据和生成数据；然后固定 $D = D^*$，最小化 $V(D^*,G)$ 得到最优的生成器 $G^*$ 使得判别器不能正确区分输入样本是来自真实数据分布 $P_{\text{data}}(\boldsymbol{x})$ 还是生成器学得的数据分布 $P_g(\boldsymbol{x})$，即判别器 $D^*$ 的输出都是0.5。当极大极小博弈策略得到全局最优解 $D^*$ 和 $G^*$ 时，$P_g(\boldsymbol{x}) = P_{\text{data}}(\boldsymbol{x})$ 成立。

**2. 理论证明**

本部分将证明当且仅当极大极小博弈策略得到全局最优解 $D^*$ 和 $G^*$ 时，生成数据和真实数据同分布成立，即 $P_g(\boldsymbol{x}) = P_{\text{data}}(\boldsymbol{x})$ 成立。

1）最优判别器

给定生成器 $G$，通过最大化 $V(D,G)$ 得到最优判别器 $D^*$。目标函数 $V(D,G)$ 可表示成在 $\boldsymbol{x}$ 的积分形式，即

$$\begin{aligned}V(D,G) &= \int_{\boldsymbol{x}} P_{\text{data}}(\boldsymbol{x})\log(D(\boldsymbol{x}))\mathrm{d}\boldsymbol{x} + \int_z P_z(z)\log(1-D(G(z)))\mathrm{d}z \\ &= \int_{\boldsymbol{x}} [P_{\text{data}}(\boldsymbol{x})\log(D(\boldsymbol{x})) + P_g(\boldsymbol{x})\log(1-D(\boldsymbol{x}))]\mathrm{d}\boldsymbol{x}\end{aligned} \tag{4.17}$$

求积分的最大值可以转换为求被积函数的最大值。当求解最优判别器 $D^*$ 时，不涉及判别器 $D$ 的项均可以看作常数项，因此 $V(D,G)$ 可以看作是关于 $D$ 的函数。设 $D(\boldsymbol{x}) = y$，真实数据分布 $P_{\text{data}}(\boldsymbol{x}) = a$，生成器学得的数据分布 $P_g(\boldsymbol{x}) = b$，式（4.17）可以简写为

$$f(y) = a\log(y) + b\log(1-y) \tag{4.18}$$

当 $a + b \neq 0$ 时，对式（4.18）求一阶导数得

$$f'(y) = \frac{a}{y} - \frac{b}{1-y} = 0 \Rightarrow \frac{a}{y} = \frac{b}{1-y} \Rightarrow y = \frac{a}{a+b} \tag{4.19}$$

然后求 $f(y)$ 在驻点 $y = \dfrac{a}{a+b}$ 的二阶导数，可得

$$f''\left(\frac{a}{a+b}\right) = -\frac{a}{\left(\frac{a}{a+b}\right)^2} - \frac{b}{1-\left(\frac{a}{a+b}\right)^2} < 0 \tag{4.20}$$

由一阶导数等于零且二阶导数小于零，可知 $y = \dfrac{a}{a+b}$ 为极大值点，将 $a = P_{\text{data}}(\boldsymbol{x})$、

$b=P_g(\boldsymbol{x})$ 和 $y=D(\boldsymbol{x})$ 代入式（4.19），可得最优判别器为 $D^*=\dfrac{P_{\text{data}}(\boldsymbol{x})}{P_{\text{data}}(\boldsymbol{x})+P_g(\boldsymbol{x})}$。

2）最优生成器

给定最优判别器 $D^*$，通过最小化目标函数 $V(D^*,G)$ 得到最优生成器 $G^*$，即 $G^*=\underset{G}{\arg\min}V(D^*,G)$。

下面证明当且仅当 $G^*=\underset{G}{\arg\min}V(D^*,G)$ 时，$P_g(\boldsymbol{x})=P_{\text{data}}(\boldsymbol{x})$ 成立。

充分性证明如下。

将最优判别器 $D^*$ 代入目标函数 $V(D,G)$，可得

$$
\begin{aligned}
V(D^*,G) &= \int_x \left[P_{\text{data}}(\boldsymbol{x})\log\left(\frac{P_{\text{data}}(\boldsymbol{x})}{P_{\text{data}}(\boldsymbol{x})+P_g(\boldsymbol{x})}\right)+P_g(\boldsymbol{x})\log\left(\frac{P_g(\boldsymbol{x})}{P_{\text{data}}(\boldsymbol{x})+P_g(\boldsymbol{x})}\right)\right]\mathrm{d}\boldsymbol{x}\\
&= \int_x \left[(\log 2-\log 2)P_{\text{data}}(\boldsymbol{x})+P_{\text{data}}(\boldsymbol{x})\log\left(\frac{P_{\text{data}}(\boldsymbol{x})}{P_{\text{data}}(\boldsymbol{x})+P_g(\boldsymbol{x})}\right)+\right.\\
&\qquad \left.(\log 2-\log 2)P_g(\boldsymbol{x})+P_g(\boldsymbol{x})\log\left(\frac{P_g(\boldsymbol{x})}{P_{\text{data}}(\boldsymbol{x})+P_g(\boldsymbol{x})}\right)\right]\mathrm{d}\boldsymbol{x}\\
&= -\log 2\int_x P_{\text{data}}(\boldsymbol{x})+P_g(\boldsymbol{x})\mathrm{d}\boldsymbol{x}+\\
&\qquad \int_x \left[P_{\text{data}}(\boldsymbol{x})\left(\log 2+\log\left(\frac{P_{\text{data}}(\boldsymbol{x})}{P_{\text{data}}(\boldsymbol{x})+P_g(\boldsymbol{x})}\right)\right)+\right.\\
&\qquad \left.P_g(\boldsymbol{x})\left(\log 2+\log\left(\frac{P_g(\boldsymbol{x})}{P_{\text{data}}(\boldsymbol{x})+P_g(\boldsymbol{x})}\right)\right)\right]\mathrm{d}\boldsymbol{x}
\end{aligned}
\tag{4.21}
$$

其中，$P_{\text{data}}(\boldsymbol{x})$ 和 $P_g(\boldsymbol{x})$ 在各自的积分域上的积分等于 1，则

$$
-\log 2\int_x P_g(\boldsymbol{x})+P_{\text{data}}(\boldsymbol{x})\mathrm{d}\boldsymbol{x}=-\log 2\times(1+1)=-\log 4 \tag{4.22}
$$

此外，根据对数的定义可得

$$
\begin{aligned}
\log 2+\log\left(\frac{P_{\text{data}}(\boldsymbol{x})}{P_g(\boldsymbol{x})+P_{\text{data}}(\boldsymbol{x})}\right) &= \log\left(2\,\frac{P_{\text{data}}(\boldsymbol{x})}{P_g(\boldsymbol{x})+P_{\text{data}}(\boldsymbol{x})}\right)\\
&= \log\left(\frac{P_{\text{data}}(\boldsymbol{x})}{\dfrac{(P_g(\boldsymbol{x})+P_{\text{data}}(\boldsymbol{x}))}{2}}\right)
\end{aligned}
\tag{4.23}
$$

将式（4.22）和式（4.23）代入式（4.21）可得

$$
\begin{aligned}
V(D^*,G) &= -\log 4+\int_x P_{\text{data}}(\boldsymbol{x})\log\left(\frac{P_{\text{data}}(\boldsymbol{x})}{P_g(\boldsymbol{x})+\dfrac{P_{\text{data}}(\boldsymbol{x})}{2}}\right)\mathrm{d}\boldsymbol{x}\\
&\quad +\int_x P_g(\boldsymbol{x})\log\left(\frac{P_g(\boldsymbol{x})}{P_g(\boldsymbol{x})+\dfrac{P_{\text{data}}(\boldsymbol{x})}{2}}\right)\mathrm{d}\boldsymbol{x}
\end{aligned}
\tag{4.24}
$$

可以看出，式（4.24）的后两项积分均是 KL 散度的形式，即

$$
V(D^*,G)=-\log(4)+KL\left(P_{\text{data}}(\boldsymbol{x})\,\middle\|\,\frac{P_{\text{data}}(\boldsymbol{x})+P_g(\boldsymbol{x})}{2}\right)+\mathrm{KL}\left(P_g(\boldsymbol{x})\,\middle\|\,\frac{P_{\text{data}}(\boldsymbol{x})+P_g(\boldsymbol{x})}{2}\right) \tag{4.25}
$$

因为 KL 散度是非负的，所以 $-\log 4$ 是目标函数 $V(D^*,G)$ 的全局最小值。当目标函数 $V(D^*,G)=-\log 4$ 时，取得最优生成器 $G^*$，此时 KL 散度为零，即 $P_g(\boldsymbol{x})=P_{\text{data}}(\boldsymbol{x})$。充分性得证。

必要性证明如下。

当 $P_g(\boldsymbol{x})=P_{\text{data}}(\boldsymbol{x})$ 时，代入式（4.21），可以得到

$$\begin{aligned}V(D^*,G) &= \int_{\boldsymbol{x}}\left[P_{\text{data}}(\boldsymbol{x})\log\frac{1}{2}+P_g(\boldsymbol{x})\log\left(1-\frac{1}{2}\right)\right]\mathrm{d}\boldsymbol{x}\\ &= -\log 2\int_{\boldsymbol{x}}P_g(\boldsymbol{x})\mathrm{d}\boldsymbol{x}-\log 2\int_{\boldsymbol{x}}P_{\text{data}}(\boldsymbol{x})\mathrm{d}\boldsymbol{x}'\\ &= -2\log 2=-\log 4\end{aligned} \tag{4.26}$$

目标函数 $V(D^*,G)$ 达到全局最小值，此时生成器是最优生成器 $G^*$。必要性得证。

通过充分性和必要性证明，可以证明当且仅当 $G^*=\underset{G}{\operatorname{argmin}}V(D^*,G)$ 时，$P_g(\boldsymbol{x})=P_{\text{data}}(\boldsymbol{x})$ 成立。

综上可得，通过两人极大极小博弈 $V(D,G)$ 得到的最优解 $D^*$ 和 $G^*$ 可以使得 $P_g(\boldsymbol{x})=P_{\text{data}}(\boldsymbol{x})$。

### 4.1.3 网络优化

深度网络训练的过程实质上是不断调整网络参数的过程。其训练目标是使得损失函数能够达到最小值。损失函数值衡量了网络性能，通常由网络模型预测值和数据真实值之间的误差定义。通过最小化损失函数值来调整网络参数 $\theta$ 的方法即为网络优化方法。一个好的网络优化方法，有助于损失函数快速准确地收敛至最小值，大大提高训练效率。

对网络优化问题的定义如下：寻找深度网络上的一组参数 $\theta$，它能显著地降低损失函数 $J(\theta)$。该损失函数通常包括整个训练集上的性能评估和额外的正则化项[5]。下面介绍几种常用的深度网络优化方法。

**1. 梯度下降**

梯度实际是一个向量，表示函数在某一位置处的方向导数最大值方向，也即函数值在该点处沿此梯度的方向变化最快。梯度可以通过对函数求偏导来计算。对于函数 $J$，其在点 $(\theta_1,\theta_2)$ 处的偏导分别表示为 $\frac{\partial J}{\partial\theta_1}$ 和 $\frac{\partial J}{\partial\theta_2}$，则函数在该点处的梯度表示为

$$\nabla J=\frac{\partial J}{\partial\theta_1}\boldsymbol{i}+\frac{\partial J}{\partial\theta_2}\boldsymbol{j} \tag{4.27}$$

将变量 $\theta_1$ 和 $\theta_2$ 沿梯度反方向移动以减小函数值，从而使该函数快速收敛到局部最小值甚至全局最小值，这种优化方法被称为梯度下降[6]。这里仅以两个变量为例，而在实际网络模型中，参数数目远大于两个。在梯度下降法中，模型参数随着迭代次数的增加，逐渐向损失函数的最小值靠近，表示为

$$\boldsymbol{\theta}_{t+1}=\boldsymbol{\theta}_t-\in\nabla J(\boldsymbol{\theta}_t) \tag{4.28}$$

其中，$\in$ 表示学习率，也称为步长，用于控制网络参数的更新幅度。

在实际应用中，需要考虑训练样本数量对模型训练的影响，通常采用的梯度下降算法有批量梯度下降（batch gradient descent，BGD）、随机梯度下降（stochastic gradient descent，

SGD）和小批量梯度下降（mini - batch gradient descent，MBGD）。

1）批量梯度下降

批量梯度下降是梯度下降中最原始的形式，即沿着整个训练集的梯度方向来调整模型参数，从而提高模型性能，其数学形式为

$$\boldsymbol{\theta} \leftarrow \boldsymbol{\theta} - \in \nabla_{\theta}\left(\frac{1}{m}\sum_{i=1}^{m} L(f(\boldsymbol{x}_i;\boldsymbol{\theta}),\boldsymbol{y}_i)\right) \tag{4.29}$$

其中，$\boldsymbol{\theta}$ 为模型参数；$\boldsymbol{x}_i$ 为输入样本；$\boldsymbol{y}_i$ 为输入样本的真实标注；$f(\boldsymbol{x}_i;\boldsymbol{\theta})$ 为模型输出的预测值；$L$ 为损失函数；$m$ 为整个训练集的大小。BGD 算法由于每一次更新参数都利用了训练集中的所有数据，因此能够保证收敛于极值点。但是当训练集比较大时，会消耗较大的计算资源，并且梯度计算速度慢。

2）随机梯度下降

为解决 BGD 算法因训练样本数据增多而训练速度变慢的问题，随机梯度下降被提出。与 BGD 算法不同的是，SGD 算法每次随机选取一个样本来更新网络参数，表示为

$$\boldsymbol{\theta} \leftarrow \boldsymbol{\theta} - \in \nabla_{\boldsymbol{\theta}} L(f(\boldsymbol{x}_i;\boldsymbol{\theta}),\boldsymbol{y}_i) \tag{4.30}$$

其中，$(\boldsymbol{x}_i,\boldsymbol{y}_i)$ 为随机选择的样本。SGD 算法运算量大幅度减少，当数据集规模很大时，它的训练速度远超于 BGD 算法。但是由于 SGD 算法每次只用一个样本更新参数，很容易受到噪声的影响。

3）小批量梯度下降

小批量梯度下降是 BGD 算法和 SGD 算法的折中，能够在减轻计算负担的同时抑制噪声的影响。MBGD 算法的核心思想是：在每一次迭代时，都随机从训练集中选择 $n$（$n < m$，$m$ 表示训练集的总样本数）个样本来更新模型参数，这一过程表示为

$$\boldsymbol{\theta} \leftarrow \boldsymbol{\theta} - \in \nabla_{\boldsymbol{\theta}}\left(\frac{1}{n}\sum_{i=1}^{n} L(f(\boldsymbol{x}_i;\boldsymbol{\theta}),\boldsymbol{y}_i)\right) \tag{4.31}$$

其中，$(\boldsymbol{x}_i,\boldsymbol{y}_i)$ 为当前小批量样本中的某个样本。MBGD 算法既可以减轻计算负担又能抑制噪声的影响，因此它比 BGD 算法和 SGD 算法更加常用。

**2. 动量**

MBGD 算法使得模型可以利用大规模数据集进行训练，但是每次更新时都完全依赖于当前随机选择的小批量样本，这样会导致更新不够稳定。因此，Polyak[7] 在 1964 年提出了动量算法，其目的是加速训练过程并且有效抑制振荡。之后，受 Nesterov 加速梯度算法[8-9] 启发，Sutskever 等人[10] 在 2013 年对动量算法进行改进，提出了 Nesterov 动量。

1）动量算法

动量算法[7] 模拟物体运动惯性对 MBGD 算法进行了改进。动量算法在更新时会在一定程度上保留之前更新的方向，同时结合当前小批量样本计算得到的梯度来得到最终的更新方向。动量的概念来自物理学，定义为物体质量和速度的乘积。在动量算法中，假设粒子是单位质量，速度向量 $\boldsymbol{v}$ 就可以看作是粒子的动量。因此，动量算法的更新规则如下：

$$\boldsymbol{v} \leftarrow \alpha \boldsymbol{v} - \in \nabla_{\boldsymbol{\theta}}\left(\frac{1}{n}\sum_{i=1}^{n} L(f(\boldsymbol{x}_i;\boldsymbol{\theta}),\boldsymbol{y}_i)\right) \tag{4.32}$$

$$\boldsymbol{\theta} \leftarrow \boldsymbol{\theta} + \boldsymbol{v} \tag{4.33}$$

其中，$\alpha$ 为动量因子，用于控制保留之前的动量多少，一般取值为 0.9。

当梯度方向不变时，动量不断积累，能够加速学习。当梯度方向改变时，更新速度变慢，能够抑制振荡，增加模型训练的稳定性。当模型处于局部最优时，虽然当前小批量样本的梯度趋于 0，但是由于之前积累的动量存在，也可能使模型参数摆脱局部极值点而继续更新。

2）Nesterov 动量

和动量算法相比，Nesterov 动量主要改变了梯度计算过程。它首先使用之前的速度进行临时更新，然后再进行梯度计算，其数学形式为

$$\boldsymbol{v} \leftarrow \alpha \boldsymbol{v} - \in \nabla_{\boldsymbol{\theta}}\left(\frac{1}{n}\sum_{i=1}^{n} L(f(\boldsymbol{x}_i;\boldsymbol{\theta}+\alpha\boldsymbol{v}),\boldsymbol{y}_i)\right) \tag{4.34}$$

$$\boldsymbol{\theta} \leftarrow \boldsymbol{\theta} + \boldsymbol{v} \tag{4.35}$$

Nesterov 动量中，根据之前的速度网络参数会先更新至一个临时点 $\boldsymbol{\theta}+\alpha\boldsymbol{v}$，然后在这个临时点计算梯度。这就相当于 Nesterov 动量提前知道了下一时刻的梯度变化，从而能够提前做出反应，适当调整当前速度，这有助于更加快速地收敛。因此，Nesterov 动量可以理解为向标准动量中添加了一个校正因子。

**3. 自适应**

学习率是深度网络优化过程中的重要超参数之一，因为它对模型训练的速度和精度有很大影响。学习率太大容易导致损失函数波动较大从而难以找到最优值，而学习率设置太小则会导致收敛过慢、耗时太长。不同的模型需要选取不同的学习率，同一个模型的不同训练阶段也需要不同的学习率，所以学习率的设置十分关键。因此，人们希望优化算法在训练过程中能够根据不同的情况自动地调整学习率，提出了一些学习率自适应优化算法。

1）AdaGrad

AdaGrad[11]是一种经典的自适应优化算法。它在训练过程中能够自动地调整模型每个参数的学习率，使其反比于梯度在各参数方向上幅值历史平方总和的平方根。这样就使得损失函数在参数空间中方向导数幅度较大的方向有更平缓的学习率，而在方向导数幅度较小的方向有着较大的学习率。总的效果是使参数空间中损失函数在更为平缓的方向取得更大的学习率，而在陡峭的方向取得更小的学习率。AdaGrad 算法的更新规则为

$$\mathbf{g} \leftarrow \nabla_{\boldsymbol{\theta}}\left(\frac{1}{n}\sum_{i=1}^{n} L(f(\boldsymbol{x}_i;\boldsymbol{\theta}),\boldsymbol{y}_i)\right) \tag{4.36}$$

$$\boldsymbol{r} \leftarrow \boldsymbol{r} + \mathbf{g}\odot\mathbf{g}\text{（逐元素相乘）} \tag{4.37}$$

$$\boldsymbol{\theta} \leftarrow \boldsymbol{\theta} - \frac{\in}{\delta+\sqrt{\boldsymbol{r}}}\odot\mathbf{g}\text{（逐元素地应用除和求平方根）} \tag{4.38}$$

其中，梯度累计变量 $\boldsymbol{r}$ 初始值设为 0，$\delta$ 是防止分母为零的一个极小常数。在凸优化背景中，AdaGrad 算法具有一些令人满意的理论性质。然而，人们在实践中发现，对于训练深度网络而言，从训练开始时积累梯度平方会导致有效学习率过早和过量地减小。

2）RMSProp

RMSProp[12]将 AdaGrad 的梯度累计过程改进为指数加权的平均移动，使得在非凸优化的情况下效果更好。AdaGrad 通常应用于凸问题的快速收敛。当应用于非凸问题时，AdaGrad

可能会陷于局部极值点。原因是根据整个梯度历史累积来收缩学习率，当模型达到某个局部的凸区域时学习率可能已经很小了，无法摆脱该区域。RMSProp 使用指数衰减平均来逐渐丢弃久远的历史梯度信息，能够在找到凸区域后快速收敛，就像一个初始化在凸区域的 AdaGrad 算法。RMSProp 的参数更新过程为

$$\mathbf{g} \leftarrow \nabla_{\boldsymbol{\theta}}\left(\frac{1}{n}\sum_{i=1}^{n} L(f(\boldsymbol{x}_i;\boldsymbol{\theta}),\boldsymbol{y}_i)\right) \tag{4.39}$$

$$\boldsymbol{r} \leftarrow \rho \boldsymbol{r} + (1-\rho)\mathbf{g}\odot\mathbf{g} \tag{4.40}$$

$$\boldsymbol{\theta} \leftarrow \boldsymbol{\theta} - \frac{\in}{\sqrt{\delta+\boldsymbol{r}}}\odot\mathbf{g}\left(\frac{1}{\sqrt{\delta+\boldsymbol{r}}}\text{为逐元素操作}\right) \tag{4.41}$$

其中超参数 $\rho$ 表示衰减速率，用来控制移动平均的长度范围。结合 Nesterov 动量后，RMSProp 的更新流程为

$$\mathbf{g} \leftarrow \nabla_{\boldsymbol{\theta}}\left(\frac{1}{n}\sum_{i=1}^{n} L(f(\boldsymbol{x}_i;\boldsymbol{\theta}+\alpha\boldsymbol{v}),\boldsymbol{y}_i)\right) \tag{4.42}$$

$$\boldsymbol{r} \leftarrow \rho \boldsymbol{r} + (1-\rho)\mathbf{g}\odot\mathbf{g} \tag{4.43}$$

$$\boldsymbol{v} \leftarrow \alpha\boldsymbol{v} - \frac{\in}{\sqrt{\boldsymbol{r}}}\odot\mathbf{g}\left(\frac{1}{\sqrt{\boldsymbol{r}}}\text{为逐元素操作}\right) \tag{4.44}$$

$$\boldsymbol{\theta} \leftarrow \boldsymbol{\theta} + \boldsymbol{v} \tag{4.45}$$

在实践中，RMSProp 已被证明是一种有效且实用的深度网络优化算法。

3） Adam

Adam[13] 实质上是带有动量项的 RMSProp。它利用梯度的一阶矩估计和二阶矩估计动态调整参数学习率。Adam 结合了 AdaGrad 善于处理稀疏梯度和 RMSProp 善于处理非平稳目标的优点，在学习率的自适应性方面表现较好，适用于大多非凸优化问题。Adam 更新参数时，首先计算当前小批量样本的梯度：

$$\mathbf{g} \leftarrow \nabla_{\boldsymbol{\theta}}\left(\frac{1}{n}\sum_{i=1}^{n} L(f(\boldsymbol{x}_i;\boldsymbol{\theta}),\boldsymbol{y}_i)\right) \tag{4.46}$$

然后更新有偏一阶矩估计 $\boldsymbol{s}$ 和有偏二阶矩估计 $\boldsymbol{r}$（$\boldsymbol{s}$ 和 $\boldsymbol{r}$ 都初始化为 0）：

$$\boldsymbol{s} \leftarrow \rho_1\boldsymbol{s} + (1-\rho_1)\mathbf{g} \tag{4.47}$$

$$\boldsymbol{r} \leftarrow \rho_2\boldsymbol{r} + (1-\rho_2)\mathbf{g}\odot\mathbf{g} \tag{4.48}$$

其中，$\rho_1$ 和 $\rho_2$ 为矩估计的指数衰减速率，一般建议取 0.9 和 0.999。之后，修正一阶矩和二阶矩的偏差：

$$t \leftarrow t+1 \tag{4.49}$$

$$\hat{\boldsymbol{s}} \leftarrow \frac{\boldsymbol{s}}{1-\rho_1^t} \tag{4.50}$$

$$\hat{\boldsymbol{r}} \leftarrow \frac{\boldsymbol{r}}{1-\rho_2^t} \tag{4.51}$$

其中，$t$ 表示时间步，初始为 0。最后，更新模型参数：

$$\boldsymbol{\theta} \leftarrow \boldsymbol{\theta} - \in \frac{\hat{\boldsymbol{s}}}{\sqrt{\hat{\boldsymbol{r}}}+\delta} \tag{4.52}$$

Adam 的优点主要在于经过偏置校正后，每一次的迭代学习率都有确定范围，使得参数

更新比较平稳。Adam 对超参数鲁棒，在实践中也取得了很好的效果，是目前深度网络优化的主流算法。

## 4.2　深度神经网络微调迁移

### 4.2.1　网络微调基本思想

随着深度学习成为一种流行的机器学习技术，并在许多场景下得到应用，研究人员开始赋予深度学习模型迁移学习能力。参数微调是一种基于模型参数的知识转移的有效方法。简而言之，微调就是利用别人已经训练好的网络，针对自己的任务在进行训练调整。不难理解，微调是迁移学习的一部分。微调的核心思想是利用原有模型的参数信息，作为要训练的新的模型的初始化参数，这个新的模型可以和原来一样也可以增添几个层（进行适当的调整）。

举例说明，在 AlexNet 网络的基础上，可以重新加上一个层再去训练网络，如在网络末端加入一个全连接层。在训练的过程中，先固定前面的层，让新加的全连接层的损失值降低到一个较低的值；再调低学习率，放开所有层一块去训练，这样可以收敛到一个较好的效果。

那么在什么情况下可以进行微调以及如何微调呢？根据目标数据集的情况可以分以下几种情况进行讨论。

（1）目标数据集比较小且和源数据集相似，因为新数据集比较小（比如 $<5\ 000$），如果微调可能会过拟合；又因为新旧数据集类似，我们期望高层特征类似，可以使用预训练网络当作特征提取器，用提取的特征训练线性分类器。

（2）目标数据集比较大且和源数据集相似（比如 $>10\ 000$），因为新数据集足够大，可以微调整个网络。

（3）目标数据集比较小且和源数据集不相似，新数据集比较小，最好不要微调。其和原数据集不类似，最好也不要使用高层特征。这时，可以使用前面的特征来训练分类器。

（4）目标数据集比较大且和源数据集不相似。因为新数据集足够大，可以重新训练，但是在实践中微调预训练模型还是有益的。新数据集足够大，可以微调整个网络。

需要注意的是，网络的前几层学到的是通用的特征，后面几层学到的是与类别相关的特征。所以可以冻结去降低成本。本质上微调基本思路都是一样的，就是解锁少数卷积层继续对模型进行训练。

### 4.2.2　网络微调经典方法

**1. 逐层预训练和微调**

逐层预训练思想在训练深度神经网络和自动编码器中得到了广泛的应用。在这种方法中，用无监督学习训练得到的参数被用来初始化特定的分类任务[14]。该方法假定无监督学习任务（例如样本重建）可以展现良好的表示能力。用它们初始化的参数应该位于下游任务的合适区域。这种初始化策略可以看作是对所学模型参数的一种正则化。

在分层预训练算法中，第一阶段是使用无监督学习来训练每一层，这就是所说的预训练阶段。具体地说，对于第 $l$ 层，使用第（$l-1$）层输出的训练样本 $h_{l-1}(x)$ 来训练一个无监督学习模型，以便在下一层再现特征 $h_l(x) = R_l(h_l(x))$。第二阶段是用监督信号为下游任务（例如分类）进行微调。现已经为微调步骤设计了几种变体。最常用的一种方法是将第一阶段的 $h_l(x)$ 作为输入，初始化一个线性或非线性监督预测器，然后根据监督训练损失对模型参数进行微调。

文献［15］便对以上方法的变体进行了探索。Hinton 等在文献［15］中提出了一种深度信念网络的快速学习算法，展示了如何使用“互补先验”来消除使具有许多隐藏层的紧密连接的信念网络中推理困难的 explaining away 效应。利用互补先验知识，他们推导出一个快速的贪心算法，只要顶部两层形成一个无向联想记忆，就可以一次一层地学习深度有向信念网络。这个快速的贪心算法用于初始化较慢的学习过程，该过程使用 wake – sleep 算法的对比版本来微调权重。经过微调，一个具有 3 个隐藏层的网络形成了一个非常好的手写数字图像及其标签的联合分布的生成模型。如表 4. 1 所示，这种生成模型比最好的判别学习算法提供了更好的数字分类。

**表 4. 1　不同学习算法在 MNIST 数字识别任务中的错误率[15]**

| 美国国家标准与技术研究院任务 | 学习算法 | 测试误差/% |
| --- | --- | --- |
| 非变化特征 | 我们的生成模型：784→500→500→2000→10 | 1. 25 |
| 非变化特征 | 支持向量机：次数为 9 的多项式核函数 | 1. 4 |
| 非变化特征 | 反向传播：784→500→300→10 交叉熵和权重衰减 | 1. 51 |
| 非变化特征 | 反向传播：784→800→10 交叉熵和早停法 | 1. 53 |
| 非变化特征 | 反向传播：784→500→150→10 平方误差和在线更新 | 2. 95 |
| 非变化特征 | 最近邻：总共 60 000 个样本和 L3 范数 | 2. 8 |
| 非变化特征 | 最近邻：总共 60 000 个样本和 L2 范数 | 3. 1 |
| 非变化特征 | 最近邻：20 000 个样本和 L3 范数 | 4. 0 |
| 非变化特征 | 最近邻：20 000 个样本和 L2 范数 | 4. 4 |
| 非恒定特征图片；额外的数据来自弹性形变 | 反向传播：交叉熵和早停法卷积神经网络 | 0. 4 |
| 非恒定特征图片；额外的数据来自 2 像素平移 | 虚拟支持向量机：次数为 9 的多项式核函数 | 0. 56 |
| 非恒定特征图片 | 形状上下文特征：手工编码匹配 | 0. 63 |
| 非恒定特征图片；额外的数据来自仿射变换 | LeNet5 中的反向传播：卷积神经网络 | 0. 8 |
| 非恒定特征图片 | LeNet5 中的反向传播：卷积神经网络 | 0. 95 |

**2. 通过监督学习的参数进行微调**

分层预训练法是深度学习早期流行的一种方法，但后来被 dropout 和批处理归一化（batch normalization）所取代，以端到端的方式训练各层。通过更稳定的优化方法和大量的有标签数据，可以直接从头训练一个有监督的深度模型。关键问题是如何在不同的监督任务中转移监督学习到的参数。

文献［16］的实验评估了预训练的卷积神经网络 CNN 模型的不同层的可移植性。图 4.6 说明了实验的设置。将 ImageNet 数据集分为 A 和 B 两部分，图 4.6 前两行的模型分别针对 A 和 B 进行训练，它们被用作基础模型。在最后两行中，模型的前几层由学到的值初始化，而其他层则随机初始化。$XnY$ 表示从基础模型 $X$ 复制下来并冻结在 $Y$ 中进行迁移学习的前 $n$ 层，同时 $XnY^+$ 表示迁移过来的前 $n$ 层，$Y$ 可以对其进行微调。

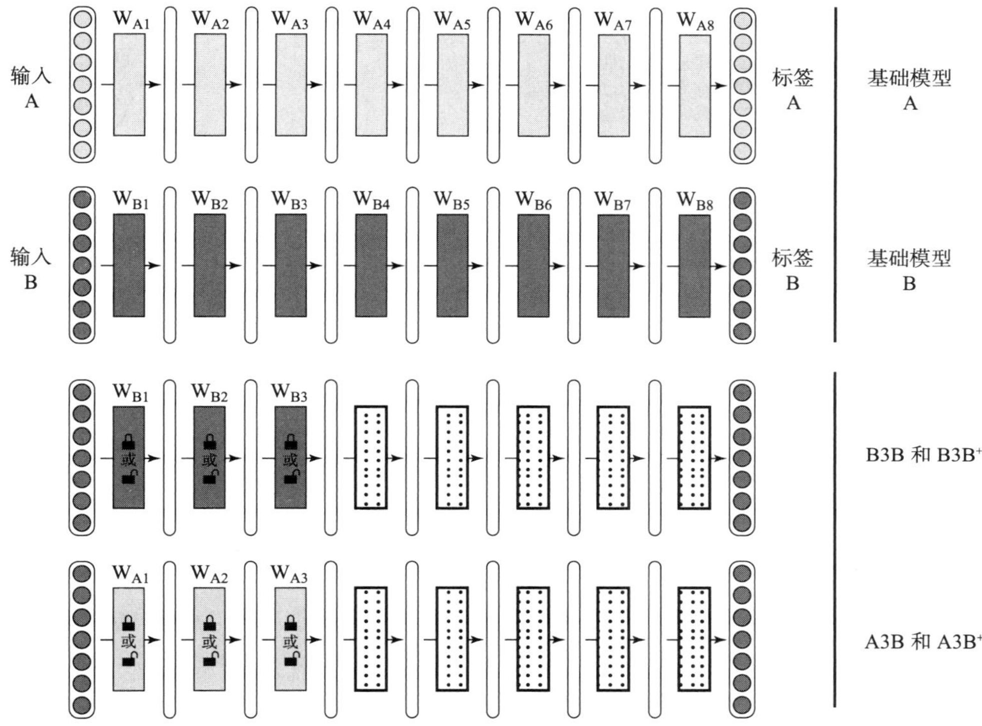


**图 4.6　CNN 实验设置概述**[16]

图 4.7 显示了不同迁移学习设置的结果。显然，转移和微调的设置使 $AnB^+$ 优于基础模型 $B$ 。当 $n$ 较大时，冻结转移层的 $AnB$ 和 $BnB$ 的准确度显示了很大的下降。结果表明，底层的特征具有更强的可移植性，而上层的特征与特定的任务的相关性更强。

同样，文献［17］的实验评估了循环神经网络（recurrent neural networks，RNN）参数在自然语言分类任务中的可移植性。如图 4.8 所示，自然语言分类的 RNN 模型由三层组成：①E，嵌入层；②H，用于捕获序列模式的 RNN 隐藏层；③O，输出层。

为了分析各层的可移植性，Mou 等人[17]在工作中进行了几个实验，实验是在 6 个数据集上进行的，分别是大型电影评论数据集 IMDB、小型电影评论数据集 MR、小型六向问题数据集 QC，和用于句子含义识别的大型数据集 SNLI（分类目标是隐含、矛盾和中性）以及小型数据集 SICK（它与 SNLI 的分类目标完全相同），还有用于语义检测的小型数据集 MSRP，目标是判断两个句子是否有相同的意思的二分类问题。Mou 等测试了在不同迁移学

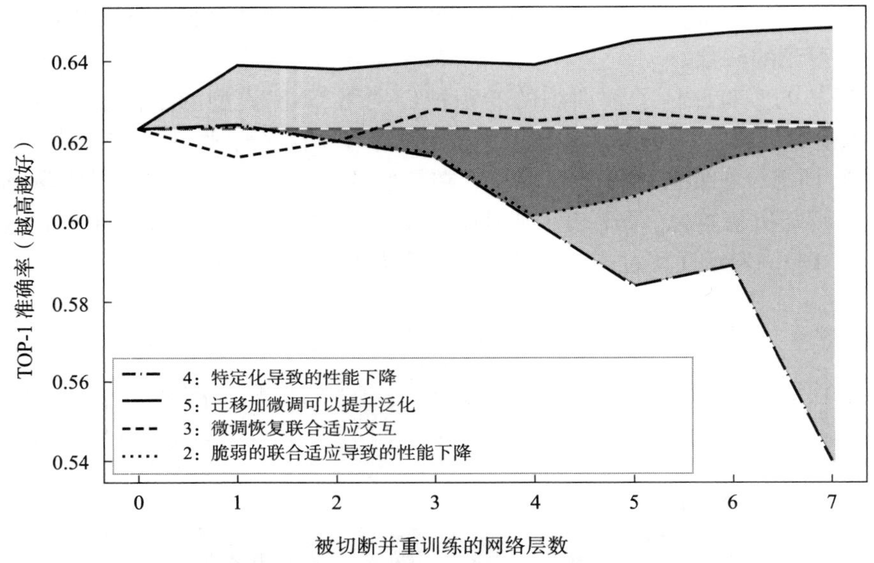


**图 4.7　CNN 中特征表示的可迁移性实验结果**[16]

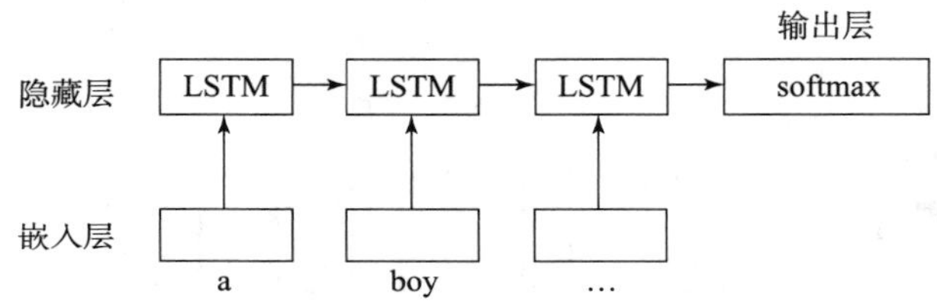


**图 4.8　自然语言分类的 LSTM 模型**[17]

习设置下的迁移结果，包括冻结、微调和任务间迁移。RNN 的结果与 CNN 的结果相似。较高级别的层（如隐藏层和输出层）不太容易转移。即使在从 IMDB 传输到 MR 的相同语义设置中，如果冻结所有层，分类准确率也会降低。在从 IMDB 到 QC 等不同任务的情况下，冻结隐藏层会导致分类准确率急剧下降。如果使用从源域中学习到的参数初始化模型，然后继续进行微调，则性能通常会高于基本模型或至少与基本模型相当。

具体性能分析如表 4.2 所示。E 表示嵌入层，H 表示隐藏层，O 表示输出层。☒表示经过 word2vec 预训练的单词嵌入。□表示参数是随机初始化的。🔒表示参数被转移并且被冻结。🔓表示参数被转移且经过微调。可以发现，在两组实验中语义等价任务（IMDB→MR，SNLI→SICK）的迁移学习都是成功的。然而，对于 IMDB→QC 和 SNLI→MSRP，转移隐含层（排除嵌入层），即 LSTM－RNN 单元和 CNN 特征映射，并没有得到改善。源域中 LSTM－RNN 和 CNN 模型提取的特征与最终任务（QC 和 MSRP）几乎无关。这表明，神经网络在自然语言处理应用中语义相似或不同的两个任务之间的可转移性很差。神经网络几乎不能转移到不同语义的 NLP 任务。与图像处理领域相比，NLP 的迁移学习更倾向于语义，在图像处理领域，甚至高级特征检测器几乎总是可转移的。

表 4.2　参数初始化神经网络的迁移学习的主要结果[17]

| 实验 Ⅰ | | |
|---|---|---|
| 设置 | IMDB→MR 测试准确率/% | IMDB→QC 测试准确率/% |
| 大样本类 | 50.0 | 22.9 |
| E ☒　H □　O □ | 75.1 | 90.8 |
| E 🔒　H □　O □ | 78.2 | 93.2 |
| E 🔒　H 🔒　O □ | 78.8 | 55.6 |
| E 🔒　H 🔒　O 🔒 | 73.6 | — |
| E 🔓　H □　O □ | 78.3 | 92.6 |
| E 🔓　H 🔓　O □ | 81.4 | 90.4 |
| E 🔓　H 🔓　O 🔓 | 80.9 | — |
| **实验 Ⅱ** | | |
| 设置 | SNLI→SICK 测试准确率/% | SNLI→MSRP 测试准确率/% |
| 大样本类 | 56.9 | 66.5 |
| E ☒　H □　O □ | 70.9 | 69.0 |
| E 🔒　H □　O □ | 69.3 | 68.1 |
| E 🔒　H 🔒　O □ | 70.0 | 66.4 |
| E 🔒　H 🔒　O 🔒 | 43.1 | — |
| E 🔓　H □　O □ | 71.0 | 69.9 |
| E 🔓　H 🔓　O □ | 76.3 | 68.8 |
| E 🔓　H 🔓　O 🔓 | 77.6 | — |

为了得出不同层次的 NLP 神经模型的可转移性，Mou 等分析了每一层的可移植性。首先，他们冻结了嵌入层和隐藏层。即使在语义相同的设置中，如果进一步冻结输出层，尽管 IMDB→MR 和 SNLI→SICK 的性能都有所下降，但通过随机初始化输出层的参数，他们可以得到与基线相似或更高的结果。这表明，输出层主要是特定于数据集的，转移输出层的参数效果并不好。

IMDB→MR 实验表明，嵌入层和隐藏层都发挥了重要作用。然而，在 SNLI→SICK 中，准确率的提高主要依赖于隐藏层。原因是在情感分类任务（IMDB 和 MR）中，信息来源于原始输入，即情感词汇及其嵌入，而自然语言推理任务（SNLI 和 SICK）更多地关注语义的构成，因此隐含层更为重要。此外，对于语义不同设置的任务（IMDB→QC 和 SNLI→MSRP），嵌入层的参数是唯一可转移的知识。

**3. 其他微调模型**

Frome 等人[18]在文本领域学习语义知识，并将知识转移到视觉对象识别领域。首先，针对单词的分布式表示对 skip - gram 神经语言模型进行了预训练，训练该模型能同时利用有标签的图像数据和从没有标签的文本中收集的语义信息来识别视觉对象。同时，利用

LSVRC 2012 1K 数据集训练了一种最新的视觉对象识别深度神经网络。最后，将预先训练好的视觉对象识别网络的表示层与神经语言模型相结合，构建了一种深度视觉语义模型。该模型将继续对参数进行微调。视觉语义微调模型及训练过程如图 4. 9 所示。

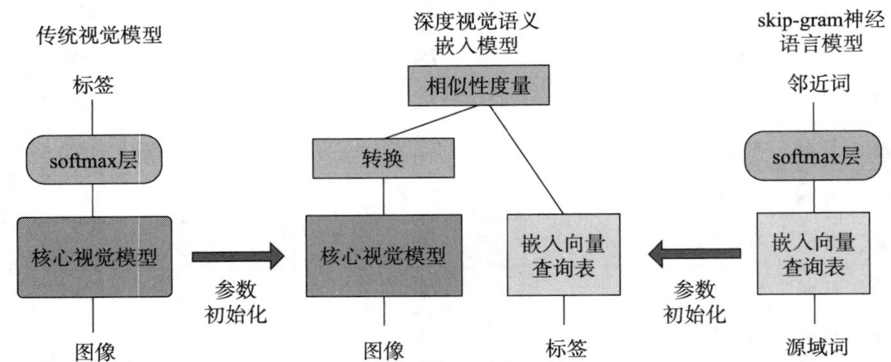


**图 4. 9　视觉语义微调模型及训练过程**[18]

如图 4. 10 所示，Frome 等训练了隐藏维度从 100 维到 2 000 维不等的 skip - gram 神经语言模型，发现 500 维和 1 000 维的嵌入向量在训练速度、语义质量和模型的最终性能方面有一个很好的表现。通过这些模型学习的嵌入表示的语义质量很好。在 ImageNet 标签子集上的语义嵌入空间的可视化表明，语言模型学习了丰富的语义结构，可以在视觉任务中利用。

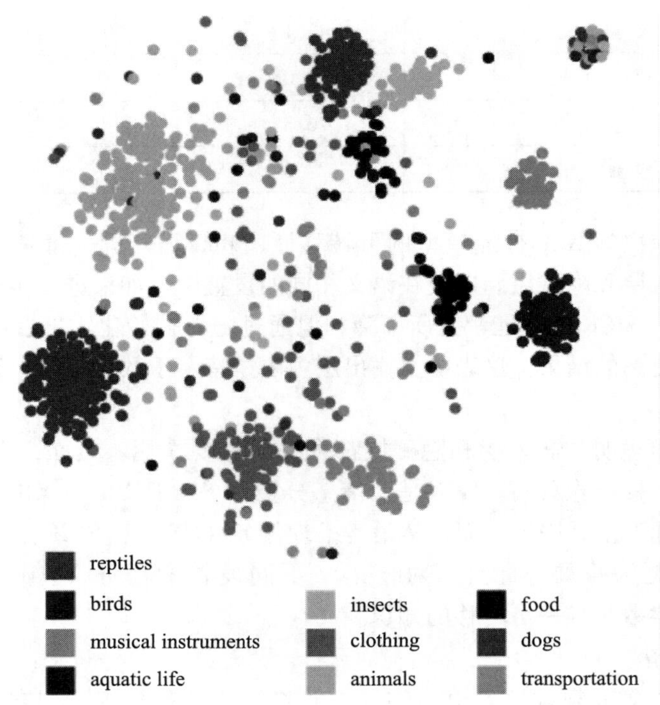


**图 4. 10　ILSVRC 2012 1K 中使用 skip - gram 神经语言模型的标签嵌入学习的 t - SNE 可视化子集**[18]（见彩插）

文献［19］引入一种深度迁移学习方案，称为选择性联合微调，以改善深度学习任务在训练数据不足的情况下带来的风险，提升模型精度。在该方案中，一个训练数据不足的目标域学习任务与另一个训练数据充足的源域学习任务同时进行。但是，源域学习任务并不使用所有现有的训练数据。其核心思想是将一些训练集充足的任务（如 ImageNet、Places365 分类等）引入当前任务中联合进行训练，识别并使用来自源域学习任务的训练图像子集，这些图像的底层特征与目标域学习任务的相似，并共同微调这两个任务的共享卷积层。具体地说，Ge 和 Yu 从这两个任务的训练图像上的线性或非线性滤波器组响应中计算描述因子，并使用这些描述因子为源域学习任务搜索所需的训练样本子集。

算法具体流程如下，首先要解决的问题是，如何在源域学习任务的数据集上挑选出和目标域任务数据集相似的图像作为辅助任务的训练集。通常来说，都是先进行特征提取，然后通过特征比较来选出相似的图像。本书作者给出了两种特征提取的方法。

方法一，通过构造一系列 Gabor 滤波器来作为图像特征提取器。作者使用的第一个滤波器组是 Gabor 滤波器组。Gabor 滤波器通常用于特征描述，尤其是纹理特征。Gabor 滤波器响应是用于图像和模式分析的强大的底层特征。具体来说，使用文献［20］中的参数设置作为引用，对于每一个实部和虚部，作者使用了 24 个卷积核，有 4 个尺度和 6 个方向。因此总共有 48 个 Gabor 滤波器。

方法二，可以将在标准数据集上预训练好的深度卷积神经网络模型的第一层和第二层激活作为图像的特征。原因在于深度卷积神经网络的内核实际上是空间滤波器。内核与非线性激活的组合实质上是一个非线性滤波器。深度卷积神经网络可以在不同的卷积层上提取低/中/高水平特征。靠近输入数据的卷积层专注于提取低级特征，而远离输入数据的卷积层则提取中级和高级特征。在大规模的不同数据集（如 ImageNet）上训练时，这样的内核可用于描述通用的低级图像特征。在实验中，作者使用来自 AlexNet 在 ImageNet 上预先训练的第一卷积层和第二卷积层的所有内核（以及它们随后的非线性激活）作为第二个滤波器组。

特征提取后，对当前任务训练集的每一张图像在源域任务的数据集中逐一进行距离度量，即可找到相似的 $N$ 张图像。随后在 ImageNet 或 Places 上预先训练权重初始化的深度卷积神经网络。并将上述挑选出的相似图像组成新的训练数据集来训练辅助任务，目标域任务的训练集保持不变，源域任务和目标域任务共享前面的卷积层参数，只在最后的分类器层独立进行梯度反传，最终获得了非常大的性能提升。最后共同优化各自标签空间内的源域损失函数和目标域损失函数。

如表 4.3 所示，实验表明，选择性联合微调在深度学习训练数据不足的情况下，在多个视觉分类任务上取得了最先进的性能。这些任务包括 Caltech 256、MIT Indoor 67 和细粒度分类问题（Oxford Flowers 102 和 Stanford Dogs 120）。与没有源域的微调相比，单模型的分类精度提高了 2% 到 10%。仅使用该数据集的训练样本进行常规微调，在不使用源域的情况下，平均类精度达到 92.3%。选择性联合微调进一步提高了性能，达到 94.7%，比之前单一网络 MagNet[21] 的最佳结果提高了 3.3%。为了与以往使用不同网络集成获得的最先进的结果进行比较，作者对目标域的困难训练样本在迭代源图像检索过程中获得的多个模型的性能进行平均。实验表明，作者的集成模型的性能为 95.8%，比之前 VGG - 19 + GoogleNet + AlwxNet[22] 方法的最佳集成性能提高了 1.3%。为了验证联合微调策略的有效性，作者还比较了将全部辅助任务的训练集加入进行联合训练的策略，结果性能不如只用挑选后的部分数据集来辅助训练。

**表 4.3 Stanford Dogs 120 分类结果[19]**

| 模型 | 平均准确率/% |
|---|---|
| MPP[23] | 91.3 |
| Multi - model Feature Concat[24] | 91.3 |
| MagNet[21] | 91.4 |
| VGG - 19 + GoogleNet + AlexNet[22] | 94.5 |
| 目标域重新训练 | 58.2 |
| 选择性联合重新训练 | 80.6 |
| 包含/不包含源域的联合微调 | 92.3 |
| 源域所有样本联合微调 | 93.4 |
| 随机源域样本联合微调 | 93.2 |
| 包含/不包含迭代 NN 检索的联合微调 | 94.2 |
| Gabor 滤波器选择性联合微调 | 93.8 |
| 选择性联合微调 | 94.7 |
| 模型融合选择性联合微调 | **95.8** |
| VGG - 19 + Part Constellation Model[25] | 95.3 |
| 验证集选择性联合微调 | **97.0** |

### 4.2.3 网络微调性能分析

在有标签训练数据稀缺的情况下，利用不可见类的属性生成不可见类的视觉特征是一种很有前景的数据增强方法。为了学习 CNN 特征的类别条件分布，这些模型依赖于图像特征和类别属性对。因此，它们无法利用大量的没有数据样本。在文献［26］中，Xian 等在一个统一的特征生成框架中处理零样本和少样本学习问题，在归纳式和直推式学习设置下都可以操作。他们结合了 VAE 和 GAN 的优势，建立条件生成模型 VAE - GAN，并通过无条件判别器学习没有标签图像的边缘特征分布。

Xian 等在 5 个广泛使用的零样本学习数据集中验证了 VAE - GAN 模型，即 Caltech - UCSD - Birds（CUB）、Oxford Flowers（FLO）、SUN Attribute（SUN）和 Animals with Attributes2（AWA2）、其中，CUB、FLO 和 SUN 是中等规模的细粒度数据集。AWA2 是一个粗粒度的数据集。最后，他们也在大规模细粒度 ImageNet 数据集上评估了该模型。

Xian 等提出的消融研究中，在归纳式和直推式两种学习设置下都使用 GAN、VAE 或 VAE - GAN，实验结果如表 4.4 所示，结论如下。在归纳式情况下，VAE - GAN 比 GAN 和 VAE 更有优势，ZSL 条件下 GAN 和 VAE 分别为 59.1% 和 58.4%，VAE - GAN 为 61.0%。在训练集（即直推式迁移学习设置）中加入没有标签的样本对所有生成模型都是有利的。

在直推式条件下，GAN 和 VAE 的处理效果相似，ZSL 的处理效果分别为 67.3% 和 68.9%。他们提出的 VAE－GAN 模型取得了最好的结果，即在 ZSL 中 71.1% 和在 GZSL 中 63.2%，这证实了 VAE 和 GAN 学习的特征是起到互补作用的。

**表 4.4　在 CUB 上不同生成模型的效果[26]**

| 学习设置 | 模型 | **ZSL** | **GZSL** |
|---|---|---|---|
| 归纳式 | GAN | 59.1 | 52.3 |
| | VAE | 58.4 | 52.5 |
| | VAE－GAN | 61.0 | 53.7 |
| 直推式 | GAN | 67.3 | 61.6 |
| | VAE | 68.9 | 59.6 |
| | VAE－GAN | **71.1** | **63.2** |

表 4.5 给出了 VAE－GAN 和最新模型比较的结果，Xian 等在 ZSL 和 GZSL 设置下的4 个零样本学习数据集上，将 VAE－GAN 与最近表现最好的方法进行了比较。在归纳式 ZSL 设置中，他们的模型无论有无微调都优于所有数据集的最先进水平。具有微调特征的模型建立了新的最先进水平，即在 CUB 上 72.9%，在 FLO 上 70.4%，在 SUN 上 65.6%，在 AWA2 上 70.3%。对于直推式 ZSL 设置，UE－finetune[27] 的值为 72.1%，优于他们没有微调的模型的 71.1%。然而，当他们对模型进行微调后，该模型在直推式 ZSL 设置中达到了新的最先进的水平，即在 CUB 上 82.6%，在 FLO 上 95.4%，在 SUN 上 72.6%，在 AWA2 上 89.3%。

**表 4.5　VAE－GAN 和最新模型的比较[26]**　　单位:%

| 方法 | | 零样本学习（ZSL） | | | | 广义零样本学习（GZSL） | | | | | | | | | | | |
|---|---|---|---|---|---|---|---|---|---|---|---|---|---|---|---|---|---|
| | | **CUB** | **FLO** | **SUN** | **AWA2** | **CUB** | | | **FLO** | | | **SUN** | | | **AWA2** | | |
| | | **T1** | **T1** | **T1** | **T1** | **u** | **s** | **H** | **u** | **s** | **H** | **u** | **s** | **H** | **u** | **s** | **H** |
| 归纳式 | ALE[58] | 54.9 | 48.5 | 58.1 | 59.9 | 23.7 | 62.8 | 34.4 | 13.3 | 61.6 | 21.9 | 21.8 | 33.1 | 26.3 | 16.8 | 76.1 | 27.5 |
| | CLSWGAN[28] | 57.3 | 67.2 | 60.8 | 68.2 | 43.7 | 57.7 | 49.7 | 59.0 | 73.8 | 65.6 | 42.6 | 36.6 | 39.4 | 57.9 | 61.4 | 59.6 |
| | SE－GZSL[29] | 59.6 | — | 63.4 | 69.2 | 41.5 | 53.3 | 46.7 | — | — | — | 40.9 | 30.5 | 34.9 | 58.3 | 68.1 | 62.8 |
| | Cycle－CLSWGAN[30] | 58.6 | 70.3 | 59.9 | 66.8 | 47.9 | 59.3 | 53.0 | 61.6 | 69.2 | 65.2 | 47.2 | 33.8 | 39.4 | **59.6** | 63.4 | 59.8 |
| | Ours | 61.0 | 67.7 | 64.7 | **71.1** | 48.4 | 60.1 | 53.6 | 56.8 | 74.9 | 64.6 | 45.1 | **38.0** | 41.3 | 57.6 | 70.6 | 63.5 |
| | Ours－finetuned | **72.9** | **70.4** | **65.6** | 70.3 | **63.2** | **75.6** | **68.9** | **63.3** | **92.4** | **75.1** | **50.1** | 37.8 | **43.1** | 57.1 | **76.1** | **65.2** |
| 直推式 | ALE－tran[59] | 54.5 | 48.3 | 55.7 | 70.7 | 23.5 | 45.1 | 30.9 | 13.6 | 61.4 | 22.2 | 19.9 | 22.6 | 21.2 | 12.6 | 73.0 | 21.5 |
| | GFZSL[60] | 50.0 | 85.4 | 64.0 | 78.6 | 24.9 | 45.8 | 32.2 | 21.8 | 75.0 | 33.8 | 0.0 | 41.6 | 0.0 | 31.7 | 67.2 | 43.1 |
| | DSRL[61] | 48.7 | 57.7 | 56.8 | 72.8 | 17.3 | 39.0 | 24.0 | 26.9 | 61.3 | 37.9 | 17.7 | 25.0 | 20.7 | 20.8 | 74.7 | 32.6 |
| | UE－finetune[27] | 72.1 | — | 58.3 | 79.7 | 74.9 | 71.5 | 73.2 | — | — | — | 33.6 | **54.8** | 41.7 | **93.1** | 66.2 | 77.4 |
| | Ours | 71.1 | 89.1 | 70.1 | **89.8** | 61.4 | 65.1 | 63.2 | 78.7 | 87.2 | 82.7 | **60.6** | 41.9 | **49.6** | 84.8 | 88.6 | 86.7 |
| | Ours－finetuned | **82.6** | **95.4** | **72.6** | 89.3 | **73.8** | **81.4** | **77.3** | **91.0** | **97.4** | **94.1** | 54.2 | 41.8 | 47.2 | 86.3 | **88.7** | **87.5** |

在 GZSL 设置中，可以观察到在特征生成的方法中，即模型 CLSWGAN[28]、SE - GZSL[29]、Cycle - CLSWGAN[30] 比其他方法获得更好的结果。原因如下，通过特征生成的数据增加可以产生一个更平衡的数据分布，这样学习分类器就不会偏向于可见类。尽管 UE - finetune 不是一个特征生成方法，但由于该模型使用了额外的信息，取得了很好的效果，即它假设没有标签的测试样本总是来自不可见类。然而，经过微调的模型分别在 CUB、FLO、SUN 和 AWA2 上得到 77.3% 的调和均值（$H$）、94.1% 的 $H$、47.2% 的 $H$ 和 87.5% 的 $H$，显著高于所有前人的研究成果。

## 4.3　深度神经网络自适应迁移

### 4.3.1　网络自适应迁移基本思想

本书 4.2 节介绍的深度神经网络微调是最简单的迁移方法，它针对目标域数据和任务，对利用大规模源域数据训练好的网络模型进行参数调整，使之适应于目标域。微调迁移实现简单、计算高效，但无法处理源域数据和目标域数据分布不同的情况。为了解决不同域之间数据分布的不一致性［即域偏移（domain shift）］问题，一系列深度神经网络自适应迁移方法[31-34]被提出。这些方法的基本思想是在神经网络中设计增加自适应层，将源域与目标域的数据分布尽可能靠近以减少域偏移，从而提升模型迁移效果。在设计自适应层时，首先需要分析神经网络的哪些层适合进行自适应迁移，即设计网络结构。其次需要制订具体实施迁移的自适应策略，即设计训练网络的损失函数。以面向分类任务的卷积神经网络为例，通常选择网络的后几层进行迁移，因为在前几层学到的特征可以认为是与任务无关的通用特征，其本身就具有良好的可迁移性。随着网络层次加深，后几层网络更偏重于学习任务特定的特征（special feature），其可迁移性较弱。训练网络的损失函数通常由分类损失和域适应损失组成：

$$L = L_c(\boldsymbol{X}_s, Y_s) + \lambda L_A(\boldsymbol{X}_s, \boldsymbol{X}_t) \tag{4.53}$$

其中，$\boldsymbol{X}_s$ 为源域数据；$Y_s$ 为源域数据标注；$\boldsymbol{X}_t$ 为目标域数据；$\lambda$ 为平衡两类不同损失的系数。$L_c(\boldsymbol{X}_s, Y_s)$ 表示在源域数据中的分类损失，通常为交叉熵损失。$L_A(\boldsymbol{X}_s, \boldsymbol{X}_t)$ 表示使源域数据分布和目标域数据分布尽可能靠近的域适应损失，是网络具有自适应能力的关键所在。不同的自适应迁移方法具有不同形式的域适应损失。下面介绍几种经典的神经网络自适应迁移方法。

### 4.3.2　网络自适应迁移经典方法

**1. 深度域混淆自适应**

在图像分类任务中，当源域数据和目标域数据具有不同的分布时，使用源域数据训练的分类器仅符合源域数据分布，其分类性能在目标域会显著下降。如果能学习到使源域和目标域数据分布差异最小的源域和目标域数据的特征表示，就可以将使用源域数据训练的分类器有效迁移至目标域。Tzeng 等人[31]提出了深度域混淆（deep domain confusion，DDC）自适应方法，通过在源域与目标域的特征提取网络之间添加了一层自适应层，使网络学得的源域和目标域的数据分布尽可能靠近。在训练网络时，设计域混淆损失函数，让网络在学会如何分类的同时能有效减小源域和目标域之间的域偏移。

1）网络结构

深度域混淆方法以 AlexNet 为基础模型，使用有标注的源域数据训练 AlexNet 来学习源域数据特征表示和分类模型。AlexNet 包含 5 个卷积层和池化层，以及 3 个全连接层。为使在源域训练的 AlexNet 能自适应到目标域，将自适应层置于第二个全连接层和第三个全连接层（softmax 分类层）之间，并通过网格搜索确定该自适应层的参数维度。无标注的目标域数据也参与整个网络的训练。网络训练时，采用源域数据的分类损失以及使得源域和目标域数据分布差异最小的域适应损失。图 4.11 为深度域混淆自适应方法的网络结构。

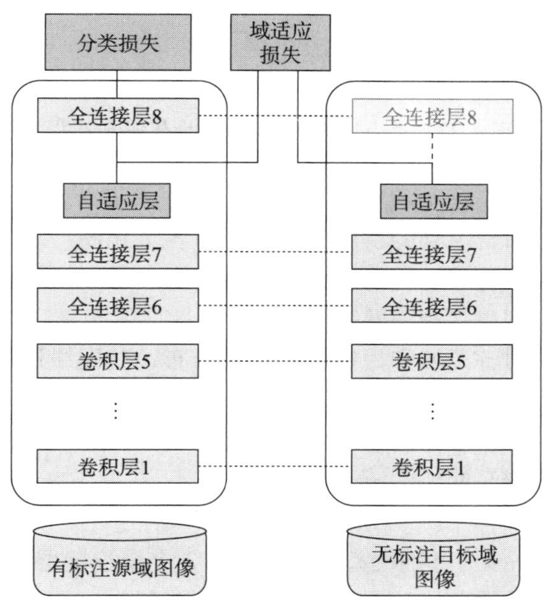


**图 4.11　深度域混淆自适应方法的网络结构[31]**

2）损失函数

损失函数的设计目标不仅要最小化分类误差，还要最小化不同域之间的距离（即最大化域混淆），如图 4.12 所示。

为满足上述两个目标，深度域混淆方法分别构造基于最大均值差异的域适应损失函数和基于交叉熵的分类损失函数，表示为

$$L = L_c(\boldsymbol{X}_s, Y_s) + \lambda \mathrm{MMD}^2(\boldsymbol{X}_s, \boldsymbol{X}_t) \tag{4.54}$$

其中，$L_c(\boldsymbol{X}_s, Y_s)$ 为采用交叉熵形式根据源域数据 $\boldsymbol{X}_s$ 及其标注 $Y_s$ 计算的分类损失，其具体形式是交叉熵；$\lambda$ 为平衡参数；$\mathrm{MMD}(\boldsymbol{X}_s, \boldsymbol{X}_t)$ 为源域数据 $\boldsymbol{X}_s$ 和目标域数据 $\boldsymbol{X}_t$ 之间的最大均值差异，定义为

$$\mathrm{MMD}(\boldsymbol{X}_s, \boldsymbol{X}_t) = \left\| \frac{1}{|\boldsymbol{X}_s|} \sum_{\boldsymbol{x}_s \in \boldsymbol{X}_s} \phi(\boldsymbol{x}_s) - \frac{1}{|\boldsymbol{X}_t|} \sum_{\boldsymbol{x}_t \in \boldsymbol{X}_t} \phi(\boldsymbol{x}_t) \right\| \tag{4.55}$$

其中，$\phi(\cdot)$ 为将样本映射到可再生核希尔伯特空间的函数，使得源域和目标域的数据分布差异可以在该空间进行度量。

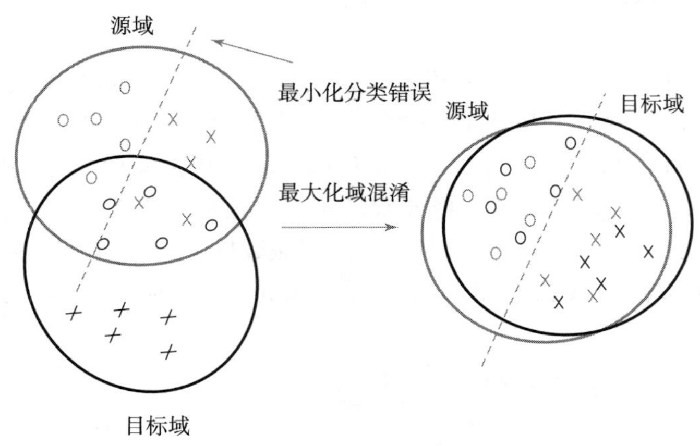


图 4.12　最小化分类错误和最大化域混淆[31]

**2. 深度适应网络**

深度神经网络不同层所学习到的特征其迁移能力各不相同。较浅层的特征具有通用性，其本身可迁移能力较强；较深层的特征具有任务特定性，其可迁移能力较弱。因此，要想提高模型的迁移能力，就必须提高较深网络层的自适应性。前面介绍的深度域混淆自适应方法只采用了单个自适应层来对齐源域和目标域的特征分布，其网络迁移能力仍然有限。因此，Long 等人[32]提出了深度适应网络（deep adaptation networks，DAN），设计多个自适应层以实现多层特征分布对齐。在每个自适应层采用多核最大均值差异度量源域和目标域之间的数据分布差异，从而进一步提高网络的域适应能力。

1）网络结构

深度适应网络以 AlexNet 为基础模型，将原始的 3 个全连接层均改为自适应层。相比于深度域混淆方法中的单个自适应层，深度适应网络通过多个自适应层来对齐源域和目标域的特征分布，更好地减少源域和目标域之间的域偏移；同时采用表示能力更强的多核最大均值差异来度量源域和目标域之间的数据分布距离。不同的核对应于不同的再生希尔伯特空间。通过自动学习每个核的权重，多核方法能有效提升“好”核的影响、降低“坏”核的影响，有利于提高域偏移度量的鲁棒性。图 4.13 为深度适应网络结构。

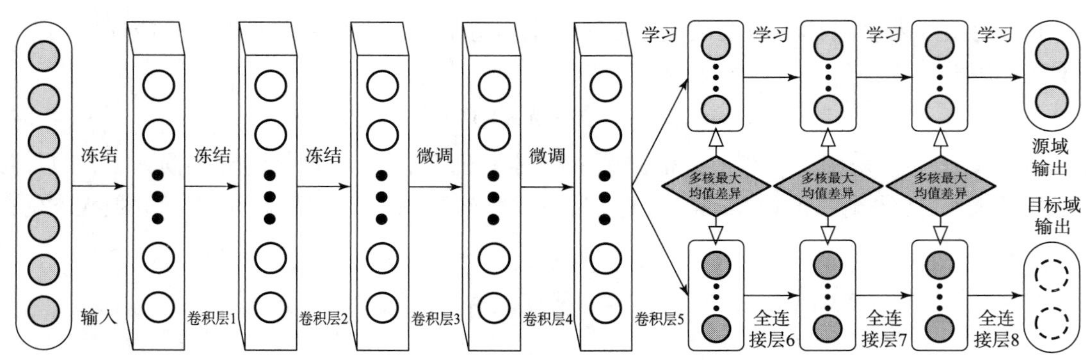


图 4.13　深度适应网络结构[32]

2）多核最大均值差异

设 $H_k$ 表示核 $k$ 对应的再生内核希尔伯特空间，分布 $p$ 和分布 $q$ 之间的多核最大均值差异 $d_k(p,q)$ 可由 $p$ 和 $q$ 在 $H_k$ 中的平均嵌入距离定义，表示为

$$d_k^2(p,q) \triangleq \|\mathbf{E}_p[\phi(\boldsymbol{x}_s)] - \mathbf{E}_q[\phi(\boldsymbol{x}_t)]\|_{H_k}^2 \tag{4.56}$$

其中，$\mathbf{E}$ 为数学期望；$\phi(\boldsymbol{x})$ 为将样本 $\boldsymbol{x}$ 映射到与核 $k$ 相关联的希尔伯特空间。当且仅当 $d_k^2(p,q)=0$ 时，分布 $p$ 和分布 $q$ 相同，即 $p=q$。将与映射 $\phi(\cdot)$ 所相关的多个核定义为 $m$ 个半正定核 $\{k_u\}$ 的凸组合，即

$$K \triangleq \left\{k = \sum_{u=1}^{m}\beta_u k_u : \sum_{u=1}^{m}\beta_u = 1, \beta_u \geqslant 0, \forall_u\right\} \tag{4.57}$$

其中，$\beta_u$ 为第 $u$ 个核的系数。与单核方法相比，多核方法虽然形式更复杂，但在实践中其性能更优。

3）损失函数

设源域为 $D_s = \{(\boldsymbol{x}_i^s, y_i^s)\}_{i=1}^{n_s}$，目标域为 $D_t = \{(\boldsymbol{x}_j^t)\}_{j=1}^{n_t}$，深度域适应方法的优化目标定义为

$$\min_{\Theta} \frac{1}{n_s}\sum_{i=1}^{n_s} L_c(\theta(\boldsymbol{x}_i^s), y_i^s) + \lambda \sum_{l=l_1}^{l_2} d_k^2(\boldsymbol{X}_s^l, \boldsymbol{X}_t^l) \tag{4.58}$$

其中，$L_c(\cdot,\cdot)$ 为交叉熵损失；$\theta(\boldsymbol{x}_i^s)$ 为将源域样本 $\boldsymbol{x}_i^s$ 分配给第 $y_i^s$ 类别的概率。$d_k^2(X_s^l, X_t^l)$ 表示在第 $l$ 个自适应层，源域和目标域之间的多核最大均值差异。$X_*^l = \{h_i^l\}$ 是源域或目标域样本的第 $l$ 层特征表示。$l_1$ 和 $l_2$ 是自适应层索引，实验中设置为 $l_1=6$、$l_2=8$。$\lambda$ 是分类损失和域适应损失之间的平衡系数。优化网络参数 $\Theta$，使得网络在将源域样本正确分类的同时，减少源域和目标域的特征分布差异，使学得的分类模型更加适应于目标域任务。

**3. 残差迁移网络**

深度域混淆自适应方法和深度适应网络均假设源域和目标域共享同一个分类器，并通过减少源域和目标域之间的分布差异，将源域分类器迁移到目标域上。2016 年，Long 等人[33]放宽了共享分类器的限制，允许源域和目标域的分类器有所不同，并假设源域分类器和目标域分类器之间存在残差函数。因此，他们提出了残差迁移网络（residual transfer networks，RTN），通过在神经网络中构建残差模块来显式地学习目标域分类器与源域分类器之间的残差函数。该方法突破了源域和目标域共享分类器的局限性，更加适用于实际应用场景。

1）网络结构

图 4.14 展示了残差迁移网络的网络结构及相关模块。如图 4.14（a）所示，残差迁移网络以 AlexNet 为基础模型，在卷积层后增加 $1\times1$ 的卷积层 fcb，称之为瓶颈层（bottleneck layer），用来减少特征的维度。降维后的特征输入全连接层 fcc 用于分类，该层称之为分类器层。在分类器层基础上，增加全连接层 fc1 和 fc2（即残差层），与分类器层 fcc 的输出形成残差结构，从而使得 $f_s(\boldsymbol{x}) = f_t(\boldsymbol{x}) + \Delta f(\boldsymbol{x})$。定义 $L=\{\text{fcb},\text{fcc}\}$ 为自适应层，通过张量最大均值差异（tensor maximum mean discrepancy）度量源域和目标域在自适应层的特征分布距离，并最小化该距离以减少域偏移，如图 4.14（b）所示。残差层的详细结构如图 4.14（c）所示。不同于特征学习中的残差模块，通过如下定义：$\boldsymbol{x} \triangleq f_t(\boldsymbol{x})$，$F(\boldsymbol{x}) \triangleq f_s(\boldsymbol{x})$ 和 $\Delta F(\boldsymbol{x}) \triangleq \Delta f(\boldsymbol{x})$，以实现使用残差模块建模源域分类器和目标域分类器的差异。

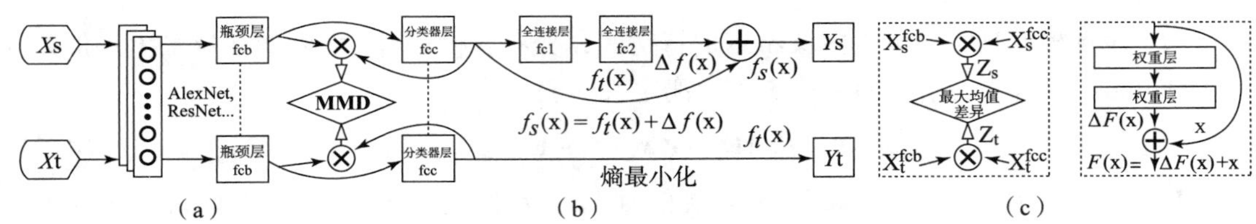


**图 4.14　残差迁移网络的网络结构及相关模块**[33]

(a) 整体结构；(b) 自适应层；(c) 残差层

2）张量最大均值差异

设源域为 $D_s = \{(\boldsymbol{x}_i^s, y_i^s)\}_{i=1}^{n_s}$，目标域为 $D_t = \{(\boldsymbol{x}_j^t)\}_{j=1}^{n_t}$，采用多层特征表示之间的张量积进行多层特征融合。对于源域样本，有如下定义：$z_i^s \triangleq \otimes_{l\in L}\boldsymbol{x}_i^{sl}$，目标域样本，有如下定义：$z_i^t \triangleq \otimes_{l\in L}\boldsymbol{x}_i^{tl}$，其中，$\otimes$ 表示张量积，$\boldsymbol{x}_i^{sl}$ 和 $\boldsymbol{x}_i^{tl}$ 分别表示源域样本和目标域样本在网络第 $l$ 层的特征表示。对于融合后的特征表示，采用最大均值差异度量源域和目标域之间的分布距离，称之为张量最大均值差异，定义为

$$\min_{f_s, f_t} L_A(\boldsymbol{X}_s, \boldsymbol{X}_t) = \sum_{i=1}^{n_s}\sum_{j=1}^{n_s}\frac{k(z_i^s, z_j^s)}{n_s^2} + \sum_{i=1}^{n_t}\sum_{j=1}^{n_t}\frac{k(z_i^t, z_j^t)}{n_t^2} - 2\sum_{i=1}^{n_s}\sum_{j=1}^{n_t}\frac{k(z_i^s, z_j^t)}{n_s n_t} \tag{4.59}$$

其中，$k$ 为高斯核函数。用多层特征的融合特征来度量域分布差异，有利于捕获多层特征之间的相互作用，更好地减少域偏移。

3）损失函数

残差模块建模了源域分类器和目标域分类器之间的差异。然而，残差学习得到的目标域分类器与源域分类器通常差别不大，不能保证目标域分类器能很好地适应于目标域任务。为了解决这个问题，可以利用信息熵最小化原理，提高目标域分类器对目标域样本的分类置信度。具体优化目标为

$$\min_{f_t}\frac{1}{n_t}\sum_{j=1}^{n_t}H(f_t(\boldsymbol{x}_j^t)) \tag{4.60}$$

其中，$H(\cdot)$ 为信息熵函数，定义为 $H(f_t(\boldsymbol{x}_j^t)) = -\sum_{k=1}^{K}f_t^k(\boldsymbol{x}_i^t)\log f_t^k(\boldsymbol{x}_j^t)$；$K$ 为类别总数；$f_t^k(\boldsymbol{x}_j^t)$ 为目标域分类器 $f_t$ 预测的 $\boldsymbol{x}_j^t$ 被分类为第 $k$ 个类别的概率。

综上，残差迁移网络的总体优化目标为

$$\min_{f_s}\frac{1}{n_s}\sum_{i=1}^{n_s}L_c(f_s(\boldsymbol{x}_i^s), y_i^s) + \frac{\gamma}{n_t}\sum_{j=1}^{n_t}H(f_t(\boldsymbol{x}_j^t)) + \lambda L_A(\boldsymbol{X}_s, \boldsymbol{X}_t) \tag{4.61}$$

其中，第一项为根据源域数据及其标签定义的源域分类损失；第二项为信息熵损失；第三项为基于张量最大均值差异的域损失；λ 和 γ 为各项损失之间的平衡系数。

### 4.3.3　网络自适应迁移性能分析

#### 1. 常用数据集

Office-31 数据集[35]是面向域适应图像分类的常用数据集，包括 3 个域：Amazon（A）、DSLR（D）和 Webcam（W）。Amazon 域中的图像来自亚马逊官网，共有 2 817 张

图像。DSLR 域包含了 498 张由数码单反相机拍摄的高分辨率图像。Webcam 域包含了 795 张由网络摄像机拍摄的低分辨率图像。该数据集的 3 个域均包含 31 个类别，共计 4 110 张图像。

ImageCLEF – DA 数据集[36]是域适应挑战赛 ImageCLEF 2014 的基准图像数据集。该数据集包含 3 个域：Caltech – 256 数据集（C）[37]、ImageNet ILSVRC 2012 数据集（I）[38]和 Pascal VOC 2012 数据集（P）[39]。所有域共享 12 个常见物体类别，每类包含 50 张图像。因此，每个域有 600 张图像，整个数据集共计 1 800 张图像。

Office – Caltech 数据集由 Office31 数据集和 Caltech – 256 数据集中的 10 个共享类别的图像组成。这些图像来自 4 个域：Amazon（A）、DSLR（D）、Webcam（W）和 Caltech（C），构成了该数据集的源域。目标域则是采用这四个域中前五个类别的图像。

**2. 实验结果**

表 4.6 展示了 4.3.2 小节介绍的三种神经网络自适应迁移方法在 Office – 31 图像数据集上的分类性能。实验中，采用了 AlexNet 和 ResNet 作为基础网络。在 Office – 31 数据集上定义了 6 个迁移任务：A→W，D→W，W→D，A→D，D→A，W→A，其中 A→W 表示源域为 Amazon（A），目标域为 Webcam（W），以此类推。在表 4.6 中，“AlexNet”和“ResNet”分别表示直接将源域数据训练的 AlexNet 和 ResNet 模型应用于目标域分类，属于无迁移方法。

**表 4.6　神经网络自适应迁移方法在 Office – 31 数据集上的分类准确率[34]**　单位：%

| 基础网络 | 方法 | A→W | D→W | W→D | A→D | D→A | W→A | 平均值 |
|---|---|---|---|---|---|---|---|---|
| AlexNet | AlexNet | 61.6 | 95.4 | 99.0 | 63.8 | 51.1 | 49.8 | 70.1 |
| | 深度域混淆自适应 | 61.8 | 95.0 | 98.5 | 64.4 | 52.1 | 52.2 | 70.6 |
| | 深度适应网络 | 68.5 | 96.0 | 99.0 | 67.0 | 54.0 | **53.1** | 72.9 |
| | 残差迁移网络 | **73.3** | **96.8** | **99.6** | **71.0** | 50.5 | 51.0 | **73.7** |
| ResNet | ResNet | 68.4 | 96.7 | 99.3 | 68.9 | 62.5 | 60.7 | 76.1 |
| | 深度域混淆自适应 | 75.6 | 96.0 | 98.2 | 76.5 | 62.2 | 61.5 | 78.3 |
| | 深度适应网络 | 80.5 | **97.1** | **99.6** | **78.6** | 63.6 | 62.8 | 80.4 |
| | 残差迁移网络 | **84.5** | 96.8 | 99.4 | 77.5 | **66.2** | **64.8** | **81.6** |

从表 4.6 中可以发现：①网络自适应迁移方法性能都明显优于基础网络模型（AlexNet 和 ResNet），表明在神经网络中加入自适应层对于模型的迁移是十分有效的。②深度适应网络的性能优于深度域混淆自适应方法，这说明多层自适应学习有利于增强模型的迁移能力，同时也验证了多核最大均值差异度量域分布差异的优越性。③在对比的自适应迁移方法中，残差迁移网络取得了最优的性能，其主要原因是残差迁移网络通过设置残差模块进行了分类器层面的迁移，同时在端到端的残差学习框架中进行特征表示对齐，进一步减少了域偏移。④基于 ResNet 的方法整体优于基于 AlexNet 的方法，这验证了深层卷积网络不仅可以学到更好的特征表示，还具有更强的可迁移性。

表 4.7 展示了深度适应网络和残差迁移网络在 ImageCLEF – DA 数据集上的图像分类性能。ImageCLEF – DA 数据集上定义了 6 个迁移任务：I→P，P→I，I→C，C→I，C→P，P→

C，其中 I→P 表示源域来自 ILSVRC 2012 数据集，目标域来自 Pascal VOC 2012 数据集，以此类推。ImageCLEF - DA 数据集中的 3 个域大小相等，各个域的数据分布更为平衡。从表 4.7 可以看到，残差迁移网络的性能在大多数迁移任务上优于其他方法。

**表 4.7　神经网络自适应方法在 ImageCLEF - DA 数据集上的分类准确率[34]**　单位:%

| 基础模型 | 方法 | I→P | P→I | I→C | C→I | C→P | P→C | 平均值 |
|---|---|---|---|---|---|---|---|---|
| AlexNet | AlexNet | 66.2 | 70.0 | 84.3 | 71.3 | 59.3 | 84.5 | 73.9 |
| | 深度适应网络 | 67.3 | 80.5 | 87.7 | 76.0 | 61.6 | 88.4 | 76.9 |
| | 残差迁移网络 | **67.4** | **81.3** | **89.5** | **78.0** | **62.0** | **89.1** | **77.9** |
| ResNet | ResNet | 74.8 | 83.9 | 91.5 | 78.0 | 65.5 | 91.2 | 80.7 |
| | 深度适应网络 | 74.5 | 82.2 | 92.8 | **86.3** | 69.2 | 89.8 | 82.5 |
| | 残差迁移网络 | **74.6** | **85.8** | **94.3** | 85.9 | **71.7** | **91.2** | **83.9** |

表 4.8 展示了神经网络自适应迁移方法在 Office - Caltech 数据集上的图像分类性能。Office - Caltech 数据集上定义了 12 个迁移任务，比 Office - 31 数据集增加了 6 个迁移任务：A→C，W→C，D→C，C→A，C→W，C→D，其中 A→C 表示源域为 Amazon，目标域为 Caltech，以此类推。表 4.8 的结果表明：残差迁移网络依然取得了最好的性能。尤其在一些源域和目标域之间域偏移较大的困难迁移任务上，如 A→W 和 C→W，残差迁移网络明显提高了模型的迁移能力，再次验证了同时进行特征表示和分类器迁移的有效性。

**表 4.8　经典神经网络自适应迁移方法在 Office - Caltech 数据集上的分类准确率[33]**

单位:%

| 方法 | A→W | D→W | W→D | A→D | D→A | W→A | A→C | W→C | D→C | C→A | C→W | C→D | 平均值 |
|---|---|---|---|---|---|---|---|---|---|---|---|---|---|
| AlexNet | 79.5 | 97.7 | 100.0 | 87.4 | 87.1 | 83.8 | 83.0 | 73.0 | 79.0 | 91.9 | 83.7 | 87.1 | 86.1 |
| 深度域混淆自适应 | 83.1 | 98.1 | 100.0 | 88.4 | 89.0 | 84.9 | 83.5 | 73.4 | 79.2 | 91.9 | 85.4 | 88.8 | 87.1 |
| 深度适应网络 | 91.8 | 98.5 | 100.0 | 91.7 | 90.0 | 92.1 | 84.1 | 81.2 | 80.3 | 92.0 | 90.6 | 89.3 | 90.1 |
| 残差迁移网络 | **95.2** | **99.2** | **100.0** | **95.5** | **93.8** | **92.5** | **88.1** | **86.6** | **84.6** | **93.7** | **96.9** | **94.2** | **93.4** |

## 4.4　深度神经网络对抗迁移

### 4.4.1　网络对抗迁移基本思想

生成对抗学习的主要任务是生成，即生成与真实数据同分布的数据。这与迁移学习的核心任务，即减少源域和目标域之间的数据分布差异不谋而合。将生成对抗学习用于深度神经网络的自适应迁移，就诞生了神经网络对抗迁移方法。该方法通过对抗学习使目标域数据分布与源域数据分布靠近，有效减少了源域和目标域之间的域偏移，成为当前深度迁移学习的主流方法之一。神经网络对抗迁移方法通常包括特征提取器（即生成器）和判别器两个基本模型。其中，判别器用来判断输入样本是来自源域还是来自目标域。特征提取器用来学习源域和目标域样本的特征表示，该特征表示具有域不变性，即使得判别器无法正确区分样本是来自源域还是来自目标域。通过特征提取器和判别器两者的对抗过程，源域和目标域的数据分布差异逐渐减少，直至判别器对任意输入样本均随机预测其域。此时，可以认为源域和目标域的数据分布相同，源域模型能很好地适应于目标域。

训练神经网络对抗迁移模型的目标函数通常由源域网络训练损失 $L_c$ 和域对抗损失 $L_d$ 组成，表示为

$$L = L_c(\boldsymbol{X}_s, Y_s) + \lambda L_d(\boldsymbol{X}_s, \boldsymbol{X}_t) \tag{4.62}$$

其中，$\boldsymbol{X}_s$ 为源域数据；$Y_s$ 为源域数据标注；$\boldsymbol{X}_t$ 为目标域数据；$\lambda$ 为平衡系数；$L_c(\boldsymbol{X}_s, Y_s)$ 与具体任务相关，例如在分类任务中，$L_c(\boldsymbol{X}_s, Y_s)$ 为源域数据的分类损失（通常为交叉熵损失），$Y_s$ 为类别标签。$L_d(\boldsymbol{X}_s, \boldsymbol{X}_t)$ 负责特征提取器和判别器的对抗训练，其目标是尽可能减少源域和目标域的数据分布差异。下面介绍几种经典的神经网络对抗迁移方法。

## 4.4.2　对抗迁移经典方法

**1. 反向传播域适应方法**

Ganin 和 Lempitsky[40] 于 2015 年首次将生成对抗思想用于深度神经网络域适应迁移，提出反向传播域适应方法来学习源域和目标域数据的特征表示。该特征表示同时具有域不变性和判别性，有利于模型从源域迁移至目标域。

反向传播域适应方法包括 3 个模块：特征提取器、分类器和域分类器。特征提取器学习输入样本（源域或目标域）的特征表示。分类器预测输入样本的类别标签，该类别标签由具体分类任务决定。域分类器是核心模块，预测输入样本的域标签，即判断样本属于源域还是目标域。为了优化这 3 个模块，Ganin 等人设计了用于训练分类器的分类损失和用于训练域分类器的域对抗损失。通过最小化分类损失，特征提取器生成的特征表示具有判别性。通过最大化域对抗损失，域分类器无法区分源域样本和目标域样本，因此特征表示具有域不变性。为了进行端到端的训练，在梯度反向传播过程中，采用梯度反转层（gradient reversal layer，GRL）将域分类器参数的梯度乘以负标量进行反转。

反向传播域适应方法具有很强的扩展性，可以嵌入任何面向不同任务的神经网络。在嵌入时只需要增加几个标准网络层和一个梯度反转层，使其适应于具体任务。在多个图像分类任务上，反向传播域适应方法均取得了很好的效果。

1）模型结构

图 4.15 为反向传播对抗域适应方法框架。对于输入样本 $\boldsymbol{x}$ ，预测其类别标签 $y \in Y_s$ 以及域标签 $d \in \{0,1\}$ 。对于源域样本 $\boldsymbol{x}_i^s$ ，其类别标签为 $y_i^s$ ，其域标签为 $d_i^s = 0$ 。对于目标域样本 $\boldsymbol{x}_j^t$ ，其域标签为 $d_j^t = 1$ 。从输入到输出的映射过程可分解为三个部分：①将样本 $\boldsymbol{x}$ 输入至特征提取器 $F$ ，得到其特征向量 $\boldsymbol{f} = F(\boldsymbol{x};\theta_f) \in \mathbf{R}^D$ 。$F$ 由多个前向传播层组成，其参数为 $\theta_f$ ；②将特征向量 $\boldsymbol{f}$ 输入分类器 $C$ ，得到其类别标签 $y$ 。$C$ 由多个前向传播层组成，参数为 $\theta_y$ ；③将特征向量 $\boldsymbol{f}$ 输入域分类器 $D$ ，得到其域标签 $d$ 。$D$ 由多个前向传播层组成，参数为 $\theta_d$。

在模型训练阶段，对于源域数据，设计分类损失来优化特征提取器 $F$ 和分类器 $C$ ，从

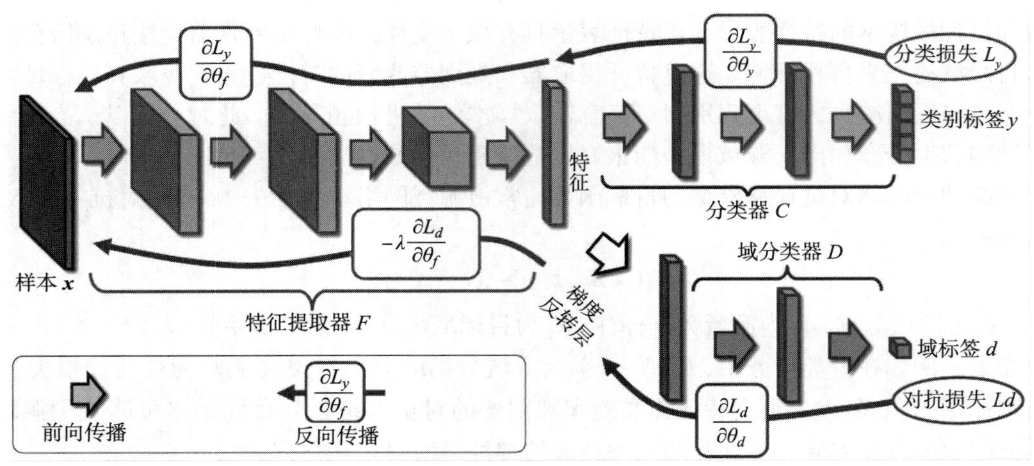


**图 4.15　反向传播对抗域适应方法框架**[40]

而保证特征 $\boldsymbol{f}$ 具有判别性。为了使 $F$ 和 $C$ 能有效迁移至目标域，必须保证特征 $\boldsymbol{f}$ 需具有域不变性，即特征分布 $S(\boldsymbol{f}) = \{F(\boldsymbol{x}_i^s;\theta_f) \mid \boldsymbol{x}_i^s \sim S(\boldsymbol{x})\}$ 和 $T(\boldsymbol{f}) = \{F(\boldsymbol{x}_j^t;\theta_f) \mid \boldsymbol{x}_j^t \sim T(\boldsymbol{x})\}$ 相似，其中 $S(\boldsymbol{x})$ 和 $T(\boldsymbol{x})$ 分别表示源域和目标域数据的边缘分布。由于特征 $\boldsymbol{f}$ 是高维的、且两个域的特征分布在训练过程中不断变化，估计 $S(\boldsymbol{f})$ 和 $T(\boldsymbol{f})$ 之间的差异并不容易。当域分类器被优化到能够区分不同域的特征分布时，可以通过训练域分类器的损失来估计分布 $S(\boldsymbol{f})$ 和分布 $T(\boldsymbol{f})$ 之间的差异。当该损失达到最大时，域分类器无法区分源域样本和目标域样本，此时 $S(\boldsymbol{f})$ 和 $T(\boldsymbol{f})$ 之间的差异最小（即源域和目标域的特征分布趋同）。

由此，反向传播对抗域适应方法的目标函数定义为

$$\begin{aligned} E(\theta_f,\theta_y,\theta_d) &= \sum_{\substack{i=1\\ d_i=0}} L_y(C(F(\boldsymbol{x}_i^s;\theta_f);\theta_y),y_i^s) - \lambda \sum_{i=1\cdots N} L_d(D(F(\boldsymbol{x}_i;\theta_f);\theta_d),d_i) \\ &= \sum_{\substack{i=1\\ d_i=0}} L_y^i(\theta_f,\theta_y) - \lambda \sum_{i=1\cdots N} L_d^i(\theta_f,\theta_d) \end{aligned} \tag{4.63}$$

其中，$\theta_f$、$\theta_y$、$\theta_d$ 分别为特征提取器、分类器和域分类器的参数。$L_y$ 是源域数据的分类损失，用于优化特征提取器和分类器。$L_d$ 是域对抗损失，用于域分类器和特征提取器的对抗优化。$L_y^i$ 和 $L_d^i$ 分别表示第 $i$ 个样本的分类损失和域对抗损失；$\lambda$ 为平衡系数。采用极大极小策略学习最优的 $\hat{\theta}_f$ 、$\hat{\theta}_y$ 、$\hat{\theta}_d$ ，即

$$(\hat{\theta}_f,\hat{\theta}_y) = \arg\min_{\theta_j,\theta_y} E(\theta_f,\theta_y,\hat{\theta}_d) \tag{4.64}$$

$$\hat{\theta}_d = \arg\max_{\theta_d} E(\hat{\theta}_f,\hat{\theta}_y,\theta_d) \tag{4.65}$$

式（4.64）表明，当域分类器达到最优（ $\hat{\theta}_d$ ）时，通过最小化目标函数 $E$ ，可以得到最优分类器（ $\hat{\theta}_y$ ）和最优特征提取器（ $\hat{\theta}_f$ ），此时分类损失 $L_y$ 最小且域对抗损失 $L_d$ 最大。式（4.65）表明，当分类器达到最优（ $\hat{\theta}_y$ ）和特征提取器达到最优（ $\hat{\theta}_f$ ）时，通过最大化目标函数 $E$ ，可以得到最优域分类器（ $\hat{\theta}_d$ ），此时域对抗损失 $L_d$ 最小。

2）反向传播优化

式（4.64）和式（4.65）定义的优化问题具体可以表示为

$$\theta_f \leftrightarrow \theta_f - \mu\left(\frac{\partial L_y^i}{\partial \theta_f} - \lambda \frac{\partial L_d^i}{\partial \theta_f}\right) \tag{4.66}$$

$$\theta_y \leftrightarrow \theta_y - \mu \frac{\partial L_y^i}{\partial \theta_y} \tag{4.67}$$

$$\theta_d \leftarrow \theta_d - \mu \frac{\partial L_d^i}{\partial \theta_d} \tag{4.68}$$

其中，$\mu$ 为学习率。式（4.66）~式（4.68）表示的更新过程类似于前向传播网络（包含特征提取器 $F$ 、分类器 $C$ 和域分类器 $D$ ）的随机梯度下降更新。区别在于式（4.66）中增加了 $-\lambda \frac{\partial L_d^i}{\partial \theta_f}$ 这一项。这一项使得特征提取器达到最优（ $\hat{\theta}_f$ ）时，域对抗损失达到最大，进而保证最优特征提取器学习的特征 $\boldsymbol{f}$ 具有域不变性。为了实现 $-\lambda \frac{\partial L_d^i}{\partial \theta_f}$ ，设计梯度反转层，将其嵌入特征提取器和域分类器之间。在网络前向传播过程中，梯度反转层不起任何作用。在网络反向传播中，梯度反转层将下层网络损失 $L_d^i$ 对上层网络参数 $\theta_f$ 的偏导 $\frac{\partial L_d^i}{\partial \theta_f}$ 乘以 $-\lambda$ 得到 $-\lambda \frac{\partial L_d^i}{\partial \theta_f}$ ，并将其传递到上层。

在测试阶段，通过特征提取器 $F$ 和分类器 $C$ ，对目标域样本进行分类，即 $y_j^t = C(F(\boldsymbol{x}_j^t;\theta_f);\theta_y)$ 。

**2. 对抗判别域适应方法**

在反向传播域适应方法首次将对抗思想引入域适应之后，基于对抗学习的域适应引起了人们的更多关注。Tzeng 等[41]人提出了对抗域适应的通用框架，并基于此框架，提出了对抗判别域适应方法（adversarial discriminative domain adaptation，ADDA）。不同于反向传播域适应方法中源域和目标域的特征提取器是共享的，对抗判别域适应方法分别构建源域和目标域的特征提取器，并分阶段地进行特征的判别性学习和域不变性学习。在训练阶段，首先使用源域数据训练源域特征提取器和分类器，然后以对抗方式训练目标域特征提取器与域分类器。训练得到的目标域特征提取器能够将目标域样本映射到源域特征表示空间。在测试阶段，通过源域分类器和目标域特征提取器完成对目标域样本的分类。

1）对抗域适应通用框架

假设 $\boldsymbol{X}_s$ 为从源域数据分布 $p_s(\boldsymbol{x},y)$ 采样的源域样本，$Y_s$ 为 $\boldsymbol{X}_s$ 的类别标签，$\boldsymbol{X}_t$ 为从目标域数据分布 $p_t(\boldsymbol{x})$ 采样的目标域样本，对抗域适应的目标是学习目标域特征提取器 $F^t$ 和目标域分类器 $C^t$ ，用于目标域样本的分类。由于目标域数据缺乏标注，无法直接训练目标域分类器，因此，通常在源域上学习源域特征提取器 $F^s$ 和源域分类器 $C^s$ ，然后通过微调 $F^s$ 和 $C^s$ 使其适用于目标域任务。

对抗域适应方法通过对源域特征提取器 $F^s$ 和目标域特征提取器 $F^t$ 的学习过程进行约束，最小化源域特征分布 $F^s(\boldsymbol{X}_s)$ 和目标域特征分布 $F^t(\boldsymbol{X}_t)$ 之间的距离。当 $F^s(\boldsymbol{X}_s) = F^t(\boldsymbol{X}_t)$ 时，源域分类器 $C^s$ 可以直接用于目标域样本分类，不需要学习目标域分类器 $C^t$ 。$F^s(\boldsymbol{X}_s)$ 和 $F^t(\boldsymbol{X}_t)$ 之间的差异最小化通过特征提取器与域分类器 $D$ 的对抗学习来实现。域分类器 $D$ 的

作用是判断输入样本是来自源域还是来自目标域，其目标是将源域样本和目标域样本正确分类。训练 $D$ 的损失函数为

$$L_d(F^s,F^t,D) = -\mathbf{E}_{(\boldsymbol{x}_i^s,y_i^s)\sim p_s(\boldsymbol{x},y)}[\log D(F^s(\boldsymbol{x}_i^s))] - \mathbf{E}_{\boldsymbol{x}_j^t\sim p_t(\boldsymbol{x})}[\log(1-D(F^t(\boldsymbol{x}_j^t)))] \tag{4.69}$$

其中，源域样本 $\boldsymbol{x}_i^s$ 的域标签是0，目标域样本 $\boldsymbol{x}_j^t$ 的域标签是1。在对抗学习过程中，特征提取器 $F^s$ 和 $F^t$ 负责学习使得源域样本和目标域样本不可区分的特征表示。换而言之，使用该特征表示，域分类器无法正确区分源域和目标域样本。训练 $F^s$ 和 $F^t$ 的损失函数表示为 $L_f(F^s,F^t,D)$ 。因此，训练域分类器和特征提取器的优化目标为

$$\min_{D} L_d(F^s,F^t,D) \tag{4.70}$$

$$\min_{F^s,F^t} L_f(F^s,F^t,D) \tag{4.71}$$

$$\text{s.t.}\quad \psi(F^s,F^t) \tag{4.72}$$

其中，$\psi(F^s,F^t)$ 为对源域特征提取器 $F^s$ 和目标域特征提取器 $F^t$ 的约束条件。

源域分类器 $C^s$ 采用交叉熵损失训练，其优化目标为

$$\min_{F^s,C^s} L_y(F^s,C^s) = \mathbf{E}_{(\boldsymbol{x}_i^s,y_i^s)\sim p_s(x,y)} - \sum_{k=1}^{K} \mathbb{1}_{[k=y_i^s]} \log C^s(F^s(\boldsymbol{x}_i^s)) \tag{4.73}$$

其中，$K=|Y_s|$ 表示源域数据的类别总数。

下面介绍对抗域适应通用框架的三个重要方面：基础模型选择、特征提取器优化、域对抗损失设计。

基础模型选择：对抗域适应方法通常采用的基础模型有判别式模型和生成式模型。判别式模型[32-33,40]是指学习具有判别性的特征空间，并减少源域和目标域样本在该空间的分布差异，使得源域分类器能够适应于目标域。生成式模型[42]是指通过生成对抗网络，生成与目标域样本相似的源域样本，进而将源域的监督信息迁移到目标域。

特征提取器优化：用 $F_l^s$ 和 $F_l^t$ 分别表示源域特征提取器 $F^s$ 和目标域特征提取器 $F^t$ 的第 $l$ 层参数，$l\in\{1,2,\cdots,n\}$ ，则特征提取器的优化约束 $\psi(F^s,F^t)$ 定义为

$$\psi(F^s,F^t) \triangleq \{\psi_l(F_l^s,F_l^t)\}_{l\in\{1\cdots n\}} \tag{4.74}$$

还可以对特征提取器的每层训练施加约束，一种常见的约束形式是强制 $F^s$ 和 $F^t$ 的对应网络层参数相等，即

$$\psi_l(F_l^s,F_l^t) = (F_l^s = F_l^t) \tag{4.75}$$

式（4.75）约束可以通过在卷积神经网络中共享参数实现。在许多对抗域适应方法中[40,43]，约束源域和目标域特征提取器的所有层均满足等式（4.75）定义的对等约束，即对称变换。学习对称变换可以减少模型参数量。但是，由于使用同一个网络处理来自两个不同域的样本，其优化过程不易实现，并且不易学到域特定信息。另一种约束方式是对 $F^s$ 和 $F^t$ 的部分层施加对等约束。这种部分对等约束允许源域和目标域特征提取器在共享部分网络参数的情况下，学习各自域的特定参数，能够捕捉到各自的域特定信息。一些域适应方法[32-33]均采用了这种约束，有效提高了模型的域适应性能。

域对抗损失设计：训练域分类器的对抗损失通常采用式（4.70）定义的对抗损失

$L_d(F^s,F^t,D)$ 。对于不同的任务，$L_f(F^s,F^t,D)$ 的具体形式有所不同。比如，反向传播域适应方法通过梯度反转层对训练域分类器的损失乘以一个负标量来优化特征提取器，表示为 $L_f(F^s,F^t,D)=-L_d(F^s,F^t,D)$ 。该优化采用极大极小策略，使域分类器很快收敛，最终导致梯度消失。Tzeng 等人[43]提出了域混淆对抗损失来训练特征提取器，目标是让特征提取器学到的特征能够混淆域分类器，使其将目标域样本分类为来自源域、将源域样本分类为来自目标域。该域混淆对抗损失定义为 $L_f(F^s,F^t,D)=-\sum_{m\in\{s,t\}}\mathbf{E}_{\boldsymbol{x}_m\sim p_m(x)}\left[\frac{1}{2}\log D(F^m(\boldsymbol{x}_m))+\frac{1}{2}\log(1-D(F^m(\boldsymbol{x}_m)))\right]$。

2）对抗判别域适应网络

基于上述对抗域适应通用框架，Tzeng 等人[41]提出了对抗判别域适应方法。该方法采用判别式基础模型、部分参数共享的特征提取器以及生成对抗损失。

图 4.16 为对抗判别域适应方法的框架图。模型训练分为两个阶段。第一阶段为判别性特征学习，通过式（4.73）对源域特征提取器 $F^s$ 和源域分类器 $C^s$ 进行训练，得到源域的特征表示。第二阶段为域不变特征学习，固定源域特征提取器 $F^s$ ，通过生成对抗损失对目标域特征提取器 $F^t$ 和域分类器 $D$ 进行训练，其优化问题为

$$\min_D L_d(F^s,F^t,D)=-\mathbf{E}_{(\boldsymbol{x}_i^s,y_i^s)\sim p_s(\boldsymbol{x},y)}[\log D(F^s(\boldsymbol{x}_i^s))]-\mathbf{E}_{\boldsymbol{x}_j^t\sim p_t(\boldsymbol{x})}[\log(1-D(F^t(\boldsymbol{x}_j^t)))] \tag{4.76}$$

$$\min_{F^t} L_f(F^s,F^t,D)=-\mathbf{E}_{\boldsymbol{x}_j^t\sim p_t(\boldsymbol{x})}[\log D(F^t(\boldsymbol{x}_j^t))] \tag{4.77}$$

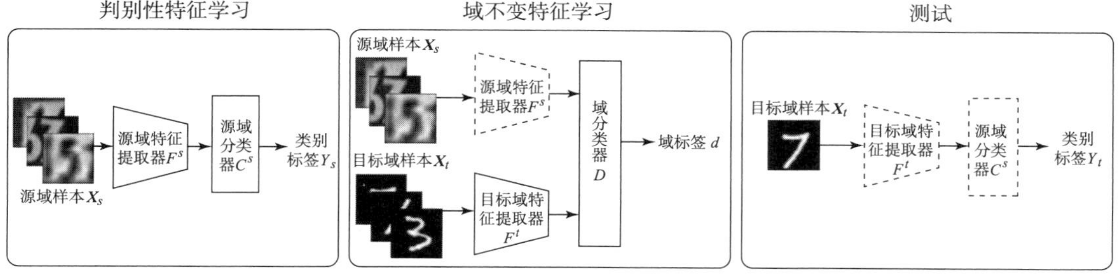


**图 4.16　对抗判别域适应方法的框架图[41]**

迭代进行式（4.76）与式（4.77），使得目标域特征空间逐渐与源域特征空间对齐，直至域分类器 $D$ 无法区分源域样本和目标域样本。此时可以认为源域特征分布 $F^s(\boldsymbol{X}_s)$ 和目标域的特征分布 $F^t(\boldsymbol{X}_t)$ 一致，即 $F^s(\boldsymbol{X}_s)=F^t(\boldsymbol{X}_t)$ 。在测试阶段，首先使用目标域特征提取器 $F^t$ 提取输入测试样本的特征表示，然后通过源域分类器 $C^s$ 对目标域样本进行分类。

**3. 生成对抗域适应方法**

生成对抗域适应方法[44]利用特征提取器学习源域和目标域的共同特征空间，并通过生成对抗网络，将源域和目标域的数据分布信息传递到特征提取器的学习过程中，从而在联合特征空间最小化源域和目标域的特征分布距离，进而学得对域分布差异鲁棒的特征提取器。生成对抗域适应方法包括两个分支：一是分类分支，由特征提取器和分类器构成；二是对抗

分支，由辅助分类器生成对抗网络（auxiliary classifier GAN，AC－GAN）[45] 构成，具体包括生成器和多类判别器。不同于生成对抗网络中的判别器对样本的域标签进行预测，辅助分类器生成对抗网络中的多类判别器同时预测样本的域标签和类别标签。通过分类分支和对抗分支的联合训练，生成对抗域适应方法能够学习到既具有判别性又具有域不变性的特征表示。

1）网络结构

生成对抗域适应方法包括 4 个模块：特征提取器 $F$、分类器 $C$、生成器 $G$ 和多类判别器 $D$。图 4.17 为生成对抗域适应方法的框架。其中，特征提取器 $F$ 提取源域和目标域样本的特征表示，其输入是源域样本或目标域样本，输出是输入样本的特征表示。分类器 $C$ 预测输入样本的类别标签，其输入是样本 $\boldsymbol{x}$ 的特征表示 $F(\boldsymbol{x})$，输出是 $\boldsymbol{x}$ 属于 $N_c$ 个类别的概率分布。生成器 $G$ 用于生成样本，其输入 $\boldsymbol{x}_g$ 是样本的特征表示 $F(\boldsymbol{x})$、从 $N(0,1)$ 分布采样的噪声向量 $z \in \mathbf{R}^d$ 以及类别标签的一位有效编码（one hot encoding）$\boldsymbol{l}$ 的级联拼接，即 $\boldsymbol{x}_g = [F(\boldsymbol{x}), z, \boldsymbol{l}]$。$\boldsymbol{l}$ 是 $N_c+1$ 维的向量，即 $\boldsymbol{l} \in \{0,1\}^{(N_c+1)}$，其前 $N_c$ 维表示真实类别，对应源域的 $N_c$ 个类别，其第 $N_c+1$ 维表示样本是来自真实域还是来自生成域。对于源域样本 $\boldsymbol{x}_i^s$ 及其类别标签 $y_i^s$，其 $\boldsymbol{l}$ 的第 $y_i^s$ 维为1，其余为0。由于目标域样本 $\boldsymbol{x}_j^t$ 没有类别标注，其 $\boldsymbol{l}$ 的第 $N_c+1$ 维是1，其余为0。实际上，可以通过一位有效编码的 $N_c+1$ 维，将有标注的源域样本标记为来自真实域，无标注的目标域样本标记为来自生成域。多类判别器 $D$ 同时进行类别标签预测和域标签预测，其输入是真实样本 $\boldsymbol{x}$ 或生成样本 $G(\boldsymbol{x}_g)$，其输出包括两部分：输入样本来自真实域的概率 $D_{\text{data}}(\boldsymbol{x})$ 和输入样本的类别概率分布 $D_{\text{cls}}(\boldsymbol{x})$。

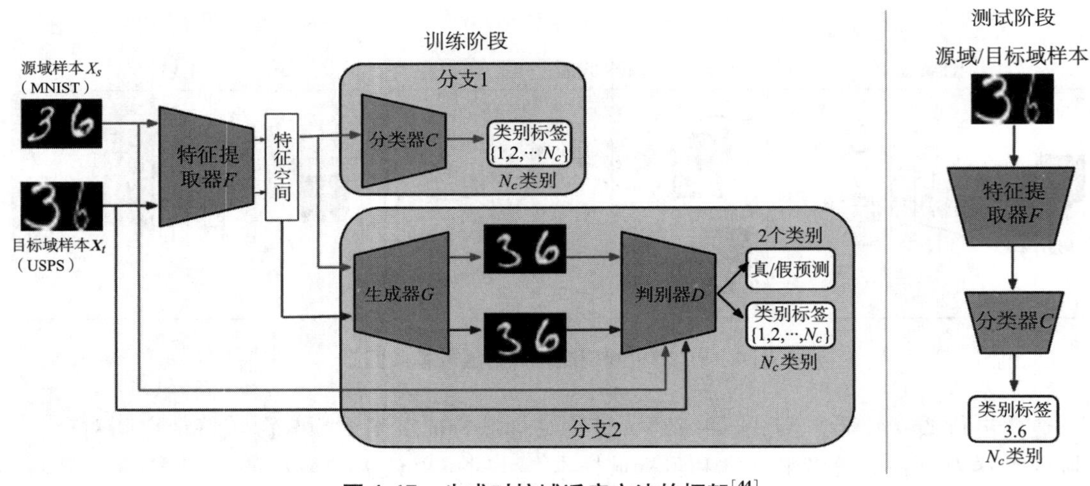


**图 4.17　生成对抗域适应方法的框架**[44]

特征提取器 $F$ 和分类器 $C$ 构成的分类分支，与生成器 $G$ 和多类判别器 $D$ 构成的对抗分支联合训练，将域信息传播到特征提取器的优化过程中，从而保证学习的特征表示既具备有利于分类的判别性又具备有利于迁移的域不变性。

2）网络训练

为了联合学习分类分支与对抗分支，生成对抗域适应方法采用迭代优化的方式，对多类判别器 $D$、生成器 $G$、特征提取器 $F$ 和分类器 $C$ 进行更新。设 $\boldsymbol{x}_i^s$ 为从源域分布 $p_s(\boldsymbol{x},y)$ 采样的源域样本，$y_i^s$ 为其类别标签，$\boldsymbol{x}_j^t$ 为从目标域分布 $p_t(\boldsymbol{x})$ 采样的目标域样本。

给定源域样本 $\boldsymbol{x}_i^s$、类别标签 $y_i^s$，多类判别器 $D$ 的优化目标是：将生成样本 $G(\boldsymbol{x}_g)$ 预测为来自生成域，将源域样本 $\boldsymbol{x}_i^s$ 预测为来自真实域且同时将 $\boldsymbol{x}_i^s$ 分类到对应的类别 $y_i^s$，即

$$L_{D,S} = \max_D \mathbf{E}_{(\boldsymbol{x}_i^s, y_i^s) \sim p_s(x,y)} \log(D_{\text{data}}(\boldsymbol{x}_i^s)) + \log(1 - D_{\text{data}}(G(\boldsymbol{x}_g))) + \log(D_{\text{cls}}(\boldsymbol{x}_i^s)_{y_i^s}) \tag{4.78}$$

其中，$D_{\text{cls}}(\boldsymbol{x}_i^s)_{y_i^s}$ 表示样本 $\boldsymbol{x}_i^s$ 被多类判别器 $D$ 预测为类别 $y_i^s$ 的概率。生成器 $G$ 的优化目标是：使多类判别器 $D$ 将生成的源域样本 $G(\boldsymbol{x}_g)$ 判别为来自真实域，并将其分类到与源域样本相同的真实类别 $y_i^s$，即

$$L_G = \min_G \mathbf{E}_{(\boldsymbol{x}_i^s, y_i^s) \sim p_s(x,y)} - \log(D_{cls}(G(\boldsymbol{x}_g))_{y_i^s}) + \log(1 - D_{\text{data}}(G(\boldsymbol{x}_g))) \tag{4.79}$$

根据源域样本和其类别标签，采用交叉熵损失特征提取器 $F$ 和分类器 $C$ 进行更新。特征提取器 $F$ 的优化目标是混淆多类判别器 $D$，即使 $D$ 将生成的源域样本判别为来自真实域并属于类别 $y_i^s$，以此实现特征学习和样本生成的联合优化。特征提取器 $F$ 和分类器 $C$ 的具体优化目标为

$$L_C = \min_{F,C} \mathbf{E}_{(\boldsymbol{x}_i^s, y_i^s) \sim p_s(\boldsymbol{x},y)} - \log(C(F(\boldsymbol{x}_i^s))_{y_i^s}) \tag{4.80}$$

$$L_{F,S} = \min_F \mathbf{E}_{(\boldsymbol{x}_i^s, y_i^s) \sim p_s(\boldsymbol{x},y)} - \alpha \log(D_{\text{cls}}(G(\boldsymbol{x}_g))_{y_i^s}) \tag{4.81}$$

其中，$C(F(\boldsymbol{x}_i^s))_{y_i^s}$ 表示样本 $\boldsymbol{x}_i^s$ 被分类器 $C$ 预测为类别 $y_i^s$ 的概率；$\alpha$ 表示源域分类损失 $L_C$ 和对抗损失 $L_{F,S}$ 的平衡系数。

给定目标域样本 $\boldsymbol{x}_j^t$，由于目标域没有类别标注信息，只采用判别器 $D$ 预测的样本来自真实域的概率计算损失。多类判别器 $D$ 的优化目标是将生成的目标域样本判别为来自生成域，即

$$L_{D,T} = \max_D \mathbf{E}_{\boldsymbol{x}_j^t \sim p_t(\boldsymbol{x})} \log(1 - D_{\text{data}}(G(\boldsymbol{x}_g))) \tag{4.82}$$

为了能够将目标域数据分布的知识迁移到特征学习过程中，更新特征提取器 $F$ 来混淆多类判别器 $D$，使其将生成的目标域样本判别为来自真实域，即

$$L_{F,T} = \min_F \mathbf{E}_{\boldsymbol{x}_j^t \sim p_t(\boldsymbol{x})} \beta \log(1 - D_{\text{data}}(G(\boldsymbol{x}_g))) \tag{4.83}$$

其中，$\beta$ 为目标域的对抗损失 $L_{F,T}$ 的权重系数。

在测试阶段，将学得的特征提取器 $F$ 和分类器 $C$ 组合起来，完成对目标域样本的分类。

**4. 域对称对抗域适应方法**

本书前面介绍的反向传播域适应方法、对抗判别域适应方法和生成对抗域适应方法均通过学习域不变的特征表示，将源域和目标域的特征分布进行对齐，取得了显著的性能提升。我们称这种对齐为特征级域对齐，然而，在对齐特征分布时忽略了数据的类别信息，导致源域和目标域的“特征－类别”的联合分布仍然存在差异。为解决这个问题，一些工作[46-48]对目标域样本预测其伪标签以实现类别级的域对齐，即对齐属于相同类别的源域和目标域样本的特征分布。还有一些工作[49-50]将特征表示和类别之间的映射建模为高阶特征表示以促进特征提取器和域分类器的对抗训练，其中的代表性工作是 Zhang 等人[51]提出的域对称对

抗域适应方法。该方法基于结构对称的源域和目标域分类器，构建与分类器参数共享的域分类器，借助特征级域对齐和类别级域对齐，实现源域和目标域的“特征－类别”联合分布的一致性。为同时进行特征级域对齐和类别级域对齐，在域级域混淆损失（也就是前面所述的对抗损失）的基础上增加了类别级域混淆损失，被称为两级域混淆损失，在学习域特征不变的同时更好地保留特征的判别性质。

1）对称分类器

域对称对抗域适应方法包括3个模块：特征提取器 $F$ 、源域分类器 $C^s$ 和目标域分类器 $C^t$ ，如图4.18所示。$C^s$ 和 $C^t$ 的结构是对称的，均由带有softmax激活函数的 $K$ 个节点的全连接层组成，$K$ 等于类别数量。$C^s$ 和 $C^t$ 的输入是由特征提取器 $F$ 提取的样本特征表示 $F(\boldsymbol{x})$ ，输出是 $F(\boldsymbol{x})$ 的类别概率分布，分别表示为 $C^s(F(\boldsymbol{x})) = p^s(\boldsymbol{x}) \in [0,1]^K$ 和 $C^t(F(\boldsymbol{x})) = p^t(\boldsymbol{x}) \in [0,1]^K$ 。基于源域分类器 $C^s$ 和目标域分类器 $C^t$ ，构建分类器 $C^{st}$ ，其设定如下。分类器 $C^{st}$ 的输入是 $F(\boldsymbol{x})$ ，输出是 $F(\boldsymbol{x})$ 在源域类别和目标域类别上的概率分布，表示为 $C^{st}(F(\boldsymbol{x})) = \boldsymbol{p}^{st}(\boldsymbol{x}) \in [0,1]^{2K}$ 。$\boldsymbol{p}^{st}(\boldsymbol{x})$ 根据 $C^s$ 和 $C^t$ 的输出计算得到，过程如下：$C^s$ 和 $C^t$ 在经过softmax激活函数之前的输出向量表示为 $\boldsymbol{v}^s(\boldsymbol{x}) \in \mathbf{R}^K$ 和 $\boldsymbol{v}^t(\boldsymbol{x}) \in \mathbf{R}^K$ ，将这两者拼接得到 $2K$ 维的向量，即 $[\boldsymbol{v}^s(\boldsymbol{x});\boldsymbol{v}^t(\boldsymbol{x})] \in \mathbf{R}^{2K}$ 。将该向量输入softmax激活函数，得到样本 $\boldsymbol{x}$ 的类别概率分布 $\boldsymbol{p}^{st}(\boldsymbol{x})$。

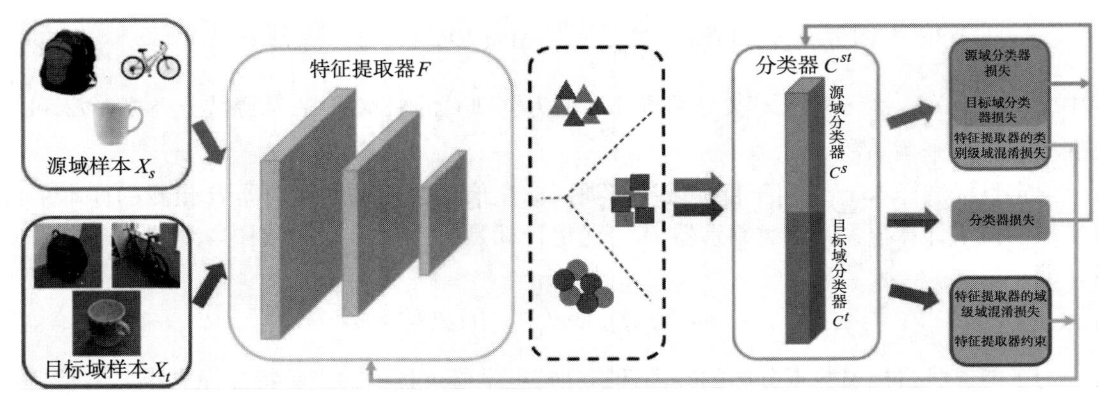


**图4.18　域对称对抗域适应[51]**

设 $p_k^s(\boldsymbol{x})$ 、$p_k^t(\boldsymbol{x})$ 和 $p_k^{st}(\boldsymbol{x})$ 分别表示 $\boldsymbol{p}^s(\boldsymbol{x})$ 、$\boldsymbol{p}^t(\boldsymbol{x})$ 和 $\boldsymbol{p}^{st}(\boldsymbol{x})$ 的第 $k$ 维元素，其含义为输入样本 $\boldsymbol{x}$ 分别被分类器 $C^s$ 、$C^t$ 和 $C^{st}$ 预测为第 $k$ 类的概率。设 $D_s = \{(\boldsymbol{x}_i^s, y_i^s)\}_{i=1}^{n_s}$ 为源域，$D_t = \{(\boldsymbol{x}_j^t)\}_{j=1}^{n_t}$ 为目标域，根据源域样本及其类别标签，采用交叉熵损失对源域分类器 $C^s$ 进行训练，其优化目标为

$$\min_{C^s} L_c^s(F, C^s) = -\frac{1}{n_s}\sum_{i=1}^{n_s}\log(p_{y_i^s}^s(\boldsymbol{x}_i^s)) \tag{4.84}$$

因为目标域数据是无标注的，所以利用有标注的源域数据来训练目标域分类器 $C^t$ ，其优化目标为

$$\min_{C^t} L_c^t(F, C^t) = -\frac{1}{n_s}\sum_{i=1}^{n_s}\log(p_{y_i^s}^t(\boldsymbol{x}_i^s)) \tag{4.85}$$

从式（4.84）和式（4.85）的形式上看，目标域分类器 $C^t$ 是源域分类器 $C^s$ 的复制。但由于分类器 $C^{st}$ 依赖于 $C^s$ 和 $C^t$ 的输出，通过分类器 $C^{st}$ 的训练，能够使得 $C^s$ 和 $C^t$ 的输出具有区分性。所以，式（4.84）和式（4.85）实际上建立了源域分类器 $C^s$ 和目标域分类器 $C^t$ 在类别上的对应关系，因为 $C^s$ 和 $C^t$ 输出向量的第 $k$ 维（即 $p_k^s(\boldsymbol{x})$ 和 $p_k^t(\boldsymbol{x})$）均表示样本 $\boldsymbol{x}$ 属于类别 $k$ 的概率。采用交叉熵损失来训练分类器 $C^{st}$，其优化目标为

$$\min_{C^{st}} L_{domain}^{st}(F, C^{st}) = -\frac{1}{n_t}\sum_{j=1}^{n_t}\log\left(\sum_{k=1}^{K} p_{k+K}^{st}(\boldsymbol{x}_j^t)\right) - \frac{1}{n_s}\sum_{i=1}^{n_s}\log\left(\sum_{k=1}^{K} p_k^{st}(\boldsymbol{x}_i^s)\right) \tag{4.86}$$

其中，$\sum_{k=1}^{K} p_k^{st}(\boldsymbol{x}_i^s)$ 表示输入样本 $\boldsymbol{x}_i^s$ 被预测为来自源域的概率；$\sum_{k=1}^{K} p_{k+K}^{st}(\boldsymbol{x}_j^t)$ 表示输入样本 $\boldsymbol{x}_j^t$ 被预测为来自目标域的概率。分类器 $C^{st}$ 的功能实际上与一般的域分类器相同，用于区分源域样本和目标域样本。区别在于 $C^{st}$ 不是实际存在的，而是通过 $C^s$ 和 $C^t$ 的输出构建的。因此，对 $C^{st}$ 的更新等价于对 $C^s$ 和 $C^t$ 的更新。

理想情况下，在分类器 $C^{st}$ 输出的 $2K$ 维向量中，前 $K$ 维向量对应源域分类器 $C^s$ 的输出，后 $K$ 维向量对应目标域分类器 $C^t$ 的输出。通过式（4.84）、式（4.85）和式（4.86）的优化，分类器 $C^{st}$ 输出的前 $K$ 维向量和后 $K$ 维向量均具有类别区分性。同时前 $K$ 个元素之和与后 $K$ 个元素之都能体现输入样本的域信息。例如，对于第 $k$ 类的源域样本 $\boldsymbol{x}_i^s$，$C^t$ 和 $C^s$ 均倾向于做出正确的预测，$C^{st}$ 的输出概率 $p_k^{st}$ 倾向于大于 $p_{k+K}^{st}$。而对于第 $k$ 类的目标域样本 $\boldsymbol{x}_j^t$，$C^t$ 和 $C^s$ 也均倾向于做出正确的预测，$C^{st}$ 的输出概率 $p_{k+K}^{st}$ 倾向于大于 $p_k^{st}$。

2）两级域混淆损失函数

两级域混淆损失函数包括类别级域混淆损失和域级域混淆损失。类别级域混淆损失需要利用源域的类别信息。对于第 $k$ 类的源域样本，根据分类器 $C^{st}$ 中的第 $k$ 个和第 $k+K$ 个神经元输出（即样本属于第 $k$ 个类别的概率值），利用交叉熵损失训练特征提取器 $F$，其优化目标为

$$\min_{F} F_{category}^{st}(F, C^{st}) = -\frac{1}{2n_s}\sum_{i=1}^{n_s}\log(p_{y_i^s+K}^{st}(\boldsymbol{x}_i^s)) - \frac{1}{2n_s}\sum_{i=1}^{n_s}\log(p_{y_i^s}^{st}(\boldsymbol{x}_i^s)) \tag{4.87}$$

对于目标域样本，根据分类器 $C^{st}$ 的前 $k$ 个神经元的输出之和（即样本属于源域的概率值）以及后 $k$ 个神经元的输出之和（即样本属于目标域的概率值），利用交叉熵损失训练特征提取器 $F$，其优化目标为

$$\min_{F} F_{domain}^{st}(\mathrm{F}, \mathrm{C}^{st}) = -\frac{1}{2\mathrm{n}_t}\sum_{j=1}^{\mathrm{n}_t}\log\left(\sum_{k=1}^{K} p_{k+K}^{st}(\boldsymbol{x}_j^t)\right) - \frac{1}{2n_t}\sum_{j=1}^{n_t}\log\left(\sum_{k=1}^{K} p_k^{st}(\boldsymbol{x}_j^t)\right) \tag{4.88}$$

为使目标域数据各类之间尽可能分开，基于熵最小化原理，对分类器 $C^{st}$ 预测的类别概率分布进行约束。这样的约束使预测出的类别概率分布信息熵最小以保证属于不同类别的概率具有区分性：

$$\min_{F} M^{st}(F, C^{st}) = -\frac{1}{n_t}\sum_{j=1}^{n_t}\sum_{k=1}^{K} q_k^{st}(\boldsymbol{x}_j^t)\log(q_k^{st}(\boldsymbol{x}_j^t)) \tag{4.89}$$

其中，$q_k^{st}(\boldsymbol{x}_j^t) = p_k^{st}(\boldsymbol{x}_j^t) + p_{k+K}^{st}(\boldsymbol{x}_j^t), k \in \{1, \cdots, K\}$。根据文献［52］中的研究，熵最小化原则只作用于特征提取器 $F$ 的更新，不作用于 $C^{st}$ 的更新。这样做可以避免由于源域和目标域分布差异的存在而出现的早期错误分类引起的噪声问题。因此，域对称对抗域适应方法总的优化目标为

$$
\begin{aligned}
&\min_{C^s, C^t, C^{st}} L_c^s(F, C^s) + L_c^t(F, C^t) + L_{domain}^{st}(F, C^{st}) \\
&\min_F F_{category}^{st}(F, C^{st}) + \lambda(F_{domain}^{st}(F, C^{st}) + M^{st}(F, C^{st}))
\end{aligned}
\tag{4.90}
$$

其中，$\lambda \in [0,1]$ 为平衡系数。

### 4.4.3 网络对抗迁移性能分析

**1. 常用数据集**

为验证神经网络对抗迁移方法的有效性，通常在数字分类和图像分类任务上进行实验。对于数字分类，常用数字图像数据集有 MNIST[53]、MNIST－M[40]、USPS[54] 和 SVHN[55]。对于图像分类，常用图像数据集有 Office－31[35]、Office－Home[56] 和 ImageCLEF－DA[36]。

1）数字图像数据集

MNIST 数据集是由 LeCun 等人在 1998 提出的手写体数字图像集合。该数据集源自 NIST 数据集，包含数字 0～9 的 10 个类别，共有 60 000 张训练图像和 10 000 张测试图像。图像为灰度图，大小为 28×28 像素。

MNIST－M 数据集是由 MNIST 数据集与 BSD500 数据集[57] 随机色块混合而成，即用不均匀彩色块填充 MNIST 数据集中数字图像的背景区域。

USPS 数据集是由 Hull 在 1984 年提出的手写数字图像集合，共包括数字 0～9 的 10 个类别。训练集有 7 291 张图像，测试集有 2 007 张图像。图像为灰度图，大小为 16×16 像素。

SVHN 数据集是从谷歌街景图像的门牌号中获得的真实数字图像集合，共包括 73 257 张训练图像和 26 032 张测试图像，涵盖了 0～9 的 10 个类别。图像为 RGB 彩色图，大小为 32×32 像素。图 4.19 为上述 4 个数字数据集的示例图像。

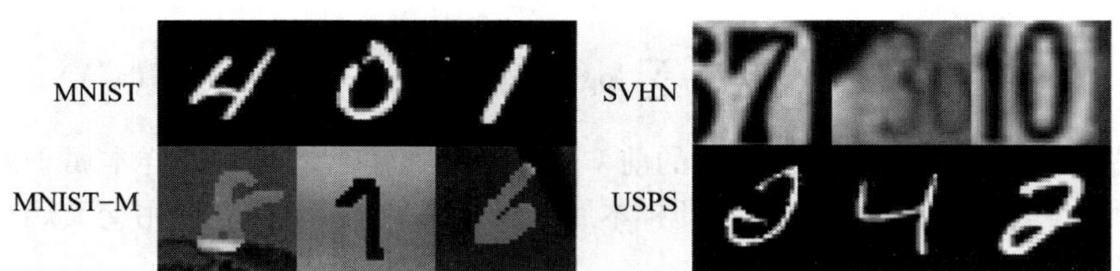


**图 4.19　4 个数字数据集的示例图像[40]**

2）图像数据集

图像数据集 Office－31 和 ImageCIEF－DA 已在 4.3.3 小节中介绍，不再赘述。

Office－Home 数据集是一个物品识别数据集。该数据集是一个非常具有挑战性的、用于验证域适应方法的数据集，它包含来自办公室和家庭场景中 65 类日常物品的 15 500 张图像。这些图像来自 4 个不同的域：Artistic 域（Ar）、Clipart 域（Cl）、Product 域（Pr）和 Real－World 域（Rw）。

**2. 实验结果**

在数字分类和图像分类任务上对 4.4.2 小节所述的四种对抗域适应方法进行验证。数字分类的具体任务有：①MNIST→MNIST－M：MNIST 数据集为源域，MNIST－M 数据集为目标域；②SVHN→MNIST：SVHN 数据集为源域，MNIST 数据集为目标域；③MNIST→USPS：

MNIST 数据集为源域，USPS 数据集为目标域；④USPS→MNIST：USPS 数据集为源域，MNIST 数据集为目标域。

对抗域适应方法在数字分类任务上的性能如表 4.9 所示。“源域模型”指的是不进行域适应的方法，直接将源域上训练的模型用于目标域。从表 4.9 中可以看出，在 4 个迁移任务上，反向传播域适应、对抗判别域适应、生成对抗域适应这三种方法均取得了比源域模型好的性能，验证了对抗学习在域适应任务上的有效性。此外，对抗判别域适应分别学习源域特征提取器和目标域特征提取器，使得特征提取器能够学到更多域特定的信息，因此相比于反向传播域适应方法，能够取得更好的结果。生成对抗域适应进一步提升了对抗域适应在数字分类任务上的性能，尤其是域偏移更大的 SVHN→MNIST 迁移任务上，该方法将源域模型的性能从 60.30% 提升到了 92.40%，获得了 32.10% 的提升，进一步验证了生成对抗学习有利于提高模型的迁移性能。

**表 4.9　对抗域适应方法在数字分类任务上的性能**[40,44]　　单位:%

| 方法 | 源域 | MNIST | SVHN | MNIST | USPS |
|---|---|---|---|---|---|
| | 目标域 | MNIST – M | MNIST | USPS | MNIST |
| 源域模型 | | 52.25 | 60.30 | 75.20 | 57.10 |
| 反向传播域适应 | | 76.66 | 73.85 | 77.10 | 73.00 |
| 对抗判别域适应 | | 89.40 | 76.00 | 89.40 | 90.10 |
| 生成对抗域适应 | | — | 92.40 | 92.80 | 90.80 |

对于图像分类任务，表 4.10、表 4.11 和表 4.12 分别展示了源域模型（即无域适应方法）和对抗域适应方法在 Office – 31 数据集、Office – Home 数据集和 ImageCLEF – DA 数据集上的结果。所有方法都以 ResNet50 作为基础模型。从结果中可以看出，所有对抗域适应方法在所有数据集上的性能均明显优于源域模型。从 Office – 31 数据集上结果可以看到，对抗判别域适应在 A→W 任务上表现低于反向传播域适应，其原因在于该迁移任务的域偏移较大，源域和目标域的域特定信息较多，所以当源域和目标域特征提取器独立的情况下，对抗判别域适应不容易学到域不变的特征表示。域对称对抗域适应方法在 3 个数据集上均取得了最优的结果，尤其是在具有挑战性的 Office – Home 数据集上，相比于源域模型，取得了 21.5% 的平均准确率提升，进一步表明对齐类别和特征联合分布对减少域偏移的重要性。

**表 4.10　对抗域适应方法在 Office – 31 数据集上的性能**[44,51]　　单位:%

| 方法 | A→W | D→W | W→D | A→D | D→A | W→A | 平均值 |
|---|---|---|---|---|---|---|---|
| 源域模型 | 68.4 | 96.7 | 99.3 | 68.9 | 62.5 | 60.7 | 76.1 |
| 反向传播域适应 | 82.0 | 96.9 | 99.1 | 79.4 | 68.2 | 67.4 | 82.2 |
| 对抗判别域适应 | 75.1 | 97.0 | 99.6 | — | — | — | — |
| 生成对抗域适应 | 89.5 | 97.9 | 99.8 | 87.7 | 72.8 | 71.4 | 86.5 |
| 域对称对抗域适应 | **90.8** | **98.8** | **100.0** | **93.9** | **74.6** | **72.5** | **88.4** |

表 4.11 对抗域适应方法在 Office - Home 数据集上的性能[51] 单位:%

| 方法 | 源域模型 | 反向传播域适应 | 域对称对抗域适应 |
| --- | --- | --- | --- |
| Ar→Cl | 34.9 | 45.6 | 47.7 |
| Ar→Pr | 50 | 59.3 | 72.9 |
| Ar→Rw | 58 | 70.1 | 78.5 |
| Cl→Ar | 37.4 | 47 | 64.2 |
| Cl→Pr | 41.9 | 58.5 | 71.3 |
| Cl→Rw | 46.2 | 60.9 | 74.2 |
| Pr→Ar | 38.5 | 46.1 | 64.2 |
| Pr→Cl | 31.2 | 43.7 | 48.8 |
| Pr→Rw | 60.4 | 68.5 | 79.5 |
| Rw→Ar | 53.9 | 63.2 | 74.5 |
| Rw→Cl | 41.2 | 51.8 | 52.6 |
| Rw→Pr | 59.9 | 76.8 | 82.7 |
| 平均值 | 46.1 | 57.6 | 67.6 |

表 4.12 对抗域适应方法在 ImageCLEF - DA 数据集上的性能[51] 单位:%

| 方法 | I→P | P→I | I→C | C→I | C→P | P→C | 平均值 |
| --- | --- | --- | --- | --- | --- | --- | --- |
| 源域模型 | 74.8 | 83.9 | 91.5 | 78.0 | 65.5 | 91.2 | 80.7 |
| 反向传播域适应 | 75.0 | 86.0 | 96.2 | 87.0 | 74.3 | 91.5 | 85.0 |
| 域对称对抗域适应 | **80.2** | **93.6** | **97.0** | **93.4** | **78.7** | **96.4** | **89.9** |

# 参考文献


[1] KRIZHEVSKY A, SUTSKEVER I, HINTON G E. Imagenet classification with deep convolutional neural networks [J]. Communications of the ACM, 2017, 60 (6): 84 -90.

[2] SIMONYAN K, ZISSERMAN A. Very deep convolutional networks for large - scale image recognition [C]//International Conference on Learning Representations, 2015.

[3] HE K, ZHANG X, REN S, et al. Deep residual learning for image recognition [C]// Proceedings of the IEEE Conference on Computer Vision and Pattern Recognition, 2016: 770 - 778.

[4] GOODFELLOW I, POUGET - ABADIE J, MIRZA M, et al. Generative adversarial nets [C]//Advances in neural information processing systems, 2014: 2672 -2680.

[5] GOODFELLOW I, BENGIO Y, COURVILLE A. Deep learning [M]. Cambridge: The MIT

press, 2016.

[6] CAUCHY A. Méthode générale pour la résolution des systemes d' équations simultanées [J]. Comptes Rendus de l'Academie des Science, 1847, 25 (1847): 536 – 538.

[7] POLYAK B T. Some methods of speeding up the convergence of iteration methods [J]. USSR computational mathematics and mathematical physics, 1964, 4 (5): 1 – 17.

[8] NESTEROV Y E. A method for solving the convex programming problem with convergence rate O (1/k2) [J]. Soviet mathematics doklady, 1983, 27 (2): 372 – 367.

[9] NESTEROV Y. Introductory lectures on convex optimization: a basic course [M]. Berlin: Springer Science & Business Media, 2013.

[10] SUTSKEVER I, MARTENS J, DAHL G, et al. On the importance of initialization and momentum in deep learning [C]//International Conference on Machine Learning, 2013: 1139 – 1147.

[11] DUCHI J, HAZAN E, SINGER Y. Adaptive subgradient methods for online learning and stochastic optimization [J]. Journal of machine learning research, 2011, 12 (7): 2121 – 2159.

[12] TIELEMAN T, HINTON G. Lecture 6. 5 – rmsprop: divide the gradient by a running average of its recent magnitude [J]. Coursera: neural networks for machine learning, 2012, 4 (2): 26 – 31.

[13] KINGMA D P, BA J. Adam: a method for stochastic optimization [C]//International Conference on Learning Representations, 2015.

[14] BENGIO Y. Deep learning of representations for unsupervised and transfer learning [C]// Proceedings of ICML Workshop on Unsupervised and Transfer Learning, 2012: 17 – 36.

[15] HINTON G E, OSINDERO S, TEH Y W. A fast learning algorithm for deep belief nets [J]. Neural computation, 2006 (18): 1527 – 1554.

[16] YOSINSKI J, CLUNE J, BENGIO Y, et al. How transferable are features in deep neural networks? [C]//Advances in Neural Information Processing Systems, 2014: 3320 – 3328.

[17] MOU L, MENG Z, YAN R, et al. How transferable are neural networks in NLP applications? [C]//Proceedings of the 2016 Conference on Empirical Methods in Natural Language Processing, 2016: 479 – 489.

[18] FROME A, CORRADO G S, SHLENS J, et al. DeViSE: a deep visualsemantic embedding model [C]//Advances in Neural Information Processing Systems, 2013: 2121 – 2149.

[19] GE W F, YU Y Z. Borrowing treasures from the wealthy: deep transfer learning through selective joint fine – tuning [C]//IEEE Conference on Computer Vision and Pattern Recognition (CVPR), 2017.

[20] MANJUNATH B S, MA W Y. Texture features for browsing and retrieval of image data [J]. IEEE transactions on pattern analysis and machine intelligence, 1996, 18 (8): 837 – 842.

[21] RIPPEL O, PALURI M, DOLLAR P, et al. Metric learning with adaptive density discrimination [C]//International Conference on Learning Representations, 2016.

[22] KIM Y D, JANG T, HAN B, et al. Learning to select pre – trained deep representations with bayesian evidence framework [C]//IEEE Conference on Computer Vision and Pattern Recognition, 2016: 5318 –5326.

[23] OO D Y, PARK S, LEE J Y, et al. Multi – scale pyramid pooling for deep convolutional representation [C]//Proceedings of the IEEE Conference on Computer Vision and Pattern Recognition Workshops, 2015: 71 –80.

[24] AZIZPOUR H, SHARIFRAZAVIAN A, SULLIVAN J, et al. From generic to specific deep representations for visual recognition [C]//Proceedings of the IEEE Conference on Computer Vision and Pattern Recognition Workshops, 2015: 36 –45.

[25] SIMON M, RODNER E. Neural activation constellations: unsupervised part model discovery with convolutional networks [C]//Proceedings of the IEEE International Conference on Computer Vision, 2015: 1143 –1151.

[26] XIAN Y, SHARMA S, SCHIELE B, et al. F – VAEGAN – D2: a feature generating framework for any – shot learning [C]//2019 IEEE/CVF Conference on Computer Vision and Pattern Recognition (CVPR), 2020.

[27] SONG J, SHEN C, ANG Y Y, et al. Transductive unbiased embedding for zero – shot learning [C]//CVPR, 2018.

[28] XIAN Y, LORENZ T, SCHIELE B, et al. Feature generating networks for zero – shot learning [C]//CVPR, 2018.

[29] KUMAR VERMA V, ARORA G, MISHRA A, et al. Generalized zero – shot learning via synthesized examples [C]//CVPR, 2018.

[30] FELIX R, REID V K B G I, CARNEIRO G. Multi – modal cycle – consistent generalized zero – shot learning [C]//ECCV, 2018.

[31] TZENG E, HOFFMAN J, ZHANG N, et al. Deep domain confusion: maximizing for domain invariance [Z]. arXiv preprint arXiv: 1412. 3474, 2014.

[32] LONG M, CAO Y, WANG J, et al. Learning transferable features with deep adaptation networks [C]//International Conference on Machine Learning, 2015: 97 –105.

[33] LONG M, ZHU H, WANG J, et al. Deep transfer learning with joint adaptation networks [C]//International Conference on Machine Learning, 2017: 2208 –2217.

[34] LONG M, ZHU H, WANG J, et al. Unsupervised domain adaptation with residual transfer networks [C]//Advances in Neural Information Processing Systems, 2016: 136 –144.

[35] SAENKO K, KULIS B, FRITZ M, et al. Adapting visual category models to new domains [C]//European conference on computer vision, 2010: 213 –226.

[36] CAPUTO B, PATRICIA N. Overview of the ImageCLEF 2014 Domain Adaptation Task [C]//Conference and Labs of the Evaluation Forum, 2014: 341 –347.

[37] GRIFFIN G S, HOLUB A D, PERONA P. Caltech – 256 object category dataset [D]. Pasadena: California Institute of Technology, 2007.

[38] JIA D, WEI D, SOCHER R, et al. ImageNet: a large – scale hierarchical image database [C]//2009 IEEE Conference on Computer Vision and Pattern Recognition, 2009.

[39] EVERINGHAM M, VAN GOOL L, WILLIAMS C K I, et al. The pascal visual object classes (voc) challenge [J]. International journal of computer vision, 2010, 88 (2): 303 – 338.

[40] GANIN Y, LEMPITSKY V. Unsupervised domain adaptation by backpropagation [C]// International Conference on Machine Learning, 2015: 1180 – 1189.

[41] TZENG E, HOFFMAN J, SAENKO K, et al. Adversarial discriminative domain adaptation [C]//Proceedings of the IEEE Conference on Computer Vision and Pattern Recognition, 2017: 7167 – 7176.

[42] LIU M Y, TUZEL O. Coupled generative adversarial networks [C]//Advances in Neural Information Processing Systems, 2016: 469 – 477.

[43] TZENG E, HOFFMAN J, DARRELL T, et al. Simultaneous deep transfer across domains and tasks [C]//Proceedings of the IEEE International Conference on Computer Vision, 2015: 4068 – 4076.

[44] SANKARANARAYANAN S, BALAJI Y, CASTILLO C D, et al. Generate to adapt: aligning domains using generative adversarial networks [C]//Proceedings of the IEEE Conference on Computer Vision and Pattern Recognition, 2018: 8503 – 8512.

[45] ODENA A, OLAH C, SHLENS J. Conditional image synthesis with auxiliary classifier gans [C]//International Conference on Machine Learning, 2017: 2642 – 2651.

[46] SAITO K, USHIKU Y, HARADA T. Asymmetric tri – training for unsupervised domain adaptation [C]//International Conference on Machine Learning, 2017: 2988 – 2997.

[47] XIE S, ZHENG Z, CHEN L, et al. Learning semantic representations for unsupervised domain adaptation [C]//International Conference on Machine Learning, 2018: 5423 – 5432.

[48] ZHANG W, OUYANG W, LI W, et al. Collaborative and adversarial network for unsupervised domain adaptation [C]//Proceedings of the IEEE Conference on Computer Vision and Pattern Recognition, 2018: 3801 – 3809.

[49] LONG M, CAO Z, WANG J, et al. Conditional adversarial domain adaptation [C]// Advances in Neural Information Processing Systems, 2018: 1640 – 1650.

[50] PEI Z, CAO Z, LONG M, et al. Multi – adversarial domain adaptation [C]//Proceedings of AAAI Conference on Artificial Intelligence, 2018: 3934 – 3941.

[51] ZHANG Y, TANG H, JIA K, et al. Domain – symmetric networks for adversarial domain adaptation [C]//Proceedings of the IEEE Conference on Computer Vision and Pattern Recognition, 2019: 5031 – 5040.

[52] ZHANG J, DING Z, LI W, et al. Importance weighted adversarial nets for partial domain adaptation [C]//Proceedings of the IEEE Conference on Computer Vision and Pattern Recognition, 2018: 8156 – 8164.

[53] LECUN Y, BOTTOU L, BENGIO Y, et al. Gradient – based learning applied to document recognition [J]. Proceedings of the IEEE, 1998, 86 (11): 2278 – 2324.

[54] HULL J J. A database for handwritten text recognition research [J]. IEEE transactions on

pattern analysis and machine intelligence, 1994, 16 (5): 550 -554.

[55] NETZER Y, WANG T, COATES A, et al. Reading digits in natural images with unsupervised feature learning [C]//NIPS Workshop on Deep Learning and Unsupervised Feature Learning, 2011.

[56] VENKATESWARA H, EUSEBIO J, CHAKRABORTY S, et al. Deep hashing network for unsupervised domain adaptation [C]//Proceedings of the IEEE Conference on Computer Vision and Pattern Recognition, 2017: 5018 -5027.

[57] ARBELAEZ P, MAIRE M, FOWLKES C, et al. Contour detection and hierarchical image segmentation [J]. IEEE transactions on pattern analysis and machine intelligence, 2010, 33 (5): 898 -916.

[58] Akata Z, Perronnin F, Harchaoui Z, et al. Label-embedding for attribute-based classification [C]//Proceedings of the IEEE Conference on Computer Vision and Pattern Recognition, 2013.

[59] Xian Y, Lampert C H, Schiele B, et al. Zero-shot Learning—a compre hensive evaluation of the good, the bad and the ugly [J]. IEEE Transactions on Pattern Analysis and Machine Intelligence, 2019, 41 (9): 2251 -2265.

[60] Verma V K, Rai P. A simple exponential family framework for zero-shot learning [C]// European Conference on Machine Learning, 2017.

[61] Ye M, Guo Y. Zero-shot classification with discriminative semantic representation learning [C]//Proceedings of the IEEE Conference on Computer Vision and Pattern Recognition, 2017.

# 第 5 章

# 其他迁移学习

## 5.1　部分域适应

在迁移学习中，一般的域适应方法假设源域和目标域共享相同的类别空间，然而，在实际应用中，目标域数据通常是无标注的，无法得知目标域的类别，很难保证源域和目标域的类别空间是完全一致的。随着大数据的发展，具有丰富监督信息的大规模数据集（如 ImageNet－1K[1]）被提出用于支持人工智能的进一步发展。因此，一个合理的假设是源域数据海量且多样，包含了目标域中的所有类别。基于这一假设，部分域适应（partial domain adaptation）应运而生，突破了源域和目标域类别空间必须一致的限制。

### 5.1.1　部分域适应基本思想

部分域适应假设目标域的类别集合是源域类别集合的子集，源域和目标域共享的类别称之为共享类别，仅源域存在而目标域没有的类别称之为外部类别。由于源域和目标域具有不同的类别集合，源域和目标域的边缘概率分布本质上是不同的。因此，采用常规的域适应方法来减少域偏移会引起属于外部类别的源域样本与目标域样本的错误对齐，导致目标域的性能下降，即负迁移现象[2]。图 5.1 为部分域适应的设定。从图 5.1 中可以看出，电视机是源域特有的物体类别（外部类别）。直接对齐源域和目标域的边缘概率分布会使得属于电视机这一类别的源域样本与属于椅子和杯子等共享类别的目标域样本对齐，导致电视机的类别特性迁移到不含有电视机的目标域，使得目标域的分类性能下降。因此，部分域适应的难点在于如何避免由源域中的外部类别导致的负迁移问题。

针对负迁移这一难点，大多数部分域适应方法采取的解决方案有：一是将源域中属于外部类别的样本挑选出来或者降低这类样本在迁移过程中的权重，减少外部类别导致的负迁移；二是减少源域和目标域属于共享类别的样本之间的特征分布差异，提高属于共享类别的跨域样本间的正迁移。

在部分域适应问题中，给定有标注的源域 $D_s = \{(\boldsymbol{x}_i^s, y_i^s)\}_{i=1}^{n_s}$ 和无标注的目标域 $D_t = \{(\boldsymbol{x}_i^t)\}_{i=n_s}^{n_s+n_t}$，目的是通过减少源域和目标域的域偏移，使得源域分类器能够适应于目标域任务，其中，$y_i^s \in Y_s$ 是源域样本 $\boldsymbol{x}_i^s$ 的类别标签，目标域类别空间 $Y_t$ 是源域类别空间 $Y_s$ 的子集，即 $Y_t \subset Y_s$，$n_s$ 和 $n_t$ 分别表示源域和目标域的样本数量。为了方便表述，下文中将采用 $\boldsymbol{x}_i$ 表示源域样本或者目标域样本。下面将介绍部分域适应的经典方法。

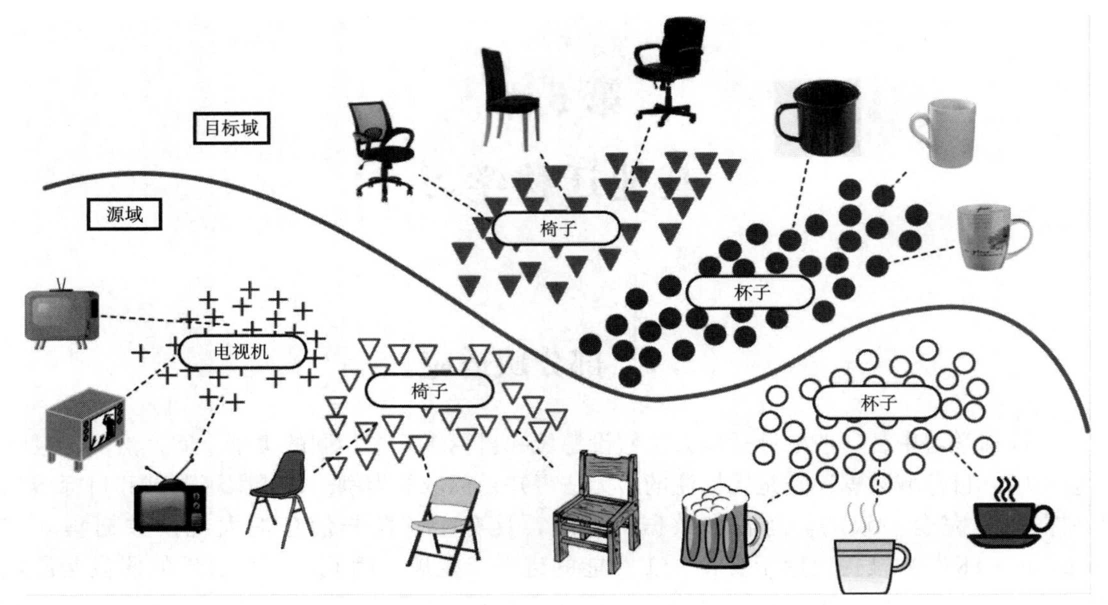


图 5.1　部分域适应的设定[3]

## 5.1.2　部分域适应经典方法

**1. 对抗部分域适应**

Cao 等人[3]提出了对抗部分域适应（partial adversarial domain adaptation，PADA）方法，通过学习源域各个类别的权重，降低属于外部类别的源域样本的权重，避免类别空间不一致导致的负迁移问题；并通过对齐属于共享类别的源域和目标域样本，提高域适应的性能。

该方法基于对抗迁移的思想，对反向传播域适应方法（本书第 4 章 4.4.2 小节中介绍）进行了改进，使其适应于部分域适应的场景。与反向传播域适应方法相同，对抗部分域适应方法通过特征提取器与域分类器的对抗训练学习域不变的特征表示，从而使源域分类器适应于目标域任务。在此基础上，针对部分域适应的场景，提出了源域样本的加权策略，用于降低属于外部类别的源域样本在迁移过程中的权重，并将利用加权后的源域样本进行后续域不变的特征表示学习。

1）模型结构

对抗部分域适应方法包括 3 个模块：特征提取器 $F$ 、分类器 $C$ 和域分类器 $D$ 。特征提取器 $F$ 用于提取输入样本 $\boldsymbol{x}_i$ 的特征表示 $\boldsymbol{f}_i = F(\boldsymbol{x}_i;\theta_f) \in \mathbf{R}^D$ ，其中 $\theta_f$ 是特征提取器的参数。分类器 $C$ 的输入是样本 $\boldsymbol{x}_i$ 的特征表示 $\boldsymbol{f}_i$ ，输出是样本 $\boldsymbol{x}_i$ 在源域类别空间 $Y_s$ 上的类别概率分布 $\hat{\boldsymbol{y}}_i = C(\boldsymbol{f}_i;\theta_y) \in \mathbf{R}^{|Y_s|}$，其中 $\theta_y$ 是分类器 $C$ 的参数。域分类器 $D$ 用于区分样本 $\boldsymbol{x}_i$ 是来自源域还是来自目标域，其输入是源域或目标域样本 $\boldsymbol{x}_i$ 的特征表示 $\boldsymbol{f}_i$ ，输出是 $\boldsymbol{x}_i$ 的域标签 $d_i = D(\boldsymbol{f}_i;\theta_d)$ ，其中 $\theta_d$ 是域分类器 $D$ 的参数。

图 5.2 为对抗部分域适应方法的框架。该框架与反向传播域适应方法相似，包含两个分支：①分类分支通过最小化分类损失 $L_y$ 学习判别性特征表示；②对抗分支通过梯度反转层实现特征提取器 $F$ 与域分类器 $D$ 的对抗训练以学习域不变的特征表示，相应损失为对抗

损失 $L_d$ 。该框架的详情请见本书第 4 章 4.4.2 小节中介绍的反向传播域适应方法。基于该框架，对抗部分域适应方法采用源域类别的加权策略，学习源域样本的权重 $\boldsymbol{\gamma}$，并用加权后的源域样本对分类损失 $L_y$ 和对抗损失 $L_d$ 进行调整。下面将详细介绍源域类别的加权策略。

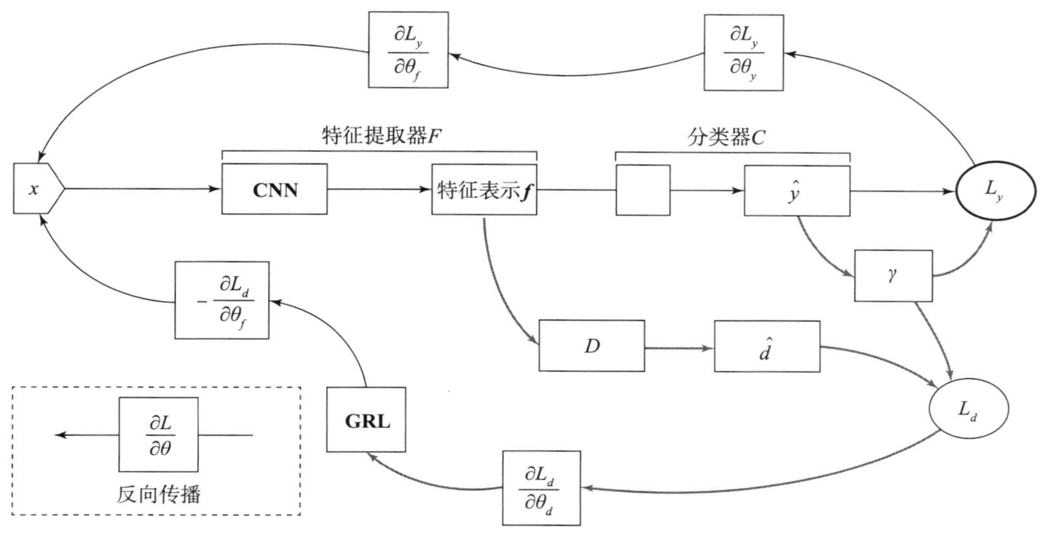


**图 5.2　对抗部分域适应方法的框架[3]**

2）源域类别加权

给定样本 $\boldsymbol{x}_i$ ，分类器 $C$ 预测其在源域类别空间 $Y_s$ 上的类别概率分布 $\hat{\boldsymbol{y}}_i$ ，即样本 $\boldsymbol{x}_i$ 属于源域各个类别的概率。因为源域外部类别集合与目标域共享类别集合的交集为空，目标域样本与属于外部类别的源域样本通常不相似，所以将目标域样本预测为外部类别的概率很小。但由于源域和目标域之间存在域偏移，源域分类器对目标域样本的分类结果不够准确，可能会错误地将目标域样本分配到外部类别。因此，可以采用对所有目标域样本的平均预测结果对源域类别进行加权。源域类别在域适应过程中的权重 $\boldsymbol{\gamma}$ 计算如下：

$$\boldsymbol{\gamma} = \frac{1}{n_t}\sum_{i=1}^{n_t} \hat{\boldsymbol{y}}_i \tag{5.1}$$

其中，$\boldsymbol{\gamma}$ 是 $|Y_s|$ 维向量，$\boldsymbol{\gamma}$ 的第 $k$ 维元素 $\gamma_k$ 表示第 $k$ 个源域类别在域适应过程中的权重。实际上，$\gamma_k$ 反映了所有目标域样本被预测为第 $k$ 个源域类别的平均概率，$\gamma_k$ 越小，表明第 $k$ 个源域类别是外部类别的概率越大，在域适应过程中应当降低属于第 $k$ 个类别的源域样本的权重。根据权重 $\boldsymbol{\gamma}$ 的定义，我们有 $\sum_{k=1}^{|Y_s|}\gamma_k = 1$ 。最后，通过 $\boldsymbol{\gamma} = \frac{\boldsymbol{\gamma}}{\max(\boldsymbol{\gamma})}$ 对源域类别的权重 $\boldsymbol{\gamma}$ 进行归一化。

3）损失函数

根据源域类别的权重 $\boldsymbol{\gamma}$ ，采用加权后的源域样本与目标域样本学习域不变的特征表示。总体目标函数为

$$L(\theta_f,\theta_y,\theta_d)=\frac{1}{n_s}\sum_{x_i\in D_s}\gamma_{y_i^s}L_y(C(F(\boldsymbol{x}_i^s;\theta_f);\theta_y),y_i)-\frac{\lambda}{n_s}\sum_{x_i\in D_s}\gamma_{y_i^s}L_d(D(F(\boldsymbol{x}_i^s;\theta_f);\theta_d),d_i)-\frac{\lambda}{n_t}\sum_{x_i^t\in D_t}L_d(D(F(\boldsymbol{x}_i^t;\theta_f);\theta_d),d_i) \tag{5.2}$$

其中，$\gamma_{y_i^s}$ 是源域样本 $\boldsymbol{x}_i^s$ 的所属类别 $y_i^s$ 的权重，$\lambda$ 是分类损失 $L_y$ 和对抗损失 $L_d$ 的平衡系数。式（5.2）右边的第一项是分类损失，第二项和第三项是对抗损失。通过对抗训练，优化网络参数 $\theta_f$、$\theta_y$ 以及 $\theta_d$，其优化目标为

$$(\hat{\theta}_f,\hat{\theta}_y)=\underset{\theta_f,\theta_y}{\arg\min}L(\theta_f,\theta_y,\theta_d) \tag{5.3}$$

$$(\hat{\theta}_d)=\underset{\theta_d}{\arg\max}L(\theta_f,\theta_y,\theta_d) \tag{5.4}$$

通过交替迭代进行式（5.3）和式（5.4）定义的优化目标，减少源域和目标域之间的域偏移，从而使源域上训练的分类器 $C$ 适应于目标域任务。

**2. 选择对抗部分域适应**

与对抗部分域适应方法相同，选择对抗部分域适应方法[4]同样基于对抗迁移的思想。不同之处在于，选择对抗部分域适应方法采用了多个域分类器用于源域和目标域各个类别的对齐，使得属于同一个类别的源域和目标域样本对齐。根据样本的类别概率分布得到每个域分类器的权重，称之为样本级别的权重。此外，根据所有目标域样本在源域分类器上的平均类别概率分布，设计了类别级别的权重，对源域的所有类别进行加权，从而提高属于共享类别的源域样本的权重、降低属于外部类别的源域样本的权重。

1）模型结构

选择对抗部分域适应方法包括 3 个模块：特征提取器 $F$、分类器 $C$ 和域分类器 $D$。特征提取器 $F$ 用于提取输入样本 $\boldsymbol{x}_i$ 的特征表示 $\boldsymbol{f}_i=F(\boldsymbol{x}_i;\theta_f)\in\mathbf{R}^D$，其中 $\theta_f$ 是特征提取器的参数。分类器 $C$ 的输入是样本 $\boldsymbol{x}_i$ 的特征表示 $\boldsymbol{f}_i$，输出是样本 $\boldsymbol{x}_i$ 在源域类别空间 $Y_s$ 上的类别概率分布 $\hat{\boldsymbol{y}}_i$，表示为 $\hat{\boldsymbol{y}}_i=C(\boldsymbol{f}_i;\theta_y)\in\mathbf{R}^{|Y_s|}$，$\hat{\boldsymbol{y}}_i$ 的第 $k$ 维元素 $\hat{y}_i^k$ 表示样本 $\boldsymbol{x}_i$ 属于第 $k$ 类的概率，$k=1,2,\cdots,|Y_s|$，$\theta_y$ 是分类器 $C$ 的参数。域分类器 $D$ 包括由 $|Y_s|$ 个类别相关的域分类器，表示为 $\{D^1,\cdots,D^k,\cdots,D^{|Y_s|}\}$。第 $k$ 个域分类器 $D^k$ 负责对齐属于第 $k$ 个类别的源域样本和目标域样本，其输入是源域或目标域样本 $\boldsymbol{x}_i$ 的特征表示 $\boldsymbol{f}_i$，输出是 $\boldsymbol{x}_i$ 的域标签 $\hat{d}_i^k=D^k(\boldsymbol{f}_i;\theta_d^k)$，其中 $\theta_d^k$ 是域分类器 $D^k$ 的参数。图 5.3 为选择对抗部分域适应方法的框架图。

2）源域加权

分类器 $C$ 预测的样本 $\boldsymbol{x}_i$ 的类别概率分布 $\hat{\boldsymbol{y}}_i$ 描述了将样本 $\boldsymbol{x}_i$ 分配到源域各个类别的概率。可以将样本 $\boldsymbol{x}_i$ 预测为第 $k$ 类的概率作为第 $k$ 个域分类器 $D^k$ 的权重，从而在对齐源域和目标域样本的过程中考虑到类别信息。因此，域分类器的目标函数为

$$L_d=\frac{1}{n_s+n_t}\sum_{k=1}^{|Y_s|}\sum_{x_i\in D_s\cup D_t}\hat{y}_i^kL_d^k(D^k(F(\boldsymbol{x}_i;\theta_f);\theta_d^k),d_i) \tag{5.5}$$

其中，$L_d^k$ 表示根据样本 $\boldsymbol{x}_i$ 及其域标签 $d_i$ 计算的交叉熵损失；$\hat{y}_i^k$ 为 $\hat{\boldsymbol{y}}_i$ 的第 $k$ 维元素，表示分类器 $C$ 预测的样本 $\boldsymbol{x}_i$ 分配到第 $k$ 类的概率。

除了上述样本级别的加权之外，选择对抗部分域适应方法还使用了类别级别的加权策略，以进一步降低属于外部类别的源域样本在域适应过程中的权重。类别级别的加权策略与对抗部分域适应方法中的源域类别加权策略相同，即采用由源域分类器预测的所有目标域样

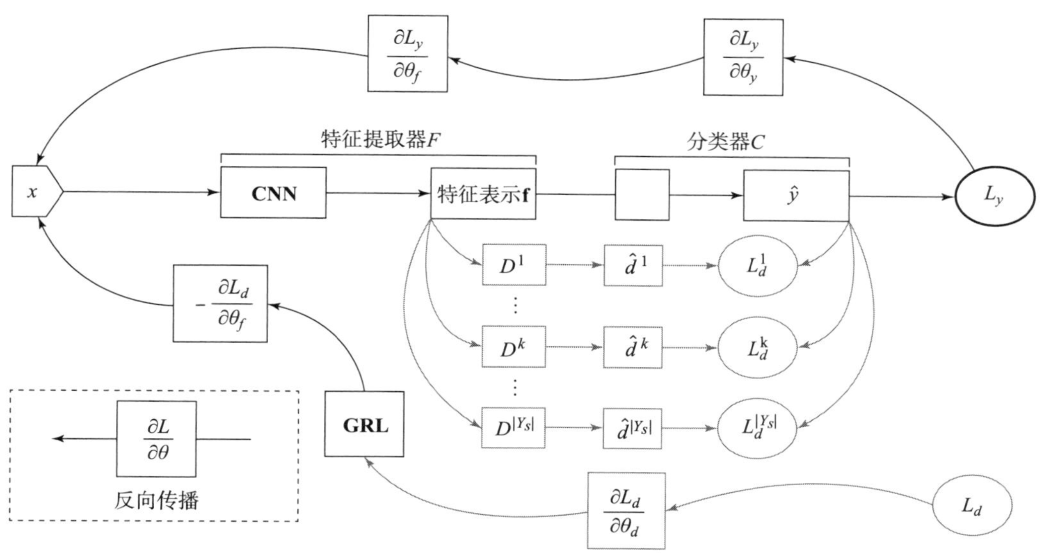


**图 5.3　选择对抗部分域适应方法的框架图**[4]

本的平均概率分布作为各个源域类别的权重。第 $k$ 个源域类别的权重 $\gamma_k$ 计算如下：

$$\gamma_k = \frac{1}{n_t}\sum_{\boldsymbol{x}_i^t \in D_t} \hat{y}_i^k \tag{5.6}$$

其中，$\hat{y}_i^k$ 是分类器 $C$ 预测的目标域样本 $\boldsymbol{x}_i^t$ 属于第 $k$ 类的概率。

结合类别级别的权重，式（5.5）定义的域分类器的优化目标函数可以改写为

$$L_d = \frac{1}{n_s + n_t}\sum_{k=1}^{|Y_s|}\left[\left(\frac{1}{n_t}\sum_{\boldsymbol{x}_i^t \in D_t}\hat{y}_i^k\right) \times \left(\sum_{\boldsymbol{x}_i \in (D_s \cup D_t)} \hat{y}_i^k L_d^k(D^k(F(\boldsymbol{x}_i;\theta_f);\theta_d^k),d_i)\right)\right] \tag{5.7}$$

3）熵最小化及总体目标函数

上述样本级别的权重和类别级别的权重均依赖于分类器 $C$ 预测的样本的类别概率分布。由于目标域缺乏标注信息，目标域样本的预测性能较低。因此，采用熵最小化原理进一步优化分类器 $C$，以提升其在目标域上的分类结果。具体地，通过最小化目标域样本类别概率分布的熵，鼓励类别之间的低密度分离，对应的损失函数为

$$L_e = \frac{1}{n_t}\sum_{\boldsymbol{x}_i^t \in D_t} H\left(C(F(\boldsymbol{x}_i^t;\theta_f);\theta_y)\right) \tag{5.8}$$

其中，$H(\cdot)$ 是条件熵损失函数，定义为 $H\left(C(F(\boldsymbol{x}_i^t;\theta_f);\theta_y)\right) = -\sum_{k=1}^{|Y_s|}\hat{y}_i^k \log \hat{y}_i^k$。

选择对抗部分域适应的总体目标函数为

$$L\left(\theta_f,\theta_y,\theta_d^k\Big|_{k=1}^{|Y_s|}\right) = \frac{1}{n_s}\sum_{\boldsymbol{x}_i^s \in D_s} L_y\left(C(F(\boldsymbol{x}_i^s;\theta_f);\theta_y),y_i\right) + \frac{1}{n_t}\sum_{\boldsymbol{x}_i^t \in D_t} H\left(C(F(\boldsymbol{x}_i^t;\theta_f);\theta_y)\right) - \frac{1}{n_s + n_t}\sum_{k=1}^{|Y_s|}\left[\left(\frac{1}{n_t}\sum_{\boldsymbol{x}_i^t \in D_t}\hat{y}_i^k\right) \times \left(\sum_{x_i \in (D_s \cup D_t)} \hat{y}_i^k L_d^k(D^k(F(\boldsymbol{x}_i;\theta_f);\theta_d^k),d_i)\right)\right] \tag{5.9}$$

通过对抗训练的方式，优化选择对抗部分域适应的网络参数 $\theta_f$、$\theta_y$ 以及$\theta_d^k|_{k=1}^{|Y_s|}$。优化目标如下：

$$(\hat{\theta}_f,\hat{\theta}_y) = \arg\min_{\theta_f,\theta_y} C(\theta_f,\theta_y,\theta_d^k|_{k=1}^{|Y_s|}) \tag{5.10}$$

$$(\hat{\theta}_d^1,\cdots,\hat{\theta}_d^{|Y_s|}) = \arg\max_{\theta_d^1,\cdots,\theta_d^{|Y_s|}} C(\theta_f,\theta_y,\theta_d^k|_{k=1}^{|Y_s|}) \tag{5.11}$$

通过交替迭代优化式（5.10）和式（5.11），特征提取器 $F$ 能够提取具有判别性的域不变的特征表示，从而使分类器 $C$ 适应于目标域任务。

**3. 重要性加权对抗部分域适应**

Zhang 等人[5]提出的重要性加权部分域适应方法，使用域分类器学得的域信息对源域样本进行加权。该方法基于对抗迁移的思想，采用双域分类器的结构，第一个域分类器通过衡量源域样本与目标域的相关性，对源域样本进行加权；第二个域分类器用于对齐加权后的源域样本和目标域样本，学习域不变的特征表示。此外，不同于对抗部分域适应方法与选择对抗部分域适应方法对源域和目标域采用一个公共的特征提取器，重要性加权部分域适应方法分别学习源域特征提取器和目标域特征提取器，使习得的样本特征包含更多的域特定信息。

1）网络结构

图 5.4 所示重要性加权对抗部分域适应包括 5 个模块：源域特征提取器 $F^s$ 、目标域特征提取器 $F^t$ 、分类器 $C$ 、域分类器 $D$ 和域分类器 $D_0$ 。源域特征提取器 $F^s$ 和目标域特征提取器 $F^t$ 分别用于提取源域和目标域样本的特征表示。分类器 $C$ 用于预测样本的类别概率分布。域分类器 $D$ 用于学习源域样本的权重。域分类器 $D_0$ 用于对齐加权后的源域样本和目标域样本。图 5.4 为重要性加权对抗部分域适应方法的框架图。

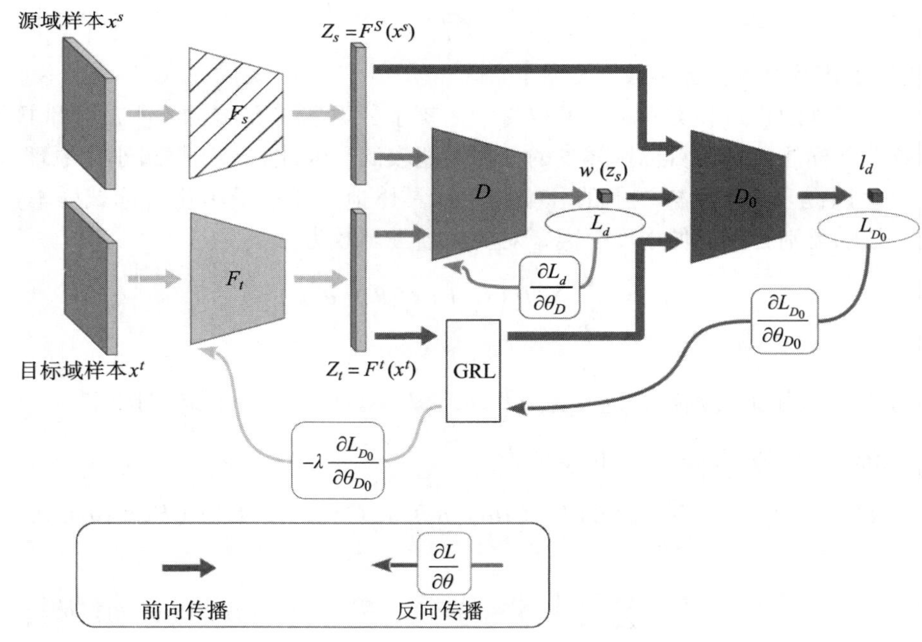


**图 5.4　重要性加权对抗部分域适应方法[5]**

该方法采用两阶段的训练方式。首先，根据源域样本 $\boldsymbol{x}_i^s$ 及其类别标签 $y_i^s$ ，优化源域特征提取器 $F^s$ 和分类器 $C$ ，学习具有判别性的特征表示，优化目标为

$$\min_{F^s,C} L_y(F^s,C) = \mathbf{E}_{x_i^s \sim p_s(x)} L\left(C\left(F^s\left(\boldsymbol{x}_i^s\right)\right), y_i^s\right) \tag{5.12}$$

其中，$L(\cdot)$ 为交叉熵损失。然后，固定源域特征提取器 $F^s$ ，用其参数初始化目标域特征提取器 $F^t$ 。再通过域对抗学习优化目标域特征提取器 $F^t$ 和域分类器 $D$。

在不考虑源域和目标域类别空间不同的情况下，域分类器致力于将源域和目标域区分开，目标域特征提取器致力于提取与源域相似的目标域样本的特征，从而混淆域分类器使其无法区分源域样本和目标域样本。因此，目标域特征提取器 $F^t$ 和域分类器 $D$ 的优化目标为

$$\min_{F^t}\max_{D} L(D,F^s,F^t) = \mathbf{E}_{\boldsymbol{x}_i^s \sim p_s(\boldsymbol{x})}\left[\log D\left(F^s(\boldsymbol{x}_i^s)\right)\right] + \mathbf{E}_{\boldsymbol{x}_i^t \sim p_t(\boldsymbol{x})}\left]\log\left(1 - D\left(F^t(\boldsymbol{x}_i^t)\right)\right)\right] \tag{5.13}$$

其中，域分类器 $D$ 是一个二分类器。所有源域样本的域标签为 1，所有目标域样本的域标签为 0。给定源域特征提取器 $F^s$ ，对于任意目标域特征提取器 $F^t$ ，最优的域分类器 $D$ 为

$$D^*(\boldsymbol{z}) = \frac{p_s(\boldsymbol{z})}{p_s(\boldsymbol{z}) + p_t(\boldsymbol{z})} \tag{5.14}$$

其中，$\boldsymbol{z} = F^s(\boldsymbol{x})$ 或者 $\boldsymbol{z} = F^t(\boldsymbol{x})$ 表示源域或目标域样本经过相应特征提取器后的特征表示。$p_s(\boldsymbol{z})$ 表示源域特征提取器 $F^s$ 学得的源域特征分布，$p_t(\boldsymbol{z})$ 表示目标域特征提取器 $F^t$ 学得的目标域特征分布。

2）源域样本加权

式（5.13）定义了在不考虑类别空间不同的情况下的优化目标。针对部分域适应，在源域和目标域类别空间不同的情况下，重要性加权对抗域适应方法提出了基于域分类器 $D$ 的源域样本加权策略。假设域分类器 $D$ 收敛到了最优值 $D^*$ ，域分类器的输出值反映了样本来自源域的可能性。对于源域样本 $\boldsymbol{x}_i^s$ ，其特征表示为 $\boldsymbol{z}_s = F^s(\boldsymbol{x}_i^s)$ 。当 $D^*(\boldsymbol{z}_s) \approx 1$ 时，由于目标域中没有属于外部类别的样本，样本 $\boldsymbol{x}_i^s$ 很可能来自源域中的外部类别，应该降低该样本在域适应过程中的权重。当 $D^*(\boldsymbol{z}_s) \approx 0$ 时，样本 $\boldsymbol{x}_i^s$ 可能来自源域的共享类别，应该提升其权重。因此，源域样本的权重应该与域分类器 $D$ 的输出值成反比，定义为

$$\tilde{w}(\boldsymbol{z}_s) = 1 - D^*(\boldsymbol{z}_s) = \frac{1}{\dfrac{p_s(\boldsymbol{z})}{p_t(\boldsymbol{z})} + 1} \tag{5.15}$$

由于源域样本的权重是相对的，因此按照如下方式对权重进行归一化：

$$w(\boldsymbol{z}_s) = \frac{\tilde{w}(\boldsymbol{z}_s)}{\mathbf{E}_{z \sim p_s(z)}\tilde{w}(\boldsymbol{z}_s)} \tag{5.16}$$

从而使得 $\mathbf{E}_{z \sim p_s(z)} w(\boldsymbol{z}_s) = 1$ 。为了更好地学习域不变的特征表示，引入域分类器 $D_0$ ，用于对齐加权后的源域样本和目标域样本。

根据源域样本的权重，在类别空间不同的情况下，目标域特征提取器 $F^t$ 和域分类器 $D_0$ 的优化目标为

$$\min_{F^t}\max_{D_0} L_{D_0}(D_0,F^s,F^t) = \mathbf{E}_{x_i^s \sim p_s(x)}[w(\boldsymbol{z}_s)\log D_0(F^s(\boldsymbol{x}_i^s))] + \mathbf{E}_{x_i^t \sim p_t(x)}[\log(1 - D_0(F^t(\boldsymbol{x}_i^t)))] \tag{5.17}$$

其中，$w(\boldsymbol{z}_s)$ 作为 $D$ 的函数独立于 $D_0$，可以看作一个常数。

3）总体目标函数

重要性加权对抗部分域适应方法的总体优化目标为

$$\min_{F^s,C} L_y(F^s,C) = \mathbf{E}_{\boldsymbol{x}_i^s \sim p_s(\boldsymbol{x})} L\left(C\left(F^s(\boldsymbol{x}_i^s)\right), y_i^s\right) \tag{5.18}$$

$$\min_D L_D(D,F^s,F^t) = -\left(\mathbf{E}_{\boldsymbol{x}_i^s \sim p_s(\boldsymbol{x})}\left[\log D\left(F^s(\boldsymbol{x}_i^s)\right)\right] + \mathbf{E}_{\boldsymbol{x}_i^t \sim p_t(\boldsymbol{x})}\left[\log\left(1 - D\left(F^t(\boldsymbol{x}_i^t)\right)\right)\right]\right) \tag{5.19}$$

$$\begin{aligned}\min_{F_t}\max_{D_0} L_{D_0}(C,D_0,F^s,F^t) = {} & \gamma \mathbf{E}_{\boldsymbol{x}_i^t \sim p_t(\boldsymbol{x})} H(C(F^t(\boldsymbol{x}_i^t))) + \\ & \lambda(\mathbf{E}_{\boldsymbol{x}_i^s \sim p_s(\boldsymbol{x})}[w(\boldsymbol{z})\log D_0(F^s(\boldsymbol{x}_i^s))] + \\ & \mathbf{E}_{\boldsymbol{x}_i^t \sim p_t(\boldsymbol{x})}[\log(1 - D_0(F^t(\boldsymbol{x}_i^t)))])\end{aligned} \tag{5.20}$$

其中，$\mathbf{E}_{\boldsymbol{x}_i^t \sim p_t(\boldsymbol{x})} H(C(F^t(\boldsymbol{x}_i^t)))$ 表示信息熵最小化约束。重要性加权对抗部分域适应方法通过下列方式迭代优化：首先，按照式（5.18）优化 $F^s$ 和 $C$。然后，固定 $F^s$ 和 $C$，通过式（5.19）和式（5.20）迭代优化 $D$、$D_0$ 和 $F^t$。最终，通过目标域特征提取器 $F^t$ 和分类器 $C$ 完成对目标域样本的分类。

**4. 域对抗强化学习部分域适应**

不同于上述部分域适应方法通过利用域信息或者类别概率分布信息对源域数据在样本层面进行挑选，Chen 等人[6]用序列动作建模样本的挑选过程，在集合层面对源域数据进行挑选，以便学得全局优化的挑选策略。基于这一思想，他们提出了域对抗强化学习部分域适应方法，将源域数据的挑选建模为马尔可夫决策过程，采用强化学习自动学习源域数据的挑选策略，同时结合域对抗学习根据挑选出的源域数据与目标域数据学习域不变的特征表示，从而减少源域和目标域在共享类别上的特征分布差异。此外，该方法采用基于域对抗学习的奖励函数，通过度量源域样本与目标域的相关性，指导基于强化学习的源域数据挑选。

1）模型结构

图 5.5 为域对抗强化学习部分域适应方法的框架图，该方法由深度强化学习和域对抗学习组成。深度强化学习用于学习属于共享类别的源域样本的挑选策略。域对抗学习用于学习域不变的特征表示，为强化学习中的智能体提供奖励值。

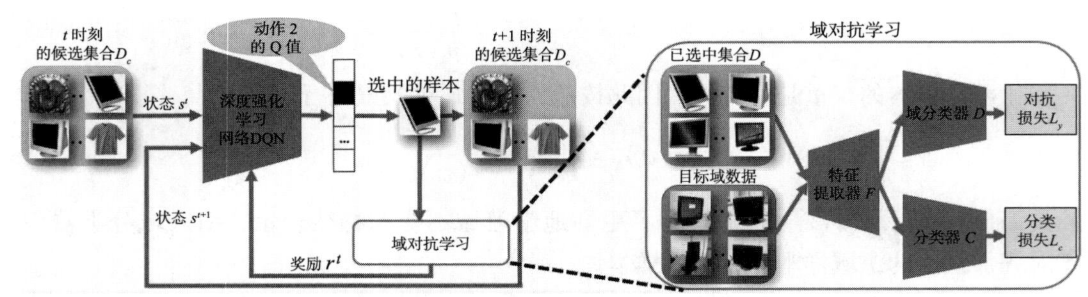


**图 5.5　域对抗强化学习部分域适应方法的框架图[6]**

采用深度强化学习网络估计动作－值函数。该函数输入是当前的状态，输出是执行各个动作的奖励，包括即时奖励和未来奖励，称之为 Q 值。对于一次挑选，智能体从当前候选集合（待挑选样本构成的集合）中选择最大 Q 值对应的样本移出并加入已选中集合。执行该动作的即时奖励值由域对抗学习提供。该奖励和下一时刻的状态被送入深度强化学习网络进行下一次挑选并更新挑选策略。经过多次挑选，域对抗学习使用已选中集合中的源域样本和目标域样本，学习域不变的特征表示。

2）深度强化学习

定义一个由待挑选源域样本构成的候选集合 $D_c$ 。从源域随机采样的样本集合作为 $D_c$ 的初始化。定义一个由智能体挑选出的源域样本组成的已选中集合 $D_e$ ，该集合被初始化为空集。智能体的状态由当前候选集合 $D_c$ 中所有样本的特征向量拼接而成。在初始时刻，智能体状态表示为 $\boldsymbol{s}_0 = [F(\boldsymbol{x}_1^c), \cdots, F(\boldsymbol{x}_{N_c}^c)] \in \mathbf{R}^{d \times N_c}$ ，其中 $F(\boldsymbol{x}_i^c) \in \mathbf{R}^{d \times 1}$ 表示特征提取器 $F$ 提取的源域样本 $\boldsymbol{x}_i^c$ 的特征表示；$N_c$ 表示候选集合 $D_c$ 包含源域样本的数量。智能体的动作定义为从候选集合 $D_c$ 中选出一个对应样本并加入已选中集合 $D_e$ 中。智能体的动作数等于候选集合的样本数。设 $t$ 时刻的智能体状态为 $\boldsymbol{s}_t$ ，则其执行的动作为

$$a_t = \max_a Q(s_t, a) \tag{5.21}$$

其中，$Q(s_t, a)$ 表示在状态 $s_t$ 下各个动作的 Q 值，由深度强化学习网络来学习。该网络的目标函数为

$$L_q = \mathbf{E}_{s_t, a_t}[(V(\boldsymbol{s}_t) - Q(\boldsymbol{s}_t, a_t))^2] \tag{5.22}$$

其中，$V(\boldsymbol{s}_t)$ 是 $Q(\boldsymbol{s}_t, a_t)$ 的目标值，定义为

$$V(\boldsymbol{s}_t) = \mathbf{E}_{s_{t+1}}[R_t + \gamma \max_{a_{t+1}} Q(\boldsymbol{s}_{t+1}, a_{t+1} \mid \boldsymbol{s}_t, a_t)] \tag{5.23}$$

其中，第一项 $R_t$ 是智能体执行动作 $a_t$ 的即时奖励，第二项是由深度强化学习网络估计的下一状态下能够取得的最大奖励，即执行动作 $a_t$ 的未来奖励。

当执行动作 $a_t$ 时，智能体将候选集合中的源域样本 $\boldsymbol{x}$ 移出并加入已选中集合 $D_e$ 中，获得的即时奖励 $R_t$ 为

$$R_t = \begin{cases} +1, \text{if } \ \varphi(\boldsymbol{x}) > \tau \\ -1, \text{otherwise} \end{cases} \tag{5.24}$$

其中，$\varphi(\cdot)$ 是度量源域样本与目标域相关性的函数，将在下面的在域对抗学习部分详细介绍。源域样本 $\boldsymbol{x}$ 与目标域的相关性越大，$\varphi(\boldsymbol{x})$ 的值就越大。当 $\varphi(\boldsymbol{x})$ 大于阈值 $\tau$ ，智能体获得 +1 的奖励，否则奖励为 −1。这样设计的奖励能够鼓励智能体学会挑选出与目标域相关性高的样本。当奖励为 −1 时，智能体到达终止状态，停止对当前候选集的选择，并开始对下一个候选集的选择。

3）域对抗学习

域对抗学习由特征提取器 $F$ 、域分类器 $D$ 和分类器 $C$ 构成。域分类器致力于正确分类源域样本与目标域样本，特征提取器致力于生成域不变的特征使得域分类器无法区分源域样本与目标域样本。域分类器 $D$ 的输入是已选中集合 $D_e$ 中的源域样本或者目标域样本，输出是 $K+1$ 维的向量，其前 $K$ 维表示输入样本的类别概率分布，第 $K+1$ 维表示输入样本的域标签。

给定从源域分布 $p(\boldsymbol{x})$ 采样的源域样本 $\boldsymbol{x}_i^s$ 及其类别标签 $y_i^s$ ，从目标域分布 $q(\boldsymbol{x})$ 采样的目标域样本 $\boldsymbol{x}_j^t$ 。域分类器 $D$ 和特征提取器 $F$ 的对抗训练过程如下。

固定特征提取器 $F$，域分类器 $D$ 致力于将源域样本正确分类到 $K$ 个源域类别中，并将目标域样本分类为来自目标域，其对抗损失定义为

$$\min_{D} L_y(F,D) = \mathbf{E}_{x_i^s \sim p(x)} H(D(F(\boldsymbol{x}_i^s)), \tilde{\boldsymbol{y}}_d^s) + \mathbf{E}_{x_j^t \sim q(x)} H(D(F(\boldsymbol{x}_j^t)), \tilde{\boldsymbol{y}}_d^t) \tag{5.25}$$

其中，$H(\cdot,\cdot)$ 是交叉熵损失。源域样本 $\boldsymbol{x}_i^s$ 的标签 $\tilde{\boldsymbol{y}}_d^s$ 是 $K+1$ 维的向量。前 $K$ 维是源域样本类别标签的一位有效编码。第 $K+1$ 维为0，表示样本来源于源域。目标域样本 $\boldsymbol{x}_j^t$ 的标签 $\tilde{\boldsymbol{y}}_d^t$ 的第 $K+1$ 维为1，表示样本来源于目标域，其余为0。

固定域分类器 $D$，特征提取器 $F$ 致力于混淆域分类器 $D$，使其将目标域样本分到 $K$ 个源域类别中，并将源域样本预测为来自目标域，其对抗损失定义为

$$\min_{F} L_y(F,D) = \mathbf{E}_{x_i^s \sim p(x)} H(D(F(\boldsymbol{x}_i^s)), \tilde{\boldsymbol{y}}_f^s) + \mathbf{E}_{x_j^t \sim q(x)} H(D(F(\boldsymbol{x}_j^t)), \tilde{\boldsymbol{y}}_f^t) \tag{5.26}$$

其中，源域样本 $\boldsymbol{x}_i^s$ 的标签 $\tilde{\boldsymbol{y}}_f^s$ 的第 $K+1$ 维为1，其余为0。目标域样本 $\boldsymbol{x}_j^t$ 的标签 $\tilde{\boldsymbol{y}}_f^t$ 的第 $K+1$ 维为0，前 $K$ 维是分类器 $C$ 预测的目标域样本伪标签的一位有效编码。

分类器 $C$ 通过最小化源域风险来保持特征的判别性，其分类损失为

$$\min_{F,C} L_c(F,C) = \mathbf{E}_{x_i^s \sim p(x)} \left[ -\sum_{k=1}^{K} \mathbb{1}_{k=y_i^s} \log C(F(\boldsymbol{x}_i^s)) \right] \tag{5.27}$$

其中，$y_i^s$ 是源域样本 $\boldsymbol{x}_i^s$ 的标签。$\mathbb{1}_{k=y_i^s}$ 是指示函数，当 $k = y_i^s$ 时为1，否则为0。

域对抗学习的整体目标函数定义为

$$\min_{F,C,D} L(F,C,D) = L_c(F,C) + L_y(F,D) \tag{5.28}$$

根据域分类器和分类器的输出，源域样本与目标域的相关性度量函数 $\varphi(\cdot)$ 定义为

$$\varphi(\boldsymbol{x}_i^s) = \mu_{y_i^s} D(F(\boldsymbol{x}_i^s))_d \tag{5.29}$$

其中，$D(F(\boldsymbol{x}_i^s))_d$ 是样本级别的相关性，是域分类器预测的源域样本 $\boldsymbol{x}_i^s$ 属于目标域的概率，即域分类器的第 $K+1$ 维输出。$\mu_{y_i^s}$ 是类别级别的相关性，表示第 $y_i^s$ 个源域类别的权重，是分类器 $C$ 将所有目标域样本预测为第 $y_i^s$ 类的平均概率。

### 5.1.3 性能分析

**1. 常用数据集**

部分域适应方法通常在图像分类任务上进行实验以验证其有效性。常用数据集有 Office + Caltech - 10[7]、Caltech - Office[7]、Office - 31[8]、Office - Home[9]、ImageNet - Caltech 和 VisDA2017[10]。

Office + Caltech - 10 数据集有 4 个域：Amazon、DSLR、Webcam 和 Caltech。Amazon、DSLR 和 Webcam 这 3 个域来自 Office - 31 数据集，Caltech 域来自 Caltech - 256 数据集[11]。Office + Caltech - 10 数据集共有 10 个类，为 Office - 31 数据集和 Caltech - 256 数据集的公共类别。Office + Caltech - 10 数据集中的 Amazon、DSLR、Webcam 和 Caltech 这 4 个域分别表示为 A10、D10、W10 和 C10。Amazon、DSLR、Webcam 和 Caltech 这 4 个域的前五个类别（按照字母顺序排序）分别表示为 A5、D5、W5 和 C5。将来自 A10、D10、W10 和 C10 的数据作为源域，来自 A5、D5、W5 和 C5 的数据作为目标域，共有 12 个迁移任务：C10→A5、

C10→W5、C10→D5、A10→C5、A10→W5、A10→D5、W10→C5、W10→A5、W10→D5、D10→C5、D10→A5、D10→W5。

Caltech－Office 数据集由 Caltech－256 数据集和 Office－31 数据集构成，是一个大规模数据集。使用 Caltech－256 数据集作为源域，表示为 C256。使用来自 Office＋Caltech－10 数据集中的 A10、W10 和 D10 中的一个作为目标域，共有 3 个迁移任务：C256→W10，C256→A10 和 C256→D10。

Office－31 数据集是面向域适应图像分类的常用数据集，共包括 3 个域：Amazon、Webcam 和 DSLR。这 3 个域均涵盖了 31 个类别的图像，分别用 A31、W31 和 D31 表示。将来自 Office－31 数据集中的 A31、W31 和 D31 中的一个域作为源域，来自 Office＋Caltech－10 数据集中的 A10、W10 和 D10 中的一个域作为目标域。因此，共有 6 个迁移任务：A31→W10、D31→W10、W31→D10、A31→D10、D31→A10、W31→A10。

Office－Home 数据集是一个更具挑战性的物品识别数据集，共包括 4 个域：Artistic、Clipart、Product 和 Real－world。每个域均涵盖了 65 个类别的图像，分别用 Ar－65、Cl－65、Pr－65 和 Rw－65 表示。将 4 个域中的类别按照字母顺序排列，取前 25 个类别，分别表示为 Ar－25、Cl－25、Pr－25 和 Rw－25。采用 Ar－65、Cl－65、Pr－65 和 Rw－65 中的一个作为源域，Ar－25、Cl－25、Pr－25 和 Rw－25 中的一个作为目标域，共有 12 个迁移任务：Ar－65→Cl－25、Ar－65→Pr－25、Ar－65→Rw－25、Cl－65→Ar－25、Cl－65→Pr－25、Cl－65→Rw－25、Pr－65→Ar－25、Pr－65→Cl－25、Pr－65→Rw－25、Rw－65→Ar－25、Rw－65→Cl－25 和 Rw－65→Pr－25。

ImageNet－Caltech 数据集是由 ImageNet－1K 数据集和 Caltech－256 数据集构建而成的。两个数据集共有 84 个共享类别，因此形成了两个迁移任务：ImageNet－1K→Caltech－84 和 Caltech－256→ImageNet－84。由于大多数网络均在 ImageNet－1K 数据集上进行预训练，因此使用 ImageNet 数据集的验证集作为 Caltech－256→ImageNet－84 迁移任务的目标域。

VisDA2017 数据集是一个用于域适应任务的大规模数据集，包括两个域：Real 和 Synthetic。其中，Real 域是真实图像构成的，Synthetic 域是由 3D 模型合成的 2D 效果图。两个域均涵盖了 12 个类别，表示为 Real－12 和 Synthetic－12。Real 域和 Synthetic 域的前 6 个类别（按照字母顺序）表示为 Real－6 和 Synthetic－6。使用 Real－12 和 Synthetic－12 中的一个作为源域，Real－6 和 Synthetic－6 中的一个作为目标域，共有两个迁移任务：Real－12→Synthetic－6 和 Synthetic－12→Real－6。

**2. 实验结果**

表 5.1 和表 5.2 分别展示了部分域适应方法在 Office＋Caltech－10 数据集和 Caltech－Office 数据集上以 AlexNet 为基础网络模型的性能。表 5.3、表 5.4、表 5.5 和表 5.6 分别展示了部分域适应方法在 Office－31 数据集、Office－Home 数据集、ImageNet－Caltech 数据集和 VisDA2017 数据集上以 ResNet－50 为基础网络模型的性能。从表 5.1～表 5.6 中可以看出，所有部分域适应方法均高于基础模型（AlexNet 或 ResNet－50），表明了部分域适应方法的有效性。选择对抗部分域适应方法优于对抗部分域适应方法，表明了使用多个域分类器进行源域和目标域类别对齐的优越性。域对抗强化学习部分域适应在大多数迁移任务上均取得最优的性能，充分验证了强化学习在部分域适应场景下学习挑选样

本的优势。

表 5.1　部分域适应方法在 Office + Caltech - 10 数据集上的分类准确率[6]　　单位:%

| 方法 | AlexNet | 重要性加权对抗部分域适应 | 域对抗强化学习部分域适应 |
|---|---|---|---|
| C10→A5 | 94.65 | 94.22 | **96.36** |
| C10→W5 | 90.37 | 97.78 | **98.52** |
| C10→D5 | 97.06 | 98.53 | **100.00** |
| A10→C5 | 85.79 | 89.9 | **92.47** |
| A10→W5 | 81.48 | 87.41 | **88.89** |
| A10→D5 | 95.59 | 88.24 | **100.00** |
| W10→C5 | 76.37 | 90.24 | **93.15** |
| W10→A5 | 87.79 | 95.29 | **96.15** |
| W10→D5 | **100.00** | **100.00** | **100.00** |
| D10→C5 | 80.99 | 91.61 | **92.64** |
| D10→A5 | 89.94 | 94.43 | **95.93** |
| D10→W5 | 97.04 | 98.52 | **99.26** |
| 平均值 | 89.76 | 93.85 | **96.11** |

表 5.2　部分域适应方法在 Caltech - Office 数据集上的分类准确率[6]　　单位:%

| 方法 | AlexNet | 选择对抗部分域适应 | 重要性加权对抗部分域适应 | 域对抗强化学习部分域适应 |
|---|---|---|---|---|
| C256→W10 | 62.37 | **88.33** | 86.10 | 88.14 |
| C256→A10 | 78.39 | 83.82 | 82.25 | **92.59** |
| C256→D10 | 65.61 | 85.35 | 84.08 | **91.72** |
| 平均值 | 68.79 | 85.83 | 84.14 | **90.82** |

表 5.3　部分域适应方法在 Office - 31 数据集上的分类准确率[6]　　单位:%

| 方法 | ResNet - 50 | 对抗部分域适应 | 选择对抗部分域适应 | 重要性加权对抗部分域适应 | 域对抗强化学习部分域适应 |
|---|---|---|---|---|---|
| A31→W10 | 76.61 | 86.54 | 93.9 | 89.15 | **94.58** |
| D31→W10 | 94.58 | 99.32 | 99.32 | 99.32 | **99.66** |
| W31→D10 | 98.09 | **100.00** | 99.36 | 99.36 | **100.00** |
| A31→D10 | 84.08 | 82.17 | 94.27 | 90.45 | **98.73** |
| D31→A10 | 72.86 | 92.69 | 94.15 | **95.62** | 94.57 |
| W31→A10 | 75.37 | **95.41** | 88.73 | 94.26 | 94.26 |
| 平均值 | 83.60 | 92.69 | 94.96 | 94.69 | **96.97** |

**表 5.4　部分域适应方法在 Office - Home 数据集上的分类准确率[6]**　单位:%

| 方法 | ResNet - 50 | 对抗部分域适应 | 选择对抗部分域适应 | 重要性加权对抗部分域适应 | 域对抗强化学习部分域适应 |
|---|---|---|---|---|---|
| Ar - 65→Cl - 25 | 44. 00 | 51. 95 | 44. 42 | 53. 94 | **55. 31** |
| Ar - 65→Pr - 25 | 62. 80 | 67. 00 | 68. 68 | 54. 45 | **80. 73** |
| Ar - 65→Rw - 25 | 74. 27 | 78. 74 | 74. 60 | 78. 12 | **86. 36** |
| Cl - 65→Ar - 25 | 55. 37 | 52. 16 | 67. 49 | 61. 31 | **67. 93** |
| Cl - 65→Pr - 25 | 54. 23 | 53. 78 | 64. 99 | 47. 95 | **66. 16** |
| Cl - 65→Rw - 25 | 61. 40 | 59. 03 | 77. 80 | 63. 32 | **78. 52** |
| Pr - 65→Ar - 25 | 56. 29 | 52. 61 | 59. 78 | 54. 17 | **68. 74** |
| Pr - 65→Cl - 25 | 38. 69 | 43. 22 | 44. 72 | **52. 02** | 50. 93 |
| Pr - 65→Rw - 25 | 75. 54 | 78. 79 | 80. 07 | 81. 28 | **87. 74** |
| Rw - 65→Ar - 25 | 63. 09 | 73. 73 | 72. 18 | 76. 46 | **79. 45** |
| Rw - 65→Cl - 25 | 42. 81 | 56. 60 | 50. 21 | 56. 75 | **57. 19** |
| Rw - 65→Pr - 25 | 74. 62 | 77. 09 | 78. 66 | 82. 90 | **85. 60** |
| 平均值 | 58. 59 | 62. 06 | 65. 30 | 63. 56 | **72. 06** |

**表 5.5　部分域适应方法在 ImageNet - Caltech 数据集上的分类准确率[12]**　单位:%

| 方法 | ResNet - 50 | 对抗部分域适应 | 选择对抗部分域适应 | 重要性加权对抗部分域适应 |
|---|---|---|---|---|
| ImageNet - 1K→Caltech - 84 | 69. 69 | 75. 03 | 77. 75 | **78. 06** |
| Caltech - 256→ImageNet - 84 | 71. 29 | 70. 48 | **75. 26** | 73. 33 |
| 平均值 | 70. 49 | 72. 76 | **76. 51** | 75. 70 |

**表 5.6　部分域适应方法在 VisDA2017 数据集上的分类准确率[6]**　单位:%

| 方法 | ResNet - 50 | 对抗部分域适应 | 域对抗强化学习部分域适应 |
|---|---|---|---|
| Real - 12→Synthetic - 6 | 64. 28 | 76. 50 | **79. 94** |
| Synthetic - 12→Real - 6 | 45. 26 | 53. 53 | **67. 77** |
| 平均值 | 54. 77 | 65. 01 | **73. 86** |

## 5.2　开集域适应

2017 年，Busto 和 Gall[13]首次将开放集合的概念[14-16]引入域适应问题，提出开集域适应任务，即源域与目标域都存在对方域中不存在的类别。与 Busto 和 Gall 提出的设定有所不同，2018 年，Saito 等人[17]提出源域类别集合是目标域类别集合子集的开集域适应任务。

### 5.2.1 开集域适应基本思想

开集域适应的形式化表示为：给定 $n$ 个已标注样本构成源域，表示为 $D_s = \{\boldsymbol{x}_i, y_i\}_{i=1}^{n}$，和 $m$ 个未标注样本构成目标域，表示为 $D_t = \{\boldsymbol{x}_j\}_{j=1}^{m}$。源域的条件概率分布 $p(y_s | \boldsymbol{x}_s)$ 与目标域的条件概率分布 $q(y_t | \boldsymbol{x}_t)$ 相同，但二者的边缘概率分布 $p(\boldsymbol{x}_s)$ 与 $q(\boldsymbol{x}_t)$ 不同。源域与目标域的类别空间满足 $Y_s \cap Y_t \neq \emptyset$，且 $Y_s \cap Y_t \neq Y_s \neq Y_t$ 或 $Y_s \subseteq Y_t$。开集域适应的目标就是利用 $D_s$ 来训练分类器 $f: \boldsymbol{x} \rightarrow y$，用于预测 $D_t$ 中样本的标签 $y_t \in Y_t$。当源域与目标域中的类别集合相同（即 $Y_s = Y_t$）时，开集域适应问题又称为闭集域适应问题。而在不同类别集合关系下的域适应问题，除了开集域适应问题之外，还包括本书 5.1 节所介绍的部分域适应[4]和通用域适应[18]。对于部分域适应，其目标域类别集合是源域类别集合的子集，即 $Y_t \subseteq Y_s$。对于通用域适应，其源域类别集合和目标域类别集合之间的关系无法确定。图 5.6 展示了上述域适应问题中源域类别集合与目标域类别集合之间的关系。

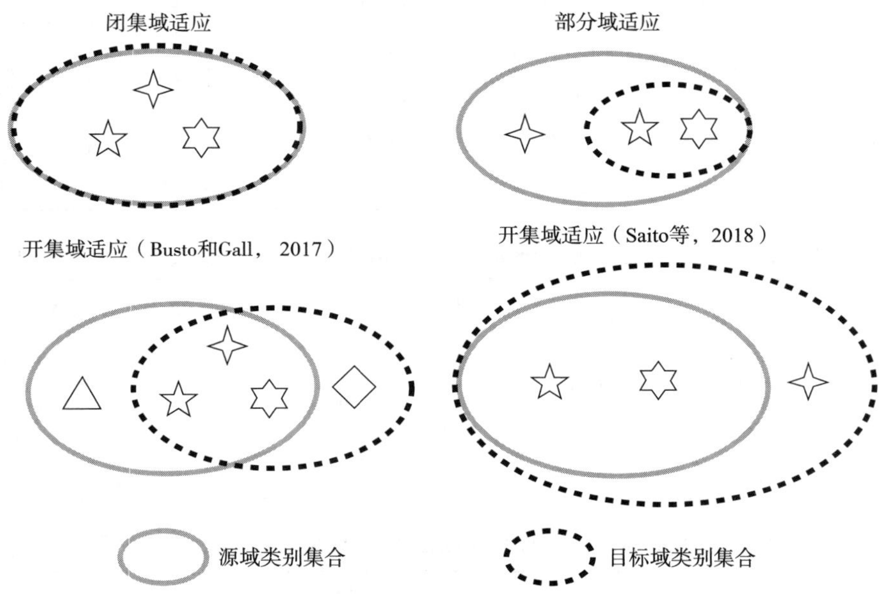


**图 5.6　常见域适应问题中的类别集合[13]**

在开集域适应任务中，除了需要减少源域和目标域之间的数据分布差异，还需要考虑源域类别集合与目标域类别集合之间的差异。将源域和目标域共有的类别称为共享类别，仅源域存在而目标域没有的类别称为源域外部类别，仅目标域存在而源域没有的类别称为目标域外部类别。为了方便表示，用外部类别代表源域和目标域特有的类别，包括源域外部类别和目标域外部类别。源域与目标域中都存在属于外部类别的样本，如果直接将源域数据分布与目标域数据分布进行对齐，那么就会出现不同类别对齐的错误匹配，导致迁移性能下降，即负迁移[2]。因此，开集域适应的关键问题是如何确定共享类别与外部类别，然后对齐源域和目标域中属于共享类别的样本，从而在类别空间不一致的情况下减少源域和目标域的分布差异。解决这个关键问题的思路是将属于外部类别的样本从所有样本中分离出来，再对齐源域与目标域中属于共享类别的样本。针对分离属于外部类别的样本，目前主要有两种方法，一种是基于分类器方法，另一种是基于相似性度量方法。这两种方法的不同之处在于对类别空间划分的策略不同。基于分类器方法使用分类器的输出来划分类别空间，即使用源域样本训练分类器，进而根据分类器学得的在源域类别空间的类别概率分布来对目标域类别空间进行划分。基于相似性度量方法则使用目标域样本与源域类别间的相似性来划分类别空间。下面介绍几种开集域适应方法。

## 5.2.2　开集域适应经典方法

### 1. 迭代分配变换开集域适应方法

Busto 等人[13]首次提出了开集域适应任务，该任务关注于当源域与目标域的类别空间中都存在外部类别时，使源域模型适应于目标域任务。针对这一任务，提出了迭代分配变换（assign - and transform - iteratively，ATI）开集域适应方法。该方法不但适用于开集域适应，而且还适用于传统的闭集域适应。

迭代分配变换开集域适应包含以下两个步骤。①分配：使用源域样本训练的分类器，对目标域样本预测标签；②变换：根据目标域样本的分类结果，将源域样本的特征变换到目标域特征空间，并根据变换后的源域样本特征更新分类器，再根据更新后的分类器重复分配步骤，交替迭代分配和变换两个步骤直至收敛。此外，在分配步骤中设计了一个隐式离散样本处理模块，将仅属于目标域外部类别的样本分离，从而学习属于相同类别的源域与目标域样本之间的变换。

迭代分配变换开集域适应方法可以用在无监督域适应和半监督域适应中，其中的目标域样本标签预测步骤在这两种情况下略有不同。

1）无监督域适应中的标签预测

在无监督域适应场景下，给定 $n$ 个已标注样本构成的源域 $D_s = \{\boldsymbol{x}_i^s, y_i^s\}_{i=1}^n$，和 $m$ 个未标注样本构成的目标域 $D_t = \{\boldsymbol{x}_j^t\}_{j=1}^m$，$\boldsymbol{x}_i^s$ 和 $\boldsymbol{x}_j^t$ 分别是源域样本和目标域样本的特征表示，$\boldsymbol{x}_i^s \in \mathbf{R}^D$ 且 $\boldsymbol{x}_j^t \in \mathbf{R}^D$。$Y_s$ 表示源域类别集合，$Y_t$ 表示目标域类别集合，源域和目标域存在一部分共享类别，同时又拥有各自特有的类别，称之为外部类别，即 $Y_s \cap Y_t \neq \varnothing$ 且 $Y_s \cap Y_t \neq Y_s \neq Y_t$。给定大小为 $K$ 的类别集合，前 $K-1$ 个类别表示共享类别，即 $K-1 = |Y_s \cap Y_t|$，用第 $K$ 个类别表示外部类别，将所有属于外部类别的样本分类到这一类别。给定第 $j$ 个目标域样本 $\boldsymbol{x}_j^t$，该样本与源域第 $k$ 个类别之间的距离定义为

$$d_{kj} = \|\boldsymbol{S}_k - \boldsymbol{T}_j\|_2^2 \tag{5.30}$$

其中，$\boldsymbol{S}_k \in \mathbf{R}^D$ 是属于第 $k$ 个类别的所有源域样本的平均特征向量，$\boldsymbol{T}_j \in \mathbf{R}^D$ 是目标域样本 $\boldsymbol{x}_j^t$ 的特征向量。

根据定义的距离函数，针对样本 $\boldsymbol{x}_j^t$ 的优化目标为

$$\min_{u_{kj}, o_j} \sum_k d_{kj} u_{kj} + \lambda o_j \tag{5.31}$$

其中，$u_{kj}$ 与 $o_j$ 是分配任务中设定的两个二元变量。当 $u_{kj} = 1$ 时，目标域样本 $\boldsymbol{x}_j^t$ 被预测为第 $k$ 类；当 $u_{kj} = 0$ 时，样本 $\boldsymbol{x}_j^t$ 未被预测为第 $k$ 类。当 $o_j = 1$ 时，目标域样本 $\boldsymbol{x}_j^t$ 被预测为第 $K$ 类（即外部类别）；当 $o_j = 0$ 时，目标域样本 $\boldsymbol{x}_j^t$ 未被预测为第 $K$ 类。$\lambda = 0.5(\max_{j,k} d_{kj} + \min_{j,k} d_{kj})$ 为

平衡参数，其值可以根据 $d_{kj}$ 的值自动进行调整。因此，总体优化目标是

$$\min_{u_{kj},o_j}\sum_j\left(\sum_k d_{kj}u_{kj}+\lambda o_j\right) \tag{5.32}$$

同时要满足以下约束

$$\sum_k u_{kj}+o_j=1,\forall j \tag{5.33}$$

$$\sum_j u_{kj}\geqslant 1,\forall k \tag{5.34}$$

$$u_{kj},o_j\in\{0,1\},\forall k,j \tag{5.35}$$

第一个约束式（5.33）的含义是保证目标域样本一定被预测为某一共享类别或者被预测为外部类别。第二个约束式（5.34）的含义是确保每个类中至少有一个目标域样本被分配为该类。

2）半监督域适应中的标签预测

以上针对无监督域适应提出的类别标签预测方法也同样适用于半监督适应。在半监督开集域适应中，目标域有部分已标注的样本。为了将已标注的目标域样本充分利用，在无监督开集域适应的优化目标函数中添加以下约束以使已标注目标域样本的标签保持不变：

$$u_{\hat{k}_j j}=1,\forall(j,\hat{k}_j)\in Y_t \tag{5.36}$$

其中，$\hat{k}_j$ 表示目标域中已标注样本 $\boldsymbol{x}_j^t$ 的类别标签。此外，离目标域样本 $\boldsymbol{x}_j^t$ 最近的邻居样本 $\boldsymbol{x'}_j^t$ 也加入了样本 $\boldsymbol{x}_j^t$ 所在的训练集中参与分类器的学习，来进一步提高样本 $\boldsymbol{x}_j^t$ 的分类精度。如果一个邻居样本被预测为与样本 $\boldsymbol{x}_j^t$ 不同的类别，则将源域中这两个类别相应的平均特征之间的距离 $d_{kk'}=\|\boldsymbol{S}_k-\boldsymbol{S}_{k'}\|_2^2$ 作为优化目标中的一项损失。因此，半监督开集域适应的优化目标定义为

$$\min_{u_{kj},o_j}\sum_j\left(\sum_k u_{kj}\left(d_{kj}+\sum_{x'^t_j\in N_t}\sum_{k'}d_{kk'}u_{k'j'}\right)+\lambda_{o_j}\right) \tag{5.37}$$

其中，$N_t$ 为目标域样本 $\boldsymbol{x}_j^t$ 的邻居样本数量。

3）源域到目标域的变换

在完成目标域样本的类别标签预测之后，需要学习从源域特征到目标域特征的变换。该方法用二维矩阵 $\boldsymbol{W}\in\mathbf{R}^{D\times D}$ 来表示源域特征到目标域特征的线性变换，并通过最小化下列损失函数来估计 $\boldsymbol{W}$：

$$f(\boldsymbol{W})=\frac{1}{2}\sum_j\sum_k u_{kj}\|\boldsymbol{W}\boldsymbol{S}_k-\boldsymbol{T}_j\|_2^2 \tag{5.38}$$

4）对目标域分类

在完成对变换 $\boldsymbol{W}$ 的估计之后，就要将源域样本变换到目标域。该方法在分配和变换这两个步骤交替迭代直至收敛。之后使用变换后的源域样本训练线性支持向量机（linear SVMs，LSVM），来完成对目标域样本的分类。

**2. 反向传播开集域适应方法**

在前面介绍的迭代分配变换开集域适应方法中，源域外部类别中的样本也参与到了目标域分类器的学习。Saito 等人[17]提出了基于反向传播的开集域适应。该方法假设源域外部类别中的样本不存在或不可访问，进一步放宽了开集域适应的限制。其主要特点包括以下几方

面：其一，该方法在训练中没有使用源域外部类别中的样本，在实际应用中其适用范围更广。其二，反向传播开集域适应使用了对抗学习策略，使特征提取器在对齐源域和目标域属于共享类别样本的同时，将属于未知类别的样本挑选出来不进行对齐，从而在类别空间不同的情况下学习域不变的特征表示。

1）模型结构

给定 $n$ 个已标注样本构成的源域 $D_s = \{\boldsymbol{x}_i^s, y_i^s\}_{i=1}^n$ 和 $m$ 个未标注样本构成的目标域 $D_t = \{\boldsymbol{x}_j^t\}_{j=1}^m$，其中，$\boldsymbol{x}_i^s$ 和 $\boldsymbol{x}_j^t$ 分别为源域样本和目标域样本的特征表示。用 $Y_s$ 和 $Y_t$ 分别表示源域类别集合和目标域类别集合。不同于迭代分配变换开集域适应方法中源域和目标域均存在外部类别，反向传播开集域适应方法假定源域不存在外部类别、目标域存在外部类别，也就是源域类别集合是目标域类别集合的子集，即 $Y_s \subset Y_t$。该方法的目标是将属于已知类别的目标域样本正确分到相应的类中，并将所有属于外部类别的样本分到一个类别，称之为未知类别。

反向传播开集域适应方法的模型结构如图 5.7 所示。特征提取器 $F$ 用于提取源域样本 $\boldsymbol{x}_i^s$ 或目标域样本 $\boldsymbol{x}_j^t$ 的特征表示，分类器 $C$ 的输入是样本的特征表示，输出是样本的类别概率分布，是一个 $K+1$ 维的向量 $\{l_1, l_2, l_3, l_4 \cdots. l_{k+1}\}$，其中，前 $K$ 维表示样本被分到与源域共享的的 $K$ 个类别的概率，第 $K+1$ 维表示样本分类到外部类别的概率。分类器 $C$ 将样本 $\boldsymbol{x}$ 分类为第 $j$ 个类别的概率定义为

$$p(y = j \mid \boldsymbol{x}) = \frac{\exp(l_j)}{\sum_{k=1}^{K+1} \exp(l_k)} \tag{5.39}$$

当 $1 \leqslant j \leqslant K$ 时，$p(y = j \mid \boldsymbol{x})$ 是分类器输出向量的第 $j$ 维，表示将样本 $\boldsymbol{x}$ 预测为共享类别中第 $j$ 个类别的概率。当 $j = K+1$ 时，$p(y = j \mid \boldsymbol{x})$ 是分类器输出向量中的第 $K+1$ 维，表示将样本 $\boldsymbol{x}$ 预测为外部类别的概率。

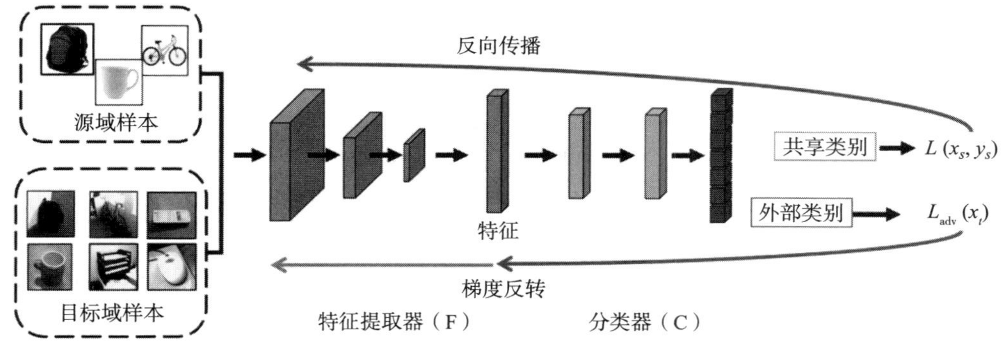


**图 5.7 反向传播开集域适应方法的模型结构**[17]

2）模型训练

给定源域样本 $\boldsymbol{x}_i^s$ 及其类别标签 $y_i^s$，采用标准交叉熵损失作为分类损失来优化特征提取器 $F$ 和分类器 $C$，从而学习具有判别性的特征表示，分类损失 $L_s(\boldsymbol{x}_i^s, y_i^s)$ 定义为

$$L_s(\boldsymbol{x}_i^s, y_i^s) = -\log(p(y = y_i^s \mid \boldsymbol{x}_i^s)) \tag{5.40}$$

$$p(y = y_i^s \mid \boldsymbol{x}_i^s) = C(F(\boldsymbol{x}_i^s))_{y_i^s} \tag{5.41}$$

其中，$C(\cdot)_{y_i^s}$ 是分类器 $C$ 输出的第 $y_i^s$ 维，表示分类器 $C$ 预测的样本 $\boldsymbol{x}_i^s$ 属于第 $y_i^s$ 个类别的概率。

为了减少源域和目标域之间的分布差异，采用对抗学习的方式训练分类器和特征提取器。分类器致力于将目标域样本正确分类（即将已知类别分到前 $K$ 个类别，将未知类别分到第 $K+1$ 个类别）。特征提取器致力于通过最大化分类器的损失来混淆分类器，使其无法正确分类。当训练分类器输出 $p(y = K+1 \mid \boldsymbol{x}_j^t) = 1.0$ 时，特征提取器在最大化分类器误差的时候便只能选择降低 $p(y = K+1 \mid \boldsymbol{x}_j^t)$ 的值，即将所有的目标域样本都分到前 $K$ 个类别，使得目标域分布与源域分布完全匹配。为了将已知的目标样本正确地分到相应的类别中，同时将未知的目标样本识别为未知类别，训练分类器输出 $p(y = K+1 \mid \boldsymbol{x}_j^t) = t, (0 < t < 1)$。特征提取器在最大化分类器误差的时候，可以选择将该样本分类到第 $K+1$ 个未知类别，即使 $p(y = K+1 \mid \boldsymbol{x}_j^t)$ 的值大于 $t$，也可以选择将该样本分类到前 $K$ 个已知类别，即使 $p(y = K+1 \mid \boldsymbol{x}_j^t)$ 的值小于 $t$。根据上述思想，给定目标域样本 $\boldsymbol{x}_j^t$，分类器和特征提取器的对抗损失 $L_{\text{adv}}(\boldsymbol{x}_j^t)$ 定义为

$$L_{\text{adv}}(\boldsymbol{x}_j^t) = -t\log(p(y = K+1 \mid \boldsymbol{x}_j^t)) - (1-t)\log(1 - p(y = K+1 \mid \boldsymbol{x}_j^t)) \tag{5.42}$$

结合分类损失，反向传播开集域适应方法的总体优化目标为

$$\min_C L_s(\boldsymbol{x}_i^s, y_i^s) + L_{\text{adv}}(\boldsymbol{x}_j^t) \tag{5.43}$$

$$\min_F L_s(\boldsymbol{x}_i^s, y_i^s) - L_{\text{adv}}(\boldsymbol{x}_j^t) \tag{5.44}$$

通过梯度反转层实现特征提取器 $F$ 与分类器 $C$ 的对抗训练以对齐源域和目标域的数据分布。

**3. 语义差异匹配开集域适应方法**

语义差异匹配开集域适应方法[19]将零样本学习的策略用于域适应中，从而不仅对属于共享类别的目标域样本分类，同时将属于外部类别的目标域样本也进行分类。该方法通过图卷积网络（graph convolutional network，GCN）将已知类别的分类规则传播至未知类别，对属于未知类别的目标域样本进行分类。同时，采用语义引导匹配差异来度量源域与目标域之间的域偏移，最小化源域和目标域之间的分布差异。

1）模型结构

语义差异匹配开集域适应方法的设定与反向传播开集域适应方法相同，即源域类别空间是目标域类别空间的子集。图 5.8 为语义差异匹配开集域适应方法的框架图。该方法共包括一个双分支参数共享的分类网络和一个用于将源域中已知类别的分类规则传播到目标域中未知类别的图卷积网络。首先使用图卷积网络来生成目标域中未知类别的语义嵌入，通过这些语义嵌入来初始化分类网络中的分类器层。之后，根据源域样本和目标域样本的特征表示，利用语义引导匹配差异度量域偏移，并设计了有限平衡约束用于平衡目标域未知类别和已知类别的分类损失。分类网络和图卷积网络以端到端的方式进行联合训练来减少语义引导匹配差异，从而在类别空间不匹配的情况下学得域不变的特征表示。分类网络包括参数共享的特征提取器 $F$ 和参数共享的目标域分类器 $C_t$。

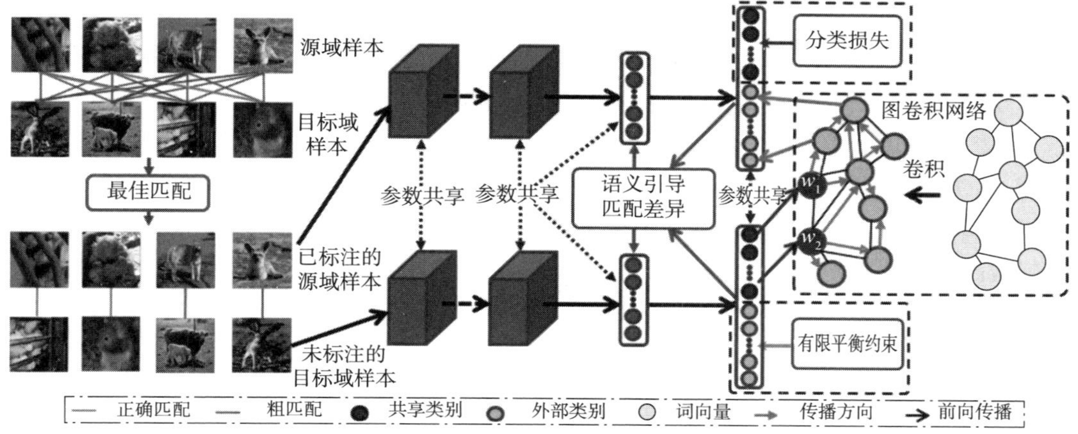


**图 5.8 语义差异匹配开集域适应方法的框架图[19]**

2）生成语义嵌入

利用词向量和知识图中的辅助信息，可以通过图卷积网络，根据已知类别的语义嵌入生成未知类别的语义嵌入。首先构建一个包含 $N$ 个节点的图，每个节点表示一个类别，使用类名的词向量进行初始化。为了将已知类别的语义嵌入传播到未知类别，需要额外的节点来构建从已知类别到未知类别的完整路径。因而采用知识图（如面向语义的词间关系数据库，WordNet[20]）来构建类别间的关系，以对称邻接矩阵的形式进行编码。在该图上进行图卷积操作，定义为

$$\boldsymbol{O}=\sigma(\boldsymbol{D}^{-1}\boldsymbol{A}\boldsymbol{X}\Theta) \tag{5.45}$$

其中，$\boldsymbol{A}\in\mathbf{R}^{N\times N}$ 表示邻接矩阵，$\boldsymbol{X}\in\mathbf{R}^{N\times C}$ 由 $N$ 个词向量组成，$\Theta$ 表示图卷积网络的参数，$\sigma(\cdot)$ 表示非线性激活函数，$\boldsymbol{D}\in\mathbf{R}^{N\times N}$ 表示度矩阵且满足 $\boldsymbol{D}_{ii}=\sum_j \boldsymbol{A}_{ij}$。通过训练图卷积网络来预测已知类别的分类器权重，并根据词向量所体现的语义关系生成未知类别的分类器权重。训练图卷积网络的损失函数 $L_{\text{init}}$ 定义为

$$L_{\text{init}}=\frac{1}{2M}\sum_{i=1}^{|Y_s|}\sum_{j=1}^{M}(O_{i,j}-W_{i,j})^2 \tag{5.46}$$

其中，$|Y_s|$ 是源域样本的类别总数；$\boldsymbol{W}\in\mathbf{R}^{|Y_s|\times M}$ 是通过提取在源域上预训练的分类器权重而获得的分类器权重。之后将预训练的 ResNet 网络中的分类器替换为图卷积网络生成的分类器，从而形成初始化的分类网络。

3）语义引导匹配差异

在类别空间不匹配的情况下，采用语义引导匹配差异来度量源域和目标域的距离。根据源域和目标域所有样本的特征表示，构造两个域之间的二分图，二分图的权重是样本之间的 L1 距离。通过匈牙利算法，获得源域和目标域之间的粗糙有噪声的匹配实例对。然后通过语义一致性来过滤噪声。具体来说，给定匹配实例对，即源域样本 $\boldsymbol{x}_i^s$ 和目标域样本 $\boldsymbol{x}_i^t$，通过特征提取器 $F$ 获得其特征表示 $\boldsymbol{f}_i^s=F(\boldsymbol{x}_i^s)$ 和 $\boldsymbol{f}_i^t=F(\boldsymbol{x}_i^t)$，并计算样本的分类器响应值 $p_i^s=C_t(\boldsymbol{f}_i^s)$ 与 $p_i^t=C_t(\boldsymbol{f}_i^t)$。那么，语义引导匹配差异定义为

$$L_d = \sum_i d(\boldsymbol{f}_i^s, \boldsymbol{f}_i^t) * \mathbb{1}(\langle p_i^s, p_i^t \rangle > \tau) \tag{5.47}$$

其中，$d(\boldsymbol{f}_i^s, \boldsymbol{f}_i^t)$ 是源域样本特征 $\boldsymbol{f}_i^s$ 与目标域样本特征 $\boldsymbol{f}_i^t$ 之间的距离。$\mathbb{1}(\cdot)$ 是指示函数，$\tau$ 是给定的阈值。当 $p_i^s$ 与 $p_i^t$ 的相似性大于 $\tau$ 时，指示函数为 1，否则为 0。$\langle \cdot, \cdot \rangle$ 表示内积，相似性 $\langle p_i^s, p_i^t \rangle$ 揭示了匹配实例对之间的语义一致性程度。

4）有限平衡约束

为了避免属于外部类别的目标域样本被分类到共享类别，语义差异匹配开集域适应方法为目标域的分类器响应添加平衡约束。相关的平衡约束首先在文献［21］中被提出，定义为

$$L_b = -\log \sum_{j=|Y_s|+1}^{|Y_t|} p_j^t \tag{5.48}$$

其中，$|Y_t|$ 表示目标域的类别数，前 $|Y_s|$ 个为与源域共享的类别。由于目标域没有标注，式（5.48）定义的平衡约束可能会出现较大的值，这将导致将目标域样本都分到未知类别中。因此，语义差异匹配开集域适应方法采用了有限平衡约束，定义为

$$L_{lb} = R_t + \frac{w^2}{R_t} \tag{5.49}$$

$$R_t = \sum_{j=|Y_s|+1}^{|Y_t|} p_j^t \tag{5.50}$$

其中，$w$ 为常数，用于控制将目标域样本分类到外部类别的分类响应比率，理想情况下可以根据未知类别占所有类别的比例来设置。

5）保持语义结构

为了在最小化语义引导匹配差异的同时保持不同类别之间的语义结构，需要将图卷积网络嵌入整个网络的训练过程中。不同于生成语义嵌入时对源域的已知类别进行约束，此时需要将目标域所有类别的语义嵌入都考虑在损失项中。该损失函数 $L_{\text{gcn}}$ 定义为

$$L_{\text{gcn}} = \frac{1}{2M} \sum_{i=1}^{|Y_t|} \sum_{j=1}^{M} (O_{i,j} - \hat{W}_{i,j})^2 \tag{5.51}$$

其中，$\hat{\boldsymbol{W}} \in \mathbf{R}^{|Y_s| \times M}$ 是从目标域分类器 $C_t$ 中提取的权重。

语义差异匹配开集域适应方法的总体损失函数为

$$L = L_{\text{cls}} + \lambda_d L_d + \lambda_b L_{lb} + \lambda_g L_{\text{gcn}} \tag{5.52}$$

其中，$L_{\text{cls}}$ 为源域的分类损失函数，$\lambda_b$、$\lambda_d$、$\lambda_g$ 为平衡系数。

### 5.2.3 性能分析

**1. 常用数据集**

为验证开集域适应方法的有效性，通常使用数字分类与图像分类任务进行实验。对于数字分类，常用数字图像数据集有 MNIST 数据集[22]、USPS 数据集[23]与 SVHN 数据集[24]。对于图像分类，常用数据集是 Office-31 数据集[8]。上述数据集均在本书第 4 章中进行了阐

述，不再赘述。

语义差异匹配开集域适应方法在小规模数据集 I2AwA 和大规模数据集 I2WebV 上进行了实验。I2AwA 数据集的目标域是用于零样本学习的 AwA2 数据集[25]，由 50 个动物类别组成，总共有 37 322 幅图像，每个类别平均有 746 幅图像。根据文献［25］中提出的划分，40 个类被视为已知类别，其余 10 个类被视为未知类别。通过谷歌图像搜索引擎收集了 40 个已知类别的图像并手动去除噪声，构成有 2 970 幅图像的源域。I2WebV 数据集的源域来自 ILSVRC－（6）2012，其中有 1 000 个类别，总共包含 1 279 847 张图像，目标域是 WebVision 数据集的验证集[26]，共有 5 000 个类，由 294 009 张图像组成。

**2. 实验结果**

在数字分类任务上，反向传播开集域适应方法进行了以下 3 个迁移任务：①SVHN→MNIST：SVHN 数据集为源域，MNIST 数据集为目标域；②MNIST→USPS：MNIST 数据集为源域，USPS 数据集为目标域；③USPS→MNIST：USPS 为源域，MNIST 数据集为目标域。该实验采用开集支持向量机（OSVM）[27] 作为基准方法进行对比，结果如表 5.7 所示。从表 5.7 中可以看出，在 3 个迁移任务上，反向传播开集域适应方法均取得了比开集支持向量机方法更好的性能，尤其在域偏移更大的 SVHN→MNIST 任务上获得了 33.6% 的提升，充分验证了反向传播开集域适应方法的有效性。

**表 5.7 反向传播开集域适应方法在数字分类任务上的性能[17,27]** 单位：%

| 方法 | 源域 | SVHN | MNIST | USPS | 平均值 |
|---|---|---|---|---|---|
| | 目标域 | MNIST | USPS | MNIST | |
| 开集支持向量机 | | 37.4 | 84.2 | 63.5 | 61.7 |
| 反向传播开集域适应 | | 71.0 | 88.1 | 94.4 | 84.5 |

在图像分类任务上，迭代分配变换开集域适应方法与反向传播开集域适应方法都在 Office－31 数据集上进行了实验，选取与 Caltech－256 数据集[11] 共享的 10 个类别作为源域与目标域的共享类别，按照字母顺序，第 21～31 个类别被用作目标域的外部类别，第 11～20 个类别被用作源域的外部类别。Office－31 数据集共包括 3 个域：Amazon（A），Webcam（W），DSLR（D）。以其中一个域为源域，一个域为目标域，共构建了 6 个迁移任务：A→W，W→A，D→A，A→D，W→D，D→W。表 5.8 为开集域适应方法在 Office－31 数据集上以 AlexNet 网络为基础网络的性能。从表 5.8 中可以看出，迭代分配变换开集域适应方法取得了更好的性能，因为在反向传播开集域适应的设定中源域没有属于外部类别的样本，分类任务难度更大，所以其性能比迭代分配变换开集域适应方法略低。

**表 5.8 开集域适应方法在 Office－31 数据集上以 AlexNet 网络为基础网络的性能[13,17]**

单位：%

| 方　　法 | A→W | D→W | W→D | A→D | D→A | W→A | 平均值 |
|---|---|---|---|---|---|---|---|
| 迭代分配变换开集域适应 | 77.6 | 93.5 | 98.3 | 79.8 | 71.3 | 76.7 | 82.9 |
| 反向传播开集域适应 | 74.9 | 94.4 | 96.9 | 76.6 | 62.5 | 81.4 | 81.1 |

语义差异匹配开集域适应方法在 I2AwA 数据集以及 I2WebV 数据集上进行了实验。该方

法通过图卷积网络将已知类别的分类策略传播给未知类别，所以与 zGCN[28]、dGCN[29]等同样利用图卷积网络生成未知类别分类器参数的零样本学习方法进行了对比。表 5.9、表 5.10 分别为语义差异匹配开集域适应方法及其对比方法在 I2AwA 数据集以及 I2WebV 数据集上的性能，分别包括属于共享类别的目标域样本的分类准确率（表中的“共享类别”）、属于外部类别的目标域样本的分类准确率（表中的“外部类别”）以及目标域所有类别的分类准确率（表中的“所有类别”）。从表 5.9 和表 5.10 中的数据可以看出，语义差异匹配开集域适应方法表现出最好的性能。此外，由于缺少目标域外部类别的相应标注数据，外部类别的性能远低于共享类别的性能。

**表 5.9　语义差异匹配开集域适应方法及其对比方法在 I2AwA 数据集上的性能[19]**

单位:%

| 方法 | zGCN | dGCN | UODTN |
|---|---|---|---|
| 共享类别 | 77.2 | 78.2 | 84.7 |
| 外部类别 | 21.0 | 11.6 | 31.7 |
| 所有类别 | 65.0 | 64.0 | 73.5 |

**表 5.10　语义差异匹配开集域适应方法及其对比方法在 I2WebV 数据集上的性能[19]**

单位:%

| 方法 | zGCN | dGCN | UODTN |
|---|---|---|---|
| 共享类别 | 43.8 | 45.2 | 57.3 |
| 外部类别 | 2.2 | 2.0 | 2.4 |
| 所有类别 | 11.1 | 11.3 | 14.2 |

## 参考文献


[1] RUSSAKOVSKY O, DENG J, SU H, et al. Imagenet large scale visual recognition challenge [J]. International journal of computer vision, 2015, 115 (3): 211-252.

[2] PAN S J, YANG Q. A survey on transfer learning [J]. IEEE transactions on knowledge and data engineering, 2009, 22 (10): 1345-1359.

[3] CAO Z, MA L, LONG M, et al. Partial adversarial domain adaptation [C]//European Conference on Computer Vision, 2018: 135-150.

[4] CAO Z, LONG M, WANG J, et al. Partial transfer learning with selective adversarial networks [C]//IEEE Conference on Computer Vision and Pattern Recognition, 2018: 2724-2732.

[5] ZHANG J, DING Z, LI W, et al. Importance weighted adversarial nets for partial domain adaptation [C]//IEEE Conference on Computer Vision and Pattern Recognition, 2018: 8156-8164.

[6] CHEN J, WU X, DUAN L, et al. Domain adversarial reinforcement learning for partial

domain adaptation [J]. IEEE transactions on neural networks and learning systems, 2020, PP (99): 1 – 15.

[7] GONG B, SHI Y, SHA F, et al. Geodesic flow kernel for unsupervised domain adaptation [C]//IEEE Conference on Computer Vision and Pattern Recognition. IEEE, 2012: 2066 – 2073.

[8] SAENKO K, KULIS B,, FRITZ M, et al. Adapting visual category models to new domains [C]//European Conference on Computer Vision, 2010: 213 – 226.

[9] VENKATESWARA H, EUSEBIO J, CHAKRABORTY S, et al. Deep hashing network for unsupervised domain adaptation [C]//IEEE Conference on Computer Vision and Pattern Recognition, 2017: 5018 – 5027.

[10] PENG X, USMAN B, KAUSHIK N, et al. Visda: the visual domain adaptation challenge [J]. arXiv preprint arXiv: 1710. 06924, 2017.

[11] Caltech – 256 object category dataset [EB/OL]. [2021 – 09 – 01]. Http: //www. vision. caltech. edu/Image_ Datasets/Caltech256/.

[12] Cao Z, You K, Long M, et al. Learning to transfer examples for partial domain adaptation [C]//IEEE Conference on Computer Vision and Pattern Recognition. 2019: 2985 – 2994.

[13] BUSTO P P, GALL J. Open Set Domain Adaptation [C]//IEEE International Conference on Computer Vision. 2017: 754 – 763.

[14] LI, F, WECHSLER H. Open set face recognition using transduction [J]. IEEE Transactions on pattern analysis and machine intelligence, 2005, 27 (11 ): 1686 – 1697.

[15] SCHEIRERWJ, JAIN LP, BOULT T E. Probability Models for Open Set Recognition. [J]. IEEE transactions on pattern analysis and machine intelligence, 2014, 36 ( 11 ) : 2317 – 2324.

[16] SCHEIRER W J, DE REZENDE ROCHA A, SAPKOTA A, et al. Toward open set recognition [J]. IEEE transactions on pattern analysis & machine intelligence, 2013, 35 (7) : 1757 – 1772.

[17] SAITO K, YAMAMOTO S, USHIKU Y, et al. Open set domain adaptation by backpropagation [C]//European Conference on Computer Vision (CVPR), 2018: 153 – 168.

[18] YOU K C, et al. Universal domain adaptation. [C]//2019 IEEE Conference on Computer Vision and Pattern Recognition (CVPR), 2020: 2720 – 2729.

[19] ZHUO J B, et al. Unsupervised open domain recognition by semantic discrepancy minimization [C]//IEEE Conference on Computer Vision and Pattern Recognition (CVPR), 2020: 750 – 759.

[20] MILLER, GEORGE A, et al. WordNet: a lexical database for English [J]. Communications of the Acm, 1995, 38 (11): 39 – 41.

[21] SONG J, SHEN C C, YANG Y Z, et al. Transductive unbiased embedding for zero – shot learning [C]//IEEE Conference on Computer Vison and Pattern Recognition (CVPR), 2018: 1024 – 1033.

[22] LECUN Y, BOTTOU L, BENGIO Y, et al. Gradient – based learning applied to document recognition [J]. Proceedings of the IEEE, 1998, 86 (11): 2278 – 2324.

[23] HULL J J. A database for handwritten text recognition research [J]. IEEE Transactions on pattern analysis and machine intelligence, 1994, 16 (5): 550 – 554.

[24] NETZER Y, WANG T, COATES A, et al. Reading digits in natural images with unsupervised feature learning [C]//Conference on Neural Information Processing Systems Workshop on Deep Learning and Unsupervised Feature Learning, 2011: 1 – 9.

[25] XIAN Y, SCHIELE B, AKATAZ. Zero – shot learning the good, the bad and the ugly [C]//IEEE Conference on Computer Vision and Pattern Recognition, 2017: 4582 – 4591.

[26] LI W, WANG L, LI W, et al. Webvision database: Visual learning and understanding from web data [J]. arXiv preprint arXiv: 1708. 02862, 2017.

[27] JAIN L P, SCHEIRER W J, BOULT T E. Multi – class open set recongnition using probability of inclusion [C]//European Conference on Computer Vison, 2014: 393 – 409.

[28] WANG X, YE Y, GUPTA A. Zero – shot recognition via semantic embeddings and knowledge graphs [C]// IEEE Conference on Computer Vision and Pattern Recognition, 2018: 6857 – 6866.

[29] KAMPFFMEYER M, CHEN Y, LIANG X, et al. Rethinking knowledge graph propagation for zero – shot learning [C]//IEEE Conference on Computer Vision and Pattern Recognition, 2019: 11487 – 11496.

# 第 6 章

# 迁移学习在动作识别中的应用

## 6.1 动作识别介绍

动作识别（action recognition）[1]是计算机视觉领域一个备受关注的研究方向，它使得计算机不仅能够观察外部世界，还能自动分析和理解场景中正在进行的人类活动，并做出相应的决策。拥有视觉功能的计算机具有更强的自主适应环境的能力，能够辅助人类完成许多重要的任务，如智能视频检索、智能视频监控、高级人机交互、智能环境构建等，这对于推动社会进步和生产力发展、保障公共和个人安全、丰富便捷人们的日常生活都具有重要的实际意义。

动作识别是指从获取的视频中提取运动、表观、上下文等多种特征，在特征与动作类别之间建立关联，进而判断动作的所属类别。动作识别的输入一般是视频，输出是动作类别标签，基本过程（图 6.1）包括特征提取和分类器两个操作。特征提取的主要工作是从含有丰富、冗余信息的输入视频数据中抽取精练且有意义的信息来描述表示动作。一种“理想”的特征表示能使后续估计器或分类器的工作变得简单轻松。因此，特征提取在动作分析中扮演着十分重要的角色。对于动作识别和定位，动作的特征表示应该具有区分鉴别能力，即来自同一动作类别的不同样本的特征应该非常相近，而来自不同动作类别的样本的特征应该有很大的差异。分类器的作用是根据提取的特征向量来给被测视频或图像区域序列赋予一个动作类别标签。因为完美的分类性能通常是不可能获得的，更一般的任务是确定每个可能动作类别的概率。在设计动作分类器时，我们总是希望建立一个“万能”的分类器，在特征向量不那么理想的情况下也能很好地完成识别任务。

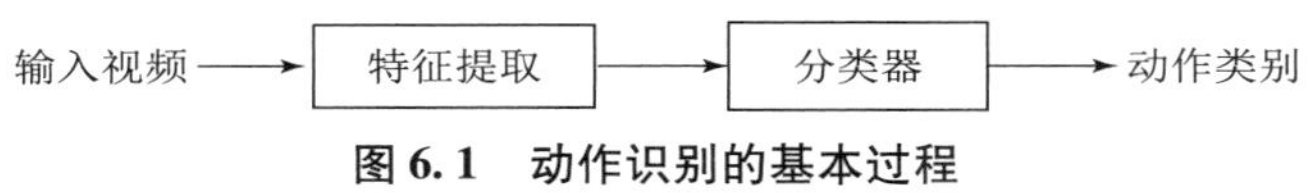


**图 6.1　动作识别的基本过程**

## 6.2 动作识别基本方法

传统的动作识别主要涉及动作表示和分类算法。近年来涌现的深度学习动作识别将动作表示和动作分类通过端到端的训练方式有机结合。下面将分别介绍传统动作识别中的特征提取方法和分类方法，以及深度学习动作识别中的深度网络模型。

### 6.2.1 动作特征提取

受个体外观（如身材、着装等）和运动习惯（如时间间隔、运动幅度等）等因素的影响，不同个体的同类动作往往会呈现出较大的类内差异。同时，剧烈的光照变化、摄像机运动、视角变化等因素也为区分不同类别的动作造成了很大的困难。因此，如何提取具有强描述能力和强判别能力的特征表示至关重要。全局时空特征[2-6]、局部时空兴趣点特征[7-13]和时空轨迹特征[14-17]是三类经典的动作特征。

**1. 全局时空特征**

全局时空特征是较早提出的时空视觉特征，它在大尺度上描述了人体的表观和运动信息。典型的全局时空特征有运动能量图（motion energy image，MEI）、运动历史图（motion history image，MHI）、光流场、时空体（spatial temporal volume，STV）、时空形状（space - time shape，STS）。

Bobick 和 Davis[18]提出用 MEI 和 MHI 表示图像序列中人的运动［图 6.2（a）］。MEI 由二值图像序列随着时间累加而成，累加后的整体形状及其位置表示该段图像序列中人的运

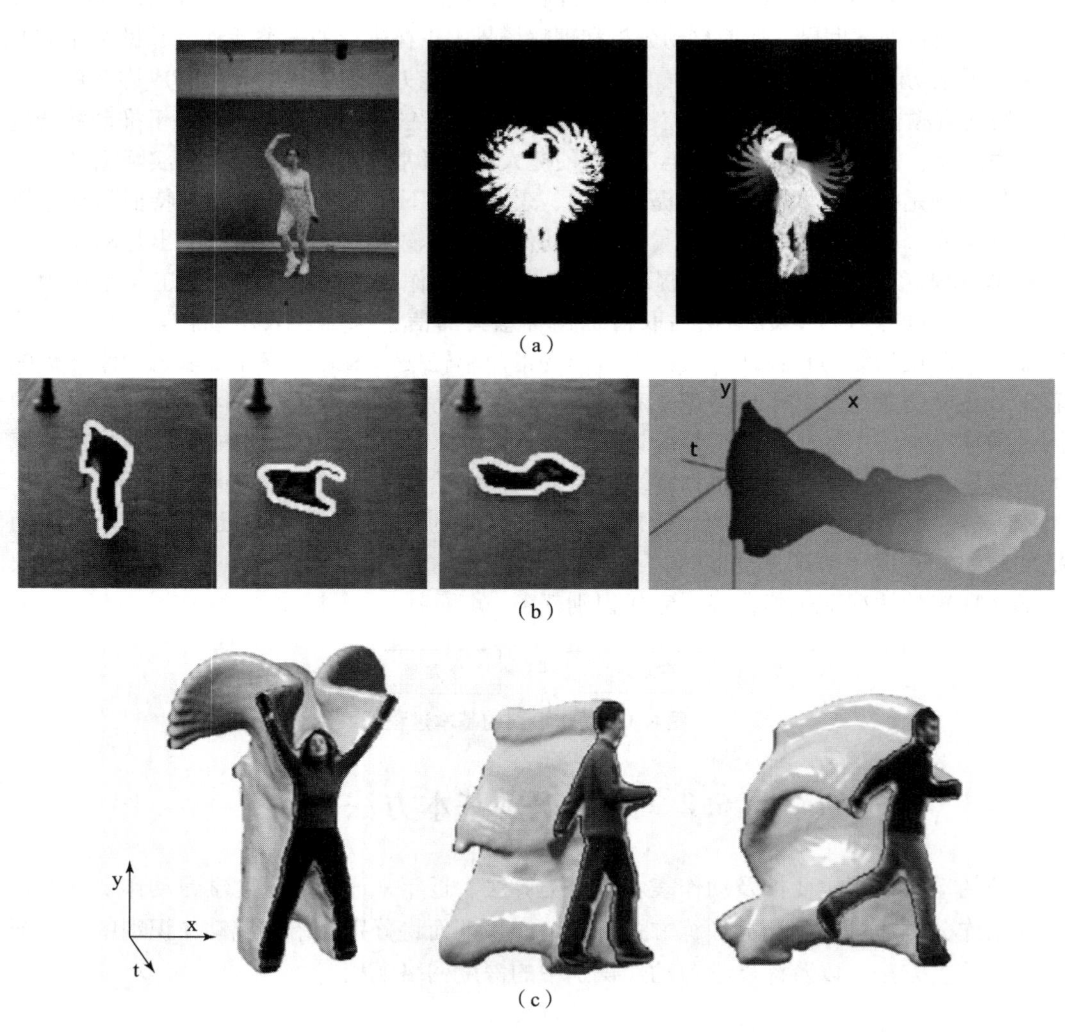


**图 6.2　全局时空特征**

（a）运动能量图和运动历史图[18]；（b）时空体[5]；（c）时空形状[6]

动，但没有反映运动的时间先后关系。MHI 是对 MEI 的改进，通过对每个像素建立运动历史函数来体现运动的先后关系。Bradski 和 Davis[2] 基于 MHI 原理提出了定时 MHI（timed MHI，tMHI）概念，并将它用于运动分割，最后用 Hu 矩表示二值边缘图像，实现对动作的识别。Weinland 等人[3] 在多摄像机的环境下把来自各个摄像机的图像序列融合成简单的三维体，即运动历史体（motion history volumes，MHV），从任意角度识别动作。Yilmaz 和 Shah[5] 通过两步图理论方法解决相邻帧之间的点对应问题，由图像序列生成时空体［图 6.2（b）］。通过分析时空体的局部微分几何属性，获取方向、速度和表面局部形状等作为动作特征的描述子。Blank 等人[6] 将完整的人体轮廓按照时间顺序排列在一起组成一个矩阵，即时空形状［图 6.2（c）］。时空形状同时具有人体姿态的静态空间信息和运动的动态变化信息。

**2. 局部时空兴趣点特征**

为了弥补全局时空特征的不足，基于局部时空兴趣点的动作描述方法应运而生。它提取人体运动图像序列中一些变化显著的局部特征点，并对这些特征点的各种属性进行统计建模，形成对动作的描述。

Laptev[19] 通过加入时间约束将二维图像平面的 Harris 兴趣点算子扩展到三维时空 Harris 兴趣点算子，检测在时间和空间上灰度显著变化的局部区域，称之为时空兴趣点［spatio - temporal interest point，图 6.3（a）］。Dollár 等人[12] 提出可分离的线性滤波器，通过在二维图像平面进行高斯滤波和在一维时间轴进行 Gabor 滤波，检测得到稠密的时空兴趣点［图 6.3（b）］。为了减少背景噪声和前景物体纹理对兴趣点检测的影响，Bregonzio 等人[20] 首先利用帧间差分得到运动兴趣区域，然后在运动兴趣区域使用不同方向的二维 Gabor 滤波得到抗噪能力更强的时空兴趣点，并通过在时间轴上对兴趣点的累积形成兴趣点云（clouds of interest points），从兴趣点云中提取一些表征人体运动的信息作为动作的描述特征［图 6.3（c）］。Oikonomopoulos 等人[21] 通过衡量像素相邻时空区域内信息的变化量，找到变化显著点（salient points）。Wong 和 Cipolla[22] 利用全局信息来检测和选择兴趣点。他们采用非负矩阵分解方法检测到运动的身体部分，然后在身体部分周围检测兴趣点，使得提取的兴趣点更具运动表达能力。

**3. 时空轨迹特征**

时空轨迹特征通过跟踪每帧的局部特征来捕捉视频中的时空信息。Wang 等人[23] 利用 KLT 跟踪器[24] 提取 DoG - SIFT 特征点的轨迹，通过描述每一对轨迹之间的运动得到视频的特征表示。Sun 等人[25] 同样采用 KLT（Kande - Lucas - Tomasi）跟踪器在视频中提取基于 DoG - SIFT 特征点的轨迹。与文献［23］不同的是，他们分别建模特征点的上下文关系、轨迹内的上下文关系以及不同轨迹之间的上下文关系。Messing 等人[26] 提取了特征点轨迹的速率信息。Wang 等人[15-16] 通过跟踪稠密图像块提取稠密的光流（optical flow）轨迹［图 6.3（d）］。该轨迹特征对不规则的运动较为鲁棒，可以更准确地捕捉复杂的运动模式。Jiang 等人[17] 用局部和全局参考点捕捉稠密轨迹的运动，提出一种综合了轨迹的表观、位置和运动信息的特征表示。该特征对摄像机运动较为鲁棒，并且能够描述运动物体之间的关系。

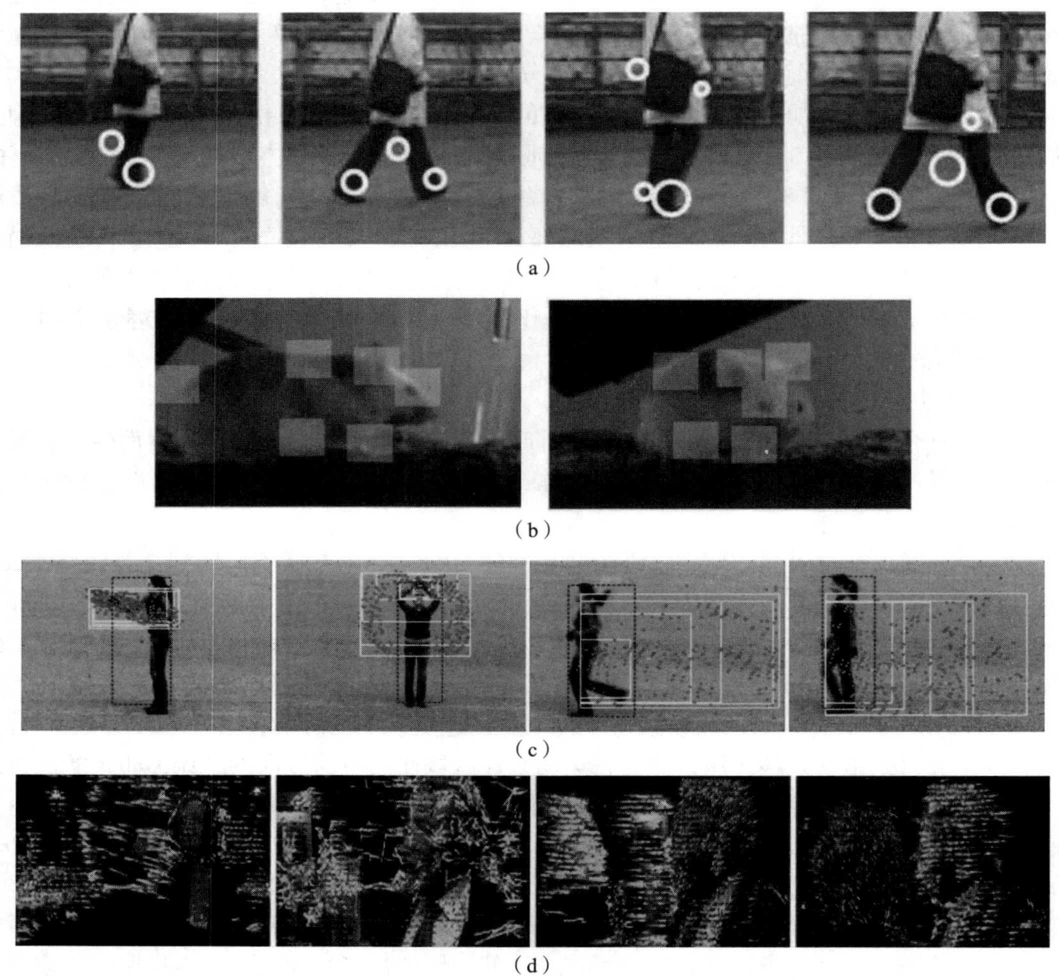

**图 6.3　局部时空兴趣点特征**

（a）Laptev 等人[19]提出的时空兴趣点；（b）Dollár 等人[12]提出的时空兴趣点；（c）兴趣点云[20]；（d）稠密轨迹[15]

### 6.2.2　动作分类

根据动作表示与建模方式，动作分类模型可以分为两类：时空模型和序列模型。前者将视频帧在时间轴上进行排列组成一个三维时空体，通过比较两个视频的整体特征来衡量彼此的相似性，忽略了视频帧之间的时序关系；而后者将视频视为一个观测序列，通过分析时序运动模式来识别动作。

**1. 时空模型**

基于模板匹配[6,13,27-32]的方法在动作识别发展早期取得了良好的识别效果。这类方法从训练数据中学习不同动作的模板，通过比对待识别样本与动作模板之间的相似性来确定识别的结果。Bobick 和 Davis[18]采用二值化的运动能量图和标量化的运动历史图作为表示动作的模板，采用马氏距离度量模板的相似性。Kim 等人[32]用三维时空立方体表示动作，以不同动作的相关系数作为相似度度量标准。Rodriguez 等人[30]将传统的最大平均相关高度滤波器从二维图像空间扩展到三维空间，得到视频滤波动作模板。Blank 等人[6]将人体轮廓在时间轴上进行排列组成时空形状矩阵，通过求解时空形状的泊松方程提取动作动态特性、动作方向、形状结构等特征，用于描述人体姿态的空间信息和动态变化信息。他们以欧氏距离为相似度度量标准，采用最近邻匹配方法识别视频中的动作。Ryoo 和 Aggarwal[13]采用基于时空关系的匹配方法来度量两个视频的相似性，对每个动作采用时间关系直方图和空间关系直方图统计局部特征点的时空关系，作为视频匹配的依据。基于模板匹配的动作识别方法实现简单，可进行实时的动作识别。在模板匹配方法中，模板的建立至关重要，需要有一个稳定的大容量数据库作为基础。此外，模板匹配算法不够鲁棒，容易受到噪声干扰，对时间间隔变化等类内动作差异比较敏感。

基于统计建模[9,33,35]的时空方法通过显式地建模不同动作的概率分布识别视频中的动作。Chomat 和 Crowley[33]采用局部特征的统计直方图表示视频，通过贝叶斯规则计算动作在视频中出现的后验概率。Niebles 等人[9]将产生式的概率潜在语义分析模型应用到动作识别中，通过估计每个动作的后验概率来标注视频的动作类别标签。Wong 等人[34]将概率潜在语义分析模型与隐式形状模型相结合，以描述局部特征点到动作中心的相对时空位置信息。

**2. 序列模型**

序列模型方法将视频视为一个观测序列，每个观测是图像帧的特征向量，通过分析不同动作产生该观测序列的可能性来预测视频的动作类别。与基于时空模型的方法不同，基于序列模型的动作识别方法通过挖掘视频的时序信息来表达动作的时序运动模式。序列模型方法大致可以分为基于样本序列和基于状态模型两大类。

基于样本序列的方法用一个模板序列或一组样本序列描述一个动作，通过比较待识别视频与各个动作的模板序列或样本序列的相似性来归类视频。动态时间规整（dynamic time warping，DTW）算法是一种评估两个时间序列之间相似度的方法，能够在多项式复杂度下匹配两个长度不等的序列，被广泛应用于基于样本序列的动作识别方法[35-36]中。

基于状态模型的方法用一组状态序列描述动作，通过状态之间的转换关系建模动作的时序信息。常用的状态模型主要有两大类：产生式模型和判别式模型。产生式模型建模了状态和观测的联合概率分布，通过贝叶斯公式计算观测序列的后验概率，判断观测序列是否属于某种动作。判别式模型则直接建模了观测序列的后验条件概率，不关注状态与观测的联合概率分布。因此，产生式模型从统计学的角度表达了数据的类内分布，而判别式模型通过学习不同类别之间的分界面反映了类间数据的差异。隐马尔可夫模型（hidden Markov models，HMM）和动态贝叶斯网络（dynamic Bayesian network，DBN）是两种常用的产生式模型。这两种模型都是用一组隐含状态序列表示动作，每个状态产生一个观测特征向量，利用转移概率表达状态之间的转换关系。一般情况下，每类动作对应一个模型。得到模型的观测产生概率和状态转移概率后，通过计算模型产生观测序列的概率来获得该序列的动作类别。条件随机场（conditional random field，CRF）是一种应用广泛的判别式模型。与隐马尔可夫模型不同，条件随机场没有很强的独立性假设，能够建模任意长度的特征相关性。

### 6.2.3 动作识别深度模型

深度学习是学习视觉特征表示的有效方法。人类大脑接收视觉信息后，感受区首先提取视野中目标的边缘特征，然后提取目标的形状信息，最后提取目标的全局特征。通过将特征从低层到高层进行组合，人的大脑表示目标越来越抽象，从而能更准确地表达语义信息。深度模型通过模拟人类大脑，构建深层的神经网络模型，将输入的原始图像信息逐层表示为边缘、形状等语义信息。每一层通过学习前一层的输出信息，得到该输出信息更抽象的特征表示，经过多层的信息抽象，在最后的输出层输出类别概率，取得较好的分类性能。用于动作识别的几种典型深度模型有时空卷积神经网络、循环神经网络、多流神经网络。

**1. 时空卷积神经网络**

时空卷积神经网络利用卷积操作处理动作中的时序信息。为了实现这个操作，Ji 等人[37]提出了三维卷积神经网络，将滤波器从二维沿着时间维度扩展成三维。使用三维卷积核同时提取时间维度和空间维度上的特征，可以捕捉到视频中相邻帧之间的运动信息，比二维卷积网络效果有明显的提升。图 6.4 为二维卷积和三维卷积的具体过程。

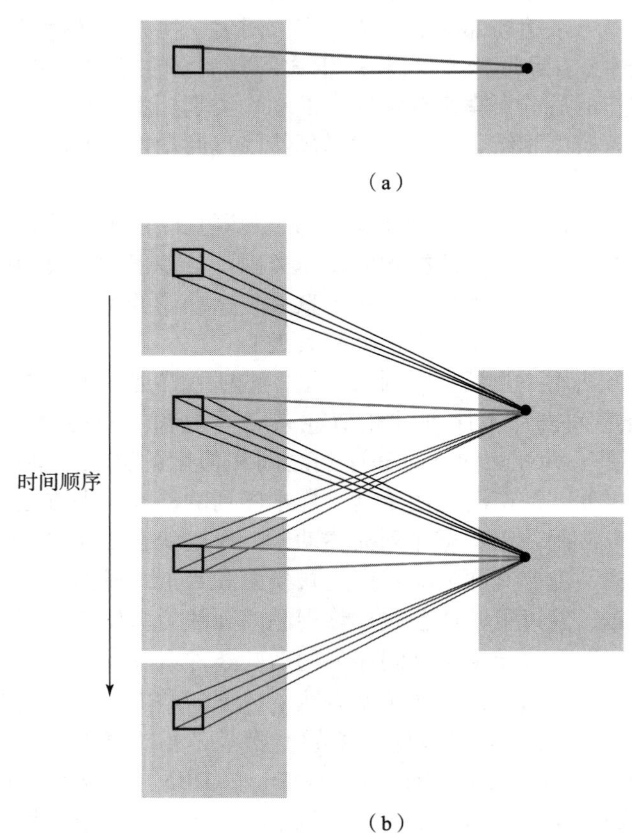


（a）

（b）

**图 6.4　二维卷积和三维卷积的具体过程[37]**

（a）二维卷积；（b）三维卷积

三维卷积网络具有严格的时间结构，只能接受固定时间长度的输入视频。然而，不同的运动具有不同的时间跨度，因此固定的时间维度就可能导致动作识别的性能下降。为了解决这个问题，Ng 等人[38]探索了时序的池化，并总结出最大池化对于时间维度来说更有优势。Karpathy 等人[39]提出了缓慢融合的概念以提升卷积网络对于时域上的感知。在缓慢融合中，卷积网络输入几个连续的视频部分，通过一些相同的层来处理时域上的响应，然后通过全连接层来生成视频的描述子。

在卷积神经网络提取图像特征[40-41]的基础上，Tran 等人[42]使用三维卷积神经（C3D）网络提取通用的视频特征。C3D 网络在 Sports-1M[39]数据库进行训练，取得了良好的识别性能。但由于三维卷积总是固定在第三维上，学习完整的时间信息比较困难。另外由于参数较多，即使在规模较小的数据库上训练三维卷积网络仍然难度很大。为了简化三维卷积网络结构，Sun 等人[43]提出了分解时空卷积网络（factorized spatio-temporal convolutional networks），将三维滤波器转换成二维和一维滤波器的组合。这个模型考虑了较低层中空间域的信息，然后在高层的时间域将空间信息进行整合，从而减少了网络的参数数量，缓减了训练数据不足的问题。

**2. 循环神经网络**

为了探索视频中的时序信息，研究人员还提出了循环神经网络，如图 6.5（a）所示。但是由于高昂的计算成本，这些循环神经网络通常并不使用全部视频帧作为输入，而是使用预处理的方式将窗口长度设计成 64～128 帧之间。循环神经网络结构通常由循环神经网络单元［图 6.5（b）］或长短期记忆网络单元［long short temporal memory，LSTM，图 6.5（c）］构成。

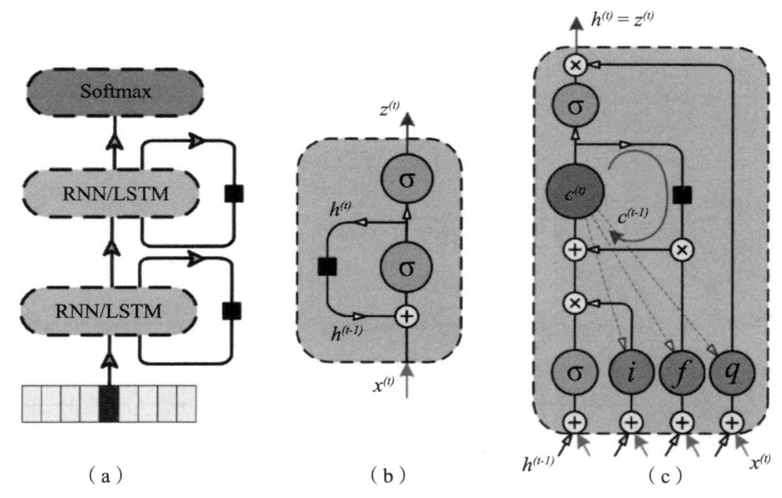


**图 6.5　循环神经网络**

（a）循环神经网络的结构；（b）循环神经网络单元；（c）长短期记忆网络单元

Du 等人[44]提出了一种端到端层次化的循环神经网络，使用层次化的模型生成动作表示，进行基于骨架的动作识别。网络第一层使用双向循环神经网络建模身体的五个部分，然后将身体各部分表示聚合在一起生成更高层的特征表示，最后使用 LSTM 神经元来缓解梯度消失的问题。Sharma 等人[45]使用 LSTM 和注意力模型构建了能同时建模时间和空间信息的深度模型。注意力模型可以增加重要部分的权重，而这种动态的池化方法要比卷积网络中其他池化方法的效果更好。Srivastava 等人[46]提出了一种基于 LSTM 结构的深度编码解码器，用于学习视频帧的特征表示。Ng 等人[38]使用 LSTM 对时序信息进行建模，将视频视为静止帧的有序序列，并利用不同的池化方法，在较长视频窗口上组合时序信息。该方法在运动数据库上取得了不错的效果。然而，循环神经网络的效果并没有最大值池化方法好。因此，Lev 等人[47]使用 RNN 和 Fisher 向量学习视频的特征表示。首先利用 VGGNet 网络提取视频中的空间特征，然后训练循环神经网络来预测提取特征的顺序，而循环神经网络的反向传播机制正好提供了计算 Fisher 向量所需的梯度。Escocia 等人[48]提出了一个利用深度学习模型和记忆单元从视频中检索时间片段的模型。该模型使用 LSTM 对卷积神经网络提取的空间特征进行编码，并预测输入视频流中动作发生的位置。

**3. 多流神经网络**

Simonyan 和 Zisserman[49]提出了由空间和时间深度模型组成的双流（two - stream）卷积神经网络（图 6.6）。该双流网络结合了静态帧和光流帧进行动作识别，分别通过空间卷积网络和时间卷积网络，提取视频中目标的外观信息和视频帧之间的运动信息。空间卷积网络在 ImageNet[50]数据库上进行了训练，时间卷积网络利用光流特征进行了训练。相比于三维卷积网络，双流网络所需要的参数较少，即使在训练数据不足的情况下，也能学习较好的特征。双流网络利用 softmax 层的打分进行融合。相对于在 softmax 层进行融合，Feichtenhofer 等人[51]认为在中间层进行融合不仅可以提高效果，还可以降低参数数量，并通过实验验证了在最后一层卷积层之后进行融合能达到最好的效果。Wang 等人[52]提出了另一种用于长时间时序建模的双流卷积神经网络，称为时域段网络（temporal segment networks）。该网络是第一个端到端的、建模整个视频时序信息的深度神经网络，首先将整个视频分成小的视频片段，然后使用双流网络在视频片段上同时学习时间维度和空间维度上的特征表示，最后通过特征聚合将各视频片段中的时间域和空间域特征表示整合，以生成整个视频的特征表示。

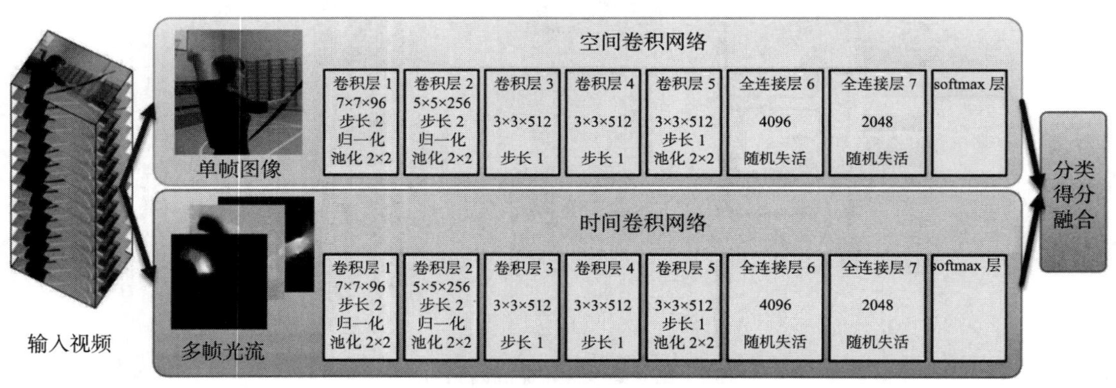


**图 6.6 双流卷积神经网络[49]**

## 6.3 迁移学习动作识别

训练动作识别模型需要依赖大量已标注的训练样本，以此来提高模型的鲁棒性和泛化能力。然而，构建大规模视频训练集是一项费时费力的工作。因此研究人员们开始探索如何在少量标注数据的情况下训练具体较强鲁棒性、较好泛化能力的动作识别模型。所幸的是，迁移学习可以解决只有少量甚至没有标注数据的模型学习问题。它通过利用其他不同相关数据域中已有的知识和数据来学习适用于感兴趣数据域的模型。下面介绍几种具有代表性的迁移学习动作识别方法。

### 6.3.1　自适应多核学习动作识别

Duan 等人[53]提出自适应多核学习（adaptive multiple kernel learning，A－MKL）方法，借助大量已标注的 Web 视频（辅助域，也称源域）来指导用户视频（目标域）的识别。该方法旨在从一系列预学习的分类器和一个基于多核的扰动函数中自适应地学习目标域分类器，其中预学习的分类器可以看作是学习一个鲁棒的自适应目标域分类器的先验。

**1. 自适应支持向量机**

在自适应支持向量机[54]中，目标域分类器 $f^T(\boldsymbol{x})$ 来源于由辅助域（也就是源域）数据训练的分类器 $f^A(\boldsymbol{x})$（也称为源域分类器）。具体地，目标域决策函数被定义为

$$f^T(\boldsymbol{x}) = f^A(\boldsymbol{x}) + \Delta f(\boldsymbol{x}) \tag{6.1}$$

其中，$\Delta f(\boldsymbol{x})$ 为扰动函数，反映了源域和目标域决策函数之间的差异。同时 A－SVM 也可以构建多个辅助域分类器，这些辅助域分类器平均融合得到 $f^A(\boldsymbol{x})$。域迁移支持向量机（domain transfer SVM，DTSVM）[55]在自适应支持向量机的基础上，采用最大平均差异[56]来度量源域与目标域之间的数据分布差异，并将最小化 MMD 与最优化目标域决策函数联合建模。MMD 距离是辅助域 $D^A$ 的样本均值与目标域 $D^T$ 的样本均值在再生核希尔伯特空间 $H$ 中的距离，定义为

$$\mathrm{DIST}_k(D^A, D^T) = \left\| \frac{1}{n_A}\sum_{i=1}^{n_A}\varphi(\boldsymbol{x}_i^A) - \frac{1}{n_T}\sum_{i=1}^{n_T}\varphi(\boldsymbol{x}_i^T) \right\|_H \tag{6.2}$$

其中，$\boldsymbol{x}_i^A$、$\boldsymbol{x}_i^T$ 分别是辅助域和目标域的样本。$k$ 是由非线性特征映射函数 $\varphi(\cdot)$ 得到的核函数 $k$，由 $k(\mathbf{x}_i, \mathbf{x}_j) = \varphi(\mathbf{x}_i)^{\mathrm{T}}\varphi(\mathbf{x}_j)$ 计算而得。可以定义包含 $N = n_A + n_T$ 个元素的列向量 $\boldsymbol{s}$，其前 $n_A$ 个元素值设为 $1/n_A$，后 $n_T$ 个元素值设为 $-1/n_T$，由此，式（6.2）定义的 MMD 距离可以简化为

$$\mathrm{DIST}_k^2(D^A, D^T) = \mathrm{tr}(\boldsymbol{KS}) \tag{6.3}$$

其中 $\boldsymbol{S} = \boldsymbol{ss}^{\mathrm{T}} \in \mathbf{R}^{N\times N}$，$\boldsymbol{K} = \begin{bmatrix} \boldsymbol{K}^{A,A} & \boldsymbol{K}^{A,T} \\ \boldsymbol{K}^{T,A} & \boldsymbol{K}^{T,T} \end{bmatrix} \in \mathbf{R}^{N\times N}$。这里的 $\boldsymbol{K}^{A,A} \in \mathbf{R}^{n_A\times n_A}$ 是辅助域定义的核矩阵，$\boldsymbol{K}^{T,T} \in \mathbf{R}^{n_T\times n_T}$ 是目标域定义的核矩阵，$\boldsymbol{K}^{A,T} \in \mathbf{R}^{n_A\times n_T}$ 是从辅助域到目标域跨域定义的核矩阵，$\boldsymbol{K}^{T,A} \in \mathbf{R}^{n_T\times n_A}$ 是从目标域到辅助域跨域定义的核矩阵。

**2. 时空对齐金字塔匹配**

金字塔匹配算法被广泛应用在许多计算机视觉任务中。该算法在不同域（例如空间域、时间域）中引入金字塔型分层，融合来自多个金字塔层级的信息以提升模型性能。传统的空间金字塔匹配及其时空扩展使用固定的块到块或体到体的匹配（也就是未对齐的时空匹配）。Duan 等人[53]提出时空对齐的金字塔匹配[57]算法，将空间对齐的金字塔匹配（spatially aligned pyramid matching，SAPM）和时间对齐的金字塔匹配（temporally aligned pyramid matching，TAPM）联合扩展到时空域，使得不同空间和时间位置的时空体也能匹配。

首先，在不同层级将每个视频片段分割为 $8^l$ 个互不重叠的时空体，$l = 0,\cdots,L-1$，$L$ 为金字塔层数。并将每个时空体的大小设为原视频长度、宽度、时间维度的 $1/2^l$ 大小。然后，

提取每个时空体的时空特征，包括梯度直方图（histograms of oriented gradient，HOG）和光流直方图（histograms of optical flow，HOF），并将它们拼接形成特征向量。同时，对每个视频片段采样图像帧并提取其 SIFT（scale - invariant feature transform）特征[58]。接下来，需要计算每对时空体 $V_i(r)$ 和 $V_j(c)$ 之间的距离 $D_{rc}$，其中 $r,c=1,\cdots,R$，$R$ 是视频中时空体总数。使用推土机距离（earth mover's distance，EMD）计算 $D_{rc}$，即 $D_{rc}=\frac{\sum_{u=1}^{H}\sum_{v=1}^{I}\hat{f}_{uv}d_{uv}}{\sum_{u=1}^{H}\sum_{v=1}^{I}\hat{f}_{uv}}$，其中，$H$、$I$ 分别表示时空体 $V_i(r)$ 和 $V_j(c)$ 中的图像块的数量；$d_{uv}$ 是两个图像块之间的距离，$\hat{f}_{uv}$ 是通过求解线性规划问题得到的最优流。最后通过整型 EMD 的计算进一步整合来自不同时空体的信息，从而实现时空体的精准对齐。具体做法是使用线性规划问题中的标准单纯形法，求解一个包含表示时空体 $V_i(r)$ 和 $V_j(c)$ 之间唯一匹配的二进制解的流矩阵。详细优化过程可参考文献［61］。

**3. 自适应多核学习**

使用来自源域和目标域的训练数据为每层金字塔和每种局部特征训练一个独立的分类器，这样就可以得到一系列分类器。进一步平均融合这些分类器，获得关于时空特征的平均分类器 $f_l^{\mathrm{SIFT}}(\boldsymbol{x})$ 和关于 SIFT 特征的平均分类器 $f_l^{\mathrm{ST}}(\boldsymbol{x}),l=0,\cdots,L-1$。这些分类器可以被视为预学习分类器 $f_p(\boldsymbol{x})|_{p=1}^{P}$。核函数 $k$ 是多个基核的线性组合，即 $k=\sum_{m=1}^{M}d_mk_m$，其中，$d_m$ 为线性组合系数。基核 $k_m$ 是由非线性特征映射函数 $\varphi_m(\cdot)$ 计算而得，即 $k_m(\boldsymbol{x}_i,\boldsymbol{x}_j)=\varphi_m(\boldsymbol{x}_i)^{\mathrm{T}}\varphi_m(\boldsymbol{x}_j)$。将任意样本 $\boldsymbol{x}$ 的目标决策函数定义如下：

$$f^T(\boldsymbol{x})=\sum_{p=1}^{P}\beta_pf_p(\boldsymbol{x})+\sum_{m=1}^{M}d_m\boldsymbol{w}_m^{\mathrm{T}}\varphi_m(\boldsymbol{x})+b \tag{6.4}$$

其中 $\sum_{m=1}^{M}d_m\boldsymbol{w}_m^{\mathrm{T}}\varphi_m(\boldsymbol{x})+b$ 是带有偏置项 $b$ 的扰动函数。

自适应多核学习的第一个优化目标是减小源域和目标域之间的数据分布差异。定义属于 $D=\{\boldsymbol{d}\in\mathbf{R}^M|\boldsymbol{d}^{\mathrm{T}}\mathbf{1}=1,\boldsymbol{d}\geqslant0\}$ 的系数向量 $\boldsymbol{d}=[d_1,\cdots,d_M]^{\mathrm{T}}$。式（6.3）可以改写为

$$\mathrm{DIST}_k^2(D^A,D^T)=\Omega(\boldsymbol{d})=\boldsymbol{h}^{\mathrm{T}}\boldsymbol{d} \tag{6.5}$$

其中 $\boldsymbol{h}=[\mathrm{tr}(\boldsymbol{K}_1\boldsymbol{S}),\cdots,\mathrm{tr}(\boldsymbol{K}_M\boldsymbol{S})]^{\mathrm{T}}$，并且 $\mathbf{K}_m=[\varphi_m(\boldsymbol{x})^{\mathrm{T}}\varphi_m(\boldsymbol{x})]\in\mathbf{R}^{N\times N}$ 是定义在辅助域和目标域的样本上的第 $m$ 个基核矩阵。自适应多核学习的第二个目标是最小化结构风险函数。

设 $(\boldsymbol{x}_i,y_i)|_{i=1}^{n}$ 为来自源域和目标与的已标注训练样本，则自适应多核学习的优化问题表示为

$$\min_{d\in D}G(\boldsymbol{d})=\frac{1}{2}\Omega^2(\boldsymbol{d})+\theta J(\boldsymbol{d}) \tag{6.6}$$

其中

$$J(\boldsymbol{d})=\min_{\mathbf{w}_m,\boldsymbol{\beta},b,\xi_i}\frac{1}{2}\left(\sum_{m=1}^{M}d_m\|\boldsymbol{w}_m\|^2+\lambda\|\boldsymbol{\beta}\|^2\right)+C\sum_{i=1}^{n}\xi_i \tag{6.7}$$

$$\text{s.t.}\quad y_if^T(\mathbf{x}_i)\geqslant1-\xi_i,\xi_i\geqslant0$$

其中 $\boldsymbol{\beta}=[\beta_1,\cdots,\beta_P]^{\mathrm{T}}$ 且 $\lambda$、$C>0$ 是正则参数。定义 $\tilde{\boldsymbol{w}}_m=[\boldsymbol{w}_m^{\mathrm{T}},\sqrt{\lambda}\boldsymbol{\beta}^{\mathrm{T}}]^{\mathrm{T}}$ 且 $\tilde{\varphi}_m(\mathbf{x}_i)=[\varphi_m$

$(\boldsymbol{x}_i)^{\mathrm{T}}, \frac{1}{\sqrt{\lambda}}\boldsymbol{f}(\boldsymbol{x}_i)^{\mathrm{T}}]^{\mathrm{T}}$，其中 $f(\boldsymbol{x}_i) = [f_1(\boldsymbol{x}_i), \cdots, f_P(\boldsymbol{x}_i)]^{\mathrm{T}}$。再定义 $\tilde{\boldsymbol{v}}_m = d_m \tilde{\boldsymbol{w}}_m$，那么式（6.7）中的优化问题就成为二次规划问题：

$$J(\boldsymbol{d}) = \min_{\tilde{\mathbf{v}}_m, b, \xi_i} \frac{1}{2}\sum_{m=1}^{M}\frac{\|\tilde{\boldsymbol{v}}_m\|^2}{d_m} + C\sum_{i=1}^{n}\xi_i \tag{6.8}$$

$$\text{s.t.} \quad y_i\left(\sum_{m=1}^{M}\tilde{\boldsymbol{V}}_m^{\mathrm{T}}\tilde{\varphi}_m(\boldsymbol{x}_i) + b\right) \geqslant 1 - \xi_i, \xi_i \geqslant 0$$

通过引入拉格朗日乘子 $\boldsymbol{\alpha} = [\alpha_1, \cdots, \alpha_n]^{\mathrm{T}}$，式（6.8）的对偶形式演变为（推导详见文献［59］）

$$J(\boldsymbol{d}) = \max_{\alpha \in A} \alpha^{\mathrm{T}}1 - \frac{1}{2}(\boldsymbol{\alpha} \circ \boldsymbol{y})^{\mathrm{T}}\left(\sum_{m=1}^{M} d_m \tilde{\boldsymbol{K}}_m\right)(\boldsymbol{\alpha} \circ \boldsymbol{y}) \tag{6.9}$$

其中 $J(\boldsymbol{d})$ 是关于 $\boldsymbol{d}$ 线性的，$A = \{\boldsymbol{\alpha} \in \Re^{n} \mid \boldsymbol{\alpha}^{\mathrm{T}}\boldsymbol{y} = 0, 0 \leqslant \boldsymbol{\alpha} \leqslant C1\}$，$y = [y_1, \cdots, y_n]^{\mathrm{T}}$，$\tilde{\boldsymbol{K}}_m = [\tilde{\varphi}_m(\boldsymbol{x}_i)^{\mathrm{T}}\tilde{\varphi}_m(\boldsymbol{x}_j)] \in \mathbf{R}^{n \times n}$ 是根据两个域中有标签的训练数据定义的，并且 $\tilde{\varphi}_m(\boldsymbol{x}_i)^{\mathrm{T}}\tilde{\varphi}_m(\boldsymbol{x}_j) = \varphi_m(\boldsymbol{x}_i)^{\mathrm{T}}\varphi_m(\boldsymbol{x}_j) + \frac{1}{\lambda}f(\boldsymbol{x}_i)^{\mathrm{T}}f(\boldsymbol{x}_j)$。由于式（6.9）中优化问题的形式与含有核矩阵 $\sum_{m=1}^{M} d_m \tilde{\boldsymbol{K}}_m$ 的支持向量机的对偶形式正好相同，所以该优化问题可以通过现成的支持向量机求解方式来解决，例如 LIBSVM。

可以证明式（6.6）中的优化问题对于 $\boldsymbol{d}$、$\tilde{\boldsymbol{v}}_m$、$b$ 和 $\xi_i$ 是联合凸优化，因此可以使用文献［59］中提出的迭代坐标下降过程来迭代更新 $\boldsymbol{\alpha}$ 和 $\boldsymbol{d}$ 以获得全局最优解。在第 $t$ 次迭代中，固定 $d_t$，则 $\alpha_t$ 可以通过 LIBSVM 求解。固定 $\alpha_t$，则 $\boldsymbol{d}_t$ 的更新如下：

$$\boldsymbol{d}_{t+1} = \boldsymbol{d}_t - \eta_t \boldsymbol{g}_t \in D \tag{6.10}$$

其中 $\boldsymbol{g}_t = (\nabla_t^2 G)^{-1}\nabla_t G$ 是更新方向，$\boldsymbol{\eta}_t$ 是可以通过标准线性搜索获得的学习率。给定 $d_t$，则 $\nabla_t G = hh^{\mathrm{T}}d_t + \theta\nabla_t J$ 是式（6.6）中 $G$ 的梯度，其中 $\nabla_t J$ 是式（6.9）中 $J$ 的梯度。$\nabla_t^2 G = hh^{\mathrm{T}}$ 是 $G$ 的海森矩阵。因为 $hh^{\mathrm{T}}$ 不是满秩的，所以把 $hh^{\mathrm{T}}$ 替换为 $hh^{\mathrm{T}} + \in \mathrm{I}$ 以避免数值不稳定性，其中 $\in$ 在实验中设为 $10^{-4}$。最终，自适应多核学习方法的目标决策函数式（6.4）可以写为

$$f^T(\boldsymbol{x}) = \sum_{i=1}^{n}\alpha_i y_i\left(\sum_{m=1}^{M} d_m \boldsymbol{K}_m(\boldsymbol{x}_i, \boldsymbol{x}) + \frac{1}{\lambda}\boldsymbol{f}(\boldsymbol{x}_i)^{\mathrm{T}}\boldsymbol{f}(\boldsymbol{x})\right) + b \tag{6.11}$$

**4. 数据集**

实验的源域来自包含 906 个训练样本的 YouTube 视频。这些视频具有动作类别标注。目标域的视频由柯达用户视频基准数据集[60]中的部分用户视频和从 YouTube 网站收集的用户视频，共包含 195 个视频。实验中共定义了 6 类动作类别，分别是“婚礼”“生日”“野餐”“游行”“演出” 和“运动”。为每个事件随机生成 3 个用户视频（总共 18 个视频）作为目标域中有标签的训练数据，目标域中剩下的视频作为测试数据。

对于数据集中的所有视频，提取局部时空特征[61]。具体地，分别提取 72 维 HOG 和 90 维 HOF，然后将它们连接在一起，形成 162 维的特征向量。以每秒 2 帧的速度对每个视频片段进行采样，从每个视频片段中提取图像帧（平均每个视频有 65 帧）。对于每一帧，从显著区域提取 128 维 SIFT 特征，平均每个视频有 1 385 个 ST 特征和 4 144 个 SIFT 特征。然后，

利用 K－Means 聚类构建可视化词汇表，分别对 ST（spatial－temporal）特征数据和 SIFT 特征数据进行聚类，分别得到 1 000 个和 2 500 个聚类中心。

**5. 性能分析**

为了验证自适应多核学习方法的有效性，将其与特征复制（feature replication，FR）[62]、自适应 SVM[54]、域迁移 SVM[55] 和多核学习（multiple kernel learning，MKL）四种方法进行对比实验。对于上述所有方法，使用固定正则参数 $C=1$ 来训练多个一对多分类器。使用非插值平均精度（average precision，AP）进行性能评估，而平均精度均值（mean average precision，MAP）是所有事件类别的 AP 均值。

用 4 个核函数来测试性能，它们分别是：高斯核函数（即 $K(i,j)=\exp(-\gamma D^2(V_i,V_j))$），拉普拉斯核函数（即 $K(i,j)=\exp(-\sqrt{\gamma}D(V_i,V_j))$），距离平方反比（inverse distance squared，IDS）核函数（即 $K(i,j)=\dfrac{1}{\gamma D^2(V_i,V_j)+1}$）和逆距离（inverse distance，ID）核函数（即 $K(i,j)=\dfrac{1}{\sqrt{\gamma}D(V_i,V_j)+1}$），其中，$D(V_i,V_j)$ 为视频 $V_i$ 与 $V_j$ 之间的距离；$\gamma$ 为核参数。使用默认的核参数 $\gamma=\gamma_0=\dfrac{1}{A}$，其中 $A$ 为所有训练样本之间距离平方的均值。

表 6.1 所示的是 A－MKL、FR、A－SVM、MKL 和 DTSVM 五种方法在下面三种情况的实验比较结果：①基于 SIFT 特征学习的分类器；②基于 ST 特征学习的分类器；③基于 SIFT 特征和 ST 特征学习的分类器。从表 6.1 中可以看到：

**表 6.1　三种情况下所有方法在 5 类动作种的 MAP 和标准差**　　单位：%

| 情况 | FR | A－SVM | MKL | DTSVM | A－MKL |
|---|---|---|---|---|---|
| MAP－① | 53.8±1.8 | 38.7±7.6 | 42.4±2.4 | 48.5±2.7 | **56.2±2.7** |
| MAP－② | 29.2±1.5 | 25.1±0.7 | 35.2±1.5 | 35.3±1.0 | **37.2±2.0** |
| MAP－③ | 46.0±1.6 | 31.9±4.4 | 42.5±4.6 | 52.7±2.4 | **57.9±1.7** |

（1）在本实验中，在三种情况下 A－SVM 的 MAP 都是最差的，这可能是因为目标域中数量有限的已标注训练样本（例如，每个事件 3 个样本）不足以使 A－SVM 鲁棒地学习一个仅基于一个高斯核的自适应目标分类器。

（2）几乎在所有情况下，DTSVM 在每个事件中的 AP 均值都优于 MKL，说明模型迁移的有效性。

（3）A－MKL 通过有效地融合多个预学习分类和多个基核并减少两个域之间数据分布的不匹配度，在三种情况下都达到了最佳 MAP。

### 6.3.2　多语义分组域适应动作识别

从 6.3.1 小节的自适应多核学习动作识别方法中，可以看到借助大量丰富且已标注的源域数据进行模型学习并将其迁移至目标域进行分类的策略是有效的。由于动作在语义上呈现多样性，Wang 等人[63] 提出多语义分组域适应的动作识别方法，将源域数据划分为多个与动作相关的语义组，通过权衡不同概念组，选择与目标域动作最相关的知识进行迁移。该方法使用多个关键字从互联网进行检索，分别在概念层和动作类别层获得带语义信息的源域图像组。由一个概念关键词检索得到的源域图像集合称为一个“概念特性组”，由一个动作类别关键词检索得到的图像集合称为一个“动作特性组”。通过联合优化图像组分类器与组权重，计算不同源域图像组与目标域之间的语义关性，给不同的源域图像组赋予不同的权重。同时充分利用目标域未标注视频来辅助学习目标域分类器，并引入两个正则项进一步增强目标域分类器的泛化能力。

**1. 多源域适应基本算法**

将大量已标注互联网图像数据作为源域，少量未标注用户视频作为目标域。多源域适应的目标是通过权衡这两个域中的知识以习得目标域预测函数 $f_t(\cdot)$。使用 $D^S = \{(x_i^S, y_i^S)|_{i=1}^{n_S}\}$，$(s=1,\cdots,S)$ 来表示 $S$ 个源域数据，其中 $x_i^S$ 是第 $s$ 个源域的第 $i$ 张图片且其标签为 $y_i^S$。$D^t$ 表示由未标注视频数据 $\boldsymbol{x}_i^t$，$(1 \leqslant i \leqslant N_t)$ 组成的目标域，其中 $N_t$ 表示目标域中视频的总数。对一个输入视频 $\boldsymbol{x}_i^t$ 的动作类别标签计算为

$$f_t(\boldsymbol{x}_i^t) = \sum_{s=1}^{S} \alpha_s f^s(\boldsymbol{x}_i^t) \tag{6.12}$$

其中，$f_t(\boldsymbol{x}_i^t)$ 是目标域分类器；$f^s(\boldsymbol{x}_i^t)$ 是第 $s$ 个源域分类器关于样本 $\boldsymbol{x}_i^t$ 的决策值；$\alpha_s$ 是第 $s$ 个源域的权重。

多源域适应方法主要通过以下两个步骤学习目标域分类器。第一步，每个源域图像组上训练针对该图像组语义的预分类器（动作分类器）；第二步，学习每个源域的权重，并依据权重将第一步习得的多个源域动作分类器进行融合以获得目标域分类器。在第一步中，$S$ 个源域分类器 $\{f^1,\cdots,f^S\}$ 的优化问题定义为

$$\min_{f^S} \sum_{i=1}^{n_S} \tilde{\ell}\,(f^S(x_i^S), y_i^S) + \lambda \tilde{\Omega}(f^s) \tag{6.13}$$

其中，$\tilde{\ell}\,(\cdot,\cdot)$ 为源域分类器 $f^S$ 在源域数据上的损失函数；$\tilde{\Omega}(\cdot)$ 为正则项。在第二步中，目标域分类器 $f_t$ 通过最小化如下目标函数得到

$$\min_{f_t} \ell(f_t, y_i) + \lambda \Omega(f_t) \Rightarrow \min_{f_t} \sum_{s=1}^{S} \sum_{i=1}^{n_s} \ell(\alpha_S f^S(x_i^S), y_i) + \lambda \Omega(f_t) \tag{6.14}$$

尽管传统的多源域适应方法期望通过从不同域获得知识以降低负迁移的风险，但相比于根据数据来源分配各源域权重，根据源域数据与目标域数据的语义相关性分配权重，将更有利于提高知识迁移的性能。源域中的某个样本集合与目标域越相关，该样本集合所对应的权重越大。因此，源域相关的样本中所包含的知识更容易被迁移到目标域，从而有效避免负迁移的发生。

**2. 多语义分组**

定义与动作相关的概念集合 $C = \{C_1, C_2, \cdots, C_G\}$，其中 $C_i$ 表示第 $i$ 个概念。使用 43（$G = 43$）个概念关键词，其包含了动作相关、物体相关以及场景相关的语义概念。由一个概念关键词检索得到的一组图像集称为概念特性组，表示动作的某一种语义概念。构建多组图像，表示多种与动作相关的语义概念。设 $X^S = \{x_i^s\}_{i=1}^{N_s}, s \in \{1,\cdots,G\}$ 表示第 $s$ 个概念特

性图像组，其中 $x_i^s \in \mathbf{R}^{d_s}$ 表示第 $s$ 个概念特性组的第 $i$ 幅图像；$N_s$ 为该组图像数量。对应于每 $s$ 个概念特性组，使用对应图像集合学习其 SVM 分类器 $g_s(\cdot)$。设 $X^t = \{x_i^t\}_{i=1}^{N_t}$ 为目标域动作视频，其中 $x \in \mathbf{R}^{d_t}$ 表示第 $i$ 个目标域视频；$N_t$ 为视频数量。

尽管概念特性组能够为提高对动作描述能力提供高层语义信息，但是在实际应用中它们仍然存在如下两个问题：①人工定义的概念在某种程度上存在主观性，并没有考虑到潜在的具有判别性的概念；②概念的个数人为设定，无法预知究竟定义多少概念才能够充分可靠地表示源域中的知识。由此，定义动作关键词（即动作类别），并通过其检索图像，构建动作特性组。$N_e$ 是一组动作特性组中图像的个数，一个动作关键词检索到的图像组表示为 $X^e = \{x_i^e\}_{i=1}^{N_e}$，$e \in \{1,...,E\}$，其中 $x_i^e \in \mathbf{R}^{d_s}$ 为该图像集中第 $i$ 幅图像。

概念特性图像组与事件特性图像组共同组成源域图像组。对于每类动作，使用与该类别对应的源域图像组学习多个组分类器。这些组分类器由 $G$ 个概念特性组分类器和 $E$ 个动作特性组分类器构成。下面介绍如何通过联合优化的学习框架，同时学习源域图像组分类器及其权重。

**3. 多语义分组域适应**

设 $g_s(\cdot), s \in \{1,\cdots,G\}$ 为源域图像组分类器，多语义分组域适应算法的目标是通过联合学习框架，有机融合概念特性组分类器 $g_s(\cdot), s \in \{1,\cdots,G\}$ 与事件特性组分类器 $g_s(\cdot)$，$s \in \{G+1,\cdots,S\}$，学习目标域分类器。

对于目标域视频 $\boldsymbol{x}_i^t$，目标域分类器 $f_t(\boldsymbol{x}_i^t)$ 可以定义为

$$f_t(\boldsymbol{x}_i^t) = \sum_{s=1}^{S} \alpha_s g_s(\boldsymbol{x}_i^t) \tag{6.15}$$

其中，$g_s(\boldsymbol{x}_i^t) = w_s^T \boldsymbol{x}_i^t$ 表示第 $s$ 个源域图像组分类器；$\alpha_s$ 表示对应的组权重。

由于目标域没有任何标注数据，同时最小化定义在源域数据上的损失函数以及定义在目标域数据上的各正则项：

$$\min_{f_t} \Omega_C(f_t) + \lambda_L \sum_{i=1}^{N_e} \Omega_L(f_t(\boldsymbol{x}_i^e)) + \lambda_D \sum_{i=1}^{N_t} \Omega_D(f_t(\boldsymbol{x}_i^t)) + \lambda_P \sum_{i=1}^{N_t} \Omega_P(f_t(\boldsymbol{x}_i^t)) \tag{6.16}$$

其中，$\lambda_L$、$\lambda_D > 0$ 以及 $\lambda_P < 0$ 为权衡参数。

下面详细介绍式（6.16）中各项含义。

$\Omega_C(f_t)$ 是使源域组分类器权重尽量稀疏的正则项，可以降低目标域分类器 $f_t$ 的复杂性，定义为

$$\Omega_C(f_t) = \sum_{s=1}^{S} \|\alpha_s\|^2 \tag{6.17}$$

$\Omega_L(f_t)$ 是目标域分类器 $f_t$ 在源域数据上的损失函数，定义为

$$\Omega_L(f_t) = \sum\nolimits_{i=1}^{N_e} \Omega_L(f_t(\boldsymbol{x}_i^e)) = \sum\nolimits_{i=1}^{N_e} \sum\nolimits_{s=1}^{S} \|\alpha_s(w_s^T \boldsymbol{x}_i^e) - y_i^e\|^2 \tag{6.18}$$

$\Omega_D(f_t)$ 是与标签无关的正则项，用于提高目标域分类器 $f_t$ 的泛化性能，定义为

$$\Omega_D(f_t) = \sum\nolimits_{i=1}^{N_t} \Omega_D(f_t(\boldsymbol{x}_i^t)) = \sum\nolimits_{i=1}^{N_t} \|f_t(\boldsymbol{x}_i^t)\|^2 \tag{6.19}$$

$\Omega_P(f_t)$ 是关于目标域分类器 $f_t$ 的伪损失函数，定义为

$$\Omega_P(f_t) = \sum_{i=1}^{N_t} \Omega_P(f_t(\boldsymbol{x}_i^t)) = \sum_{i=1}^{N_t} \tilde{y}_i f_t(\boldsymbol{x}_i^t) \tag{6.20}$$

其中，$\tilde{y}_i$ 为第 $i$ 个目标域数据 $\boldsymbol{x}_i^t$ 的伪标签，通过目标域分类器 $f_t$ 预测得到。尽管目标域没有任何标注数据，但仍然希望通过 $\Omega_P(f_t)$ 最大化伪标签不同的目标域数据与分割平面的距离。

综上，式（6.16）定义的优化问题可以改写为

$$\min_{\alpha_1,\cdots,\alpha_S,\cdots,w_1,\cdots,w_S} \sum_{s=1}^{S} \|\alpha_s\|^2 + \lambda_L \sum_{i=1}^{N_e} \sum_{s=1}^{S} \|\alpha_s(w_s^{\mathrm{T}} \boldsymbol{x}_i^e) - y_i^e\|^2 + \lambda_D \sum_{i=1}^{N_t} \|f_t(\boldsymbol{x}_i^t)\|^2 + \lambda_P \sum_{i=1}^{N_t} \tilde{y}_i f_t(\boldsymbol{x}_i^t)$$

$$\text{s.t.} \sum_{s}^{S} \alpha_s = 1 \tag{6.21}$$

设 $A = [\alpha_1,\cdots,\alpha_S] \in \mathbf{R}^{1*S}, W = [w_1,\cdots,w_S] \in \mathbf{R}^{d_t*S}, X^e = [x_1^e,\cdots,x_{N_e}^e] \in \mathbf{R}^{d_t*N_e}, Y^e = [y_1^e,\cdots,y_{N_e}^e] \in \mathbf{R}^{1*N_e}, X^t = [x_1^t,\cdots,x_{N_t}^t] \in \mathbf{R}^{d_t*N_t}$ 以及 $\tilde{Y} = [\tilde{y}_1,\cdots,\tilde{y}_{N_t}] \in \mathbf{R}^{1*N_t}$

式（6.21）简化为

$$\begin{gathered}\min_{A,W} \|A\|^2 + \lambda_L \|AW^{\mathrm{T}}X^e\|^2 + \lambda_D \|AW^{\mathrm{T}}X^t\|^2 + \lambda_P \tilde{Y} (AW^{\mathrm{T}}X^t)^{\mathrm{T}} \\ \text{s.t.} \|A\|_1 = 1\end{gathered} \tag{6.22}$$

本部分使用迭代算法来实现式（6.22）中的优化问题。定义 $f_t^{(m)}$ 为第 $m$ 次迭代优化的标函数。第 $m$ 次迭代使用的伪标签通过计算上一次迭代得到的目标分类器 $f_t^{(m-1)}$ 得到。多语义分组预适应算法主要包含两个阶段。在第一阶段，$G$ 个概念特性组分类器通过 $G$ 个 SVM 分类器实现，$E$ 个事件特性组分类器则随机生成。在第二阶段，交替优化源域图像组分类器参数 $W$ 和组权重 $A$ 。具体迭代过程请见算法 6.1。

---

算法 6.1　基于图像组的知识迁移算法

---

输入：$\{X^{(G+1)}\}_{g=1}^{(G+1)}$ ：（ $G+1$ ）个图像组；

　　$X^t$ ：未标注目标视频。

输出：$\{w_s\}_{s=1}^{S}$ ：组分类器；

　　$\{\alpha_s\}_{s=1}^{S}$ ：组权重。

1：使用标准 SVM，初始化 G 个概念特定组分类器 $\{w_s^{(0)}\}_{s=1}^{G}$；

2：随机初始化 $E$ 个动作特定组分类器 $\{w_s^{(0)}\}_{s=G+1}^{S}$；

3：固定 $w_s^{(0)}$ 使用二次优化算法求解式（6.21）中的 $\alpha_s^{(0)}$ ；

4：设定 $m = 0$；

5：迭代。

使用 $w_s^{(m)}$ 和 $\alpha_s^{(m)}$ 根据目标分类器计算 $\tilde{y}_i^{(m)}$；

给定 $\alpha_s^{(m)}$ 使用标准二次规划算法计算 $w_s^{(m+1)}$；

给定 $w_s^{(m+1)}$ 使用二次规划算法计算 $\alpha_s^{(m+1)}$；

直到收敛

返回 $\alpha_s$ 和 $w_s$。

---

**4. 数据集**

为验证多语义分组域适应在动作识别中的有效性，本部分采用 3 个公开动作识别数据集：Kodak[60]、YouTube[53]和 CCV[64]。

Kodak 数据库。这个数据库包含 195 个用户视频。每个用户视频都隶属 6 个事件类别（“birthday”“picnic”“parade”“show”“sports”和“wedding”）中的一类。

YouTube 数据库。这个数据库包含从 YouTube 上下载的 561 个用户视频。这个数据库中所包含的事件类别与 Kodak 数据库相同。

CCV 数据库。该数据库是由哥伦比亚大学发布的一个用户视频库。其中包含 9 317 个从 YouTube 上下载得到的用户视频。所有的 9 317 个视频被划分为包含 4 659 个视频的训练集和包含 4 658 个视频的测试集，每个视频隶属 20 种语义类别之一。由于本章研究的是对视频事件的标注，因此可以排除五类非事件类别（“playground”“bird”“beach”“cat”和“dog”）。为了便于关键字检索，将“wedding ceremony”“wedding reception”和“wedding dance”合并为“wedding”。最终，在 13 个事件类别的 2 700 个视频上测评不同的算法。这 13 个类别分别是：“baseball”“basketball”“biking”“birthday”“graduation”“iceskating”“picnic”“parade”“show”“skiing”“soccer”“swimming”和“wedding”。将这些视频数据集作为目标域。从每个视频中随机采样一帧作为关键帧，提取该关键帧的 128 维 SIFT 特征。

在构建源域图像组时，根据目标域动作类别，从互联网上搜集关于 13 类动作图像，包括“basketball”“baseball”“soccer”“iceskating”“biking”“swimming”“graduation”“birthday”“wedding”“skiing”“show”“parade”以及“picnic”。概念关键词来自与动作相关的人工定义语义，动作关键词即为动作类别。概念关键词被所有数据集共享，动作关键词因为各个数据集的类别空间不同而有所不同。表 6. 2 中列出了实验中所使用到的所有关键词，其中列表示动作关键词，行表示概念关键词，第 $i$ 行第 $j$ 列表示第 $j$ 类动作中是否使用了第 $i$ 行概念关键词（“×”表示该关键字出现，空白表示该关键字未出现）。由每一个关键词互联网检索得到的前 200 张图像构成每个源域组图像。最终，5 942 张图像构成概念特性组，1 647 张图像构成动作特性组。对于每张图像，提取其 128 维 SIFT 特征表示。

**5. 性能分析**

1）实验设置

在实验中，使用视觉词袋来表示图像和视频特征。通过 K－means 算法将图像和视频关键帧中抽取出的 SIFT 特征聚类成 2 000 个视觉单词。然后根据视觉单词，将每张图像或视频关键帧编码为 2 000 维特征向量。直接使用文献［64］中提供的 5 000 维特征向量作为 CCV 中的视频表示和文献［53］中提供的 2 000 维特征向量作为 Kodak 和 YouTube 中的视频表示。

在训练每个源域动作特性组分类器时，直接使用该组中的图像作为正样本，使用从其他组中随机抽取 300 张图像构成负样本。对于 Kodak 和 YouTube，在训练和测试阶段均使用所有视频。对于 CCV，将 4 659 个视频作为训练数据，所有视频作为测试数据。

2）对比方法

本部分将标准 SVM 方法（standard SVM，S_SVM）[65]、基于测地流核（geodesic flow kernel，

表 6.2　检索互联网图像所使用的关键词[63]

| 特定概念 | 特定事件 | | | | | | | | | | | | |
|---|---|---|---|---|---|---|---|---|---|---|---|---|---|
| | biking | birthday_paryt | graduation | iceskating | parade | picnic | play_baseball | play_basketball | play_soccer | show | skiing | swimming | wedding |
| academic_dress | | | × | | | | | | | | | | |
| arm_pull_swimming | | | | | | | | | | | | × | |
| ball | | | | | | | × | × | × | | | | |
| ball_shot | | | | | | | | | × | | | | |
| baseball_field | | | | | | | × | | | | | | |
| baseball_pitcher | | | | | | | × | | | | | | |
| basketball_court | | | | | | | | × | | | | | |
| bike | × | | | | | | | | | | | | |
| bike_riding | × | | | | | | | | | | | | |
| blowing_candles | | × | | | | | | | | | | | |
| bride | | | | | | | | | | | | | × |
| cheering | | × | × | | | | | | | | | | × |
| chorus | | | | | | | | | | × | | | |
| clapping | | × | × | | | | | | | × | | | × |
| college_cap | | | × | | | | | | | | | | |
| dancing | | | | | | | | | | × | | | × |
| gribble | | | | | | | | | | | | | × |
| eating | | × | | | | × | | | | | | | |
| football_field | | | | | | | | | × | | | | |
| groom | | | | | | | | | | | | | × |
| hugging | | × | × | | | | | | | | | | × |

续表

| 特定概念 | 特定事件 | | | | | | | | | | | | |
|---|---|---|---|---|---|---|---|---|---|---|---|---|---|
| | biking | birthday_paryt | graduation | iceskating | parade | picnic | play_baseball | play_basketball | play_soccer | show | skiing | swimming | wedding |
| ice_skate | | | | × | | | | | | | | | |
| jumping | | | | | | | | × | | | | | |
| kicking | | | | | | | | × | | | | | |
| kissing | | | | | | | | | | | | | × |
| laughing | | × | × | | | | | | | | | | × |
| leg_bending | × | | | | | | | | | | | | |
| marching | | | | | × | | | | | | | | |
| music_instrument | | | | | | | | | × | | | | |
| outside | | | | | | | | | | | | | × |
| pass_the_baseball | | | | | | | | × | | | | | |
| picnic_food | | | | | | × | | | | | | | |
| running | | | | | × | × | × | × | | | | | |
| singing | | × | | | | | | | | × | | | |
| skating_rink | | | | × | | | | | | | | | |
| skis | | | | | | | | | | | × | | |
| snow_field | | | | × | | | | | | | | | |
| stage | | | | | | | | | | × | | | |
| swimming_pool | | | | | | | | | | | | × | |
| swimwear | | | | | | | | | | | | × | |
| throw | | | | | | | × | | | | | | |
| walking_down_the_aisle | | | | | | | | | | | | | × |
| waving | | | | | | | | × | | | | | |

GFK）的单源域迁移算法[66]、域适应 SVM 算法（domain adaptive SVM，DASVM）[67]、源域适应机器（domain adaptation machine，DAM）[55]、基于条件概率的多源域适应算法（conditional probability based multi - source domain adaptation，CPMDA）[68]以及多源域选择机器（domain selection machine，DSM）[69]作为对比方法。同时，为了验证动作特性图像组的有效性，设计了只使用概念特性图像组的算法，称其为 GDA_sim。由于 S_SVM 只能处理单源域知识迁移问题，将所有图像组合并成一个源域来训练 SVM 分类器。对于 DASVM 和 GFK，目标域分类器由源域图像和目标域视频关键帧训练得到。在 CPMDA、DAM 和 DSM 中，将 $G$ 个概念特性组看作 $G$ 个源域，并将所有动作特性组合并为第 $G+1$ 个源域。在 GDA_sim 方法中，只使用 $G$ 个概念特性图像组。所有方法均使用每个动作类别上的平均准确率（average precision，AP）和所有类别上的平均精度均值来评估。

3）结果分析

图 6.7，图 6.8 和图 6.9 分别显示了 CCV、Kodak 和 YouTube 上所有方法在不同动作上的平均准确率。表 6.3 中同样显示了 3 个数据库上所有方法的 MAP 结果。从表 6.3 中可以看出，GDA_sim 方法在 3 个数据库上的结果均优于其余六种方法（S_SVM，CPMDA，DASVM，DAM，DSM，GFK），表明根据语义来划分源域数据比根据来源划分数据更有效。GDA 在 3 个数据库上均取得了最好的结果。这显示了联合学习组分类器与组权重有益于正迁移。

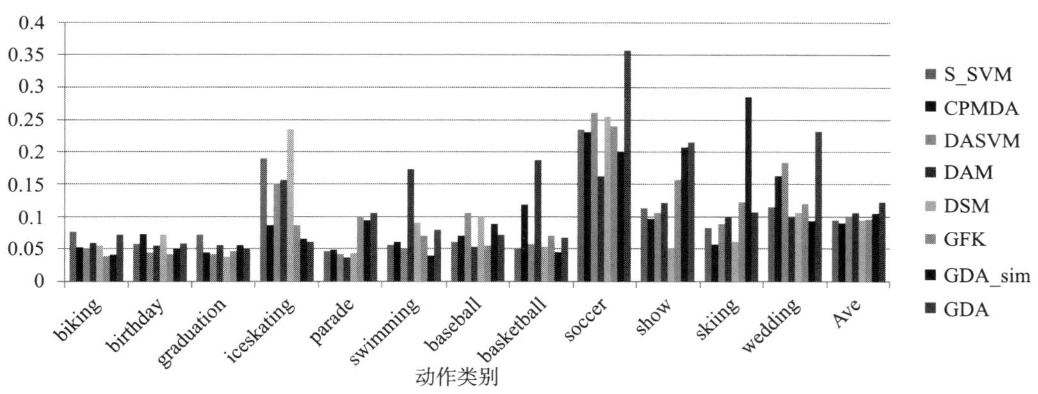


**图 6.7　不同方法在 CCV 上的平均准确率[63]（见彩插）**

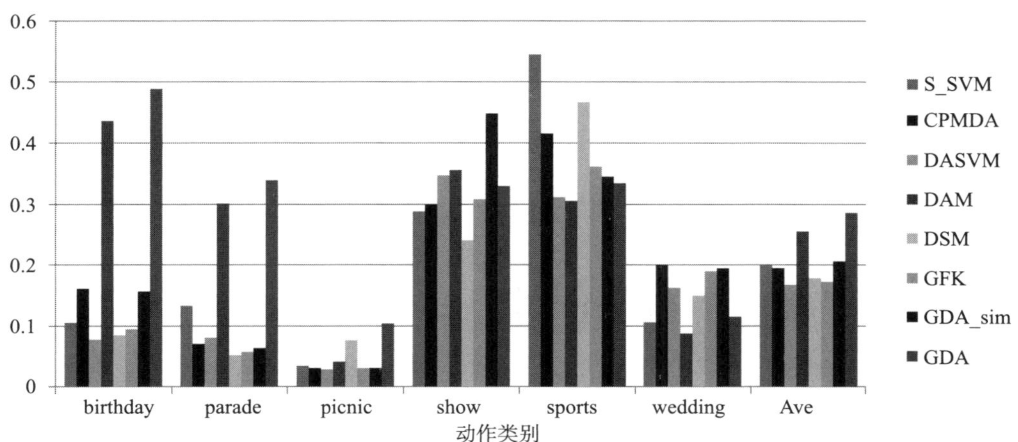


**图 6.8　不同方法在 Kodak 上的平均准确率[63]（见彩插）**

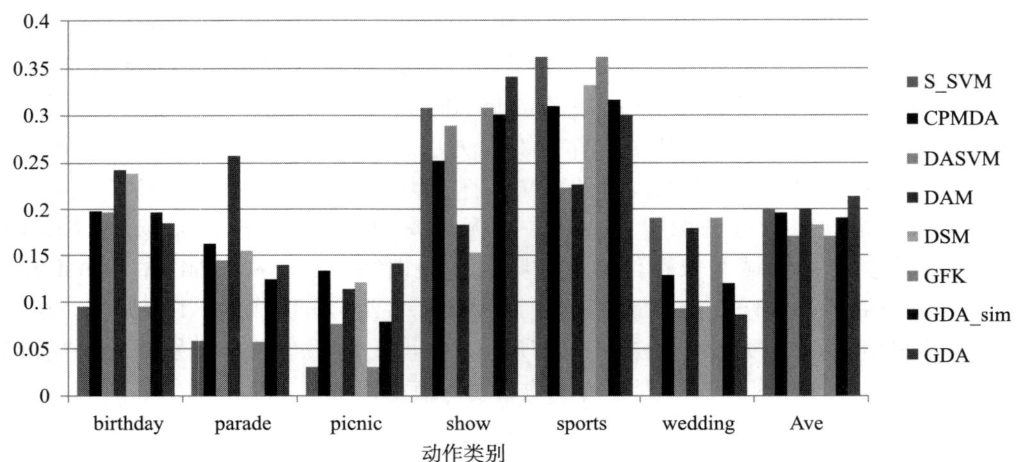


**图 6.9　不同方法在 YouTube 上的平均准确率[63]（见彩插）**

**表 6.3　CCV、Kodak 以及 YouTube 上不同方法的比较结果[63]**

| 方法 | **S_SVM** | **CPMDA** | **DASVM** | **DAM** | **DSM** | **GFK** | **GDA_sim** | **GDA** |
|---|---|---|---|---|---|---|---|---|
| **CCV** | 0. 0977 | 0. 0923 | 0. 0973 | 0. 1027 | 0. 0974 | 0. 0966 | 0. 1051 | 0. 1205 |
| **Kodak** | 0. 2016 | 0. 1966 | 0. 1684 | 0. 2574 | 0. 1787 | 0. 1742 | 0. 2060 | 0. 2860 |
| **YouTube** | 0. 2066 | 0. 1974 | 0. 1708 | 0. 2004 | 0. 1824 | 0. 1722 | 0. 1985 | 0. 2130 |

本部分还验证了优化函数中每一项的有效性。图 6. 10 显示了当 $\lambda_L = 0$、$\lambda_D = 0$ 以及 $\lambda_P = 0$ 时的不同结果。从图 6. 10 中的结果可以发现当任何一个正则项从优化函数中移除以后，大部分事件的平均准确率会大大降低。而对于如“soccer”和“baseball”等动作类别，当 $\lambda_P \tilde{Y}(AW^T X^t)^T$ 被移除以后准确率不减反增。这可能是由于伪标签的预测错误导致了 $\lambda_P \tilde{Y}(AW^T X^t)^T$ 结果偏差。对于事件“basketball”和“wedding”，当 $\lambda_P \tilde{Y}(AW^T X^t)^T$ 从目标函数中移除以后准确率却有所增加。原因可能在于互联网图像中存在噪声，使其表象特征或者语义特征与目标域视频不一致，由此导致了 $\lambda_P \tilde{Y}(AW^T X^t)^T$ 的表现变差。

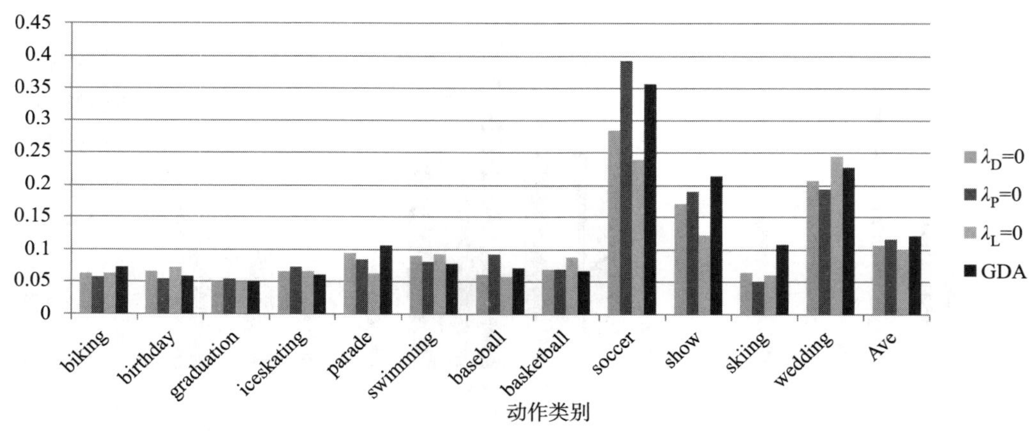


**图 6.10　不同正则项对迁移性能的影响[63]（见彩插）**

### 6.3.3 生成对抗学习动作识别

**1. 层次生成对抗学习**

就像本书第 4 章 4.4 节所介绍的那样，生成对抗网络近年来在迁移学习领域取得了很大的进展，其中利用样本域标签计算对抗性损失已经成为减少迁移学习中域鸿沟（domain gap）的重要策略。基于生成对抗学习的域适应方法也逐渐在动作识别中得到应用。Yu 等人[70]提出层次生成对抗网络（hierarchical generative adversarial networks，HiGANs），实现了从图像到视频的异构域适应动作识别。在源域图像有标注、目标域视频没有标注的情况下，通过学习图像和视频之间的域不变特征表示，将识别模型从图像迁移到视频，最终完成视频域的动作分类。如图 6.11 所示，该方法包含两个模块：联合适应网络（在本书第 4 章 4.3 节已介绍）和层次条件生成对抗网络。联合适应网络负责学习源域图像和目标域视频帧之间的共同特征表示，称为图像－帧特征。层次条件生成对抗网络负责学习图像－帧特征和目标域视频特征之间的共同特征，由低层条件生成对抗网络和高层条件生成对抗网络组成。低层条件生成对抗网络学习目标域视频帧特征到视频特征的映射函数，建立起视频帧和视频之间的联系。高层条件生成对抗网络学习从视频特征到图像－帧特征的映射函数，建立起视频和图像之间的联系。视频帧作为桥梁，层次生成对抗网络可以将目标域视频特征和源域图像特征映射到图像－帧特征空间，在此特征空间中利用源域图像的监督信息训练目标域视频分类器。在训练层次生成对抗网络时，还引入相关性对齐（correlation alignment，CORAL）损失函数[71]以最小化生成特征与真实特征之间的二阶统计差异，进一步提高迁移效果。

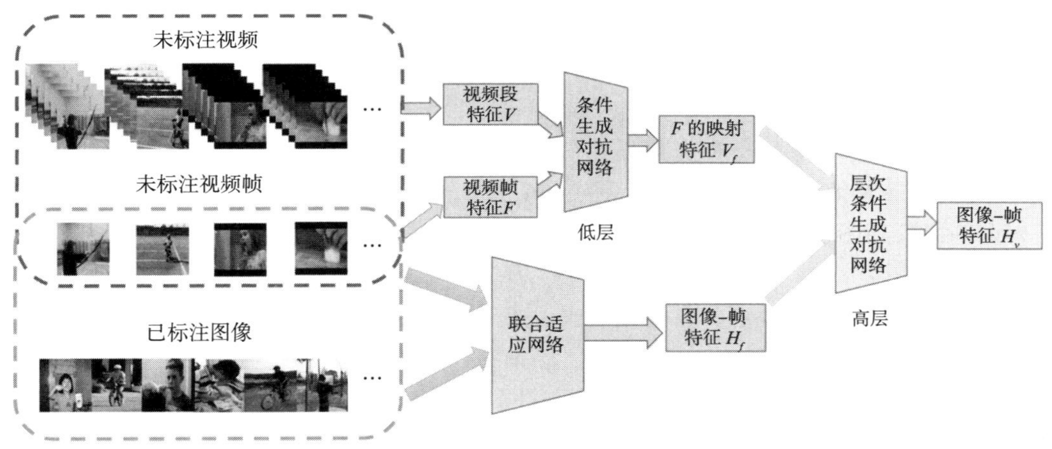


**图 6.11　层次生成对抗网络[70]**

1）图像－帧特征

设 $D_s = \{\boldsymbol{x}_s^i, y_s^i\}_{i=1}^{n_s}$ 为源域图像集，其中 $\boldsymbol{x}_s^i$ 表示第 $i$ 张图像，$y_s^i$ 表示 $\boldsymbol{x}_s^i$ 的类别标签，$n_s$ 为图像数量；$D_t = \{\boldsymbol{x}_t^j\}_{j=1}^{n_t}$ 为目标域无标注视频集，其中 $\boldsymbol{x}_t^j$ 表示第 $j$ 个视频，$n_t$ 为视频数量。将每个目标域视频分割成长度相同的视频段，组成目标域视频段集 $D_v = \{\boldsymbol{x}_v^k\}_{k=1}^{n_v}$，其中 $\boldsymbol{x}_v^k$ 表示第 $k$ 个视频段；$n_v$ 为视频段数量。对于每个视频段，随机采样一帧组成目标域视频帧集 $D_f = \{\boldsymbol{x}_f^k\}_{k=1}^{n_v}$。由于 $D_s$ 和 $D_f$ 都属于图像集合，使用联合适应模型学习源域图像和目标域视频

帧的共同特征，即图像-帧特征。在图像-帧特征空间，源域图像特征表示为 $\boldsymbol{H}_s=[\boldsymbol{h}_s^1,\boldsymbol{h}_s^2,\cdots,\boldsymbol{h}_s^{n_s}]\in\mathbf{R}^{d_h\times n_s}$，目标域视频帧特征表示为 $\boldsymbol{H}_f=[\boldsymbol{h}_f^1,\boldsymbol{h}_f^2,\cdots,\boldsymbol{h}_f^{n_v}]\in\mathbf{R}^{d_h\times n_v}$，其中 $d_h$ 为图像-帧特征维度。

2）视频帧到视频段映射

在目标域，设 $\boldsymbol{V}=[\boldsymbol{v}^1,\boldsymbol{v}^2,\cdots,\boldsymbol{v}^{n_v}]\in\mathbf{R}^{n_v\times d_v}$ 为视频段特征表示，其中 $d_v$ 为视频段特征维度。设 $\boldsymbol{F}=[\boldsymbol{f}^1,\boldsymbol{f}^2,\cdots,\boldsymbol{f}^{n_v}]\in\mathbf{R}^{n_v\times d_f}$ 为视频帧特征表示，其中 $d_f$ 为视频帧特征维度。视频帧特征和视频段特征属于异构特征，即 $d_v\neq d_f$。学习从视频帧到视频段之间的映射函数，就能将视频帧特征 $\boldsymbol{F}$ 映射到视频段特征 $\boldsymbol{V}$，得到映射后的新特征 $\boldsymbol{V}_f=G_l(\boldsymbol{F};\theta_{G_l})\in\mathbf{R}^{n_v\times d_v}$。

3）视频到图像的映射

对于每个视频帧 $\boldsymbol{x}_f^k$ 都有两种不同的特征表示，分别为在视频段特征空间的表示 $\boldsymbol{v}_f^k$ 和在图像-帧特征空间的表示 $\boldsymbol{h}_f^k$。基于这种对应关系，学习从视频段特征 $\boldsymbol{V}_f$ 到视频帧 $\boldsymbol{H}_f$ 的映射 $\boldsymbol{H}_f'=G_h(\boldsymbol{V}_f;\theta_{G_h})$，其中 $G_h(\cdot;\theta_{G_h})$ 是映射函数；$\boldsymbol{H}_f'$ 是由 $\boldsymbol{V}_f$ 生成的图像-帧特征。由于 $\boldsymbol{H}_f$ 和 $\boldsymbol{H}_s$ 都由联合适应网络学得，同时 $\boldsymbol{V}_f$ 和 $\boldsymbol{V}$ 也来自相同的特征空间，所以 $G_h(\cdot;\theta_{G_h})$ 可以被认为是从视频特征到图像特征的映射。通过 $G_h(\cdot;\theta_{G_h})$，视频段特征 $\boldsymbol{V}$ 被映射到图像-帧特征空间，即 $\boldsymbol{H}_v=G_h(\boldsymbol{V};\theta_{G_h})$，其中 $\boldsymbol{H}_v=[\boldsymbol{h}_v^1,\boldsymbol{h}_v^2,\cdots,\boldsymbol{h}_v^{n_v}]\in\mathbf{R}^{d_h\times n_v}$ 表示由目标域视频段 $\boldsymbol{V}$ 生成的图像-帧特征。平均所有视频段特征，得到视频的最终特征表示 $\boldsymbol{H}_t=[\boldsymbol{h}_t^1,\boldsymbol{h}_t^2,\cdots,\boldsymbol{h}_t^{n_t}]\in\mathbf{R}^{d_h\times n_t}$。

4）损失函数

设 $\boldsymbol{V}\sim P_{\text{data}}(\boldsymbol{V})$ 和 $\boldsymbol{F}\sim P_{\text{data}}(\boldsymbol{F})$ 分别表示视频段特征和视频帧特征的分布，采用生成对抗学习来训练视频帧到视频段的映射函数 $G_l$，其损失函数为

$$L_{\text{GAN}}(D_l,G_l,\boldsymbol{F},\boldsymbol{V})=\mathbf{E}_{V\sim P_{\text{data}}(V)}[\log D_l(\boldsymbol{V}\mid\boldsymbol{F})]+\mathbf{E}_{F\sim P_{\text{data}}(F)}[\log(1-D_l(G_l(\boldsymbol{F})\mid\boldsymbol{F}))] \tag{6.23}$$

其中，$D_l$ 为判别器，用来区分生成特征 $G_l(\boldsymbol{F})$ 和真实特征 $\boldsymbol{V}$。$G_l$ 的目的是最小化损失函数，而 $D_l$ 的目的是最大化损失函数，即表示为 $\min_{G_l}\max_{D_l}L_{\text{GAN}}(D_l,G_l,\boldsymbol{F},\boldsymbol{V})$。同样采用生成对抗学习来训练视频到图像的映射函数 $G_h$，并判别器 $D_l$ 来区分生成特征 $G_h(\boldsymbol{V}_f)$ 和真实特征 $\boldsymbol{H}_f$。其优化问题为 $\min_{G_h}\max_{D_h}L_{\text{GAN}}(D_h,G_h,\boldsymbol{V}_f,\boldsymbol{H}_f)$。

为了进一步提高模型性能，在训练层次生成对抗网络时，还引入了相关性对齐损失来最小化生成特征与真实特征的二阶统计差异。该损失计算简单，效果良好，并且可以很容易地集成到深度模型中。在训练 $D_l$ 和 $G_l$ 时，相关性对齐损失由真实特征 $\boldsymbol{V}$ 和生成特征 $\boldsymbol{V}_f$ 二阶统计量（协方差）之间的距离定义：

$$L_{\text{CORAL}}(\boldsymbol{V},\boldsymbol{V}_f)=\frac{1}{4d_v^2}\|\boldsymbol{E}_V-\boldsymbol{E}_{V_f}\|_F^2 \tag{6.24}$$

其中，$\|\cdot\|_F^2$ 表示 Frobenius 范数的平方矩阵；$\boldsymbol{E}_V$ 和 $\boldsymbol{E}_{V_f}$ 分别为真实特征 $\boldsymbol{V}$ 和生成特征 $\boldsymbol{V}_f$ 的协方差矩阵。在训练 $D_h$ 和 $G_h$ 时，同样引入相关性对齐损失：

$$L_{\text{CORAL}}(\boldsymbol{H}_f,\boldsymbol{H}_f')=\frac{1}{4d_h^2}\|\boldsymbol{H}_f-\boldsymbol{H}_f'\|_F^2 \tag{6.25}$$

因此，总的损失函数为

$$L(D_l,G_l)=\lambda_1L_{\text{GAN}}(D_l,G_l,\boldsymbol{F},\boldsymbol{V})+\lambda_2L_{\text{CORAL}}(\boldsymbol{V},\boldsymbol{V}_f)+L_{\text{reg}}(D_l,G_l) \tag{6.26}$$

$$L(D_h,G_h) = \lambda_3 L_{\mathrm{GAN}}(D_h,G_h,\boldsymbol{V}_f,\boldsymbol{H}_f) + \lambda_4 L_{\mathrm{CORAL}}(\boldsymbol{H}_f,\boldsymbol{H}'_f) + L_{\mathrm{reg}}(D_h,G_h), \tag{6.27}$$

其中，$\lambda_1$ 、$\lambda_2$ 、$\lambda_3$ 和 $\lambda_4$ 分别表示控制对抗性损失和 CORAL 损失重要性的权重；$L_{\mathrm{reg}}(D_l,G_l)$ 和 $L_{\mathrm{reg}}(D_h,G_h)$ 是正则项，防止参数学习过拟合。总体优化目标为

$$D_l^*,G_l^* = \arg\min_{G_l}\max_{D_l} L(D_l,G_l) \tag{6.28}$$

$$D_h^*,G_h^* = \arg\min_{G_h}\max_{D_h} L(D_h,G_h) \tag{6.29}$$

用于图像到视频迁移动作识别的层次生成对抗学习方法如算法 6.2 所示。

---

算法 6.2　层次生成对抗学习

---

输入：源域图像集 $D_s$ ，目标域视频集 $D_t$ ，目标域视频帧集 $D_f$ ，目标域视频段集 $D_v$ ，目标域视频段特征 $\boldsymbol{V}$ ，目标域视频帧 特征 $\boldsymbol{F}$。

输出：源域特征 $\boldsymbol{H}_s$ 和目标域特征 $\boldsymbol{H}_t$。

---

1：用 $D_s$ 和 $D_t$ 训练联合适应网络来分别学习 $D_s$ 和 $D_f$ 的特征 $\boldsymbol{H}_s$ 和 $\boldsymbol{H}_f$;

2：用 $\boldsymbol{F}$ 和 $\boldsymbol{V}$ 通过式（6.26）学习特征映射函数 $G_l(\cdot;\theta_{G_l})$ ，并计算 $D_f$ 的新特征 $\boldsymbol{V}_f$;

3：用特征 $\boldsymbol{V}_f$ 和 $\boldsymbol{H}_f$ 通过式（6.27）学习映射函数 $G_h(\cdot;\theta_{G_h})$ 并计算 $D_v$ 的新特征 $\boldsymbol{H}_v$;

4：平均每个视频的片段特征 $\boldsymbol{H}_v$ 来得到 $D_t$ 的特征 $\boldsymbol{H}_t$;

5：返回 $\boldsymbol{H}_s$ 和 $\boldsymbol{H}_t$。

---

**2. 对称生成对抗学习**

解决图像到视频迁移动作识别的核心思想是学习两个异构域之间具有良好可迁移性的共同特征表示。在前面介绍的层次生成对抗学习中，将视频段特征映射到图像特征时，视频中的运动信息有所损失，这给模型的识别性能带来了影响。在文献［72］中，Yu 等人分别对源域图像特征和目标域视频特征进行特征增强，使增强后的特征同时包含图像中的静态表观信息和视频中的时序运动信息，且具有域不变特性。为此，他们提出了对称生成对抗网络（symmetric GANs，Sym－GANs）来构建源域图像和目标域视频特征间的双向映射。在该网络中，两个具有对称结构的生成对抗网络分别学习图像特征到视频特征的映射和视频特征到图像特征的映射。利用这两个映射，可以将源域图像特征用其在视频特征空间中的投影特征进行增强，将目标域的视频特征用其在图像特征空间中的投影特征进行增强，获得域不变的共同特征表示。为了提高该共同特征的判别能力，采用对称生成对抗网络和分类网络的联合优化策略，让源域图像的类别标签信息参与网络的训练。图 6.12 为对称生成对抗网络框架图。

设 $\{\boldsymbol{h}_s^i,y_s^i\}_{i=1}^{n_s}$ 表示源域图像特征集合，$\{\boldsymbol{v}^i\}_{i=1}^{n_v}$ 为目标域无标注视频段特征集合，其中 $\boldsymbol{h}_s^i \in \mathbf{R}^{d_h\times 1}$ 表示第 $i$ 张图像的特征向量，$v^i \in \mathbf{R}^{d_v\times 1}$ 表示第 $i$ 个视频段的特征向量，$d_h \neq d_v$ 。首先，学习源域图像特征和目标域视频段特征之间双向的映射，即 $G_T:\boldsymbol{h}_s \to \boldsymbol{v}$ 和 $G_S:\boldsymbol{v} \to \boldsymbol{h}_s$ 。由此，原始图像特征 $\boldsymbol{h}_s$ 的增强特征表示为 $\hat{\boldsymbol{h}}_s = [\boldsymbol{h}_s;G_T(\boldsymbol{h}_s)] \in \mathbf{R}^{(d_h+d_v)\times 1}$ 。类似地，原始视频段特征 $\boldsymbol{v}$ 的增强特征表示为 $\hat{\boldsymbol{v}} = [G_S(\boldsymbol{v});\boldsymbol{v}] \in \mathbf{R}^{(d_h+d_v)\times 1}$ 。对每个视频段随机采样一帧，组成视频帧特征集合 $\{\boldsymbol{h}_f^i\}_{i=1}^{n_t}$ ，其中 $\boldsymbol{h}_f^i \in \mathbf{R}^{d_h\times 1}$ 表示第 $i$ 个视频帧的特征向量。因此，图像特征到视频

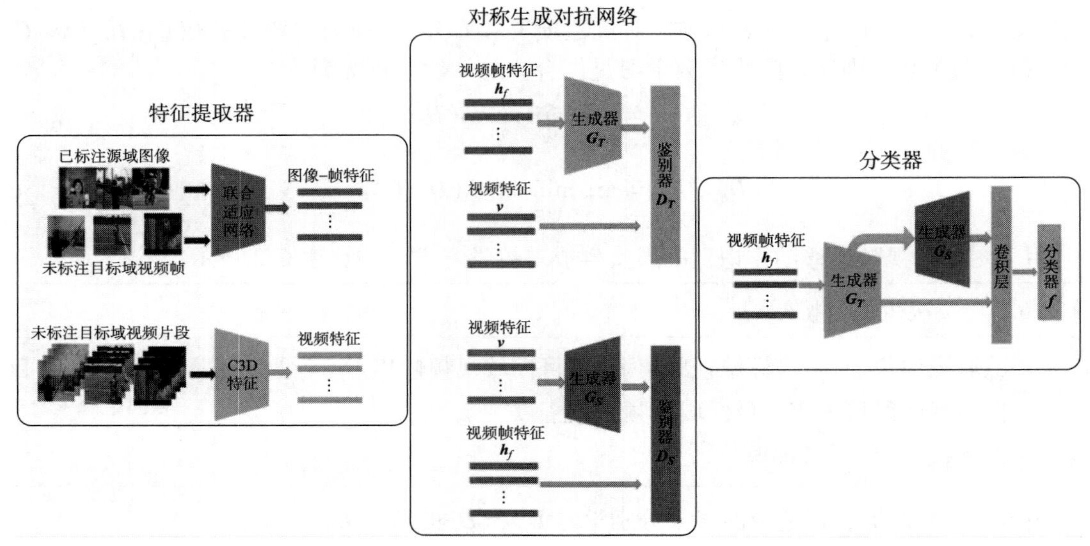


**图 6.12 对称生成对抗网络框架图**[72]

段特征的映射也可表示为 $G_T: \boldsymbol{h}_f \rightarrow v$，视频段特征到图像特征的映射也可表示为 $G_S: \boldsymbol{v} \rightarrow \boldsymbol{h}_f$。

1）对称生成对抗网络

对称生成对抗网络由两个具有对称结构的生成对抗网络组成，分别学习图像特征空间和视频段特征空间之间的双向映射。$G_T$ 为图像特征到视频段特征的映射，设 $D_T$ 为与之相关的判别器。利用成对的 $\boldsymbol{h}_f$ 和 $\boldsymbol{v}$ 作为训练数据来学习 $G_T$ 和 $D_T$，相应的对抗损失函数为

$$L_{\text{GAN}}(G_T, D_T, \boldsymbol{h}_f, \boldsymbol{v}) = \mathbf{E}_{v \sim P_{\text{data}(v)}}[\log D_T(\boldsymbol{v})] + \mathbf{E}_{h_f \sim P_{\text{data}(h_f)}}[\log(1 - D_T(G_T(\boldsymbol{h}_f)))] \tag{6.30}$$

$G_T$ 的目标是最小化对抗损失，而 $D_T$ 的目标是最大化对抗损失，两者相互博弈，其优化目标为

$$\min_{G_T} \max_{D_T} L_{\text{GAN}}(G_T, D_T, \boldsymbol{h}_f, \boldsymbol{v}) \tag{6.31}$$

类似地，学习视频段特征到图像特征的映射函数 $G_S$ 和判别器 $D_S$ 的对抗损失函数为

$$L_{\text{GAN}}(G_S, D_S, \boldsymbol{v}, \boldsymbol{h}_f) = \mathbf{E}_{h_f \sim P_{\text{data}(\boldsymbol{h}_f)}}[\log D_S(\boldsymbol{h}_f)] + \mathbf{E}_{v \sim P_{\text{data}(v)}}[\log(1 - D_S(G_S(\boldsymbol{v})))] \tag{6.32}$$

其优化目标为

$$\min_{G_S} \max_{D_S} L_{\text{GAN}}(G_S, D_S, \boldsymbol{v}, \boldsymbol{h}_f) \tag{6.33}$$

通常可以将上述对抗损失函数中的负对数似然目标替换为最小二乘损失以使训练更加稳定、效果更好，即

$$L_{\text{GCN}}(G_T, D_T, \boldsymbol{h}_f, \boldsymbol{v}) = \mathbf{E}_{v \sim P_{\text{data}(v)}}[D_T(\boldsymbol{v})^2] + \mathbf{E}_{h_f \sim P_{\text{data}(h_f)}}[(1 - D_T(G_T(\boldsymbol{h}_f)))^2] \tag{6.34}$$

$$L_{\text{GCN}}(G_S, D_S, \boldsymbol{v}, \boldsymbol{h}_f) = \mathbf{E}_{h_f \sim P_{\text{data}(\boldsymbol{h}_f)}}[D_S(\boldsymbol{h}_f)^2] + \mathbf{E}_{v \sim P_{\text{data}(v)}}[(1 - D_S(G_S(\boldsymbol{v})))^2] \tag{6.35}$$

除了上述的生成对抗损失外，同样引入相关性对齐损失来最小化生成特征和真实特征的

二阶统计差异。

2）分类网络

将源域图像特征 $\boldsymbol{h}_s$ 通过 $G_T$ 映射到视频段特征空间得到 $G_T(\boldsymbol{h}_s)$。将目标域视频段特征 $\boldsymbol{v}$ 通过 $G_S$ 映射到图像特征空间得到 $G_S(\boldsymbol{v})$。为了进一步提高增强特征的判别能力，将 $G_T(\boldsymbol{h}_s)$ 和 $G_S(\boldsymbol{v})$ 分别通过 $G_S$ 和 $G_T$ 映射回图像特征空间和视频特征空间，生成新的特征 $G_S(G_T(\boldsymbol{h}_s))$ 和 $G_T(G_S(\boldsymbol{v}))$。由于生成器 $G_S$ 和 $G_T$ 是与分类网络联合优化，所以 $G_S(G_T(\boldsymbol{h}_s))$ 和 $G_T(G_S(\boldsymbol{v}))$ 比其对应的原始特征 $\boldsymbol{h}_s$ 和 $\boldsymbol{v}$ 更具有判别性。相应地，源域图像的增强特征表示为 $\hat{\boldsymbol{h}}_s = [G_S(G_T(\boldsymbol{h}_s));G_T(\boldsymbol{h}_s)]$，目标域视频段的增强特征表示为 $\hat{\boldsymbol{v}} = [G_S(\boldsymbol{v});G_T(G_S(\boldsymbol{v}))]$。这些增强特征具有域不变性，因此在图像域训练的分类器可以很好地对目标域视频进行分类。同时，由于同时捕获静态信息和时序运动信息，增强特征将大大提高分类性能。建立由全连接层构造的分类网络 $F_c$，其输入为增强特征表示，输出为类别概率分布。利用有标注的源域增强特征 $\{\hat{\boldsymbol{h}}_s^i\}_{i=1}^{n_s}$ 及其对应的类别标签 $\{y_s^i\}_{i=1}^{n_s}$，训练 $F_c$ 的交叉熵损失定义为

$$L_{\text{class}}(F_c,\hat{\boldsymbol{h}}_s,y_s) = -\mathbf{E}_{(\hat{\boldsymbol{h}}_s,y_s)}\log(F_c(\hat{\boldsymbol{h}}_s)_{y_s}) \tag{6.36}$$

其中，$F_c(\hat{\boldsymbol{h}}_s)_{y_s}$ 表示分类器 $F_c$ 将输入 $\hat{\boldsymbol{h}}_s$ 预测成类别 $y_s$ 的概率。

3）训练算法

综上所述，所有损失函数构成了总的损失函数：

$$\begin{gathered}L(F_c,\boldsymbol{h}_s,y_s,\boldsymbol{h}_f,\boldsymbol{v},G_T,D_T,G_S,D_S) = \\ L_{\text{GAN}}(G_T,D_T,\boldsymbol{h}_f,\boldsymbol{v}) + L_{\text{GAN}}(G_S,D_S,\boldsymbol{v},\boldsymbol{h}_f) + \lambda_1 L_{\text{CORAL}}(\boldsymbol{v},G_T(\boldsymbol{h}_f)) + \\ \lambda_2 L_{\text{CORAL}}(\boldsymbol{h}_f,G_S(\boldsymbol{v})) + L_{\text{class}}(F_c,\hat{\boldsymbol{h}}_s,y_s) + L_{\text{reg}}(G_T,D_T) + L_{\text{reg}}(G_S,D_S) + L_{\text{reg\_f}}(F_c)\end{gathered} \tag{6.37}$$

其中，$L_{\text{reg}}(G_T,D_T)$、$L_{\text{reg}}(G_S,D_S)$ 和 $L_{\text{reg\_f}}(F_c)$ 为正则项，用以防止学习的参数过拟合。通过以下优化目标，可以求得图像和视频之间的双向映射（$G_T$、$D_T$、$G_S$、$D_S$）以及跨域分类器 $F_c$：

$$(F_c^*,G_T^*,D_T^*,G_S^*,D_S^*) = \arg\min_{G_T,G_S}\max_{D_T,D_S} L(F_c,\boldsymbol{h}_s,y_s,\boldsymbol{h}_f,\boldsymbol{v},G_T,D_T,G_S,D_S) \tag{6.38}$$

本方法采用迭代优化的方式进行求解，首先固定 $G_T$、$G_S$ 和 $F_c$，训练 $D_T$ 和 $D_S$；然后固定 $D_T$ 和 $D_S$，训练 $G_S$ 和 $F_c$。

**3. 数据集**

为了验证层次生成对抗学习和对称生成对抗学习在迁移学习动作识别上的性能，采用两个标准视频数据集 UCF101[73] 和 HMDB51[74] 进行实验。当 UCF101 作为目标域时，源域图像由数据集 Stanford40（S）[75] 提供。当 HMDB51 作为目标域时，源域图像由数据集 Stanford40 和 HII[76] 提供，即 EADs。这两个迁移学习动作识别任务分别表示为 S→U 和 E→H。

UCF101 中的视频来自 YouTube 网站，包含超过 13 000 个视频，涵盖 101 个动作类别。该数据集[39] 可大致分为五种动作类型，包括人和物体交互、身体运动、人与人的交互、演奏乐器和运动。大部分视频都拍摄自真实场景。由于受到摄像机运动、物体外观和姿态变化、背景嘈杂和光照变化等因素影响，视频数据呈现出较大的类内差异。

HMDB51 中的视频来源多样，包括商业电影、YouTube 和谷歌视频等公共数据库，包含

7 000 个手工标注的视频片段，涵盖 51 个动作类。这些动作类别可分为五种类型，从一般的身体动作（如拍手）到精细的面部动作（如微笑和大笑）。因为 HMDB51 在光照条件、场景和环境方面呈现出更强的多样性，所以它相比于 UCF101 包含更复杂的背景和更多的类内变化。

Stanford40 中的图像收集自 Google、Bing 和 Flickr 网站，包含 40 类人们日常动作。每类动作约有 180 张到 300 张图像，这些图像在人体姿态、外观和背景方面都具有很大的差异性。

EADs 由 Stanford40 和 HII 组成。HII 包含 10 类人与人之间的交互动作，共计 1 972 张图像，每一个类别至少包含 150 张图像。

对于 S→U 任务，选取 UCF101 和 Stanford40 共同的 12 个动作类别。Stanford40 中的图像作为有标注源域。UCF101 中的视频作为无标注目标域，其训练集和测试集分别用作目标域训练和测试且不采用任何标注信息。对于 E→H 任务，选取 HMDB51 和 EDAs 共同的 13 个动作类别。EDAs 中的图像作为有标注源域。HMDB51 中的视频作为无标注目标域，被划分为测试集和训练集两部分。

**4. 性能分析**

1）特征提取

将目标域每个视频都划分成多个长度为 16 帧的无重叠片段，并将在 Sports - 1M 数据集[39]上预训练的三维卷积神经网络[42]的第五池化层输出向量作为每个视频段的特征向量。对每个视频段随机抽取一帧组成视频帧域。对于图像和视频帧，采用联合适应网络学习其图像 - 帧共同特征，将联合适应网络第五池化层的输出作为图像 - 帧特征向量。

2）实现细节

对于层次生成对抗网络中的两个生成器 $G_l$ 和 $G_h$，均采用四层全连接网络，其网络结构维度分别为 2048→1024→1024→1024→512 和 512→1024→1024→2048→2048，用 ReLU 函数作为激活函数。对于层次生成对抗网络中的两个生成器 $D_l$ 和 $D_h$，均采用三层全连接网络，其网络结构维度为 2560→1280→640→1，并在判别器的前两层使用 ReLU 函数进行激活。由于生成对抗损失和相关性对齐损失数量级不同，而且低层条件生成对抗网络和高层条件生成对抗网络结构相似，所以式（6.26）和式（6.27）中的参数设置为 $\lambda_2=\lambda_4=100$，$\lambda_1=\lambda_3=1$。使用 Adam 优化方法[73]训练网络，批处理大小设置为 64。低层条件生成对抗网络的学习率为 0. 000 02，高层条件生成对抗网络的学习率为 0. 000 008。

对于对称生成对抗网络中的两个生成器 $G_T$ 和 $G_S$，均采用三层全连接网络，其网络结构维度分别为 2048→1024→1024→512 和 512→1024→2048→2048，用 ReLU 函数作为激活函数。对于两个判别器 $D_S$ 和 $D_T$，均采用三层全连接网络，其网络结构维度为 2560→640→1，并在判别器的前两层使用 ReLU 函数进行激活。分类网络 $F$ 采用四层全连网络，其网络结构维度为 2560→1280→640→256→类别数。除最后一层，其余层均由 ReLU 函数激活。使用 Adam 算法训练所有网络，批处理大小设置为 128，学习率设置为 0. 000 08。由于 Sym - GANs 中的生成对抗损失和 CORAL 损失有不同的数量级，所以式（6. 37）中的参数设置为 $\lambda_1=\lambda_2=100$。

3）对比方法

首先与同构域适应方法进行对比，包括非深度方法和深度方法。在非深度方法中，源域图像由 ResNet 模型的第五池化层输出向量表示，目标域视频由所有帧的 ResNet 模型第五池化层输出向量的均值表示。在深度方法中，源域图像和目标域视频帧作为网络输入进行训练，测试时根据平均视频中所有帧的输出概率（来自最后一个全连层）预测类别标签。同构域适应方法包括：SVM[78]、GFK[66]、JDA[79]、ARTL[80]、TJM[81]、TKL[82]、CORAL[83]、LRSR[84]、BDA[85]、ATI[86]、MEDA[87]、ResNet[88]、DAN[89]、RTN[90]、DANN[91]、JAN[92]、DAL[93]、WDGRL[94]。然后与几种异构域适应非深度方法进行对比。目标域视频由 C3D 网络的第五池化层输出向量表示。异构域适应方法包括：KCCA[95]、HEMAP[96]、DAMA[97]、HFA[98]、CDLS[99]。

4）结果分析

表 6.4 展示了与同构域适应方法的比较结果。表中的上半部分是非深度方法的结果，中间部分是深度方法的结果，最后两行为层次生成对抗网络（HiGANs）和对称生成对抗网络（Sym－GANs）的结果。从表 6.4 中可以看出，与只提取静态帧特征用于视频表示的同构预适应方法相比，层次生成对抗网络和对称生成对抗网络取得了更好的分类结果。在 S→U 任务中，几乎所有非深度方法和深度方法的性能都优于无迁移学习的 SVM 和 ResNet 方法，充分验证迁移源域图像知识能够提高目标域视频分类的准确率。而在 E→H 任务中，接近一半非深度方法的正确率明显低于 SVM，这是由于源域图像与目标域视频帧之间存在较大差异，产生了负迁移。另外，深度方法的性能优于 ResNet，这也验证了深度神经网络在解决负迁移问题上的有效性。

**表 6.4　与同构域适应方法分类准确率对比（目标视频域无标注数据）**[70,72]　单位:%

| 方法 | | S→U | E→H |
|---|---|---|---|
| 非深度方法 | SVM | 83.6 | 35.9 |
| | GFK | 80.7 | 29.1 |
| | JDA | 86.7 | 33.8 |
| | ARTL | 89.5 | 39.9 |
| | TJM | 90.5 | 31.2 |
| | TKL | 90.9 | 38.9 |
| | CORAL | 91.5 | 39.3 |
| | LRSR | 89.3 | 38.0 |
| | ATI | 90.4 | 32.8 |
| | BDA | 83.8 | 31.0 |
| | MEDA | 94.3 | 43.1 |
| 深度方法 | ResNet | 81.4 | 38.5 |
| | DAN | 84.2 | 39.5 |
| | RTN | 83.8 | 40.2 |
| | DANN | 85.9 | 38.4 |
| | JAN | 91.4 | 40.9 |
| | DAL | 97.6 | 45.5 |
| | WDGRL | 91.3 | 40.4 |

续表

| 方法 | | S→U | E→H |
|---|---|---|---|
| 层次生成对抗网络 | HiGANs | 95.4 | 44.6 |
| 对抗生成对抗网络 | Sym - GANs | **97.7** | **55.0** |

表 6.5 展示了与异构域适应方法的比较结果。表中的第一行表示只利用目标域视频训练分类模型的准确率。显然，层次生成对抗学习方法和对称生成对抗学习方法均优于所有的对比方法。值得注意的是，HFA（Heterogeneous Feature Augmentation）也采用了特征增强的方式学习域不变特征。与之相比，对称生成对抗网络取得了更高的分类准确率。

**表 6.5　与异构域适应方法分类准确率对比（目标视频域有部分标注数据）**[70,72]

单位：%

| 方法 | S→U | E→H |
|---|---|---|
| 只利用目标域视频 | 94.0 | 65.7 |
| KCCA | 92.0 | 66.0 |
| HEMAP | 92.7 | 65.4 |
| DAMA | 93.5 | 67.9 |
| HFA | 93.9 | 69.9 |
| CDLS | 94.9 | 65.4 |
| HiGANs | 98.0 | 74.0 |
| Sym - GANs | **99.7** | **89.1** |

表 6.6 对比了层次生成对抗学习中对抗损失和相关性对齐损失对网络训练的影响，其中"w/o Adversarial Loss"表示去掉对抗损失，"w/o CORAL Loss"表示去掉相关性对齐损失。从中可以看出，去掉对抗损失和去掉相关性对齐损失都会降低分类性能。

**表 6.6　层次生成对抗学习中不同损失函数的分类准确率对比**[70]　　单位：%

| 方法 | S→U | E→H |
|---|---|---|
| w/o Adversarial Loss | 72.6 | 33.5 |
| w/o CORAL Loss | 92.1 | 43.9 |
| HiGANs | **95.4** | **44.6** |

为验证对称结构在对称生成对抗网络中的有效性，设计了两个单生成对抗网络进行对比，即只学习从图像特征到视频段特征的映射（ $G_T$ ）和只学习从视频段特征到图像特征的映射（ $G_S$ ）。实验结果如表 6.7 所示，其中"Only $G_T$ "表示只有 $G_T$ ，"Only $G_s$ "表示只有 $G_s$ 。由表 6.7 可知，$G_T$ 和 $G_S$ 是互补的，在它们的共同作用下，对称生成对抗网络才能发挥最大优势。

表 6.7 对称生成对抗网络与单生成对抗网络的分类准确率对比（目标视频域无标注数据）[72]

单位：%

| 方法 | S→U | E→H |
|---|---|---|
| Only $G_T$<br>Only $G_S$ | 87.3<br>92.0 | 25.3<br>50.2 |
| Sym – GANs | **97.7** | **55.0** |

表 6.8 比较了对称生成对抗网络和另一种称为“对称生成对抗网络 – 原始特征（Sym – GANs – origin）”的方法的结果。在 Sym – GANs – origin 方法中，源域和目标域的增强特征分别是由 $\hat{\boldsymbol{h}}_s=[\boldsymbol{h}_s;G_T(\boldsymbol{h}_s)]$ 和 $\hat{\boldsymbol{v}}=[G_S(\boldsymbol{v});\boldsymbol{v}]$ 表示。在对称生成对抗网络中，源域和目标的增强特征分别由 $\hat{\boldsymbol{h}}_s=[G_S(G_T(\boldsymbol{h}_s));G_T(\boldsymbol{h}_s)]$ 和 $\hat{\boldsymbol{v}}=[G_S(\boldsymbol{v});G_T(G_S(\boldsymbol{v}))]$ 表示。很显然，生成特征 $G_S(G_T(\boldsymbol{h}_s))$ 和 $G_T(G_S(\boldsymbol{v}))$ 比各自对应的原始特征 $\boldsymbol{h}_s$ 和 $\boldsymbol{v}$ 更具判别性。

表 6.8 与对称生成对抗网络中原始特征的分类准确率对比[72] 单位：%

| 方法 | S→U | E→H |
|---|---|---|
| Sym – GANs – origin<br>Sym – GANs | 93.5<br>**97.7** | 50.9<br>**55.0** |

# 参考文献


[1] 吴心筱，刘翠微，贾云得．视频中人的动作分析与识别［M］．北京：北京理工大学出版社，2019.

[2] BRADSKI G R，DAVIS J W. Motion segmentation and pose recognition with motion history gradients［J］. Machine vision and applications，2002，13（3）：174 – 184.

[3] WEINLAND D，RONFARD R，BOYER E. Free viewpoint action recognition using motion history volumes［J］. Computer vision and image understanding，2006，104（2 – 3）：249 – 257.

[4] EFROS A A，BERG A C，MORI G，et al. Recognizing action at a distance［C］//IEEE International Conference on Computer Vision，2003：726 – 733.

[5] YILMAZ A，SHAH M. Actions sketch：a novel action representation［C］//IEEE Conference on Computer Vision and Pattern Recogntion，2005：984 – 989.

[6] BLANK M，GORELICK L，SHECHTMAN E，et al. Actions as space time shapes［C］// IEEE International Conference on Computer Vision，2005：2247 – 2253.

[7] LIU J，SHAH M. Learning human actions via information maximization［C］//IEEE Conference on Computer Vision and Pattern Recognition，2008：1 – 8.

[8] JHUANG H，SERRE T，WOLF L，et al. A biologically inspired system for action recognition［C］//IEEE International Conference on Computer Vision，2007：1 – 8.

[9] NIEBLES J C，WANG H，FEI – FEI L. Unsupervised learning of human action categories using spatial – temporal words［J］. International journal of computer vision，2008，79（3）：

299 – 318.

[10] CHEN D Y, SHIH S W, LIAO H Y. Human action recognition using 2 – D spatio – temporal templates [C]//IEEE International Conference on Multimedia and Expo, 2007: 667 – 670.

[11] SCHULDT C, LAPTEV I, CAPUTO B. Recognizing human actions: a local SVM approach [C]//IEEE International Conference on Pattern Recognition, 2004: 32 – 36.

[12] DOLLÁR P, RABAUD V, COTTRELL G, et al. Behavior recognition via sparse spatio – temporal features [C]//IEEE International Workshop on Visual Surveillance and Performance Evaluation of Tracking and Surveillance, 2005: 65 – 72.

[13] RYOO M S, AGGARWAL J K. Spatio – temporal relationship match: Video structure comparison for recognition of complex human activities [C]//IEEE International Conference on Computer Vision, 2009: 1593 – 1600.

[14] WU S, OREIFEJ O, SHAH M. Action recognition in videos acquired by a moving camera using motion decomposition of lagrangian particle trajectories [C]//IEEE International Conference on Computer Vision, 2011: 1419 – 1426.

[15] WANG H, KLÄSER A, SCHMID C, et al. Dense trajectories and motion boundary descriptors for action recognition [J]. International journal of computer vision, 2013, 103 (1): 60 – 79.

[16] WANG H, KLASER A, SCHMID C, et al. Action recognition by dense trajectories [C]// IEEE Conference on Computer Vision and Pattern Recognition, 2011: 3169 – 3176.

[17] JIANG Y G, DAI Q, XUE X, et al. Trajectory – based modeling of human actions with motion reference points [C]//European Conference on Computer Vision, 2012: 425 – 438.

[18] BOBICK A F, DAVIS J W. The recognition of human movement using temporal templates [J]. IEEE transactions on pattern analysis and machine intelligence, 2001, 23 (3): 257 – 267.

[19] LAPTEV I. On Space – time interest points [J]. International journal of computer vision, 2005, 64 (2 – 3): 107 – 123.

[20] BREGONZIO M, GONG S G, XIANG T. Recognising action as clouds of space – time interest points [C]//IEEE Conference on Computer Vision and Pattern Recognition, 2009: 1948 – 1955.

[21] OIKONOMOPOULOS A, PATRAS I, PANTIC M. Kernel spatiotemporal salient points for visual recognition of human actions [J]. IEEE transctions on system, man, and cybernetics—part B: cybernetics, 2006, 36 (3): 710 – 719.

[22] WONG S F, CIPOLLA R. Extracting spatiotemporal interest points using global information [C]//IEEE International Conference on Computer Vision, 2007: 1 – 8.

[23] WANG F, JIANG Y G, NGO C W. Video event detection using motion relativity and visual relatedness [C]//ACM International Conference on Multimedia, 2008: 239 – 248.

[24] LUCAS B D, KANADE T. An iterative image registration technique with an application to stereo vision [C]//International Joint Conference on Artificial Intelligence, 1981: 674 –

679.

[25] SUN J, WU X, YAN S, et al. Hierarchical spatio – temporal context modeling for action recognition [C]//IEEE Conference on Computer Vision and Pattern Recognition, 2009: 2004 – 2011.

[26] MESSING R, PAL C, KAUTZ H. Activity recognition using the velocity histories of tracked keypoints [C]//IEEE International Conference on Computer Vision, 2009: 104 – 111.

[27] BOURDEV L, MALIK J. Poselets: Body part detectors trained using 3d human pose annotations [C]//IEEE International Conference on Computer Vision, 2009: 1365 – 1372.

[28] SADANAND S, CORSO J J. Action bank: a high – level representation of activity in video [C]//IEEE Conference on Computer Vision and Pattern Recognition, 2012: 1234 – 1241.

[29] ZHU J, WANG B, YANG X, et al. Action recognition with actons [C]//IEEE International Conference on Computer Vision, 2013: 3559 – 3566.

[30] RODRIGUEZ M, AHMED J, SHAH M. Action mach: a spatio – temporal maximum average correlation height filter for action recognition [C]//IEEE Conference on Computer Vision and Pattern Recognition, 2008: 1 – 8.

[31] SHECHTMAN E, IRANI M. Space – time behavior based correlation [C]//IEEE Conference on Computer Vision and Pattern Recognition, 2005: 405 – 412.

[32] KIM T K, WONG K Y K, CIPOLLA R. Tensor canonical correlation analysis for action classification [C]//IEEE Conference on Computer Vision and Pattern Recognition, 2007: 1 – 8.

[33] CHOMAT O, CROWLEY J L. Probabilistic recognition of activity using local appearance [C]//IEEE Conference on Computer Vision and Pattern Recognition, 1999: 104 – 109.

[34] WONG K Y K, KIM T K, CIPOLLA R. Learning motion categories using both semantic and structural information [C]//IEEE Conference on Computer Vision and Pattern Recognition, 2007: 1 – 6.

[35] GAVRILA D, DAVIS L. Towards 3 – D model – based tracking and recognition of human movement: a multi – view approach [C]//International Workshop on Automatic Face – and Gesture – Recognition, 1995: 272 – 277.

[36] VEERARAGHAVAN A, CHELLAPPA R, ROY – CHOWDHURY A K. The function space of an activity [C]//IEEE Conference on Computer Vision and Pattern Recognition, 2006: 959 – 968.

[37] JI S, XU W, YANG M, et al. 3D convolutional neural networks for human action recognition [J]. IEEE transactions on pattern analysis and machine intelligence, 2013, 35 (1): 221 – 231.

[38] NG J Y, HAUSKNECHT M, VIJAYANARASIMHAN S, et al. Beyond short snippets: deep networks for video classification [C]//IEEE Conference on Computer Vision and Pattern Recognition, 2015: 4694 – 4702.

[39] KARPATHY A, TODERICI G, SHETTY S, et al. Large – scale video classification with convolutional neural networks [C]//IEEE Conference on Computer Vision and Pattern

Recognition, 2014: 1725 – 1732.

[40] CHATFIELD K, SIMONYAN K, VEDALDI A, et al. Return of the devil in the details: delving deep into convolutional nets [C]//British Conference on Machine Vision, 2014.

[41] DONAHUE J, JIA Y, VINYALS O, et al. Decaf: a deep convolutional activation feature for generic visual recognition [C]//International Conference on Machine Learning, 2014: 647 – 655.

[42] TRAN D, BOURDEV L, FERGUS R, et al. Learning spatiotemporal features with 3D convolutional networks [C]//International Conference on Computer Vision, 2015: 4489 – 4497.

[43] SUN L, JIA K, YEUNG D Y, et al. Human action recognition using factorized spatiotemporal convolutional networks [C]//International Conference on Computer Vision, 2015: 4597 – 4605.

[44] DU Y, WANG W, WANG L. Hierarchical recurrent neural network for skeleton based action recognition [C]//IEEE Conference on Computer Vision and Pattern Recognition, 2015: 1110 – 1118.

[45] SHARMA S, KIROS R, SALAKHUTDINOV R. Action recognition using visual attention [C]//Neural Information Processing Systems (NIPS) Time Series Workshop, 2015.

[46] SRIVASTAVA N, MANSIMOV E, SALAKHUDINOV R. Unsupervised learning of video representations using LSTMS [C]//International Conference on Machine Learning, 2015.

[47] LEV G, SADEH G, KLEIN B, WOLF L. RNN fisher vectors for action recognition and image annotation [C]//European Conference on Computer Vision, 2016: 833 – 850.

[48] ESCORCIA V, HEILBRON F C, NIEBLES J C, et al. DAPS: deep action proposals for action understanding [C]//European Conference on Computer Vision, 2016: 768 – 784.

[49] SIMONYAN K, ZISSERMAN A. Two – stream convolutional networks for action recognition in videos [C]//Advances in Neural Information Processing Systems, 2014: 568 – 576.

[50] RUSSAKOVSKY O, DENG J, SU H, et al. Imagenet large scale visual recognition challenge [J]. International journal of computer vision, 2015, 115 (3): 211 – 252.

[51] FEICHTENHOFER C, PINZ A, ZISSERMAN A. Convolutional two – stream network fusion for video action recognition [C]//IEEE Conference on Computer Vision and Pattern Recognition, 2016: 1933 – 1941.

[52] WANG L, XIONG Y, WANG Z, et al. Temporal segment networks: Towards good practices for deep action recognition [C]//European Conference on Computer Vision, 2016: 20 – 36.

[53] DUAN L, XU D, TSANG I W, et al. Visual event recognition in videos by learning from web data [C]//Proceedings of the IEEE International Conference on Computer Vision and Pattern Recognition, 2010: 1959 – 1966.

[54] YANG J, YAN R, HAUPTMANN A G. Cross – domain video concept detection using adaptive svms [C]//Proceedings of the 15th International Conference on Multime – dia, 2007.

[55] BRUZZONE L, MARCONCINI M. Domain adaptation problems: a DASVM classification technique and a circular validation strategy [J]. IEEE transactions on pattern analysis and machine intelligence, 2010 (32): 770 - 787.

[56] BORGWARDT K M, GRETTON A, RASCH M J, et al. Integrating structured biological data by kernel maximum mean discrepancy [J]. Bioinformatics, 2006, 22 (14): 49 - 57.

[57] LAZEBNIK S, SCHMID C, PONCE J. Beyond bags of features: spatial pyramid matching for recognizing natural scene categories [C]//2006 IEEE Computer Society Conference on Computer Vision and Pattern Recognition (CVRR'06), 2006.

[58] LOWE D G. Distinctive image features from scale - invariant keypoints [J]. International journal of computer vision, 2004, 60 (2): 91 - 110.

[59] RAKOTOMAMONJY A, BACH F R, CANU S, et al. SimpleMKL [J]. Journal of machine learning research, 2008 (9): 2491 - 2521.

[60] LOUI A C, et al. Kodak's consumer video benchmark data set: concept definition and annotation [C]//Proceeding of the International Workshop on Multimedia Information Retrieval, 2007.

[61] LAPTEV I, MARSZAŁEK M, SCHMID C, et al. Learning realistic human actions from movies [C]//2018 IEEE Conference on Computer Vision and Pattern Recognition, 2008.

[62] DAUM'E Ⅲ H. Frustratingly easy domain adaptation [C]//The Annual Meeting of the Association for Computational Linguistics, 2007: 256 - 263.

[63] Wang H, Wu X, Jia Y, Video annotation via image groups from the Web [J]. IEEE Transactions on Multimedia, 2014, 16 (5): 1282 - 1291.

[64] JIANG Y, YE G, CHANG S, et al. Consumer video understanding: a benchmark database and an evaluation of human and machine performance [C]//Proceedings of the 1st ACM International Conference on Multimedia Retrieval, 2011: 29.

[65] MEYER D, LEISCH F, HORNIK K. The support vector machine under test [J]. Neurocomputing, 2003, 55 (1): 169 - 186.

[66] GONG B, SHI Y, SHA F, et al. Geodesic flow kernel for unsupervised domain adaptation [C]//Computer Vision and Pattern Recognitio, 2012: 2066 - 2073.

[67] DUAN L, TSANG I W, XU D, et al. Domain transfer svm for video concept detection [C]//Proceedings of the IEEE International Conferenceon Computer Vision and Pattern Recognition, Miami, Florida, United States: IEEE Computer Society, 2009: 1375 - 1381.

[68] CHATTOPADHYAY R, SUN Q, FAN W, et al. Multisource domain adaptation and its application to early detection of fatigue [J]. ACM transactions on knowledge discovery from data (TKDD), 2012, 6 (4): 18.

[69] DUAN L, XU D, CHANG S F. Exploiting web images for event recognition in consumer videos: a multiple source domain adaptation approach [C]//Computer Vision and Pattern Recognition (CVPR), 2012: 1959 - 1966.

[70] YU F W, WU X X, SUN Y C, et al. Expliting images for video recognition with hierarchical

generative adversarial networks [C]//Proceedings of the Twenty - Seventh International Joint Conference on Artificial Intelligence, 2018: 1107 - 1113.

[71] Sun B, Saenko K. Deep coral: Correlation alignment for deep domain adaptation [C]// European Conference on Compater Vision, 2016: 443 - 450.

[72] YU F W, WU X X, CHEN J L, et al. Exploiting images for video recognition: heterogeneous feature augmentation via symmetric adversarial learning [J]. IEEE transactions on image processing, 2019, 28 (11): 5308 - 5321.

[73] SOOMRO K, ZAMIR A R, SHAH M. Ucf101: a dataset of 101 human actions classes from videos inthe wild [J]. arXiv preprint arXiv: 1212.0402, 2012.

[74] KUEHNE H, JHUANG H, GARROTE E, et al. Hmdb: a large video database for human motion recognition [C]//The IEEE International Conference on Computer Vision (ICCV), 2011: 2556 - 2563.

[75] YAO B, JIANG X, KHOSLA A, et al. Human action recognition by learning bases of action attributes and parts [C]//The IEEE International Conference on Computer Vision (ICCV), 2011: 1331 - 1338.

[76] TANISIK G, ZALLUHOGLU C, IKIZLER - CINBIS N. Facial descriptors for human interaction recognition in still images [J]. Pattern recognition, 2016 (73): 44 - 51.

[77] KINGMA D, BA J. Adam: a method for stochastic optimization [J]. arXiv preprint arXiv: 1412.6980, 2014.

[78] CORTES C, VAPNIK V. Support - vector networks [J]. Machine learning, 1995, 20 (3): 273 - 297.

[79] LONG M, WANG J, DING G, et al. Transfer feature learning with joint distribution adaptation [C]//The IEEE International Conference on Computer Vision (ICCV), 2013: 2200 - 2207.

[80] LONG M, WANG J, DING G, et al. Adaptation regularization: a general framework for transfer learning [J]. IEEE transactions on knowledge and data engineering, 2014, 26 (5): 1076 - 1089.

[81] LONG M, WANG J, DING G, et al. Transfer joint matching for unsupervised domain adaptation [C]//The IEEE Conference on Computer Vision and Pattern Recognition (CVPR), 2014: 1410 - 1417.

[82] LONG M, WANG J, SUN J, et al. Domain invariant transfer kernel learning [J]. IEEE transactions on knowledge and data engineering, 2015, 27 (6): 1519 - 1532.

[83] SUN B, FENG J, SAENKO K. Return of frustratingly easy domain adaptation [C]// Thirtieth AAAI Conference on Artificial Intelligence, 2016: 2058 - 2065.

[84] XU Y, FANG X, WU J, et al. Discriminative transfer subspace learning via low - rank and sparse representation [J]. IEEE transactions on image processing, 2016, 25 (2): 850 - 863.

[85] WANG J, CHEN Y, HAO S, et al. Balanced distribution adaptation for transfer learning [C]//International Conference on Data Mining, 2017: 1129 - 1134.

[86] BUSTO P, GALL J. Open set domain adaptation [C]//The IEEE International Conference on Computer Vision (ICCV), 2017.

[87] WANG J, FENG W, CHEN Y, et al. Visual domain adaptation with manifold embedded distribution alignment [C]//ACM International Conference on Multimedia, 2018: 402 - 410.

[88] HE K, ZHANG X, REN S, et al. Deep residual learning for image recognition [C]//The IEEE Conference on Computer Vision and Pattern Recognition (CVPR), 2016: 770 - 778.

[89] LONG M, CAO Y, WANG J, et al. Learning transferable features with deep adaptation networks [C]//International Conference on Machine Learning, 2015: 97 - 105.

[90] LONG M, ZHU H, WANG J, et al. Unsupervised domain adaptation with residual transfer networks [C]//Advances in Neural Information Processing Systems, 2016: 136 - 144.

[91] GANIN Y, USTINOVA E, AJAKAN H, et al. Domain - adversarial training of neural networks [J]. The journal of machine learning research, 2016, 17 (1): 2096 - 2030.

[92] LONG M, ZHU H, WANG J, et al. Deep transfer learning with joint adaptation networks [C]//International Conference on Machine Learning, 2017: 2208 - 2217.

[93] CARIUCCI F M, PORZI L, CAPUTO B, et al. Autodial: automatic domain alignment layers [C]//The IEEE International Conference on Computer Vision (ICCV), 2017: 5077 - 5085.

[94] SHEN J, QU Y, ZHANG W, et al. Wasserstein distance guided representation learning for domain adaptation [J]. arXiv preprint arXiv: 1707.01217, 2017.

[95] AKAHO S. A kernel method for canonical correlation analysis [J]. arXiv preprint cs/0609071, 2006.

[96] SHI X, LIU Q, FAN W, et al. Transfer learning on heterogenous feature spaces via spectral transformation [C]//IEEE International Conference on Data Mining, 2010: 1049 - 1054.

[97] WANG C, MAHADEVAN S. Heterogeneous domain adaptation using manifold alignment [C]//International Joint Conference on Artificial Intelligence, 2011: 1541.

[98] DUAN L, XU D, TSANG I W. Learning with augmented features for heterogeneous domain adaptation [C]//International Conference on Machine Learning, 2012: 667 - 674.

[99] TSAI Y, YEH Y, WANG Y. Learning cross - domain landmarks for heterogeneous domain adaptation [C]//The IEEE Conference on Computer Vision and Pattern Recognition (CVPR), 2016: 5081 - 5090.

# 第7章
# 迁移学习在目标检测中的应用

## 7.1 目标检测介绍

目标检测（object detection）指从场景中找出感兴趣的目标，其具体任务是从输入图像或视频中精确检测出感兴趣目标的位置，并预测目标的所属类别。目标检测是计算机视觉领域一个非常重要的研究方向。随着深度神经网络的发展，基于深度学习的目标检测算法显著地提高了检测精度。目标检测具有广泛的应用领域，包括视频监控、自动驾驶、医学图像分析、无人机导航等。

目标检测的挑战性问题有：①动态模糊。由于目标运动是一个连续的过程，如果相机曝光较慢，则会导致多个运动位置被合为一个的情况，即动态模糊。②虚焦。由于摄影时没有选择焦点，会出现某些局部目标或者整个场景模糊不清。③遮挡。实际场景中的多个目标之间出现不同程度的遮挡，以及单个目标各个部分之间的自遮挡。④表观变化。同类目标不同个体之间存在较大的表观差异。⑤尺寸变化。同类目标在不同场景下可能具有不同的尺寸。

传统目标检测的基本流程如图7.1所示，主要包括四个步骤：生成候选区域、对候选区域提取特征、利用分类器判断候选区域是否为目标以及检测边框回归。传统的目标检测方法主要分为基于候选区域的方法[1-2]和基于滑动窗口的方法[4]。基于候选区域的方法一般生成多个候选区域，并提取相应候选区域的特征进行分类。基于滑动窗口的方法通过使用不同大小的边界框（bounding box）进行从上至下、从左至右的滑动。将滑动过程中获取的每个位置都作为候选区域，然后对候选区域进行特征提取来完成分类。基于滑动窗口的方法不会漏掉候选区域，但是生成的候选区域多，导致计算复杂度高、时间开销大。基于候选区域的方法计算效率更高，但容易漏掉候选区域，从而影响检测精度。在基于候选区域的目标检测方法中，常用的候选区域生成方法有选择性搜索（selective search，SS）[1]和边缘框（edge boxes，EB）[2]。在提取候选区域特征时，人脸检测任务常用Haar特征[5]和LBP特征[4]，行人检测任务常用HOG特征[6]，其他常用的特征有SIFT特征[7]和SURF特征[8]等。在对候选区域进行分类时，常用的分类器有支持向量机[9]和AdaBoost算法[10]等。随着深度卷积神经网络的提出，一系列基于卷积神经网络的目标检测方法应运而生，如R-CNN系列[3,11-12]、YOLO[13]和SSD[14]，大大提高了目标检测的精度和检测速度。

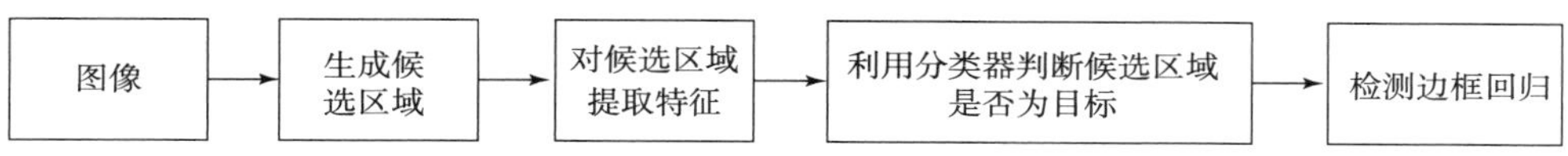


**图 7.1　传统目标检测的基本流程**

## 7.2　目标检测经典方法

传统目标检测方法采用手工设计的特征。但由于目标的形态各异、光照变化多、背景嘈杂等因素的存在，手工特征很难适用于复杂多样的视觉场景。此外，传统目标检测模型的非线性程度较低，无法很好地拟合视觉表示和类别标签之间的关系。深度卷积神经网络的提出很好地解决了这个问题。卷积神经网络是一种典型的前馈神经网络，具有表示学习（representation learning）能力，能够学到具有较强表达能力和判别性的特征表示。经典的卷积神经网络有 AlexNet[15]、VGGNet[16]、Inception[17]和 ResNet[18]等。基于深度学习的目标检测方法以卷积神经网络为基础，大致可以分为两类：一类是一阶段算法，即整个检测过程在一个阶段内通过端到端的网络完成，代表方法有 YOLO 和 SSD；另一类是二阶段算法，即在第一阶段提取候选区域，在第二阶段对提取的候选区域分类，判定其为目标还是背景，代表方法是 R－CNN[12]系列的方法。本节首先介绍 R－CNN 系列方法，然后重点介绍 Faster R－CNN 方法，最后介绍一阶段的 YOLO 和 SSD 方法。

2014 年，Girshick 等人[3]提出了 R－CNN 方法，成功将卷积神经网络应用于目标检测，具有里程碑意义。相比于传统非深度目标检测方法，R－CNN 模型将在 PASCAL VOC 2012 数据集上的检测准确率直接提高了近 30 个百分点。R－CNN 聚焦于目标检测问题的两个难点，一是如何使用卷积神经网络对目标进行精确定位，二是如何使用较少的标注数据训练得到性能较高的模型。R－CNN 模型对每张图像生成约 2 000 个候选区域，对候选区域使用卷积神经网络来提取视觉特征，然后使用线性 SVM 分类器对候选区域进行分类。

2015 年，Girshick[11]提出了 Fast R－CNN 方法，其主要贡献在于提出了 ROI（region of interest）池化层，用于解决提取重叠候选区域而导致的计算冗余问题。ROI 池化层可以复用整张图像的卷积特征，避免了重复提取特征，同时允许输入任何尺度的边界框。对于输入图像和多个候选区域，Fast R－CNN 使用一系列卷积层和最大池化层提取图像的卷积特征，然后使用 ROI 池化层从整张图像的卷积特征中提取固定尺寸的候选区域特征，最后将候选区域特征输入一系列全连接层完成检测。这些全连接层包括两个分支：①分类分支，该分支通过 softmax 分类预测候选区域的类别；②边界回归分支，该分支对候选区域的边框回归得到调整后的目标位置。

在 Fast R－CNN 方法被提出后不久，Ren 等人[12]提出了 Faster R－CNN 方法，进一步提高了目标检测的速度和精度。Faster R－CNN 方法是第一个真正意义上的端到端训练的目标检测方法，首次达到了准实时（17 帧/s，640×480 像素）的检测速度。Faster R－CNN 模型如图 7.2 所示，包括以下四个步骤：①用卷积神经网络提取整张图像的卷积特征；②由区域生成网络（region proposal network，RPN）生成候选区域，并通过 softmax 分类判断候选区域是目标还是背景；③通过 ROI 池化层提取候选区域的特征向量；④对候选区域进行分类和边界框回归。Faster R－CNN 的最大创新点在于提出了区域生成网络，代替了之前基于选择性搜索[1]的候选区域生成策略，成功地将特征提取、候选区域生成、边界框回归和候选区域分类整合到同一个网络中，提高了检测精度和速度。

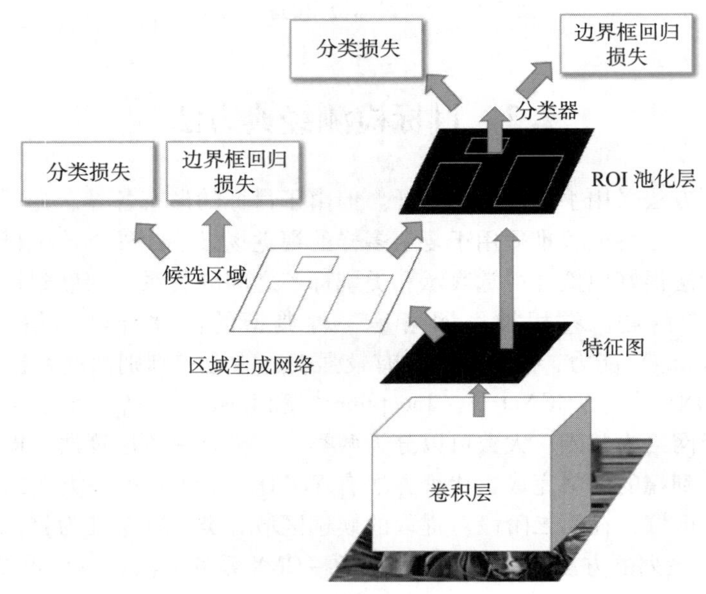


**图 7.2　Faster R－CNN 模型[12]**

区域生成网络的核心思想是使用卷积神经网络直接产生候选区域，通过滑动窗口的方式引入多尺度多长宽比的锚（anchor）来捕捉未知尺寸和长宽比的目标。区域生成网络的结构如图 7.3 所示。首先在图像卷积特征的一个滑动窗口上生成 $k$ 个不同大小、不同长宽比例的区域，将这 $k$ 个候选区域称为锚［如图 7.3（a）所示，通常 $k$ 设为 9］，并预测这 $k$ 个候选区域是前景（背景）的概率。接着，根据图像给定的标注边界框给这些锚分配标签。对于以下两类锚，给其分配正标签：①锚与检测目标有最大的交并比（intersection over union，IoU）；②锚与任意一个检测目标的交并比达到了 0.7。给所有与检测目标交并比小于 0.3 的锚都分配负标签。因此，传入区域生成网络的共享卷积特征图最终被整理为多个锚的坐标以及每个锚是否是前景的二分类标签。区域生成网络将每个锚映射为一个概率值和 4 个坐标值，其中概率值是这个锚包含物体的概率，4 个坐标值是对锚回归得到的坐标表示。由概率值和坐标值表示计算分类损失和回归损失，对区域生成网络进行训练。优于与目标检测网络共享卷积特征，区域生成网络的时间消耗很小。

区域生成网络的损失函数定义为

$$L(\{p_i\},\{t_i\}) = \frac{1}{N_{\mathrm{cls}}}\sum_i L_{\mathrm{cls}}(p_i,p_i^*) + \lambda \frac{1}{N_{\mathrm{reg}}}\sum_i p_i^* L_{\mathrm{reg}}(t_i,t_i^*) \tag{7.1}$$

其中，$i$ 是训练小批量中锚的索引，$p_i$ 是预测出的第 $i$ 个锚中包含物体的概率。如果第 $i$ 个锚为正样本，其标签真值 $p_i^*$ 为 1，反之，其标签真值 $p_i^*$ 为 0。$t_i$ 是对第 $i$ 个锚进行边界框回归得到的坐标向量，$t_i^*$ 是与预测边界框对应的目标边界框的真值坐标向量。分类损失 $L_{\mathrm{cls}}$ 是二类（前景或背景）交叉熵损失。使用 $L_{\mathrm{reg}}(t_i,t_i^*) = R(t_i - t_i^*)$ 来表示回归损失，其中 $R$ 函数

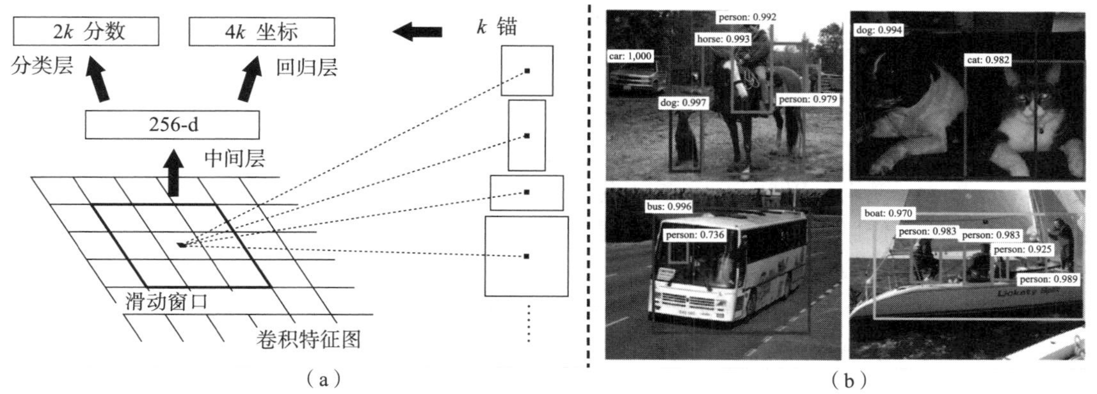


（a）　　　　（b）

**图 7.3　区域生成网络的结构**[12]

（a）区域生成网络结构；（b）区域生成网络在 PASCAL VOC 2007 上的检测示例[12]

采用 Fast R－CNN 方法中定义的 $L_1$ 平滑损失。$p_i^* L_{reg}$ 意味着回归损失只激活正样本的锚，对于负样本的锚无效。分类层和回归层的输出分别为 $\{p_i\}$ 和 $\{t_i\}$ 。$N_{cls}$ 和 $N_{reg}$ 分别是批量大小和预测锚坐标的数量，用于对分类损失和回归损失做归一化处理，$\lambda$ 是两个损失的平衡系数。

由区域生成网络得到的候选区域在根据概率值筛选后，传入候选区域分类器，进行多分类和坐标回归。这一阶段的损失函数与训练区域生成网络的损失函数类似，表示为

$$L(p,u,t^u,v) = L_{cls}(p,u) + \lambda[u \geqslant 1]L_{loc}(t^u,v) \tag{7.2}$$

其中，$p$ 为预测的目标标签；$u$ 为真实的目标标签；$t^u$ 为真值位置坐标；$v$ 为预测的位置坐标。分类损失 $L_{cls}(p,u) = -\log p_u$ 是类别 $u$ 的对数损失，即多分类交叉熵损失。回归损失 $L_{loc}(t^u, v)$ 同样采用 $L_1$ 平滑 损失。$[u \geqslant 1]$ 表示在 $u \geqslant 1$ 时，其值为 1，否则为 0。

2016 年，Redmon 等人[13]提出了 YOLO（you only look once）方法。与 R－CNN 系列的二阶段模型不同，YOLO 模型将物体检测建模一个回归问题进行求解。其网络结构是一个端到端的卷积网络，可以输出多个检测框和各个检测框的类别概率。YOLO 模型检测速度非常快，通过对一张图片的一次前向传播即可完成对检测框位置和类别的预测，其速度可以达到每秒 45 帧。由于 YOLO 在训练和测试时都是对整张图提取特征并完成检测任务，因此它可以考虑候选区域的上下文信息，拥有比 R－CNN 系列方法更低的背景误检率。另外 YOLO 模型具有较强的泛化能力，当它遇到未曾见过的输入图像时，相比于其他物体检测方法，它还会保持较好的检测性能。但是 YOLO 模型在对小尺寸物体进行检测的时候，准确率逊色于其他检测方法。

2016 年，Liu 等人[14]提出了一种端到端训练的物体检测方法 SSD（single shot multibox detector）。该方法的整体思想是首先在特征图上给定一组具有不同长宽比和大小的边界框，称其为先验边界框（类似于 R－CNN 系列方法中的锚）。然后训练一个网络来选择那些包含感兴趣目标的先验边界框，并调整它们的坐标，从而更好地匹配实际目标。与 R－CNN 系列方法相比，SSD 由于没有生成候选区域的过程而具有更明显的速度优势。与 YOLO 方法相比，SSD 由于生成了候选区域且增加了对不同尺度目标的处理，从而有着更好的性能。

## 7.3 迁移学习目标检测方法

现有大多数目标检测方法通常假设训练数据与测试数据具有相同的概率分布。但在实际应用中，由于拍摄视角、物体外观、背景、光照等影响，训练数据和测试数据之间存在着较大的域偏移，也称为域鸿沟。以自动驾驶技术为例，测试车辆上所使用的摄像机类型和设置可能与收集训练数据时所使用的摄像机类型与设置不同，并且测试车辆也可能位于不同的城市，使得拍摄记录物体具有不同的外观。此外，自动驾驶系统在不同的天气条件下，例如雨天、雾天，均应该可靠工作，然而训练数据通常是在能见度较好的晴好天气下采集。上述因素均会造成训练数据与测试数据之间的分布差异，给目标检测带来很大的挑战。

当训练数据与测试数据分布不相同时，将在训练数据上训练好的检测器用到测试数据时，目标检测的精度将会显著下降[19]。虽然收集尽可能多的训练数据可能会减轻域偏移所带来的影响，但很难收集到覆盖所有情况的训练数据，并且大规模训练数据的标注需要耗费大量的人力和物力。因此，研究如何使目标检测模型自动适应于不同域是非常有必要的，也引起了越来越多研究人员的关注。本节将介绍迁移学习目标检测方法，关注将在已标注数据（源域）上训练得到的目标检测模型迁移到无标注数据（目标域）上，从而提高检测器在目标域上的检测性能。

### 7.3.1 域适应目标检测

Chen 等人[20]提出的域适应目标检测方法（domain adaptive Faster R－CNN）是最早使用迁移学习进行目标检测的工作，致力于学习可迁移的目标检测模型。在目标域缺乏标注的情况下，减少源域和目标域之间的域偏移，使得在源域上训练好的检测模型能够在目标域上取得更好的效果。基于协变量偏移（covariate shift）假设[21]，域偏移可以发生在图像级（例如图像尺寸、风格、光照等）和实例级（例如物体的外观，大小等），这启发作者从图像和实例两个层级来减少源域和目标域之间的 $H$ －散度[22]。图 7.4 为域适应目标检测模型框架。该模型分别在图像和实例两级训练域分类器，并采用对抗训练的策略来学习域不变的特征表示。

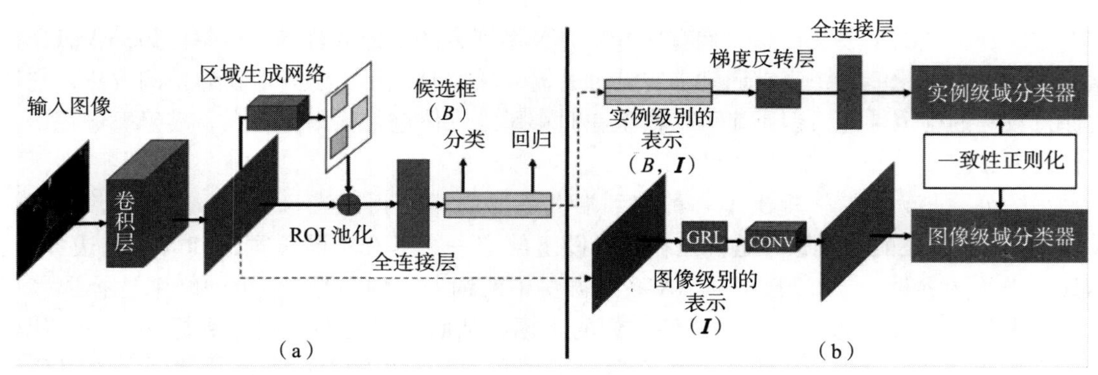


**图 7.4 域适应目标检测模型框架[20]**

（a）Faster R－CNN；（b）域自适应组件

**1. 图像级自适应**

目标检测任务可以建模为估计后验概率 $P(C,B|\boldsymbol{I})$，其中 $\boldsymbol{I}$ 是图像，$B$ 是目标的边界框，$C\in\{1,\cdots,K\}$ 是目标类别（$K$ 是类别总数）。训练样本的联合分布表示为 $P(C,B,\boldsymbol{I})$，源域训练样本的联合分布表示为 $P_S(C,B,\boldsymbol{I})$，目标域训练样本的联合分布表示为 $P_T(C,B,\boldsymbol{I})$。源域和目标域之间的数据分布不同，存在域偏移，即 $P_S(C,B,\boldsymbol{I})\neq P_T(C,B,\boldsymbol{I})$。

根据贝叶斯公式，联合分布可以分解为

$$P(C,B,\boldsymbol{I})=P(C,B|\boldsymbol{I})P(\boldsymbol{I}) \tag{7.3}$$

假设源域和目标域的条件概率 $P(C,B|\boldsymbol{I})$ 相同，域偏移是由于边缘概率分布 $P(\boldsymbol{I})$ 的差异引起的。换言之，对于图像 $\boldsymbol{I}$，不管其来自目标域还是来自源域，其目标检测结果都应当相同。在 Faster R－CNN 模型中，图像 $\boldsymbol{I}$ 实际上是卷积层输出的特征图。图像级自适应的目标是使源域和目标域的边缘概率分布尽可能靠近，即 $P_S(\boldsymbol{I})=P_T(\boldsymbol{I})$。

**2. 实例级自适应**

另外，训练样本的联合分布也可以分解为

$$P(C,B,\boldsymbol{I})=P(C|B,\boldsymbol{I})P(B,\boldsymbol{I}) \tag{7.4}$$

假设两个域的条件概率 $P(C|B,\boldsymbol{I})$ 相同，则源域和目标域之间的域偏移来自边缘分布 $P(B,\boldsymbol{I})$ 的差异。这一假设意味着源域和目标域之间的语义是一致的，即对于包含目标的同一个图像区域，不管该图像区域来自哪个域，其类别标签都应该相同。为了减少域偏移，实例级自适应的目标是使得 $P_S(B,\boldsymbol{I})=P_T(B,\boldsymbol{I})$。这里的实例表示 $(B,\boldsymbol{I})$ 是指根据目标的边界框真值，从图像区域提取的特征。由于目标域中没有可用的目标边界框标注信息，可以通过边界框生成器（即 Faster R－CNN 中的区域生成网络）获得 $P(B|\boldsymbol{I})$。因此，实例表示概率分布 $P(B,\boldsymbol{I})$ 可以通过 $P(B,\boldsymbol{I})=P(B|\boldsymbol{I})P(\boldsymbol{I})$ 得到。

假定对于源域和目标域，其条件分布 $P(B|\boldsymbol{I})$ 相同且非零，因此有

$$P_S(\boldsymbol{I})=P_T(\boldsymbol{I})\Leftrightarrow P_S(B,\boldsymbol{I})=P_T(B,\boldsymbol{I}) \tag{7.5}$$

这意味着如果两个域的图像表示分布是相同的，那么实例表示分布也是相同的，反之亦然。在实践中，很难完全对齐源域和目标域的边缘分布 $P(\boldsymbol{I})$，且由于只有源域有边界框的标注，所以很难准确估计条件分布 $P(B|\boldsymbol{I})$。因此，同时进行图像和实例两个层次的域对齐，并使用一致性正则化以减少估计 $P(B|\boldsymbol{I})$ 时所产生的偏差。采用域对抗学习，设计域分类器 $h$ 来度量源域和目标域的分布差异。分类器 $h$ 的输出 $h(\boldsymbol{x})$ 表示 $\boldsymbol{x}$ 属于目标域的概率，其中 $\boldsymbol{x}$ 是图像表示 $\boldsymbol{I}$ 或实例表示 $(B,\boldsymbol{I})$。

用 $D$ 表示域分类器预测的域标签，则图像级域分类器输出为 $P(D|\boldsymbol{I})$，实例级域分类器输出为 $P(D|B,\boldsymbol{I})$。利用贝叶斯定理，可以得到

$$P(D|B,\boldsymbol{I})P(B|\boldsymbol{I})=P(B|D,\boldsymbol{I})P(D|\boldsymbol{I}) \tag{7.6}$$

其中，$P(B|\boldsymbol{I})$ 是域不变边界框预测器，$P(B|D,\boldsymbol{I})$ 是域相关边界框预测器。在实践中，由于目标域没有边界框标注，通过增加约束以使图像和实例级别的域分类器预测一致，即 $P(D|B,\boldsymbol{I})=P(D|\boldsymbol{I})$，来确保 $P(B|D,\boldsymbol{I})$ 逼近 $P(B|\boldsymbol{I})$。

**3. 自适应损失**

设 $D_i$ 表示第 $i$ 张训练图像的域标签，$D_i=0$ 表示源域，$D_i=1$ 表示目标域。设 $\varphi_{u,v}(\boldsymbol{I}_i)$ 表示第 $i$ 张训练图像经过 Faster R－CNN 卷积层后生成的特征图中 $(u,v)$ 处的激活值，$p_i^{(u,v)}$ 表示域分类器对 $\varphi_{u,v}(\boldsymbol{I}_i)$ 的分类预测，则图像级的自适应交叉熵损失定义为

$$L_{\mathrm{img}} = -\sum_{i,u,v}\left[D_i \log p_i^{(u,v)} + (1-D_i)\log(1-p_i^{(u,v)})\right] \tag{7.7}$$

设 $p_{i,j}$ 是第 $i$ 张图像、第 $j$ 个候选区域的实例级域分类器输出，实例级的自适应交叉熵损失定义为

$$L_{\mathrm{ins}} = -\sum_{i,j}\left[D_i \log p_{i,j} + (1-D_i)\log(1-p_{i,j})\right] \tag{7.8}$$

由于图像级域分类器对卷积特征图上每个激活值预测域标签，因此将特征图中所有激活值对应输出（即域分类概率）的平均值作为该图像属于目标域的概率。一致性正则化项定义为

$$L_{\mathrm{cst}} = \sum_{i,j}\left\| \frac{1}{|\boldsymbol{I}|}\sum_{u,v} p_i^{(u,v)} - p_{i,j}\right\|_2 \tag{7.9}$$

其中，$|\boldsymbol{I}|$ 表示特征图中激活值的总数，$\|\cdot\|_2$ 是 $L_2$ 距离。

在 Faster R－CNN 模型中，目标检测任务的训练损失包括区域生成网络的分类器损失和基于 ROI 的分类器损失，即

$$L_{\mathrm{det}} = L_{\mathrm{rpn}} + L_{\mathrm{roi}} \tag{7.10}$$

区域生成网络的分类器损失和基于 ROI 的分类器损失都有两个损失项：一项用于预测类别概率的分类损失，以实现正确分类；另一项是边界框坐标的回归损失，以准确定位。区域生成网络的分类器损失和基于 ROI 的分类器损失的区别在于：前者的分类损失只关于前景和背景分类，与具体目标类别无关。后者的分类损失关于具体目标的分类。域适应目标检测的最终训练损失为

$$L = L_{\mathrm{det}} + \lambda(L_{\mathrm{img}} + L_{\mathrm{ins}} + L_{\mathrm{cst}}) \tag{7.11}$$

其中，$\lambda$ 为平衡系数，用来平衡目标检测损失和域适应损失。

### 7.3.2 渐进域适应弱监督目标检测

7.3.1 小节介绍的域适应目标检测属于无监督迁移学习目标检测方法，即源域有实例级标注，目标域是无标注的。Inoue 等人[23]提出了一个新的任务，即弱监督迁移学习目标检测。在该任务中，源域是包含实例级标注（即目标边界框标注和类别标注）的图像数据集，目标域是只有图像级标注（即目标类别标注）的图像数据集。目标域的目标类别集合是源域目标类别集合的全集或子集。图 7.5 为弱监督迁移学习目标检测任务设定，其中目标域图像标注了“狗”和“人”这两个目标，但并没有标注这些目标的边界框。相比于无任何标注的目标域数据，具有图像级标注的目标域数据提供更多的监督信息，能有效提升目标检测的性能。相比于具有实例级标注的目标域数据，具有图像级标注的目标域数据标注代价更小。

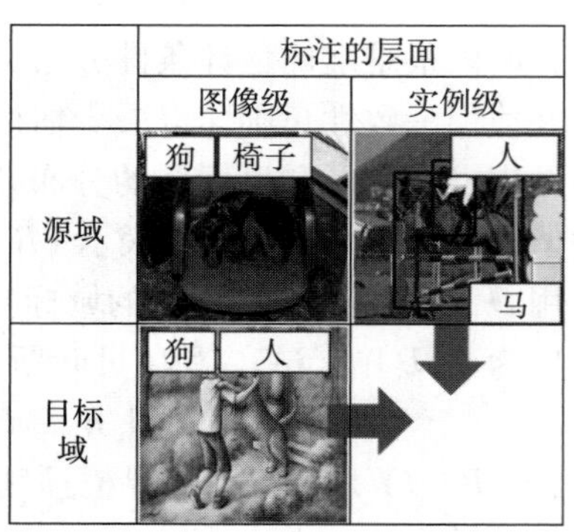


**图 7.5 弱监督迁移学习目标检测任务设定[23]**

针对弱监督迁移学习目标检测任务，Inoue 等人[23]提出了渐进域适应弱监督目标检测方

法，该方法的核心思想是首先利用具有实例级标注的源域数据训练目标检测器，然后利用目标域数据对该目标检测器进行微调，使之适应于目标域任务。由于目标域中并没有可用的实例级标注，Inoue 等人提出两步渐进式的检测方法，对在源域上训练所得的目标检测器（下文简称源域检测器）进行微调。第一步采用域迁移方法如图 7.6（a）所示，使用循环一致性生成对抗网络（cycle - consistent generative adversarial networks，CycleGAN）[24] 学习源域图像到目标域图像的转换，从而生成既具有源域图像的实例级标注又具有目标域特性的图像，并用这些带有标注的生成图像对源域检测器微调。第二步采用伪标签（pseudo - labeling，PL）方法［图 7.6（b）］，生成目标域图像的实例级标注，进而用生成的实例级标注对源域检测器进一步微调。通过上述两步骤，将源域检测器逐渐适应于目标域，如图 7.7 所示。

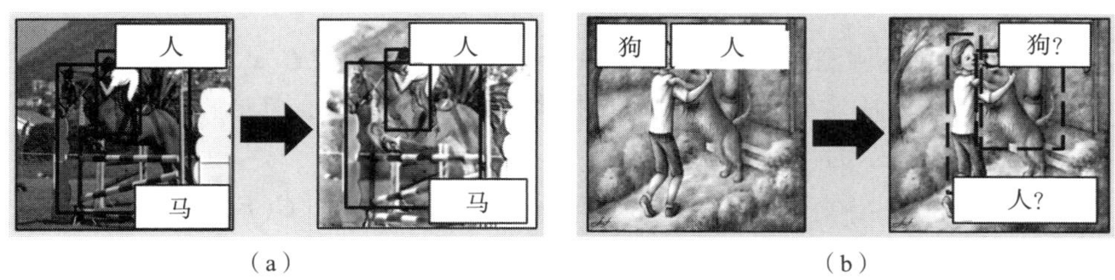


**图 7.6　渐进式两步骤[23]**

（a）域迁移；（b）伪标签

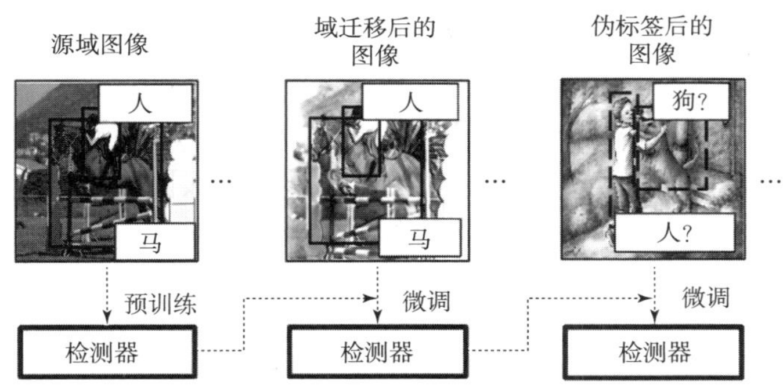


**图 7.7　渐进域适应弱监督目标检测流程[23]**

### 1. 域迁移

在跨域目标检测中，源域与目标域图像的区别主要在于底层特征，如颜色和纹理。域迁移通过将源域图像变换为与目标域图像相似的图像来克服这些差异，并利用生成的图像对源域检测器进行微调，使得源域检测器对底层特征的变化具有鲁棒性，从而提高源域检测器在目标域上的性能。

采用循环一致性生成对抗网络学习从源域图像到目标域图像的变换。具体做法是通过循环一致性约束，学习源域图像 $\boldsymbol{x}_s$ 和目标域图像 $\boldsymbol{x}_t$ 之间的映射函数，包括正映射 $G:\boldsymbol{x}_s \rightarrow \boldsymbol{x}_t$ 和逆映射 $F:\boldsymbol{x}_t \rightarrow \boldsymbol{x}_s$ 。然后利用这两个映射函数，将源域图像转换为与目标域相似的图像，并结合源域图像已有的实例级标注，对源域目标检测器进行微调。图 7.8 为循环一致性生成对抗网络模型，其中 $D_s$ 用于区分源域图像和目标域图像通过映射 $F$ 转换得到的图像，$D_t$ 用于区分目标域图像和源域图像通过映射 $G$ 转换得到的图像。训练该网络的总损失包含两部分，一是促使生成图像分布与真实图像分布尽量匹配的对抗损失，二是确保映射函数 $G$ 和 $F$ 循环一致性的损失。这里的循环一致性是指将源域图像 $\boldsymbol{x}_s$ 先经 $G$ 变换，然后再经 $F$ 变换，其结果跟原始 $\boldsymbol{x}_s$ 一样，即 $\boldsymbol{x}_s \to G(\boldsymbol{x}_s) \to F(G(\boldsymbol{x}_s)) \approx \boldsymbol{x}_s$ 。因为循环一致性约束，学习映射函数 $G$ 和 $F$ 时不再约束 $\boldsymbol{x}_s$ 和 $\boldsymbol{x}_t$ 必须成对出现。

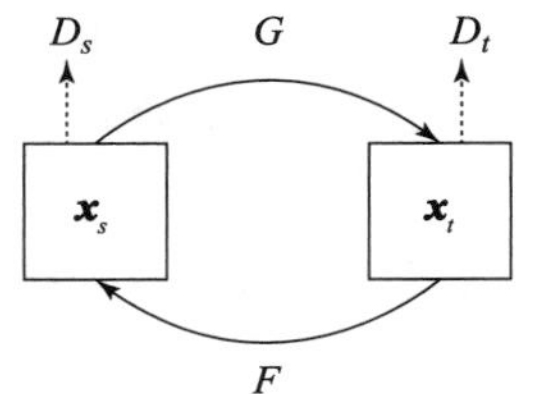


**图 7.8 循环一致性生成对抗网络[24]模型**

训练映射函数 $G:\boldsymbol{x}_s \to \boldsymbol{x}_t$ 和对应域分类器 $D_t$ 的对抗损失表示为

$$L_{\text{GAN}}(G,D_t) = \mathbf{E}_{x_t \sim p_{\text{data}}(x_t)}[\log D_t(\boldsymbol{x}_t)] + \mathbf{E}_{x_s \sim p_{\text{data}}(x_s)}[\log(1 - D_t(G(\boldsymbol{x}_s)))] \tag{7.12}$$

其中，$G$ 试图生成与目标域图像相似的图像；$D_t$ 旨在区分生成图像 $G(\boldsymbol{x}_s)$ 与真实图像 $\boldsymbol{x}_t$ 。训练映射函数 $F:\boldsymbol{x}_t \to \boldsymbol{x}_s$ 和对应域分类器 $D_s$ 的对抗损失为 $L_{\text{GAN}}(F,D_s)$ ，其形式与 $L_{\text{GAN}}(G,D_t)$ 类似。

循环一致性损失表示为

$$L_{\text{cyc}}(G,F) = \mathbf{E}_{x_s \sim p_{\text{data}}(x_s)}[\|F(G(\boldsymbol{x}_s)) - \boldsymbol{x}_s\|_1] + \mathbf{E}_{x_t \sim p_{\text{data}}(x_t)}[\|G(F(\boldsymbol{x}_t)) - \boldsymbol{x}_t\|_1], \tag{7.13}$$

其中，$\|\cdot\|_1$ 表示 $L_1$ 范数。

**2. 伪标签**

在跨域目标检测中，源域与目标域图像的区别还在于背景和目标类别的组合。通过对目标域图像进行实例级伪标签标注来对源域目标检测器进行微调，可以显著减少这种域差异对检测性能影响。

设 $\boldsymbol{x}_t \in \mathbf{R}^{H\times W\times 3}$ 表示目标域图像，其中 $H$ 和 $W$ 分别是图像的高度和宽度。$C$ 表示所有感兴趣的物体类别集合。$z$ 表示图像级标注，即图像 $\boldsymbol{x}_t$ 中所包含物体的类别集合。实例级伪标注 $G$ 由 $g = (b,c)$ 组成，其中 $b \in \mathbf{R}^4$ 是边界框，$c \in C$ 。先用源域目标检测器对 $\boldsymbol{x}_t$ 进行目标检测，得到结果 $d = (p,b,c)$ ，其中 $c \in C$ ，$b \in \mathbf{R}^4$ 表示边界框；$p$ 表示该目标边界框属于类别 $c$ 的概率。然后，对于每个类别 $c \in z$ ，选择置信度最高的检测结果 $d^* = (p^*,b^*,c^*)$ ，将其 $(b^*,c^*)$ 加入实例级伪标注 $G$ 中。最后，根据图像 $\boldsymbol{x}_t$ 和其实例级伪标注 $G$ 来调整源域目标检测器。

## 7.4 常用数据集

在迁移学习目标检测任务中，常用数据集有 PASCAL VOC 数据集[25]、Cityscapes 数据集[26]、Foggy Cityscapes 数据集[27]、Clipart1k 数据集[23]、KITTI 数据集[28]和 SIM 系列数据集[29]。

### 7.4.1 PASCAL VOC 数据集

PASCAL VOC 数据集是一个集 Flickr 网站图片、真值标签和标准评价软件于一身的数据集。它包含 5 个具有挑战性的任务，分别为图片分类、目标检测、目标分割（object segmentation）、动作识别和人体轮廓布局任务。从 2007 年到 2012 年间，PASCAL VOC 数据集的图像识别比赛每年都会举办一次。创建 PASCAL VOC 数据集和举办比赛的原因主要有两点，第一是为目标检测和识别等方法提供具有挑战性的图像、高质量的标注和标准的评价方法，用来客观地比较各种方法的性能；第二是展现每年在检测、识别等视觉领域中先进方法的性能水平。PASCAL VOC 数据集的目标是评估算法在真实自然环境下的性能。这就需要 PASCAL VOC 数据集包含各种自然场景中的目标图像，在尺度、方向、姿势、光照、位置和遮挡上都具有明显的变化。图 7.9 为 PASCAL VOC 数据集中的一些图像示例，从中可以看出，每个类别的类内变化都比较大。

**图 7.9　PASCAL VOC 数据集中的一些图像示例**[25]

起初 PASCAL VOC 数据集并不像现在这样完善和全面。在 2005 年，该数据集只提供了四个种类的图像：自行车、汽车、摩托车和人。一共有 1 578 张图像，包含 2 209 个具有边界框标注的目标。在 2006 年，其增加到 10 个类别，有 2 618 张图像，包含 4 754 个具有边界框标注的目标。这些图像来自 Flickr 网站和 Microsoft Research Cambridge（MSRC）数据集。2007 年，其增加到 20 个类别，一共包含 9 963 张图像和 24 640 个具有边界框标注的目标。2010 年，数据集加入了动作识别数据样本。测试图像的数量由起初的 1 578 张增加到了 2007 年高峰时期的 9 963 张，随后的一年则出现了大幅下降，直到 2010 年图库数量重新达到高峰，并在 2011 年稳定在 11 530 张。PASCAL VOC 数据集的图像都是通过多个关键词从 Flickr 网站检索得到的，涵盖 20 个目标类别，大致可以分为四大类：车辆、动物、家居物品和人，如图 7.10 所示。PASCAL VOC 挑战赛在 2012 年后便不再举办，但由于其图像质量好、标注完备，许多计算机视觉算法将在 PASCAL VOC 数据集上的性能作为评价该算法的重要依据。

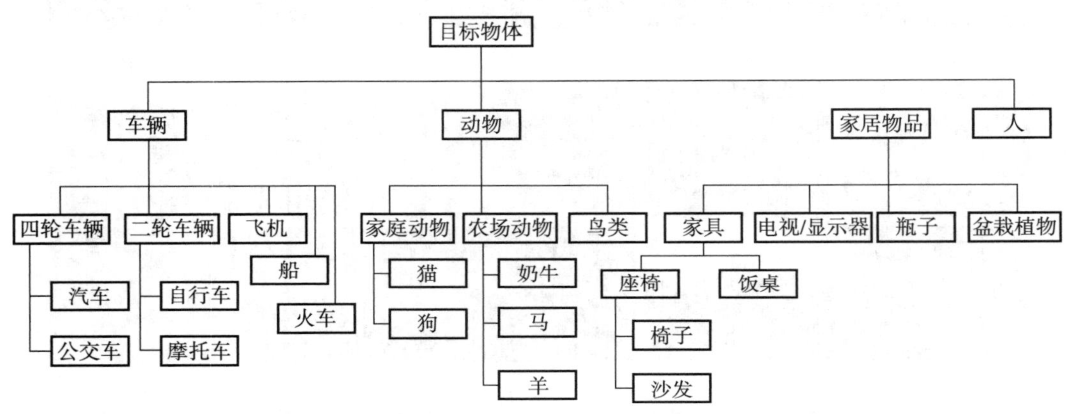


**图 7.10　PASCAL VOC 数据集类别概况[25]（见彩插）**

目前 PASCAL VOC 数据集也成为评价目标检测方法的基准数据集之一。对于目标检测任务，通常使用的数据集有 PASCAL VOC 2007 和 PASCAL VOC 2012。表 7.1 显示了 PASCAL VOC 2007 和 PASCAL VOC 2012 的训练集、验证集和测试集的划分情况。

**表 7.1　PASCAL VOC 数据集统计**　　单位：张

| 数据集 | 训练集 | | 验证集 | | 训练验证集 | | 测试集 | | 数据集总和 | |
|---|---|---|---|---|---|---|---|---|---|---|
| | 图像 | 实例 | 图像 | 实例 | 图像 | 实例 | 图像 | 实例 | 图像 | 实例 |
| VOC 2007 | 2 501 | 6 301 | 2 501 | 6 307 | 5 011 | 12 608 | 4 952 | 12 032 | 9 963 | 24 640 |
| VOC 2012 | 5 717 | 13 609 | 5 723 | 13 841 | 11 540 | 27 450 | 11 540 | 27 450 | 23 080 | 54 900 |
| 求和 | 8 218 | 19 910 | 8 333 | 20 148 | 16 551 | 40 058 | 16 492 | 39 482 | 33 043 | 79 540 |

## 7.4.2　Cityscapes 数据集和 Foggy Cityscapes 数据集

Cityscapes 数据集[26]包含了来自 50 个不同城市的街道场景视频，包括 5 000 个具有细粒度像素级标注的视频帧和 20 000 个具有粗粒度标注的视频帧，如图 7.11 所示。Cityscapes 数据集具有像素级、实例级和全景语义标注，旨在评估各种相关算法在场景语义理解任务上的性能。

**图 7.11　Cityscapes 数据集的细粒度和粗粒度标注示例[26]**

Cityscapes 数据集共包含 30 个目标类别，可以划分为平面、建筑、自然、交通工具、天空、物体、人和虚空 8 个大类。每个大类涵盖 1～8 个子类别，如图 7.12 所示。图 7.13 以直方图的形式展示了数据集中各个目标类别的像素个数。整个数据集的内容是多元化的，包含了 50 个城市在春季、夏季、秋季天气质量良好情况下的场景图像。

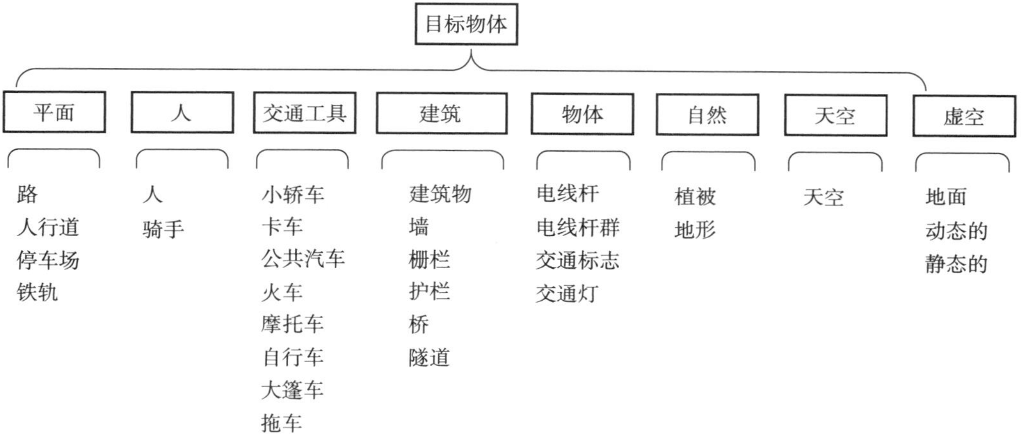


**图 7.12　Cityscapes 数据集的目标类别结构[26]**

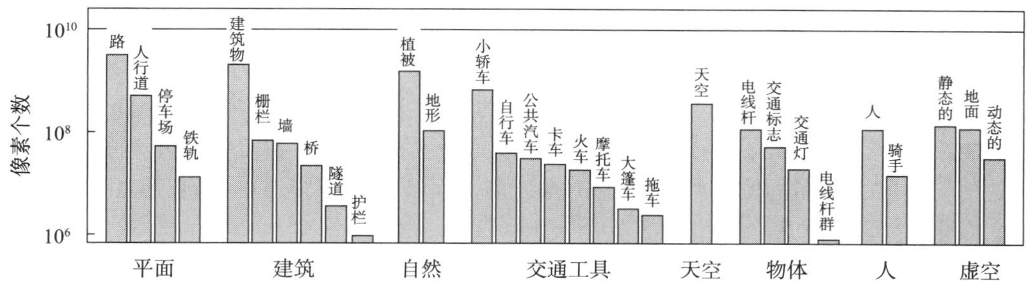


**图 7.13　Cityscapes 数据集各类别的像素数量统计[26]**

$x$ 轴：目标大类；$y$ 轴：相应大类的标注像素数量

Cityscapes 数据集中的图像被划分为单独的训练集、验证集和测试集，弱标注图像作为附加训练数据。这些训练集、验证集和测试集的划分不是随机的，必须确保每个集合（训练集、验证集和测试集）都能包含多种街道场景。基本的划分标准包括各个城市的地理位置、人口规模的均衡分布以及图像拍摄记录时间的均衡分布。具体来说，训练集、验证集和测试集图像收集遵循以下标准：①在大、中、小城市；②在地理位置的西、中、东；③在地理位置的北、中、南；④在年初、年中期和年末。根据上述标准，Cityscapes 数据集包含 5 000 张具有像素级标注的图像，其中 2 975 张图像构成训练集，500 张图像构成验证集，1 525 张图像构成测试集。训练集和验证集对外公布，测试集不对外公布。

Foggy Cityscapes 数据集[27]由在 Cityscapes 数据集上应用雾模拟生成的 20 550 张图像组成。这些图像自动继承对应于 Cityscapes 数据集中真实、清晰的图像的语义标注。每张图像都具有确定雾密度和能见度范围的恒定衰减系数。衰减系数分别为 0. 005 $m^{-1}$、0. 01 $m^{-1}$和 0. 02 $m^{-1}$，分别对应 600 m、300 m 和 150 m 的能见度范围。图 7. 14 为不同雾密度下的 Foggy Cityscapes 数据集示例。

**图 7. 14　不同雾密度下的 Foggy Cityscapes 数据集示例[27]**

### 7. 4. 3　Clipart1k 数据集

Clipart1k 数据集由从 CMPlaces 数据集[30]和两个图像搜索引擎（即 Openclipart[1] 和 Pixabay[2]）中收集的 1 000 幅图像组成，如图 7. 15 所示。在使用搜索引擎收集图像时，使用 CMPlaces 数据集中的 205 个场景类别作为关键词查询，以确保返回的图像集包含各种复杂背景和对象。Clipart1k 数据集包含了与 PASCAL VOC 数据集类别相同的 20 个目标类别，含有 1 000 张图像，共计 3 165 个具有边界框标注的目标实例。表 7. 2 为 Clipart1k 数据集中各个类别的实例总数。从中可以看出，Clipart1k 中每个类别的实例数分布是不均衡的。其中，类别“人”包含了最多的实例数，多达 1 185 个，而类别“摩托车”则仅有 17 个实例数。平均每张图像包含了 1. 7 个类别和 3. 2 个实例。

图 7.15　Clipart1k 数据集示例[23]

表 7.2　Clipart1k 数据集中各个类别的实例总数

| 类别 | 实例数 | 类别 | 实例数 |
| --- | --- | --- | --- |
| 飞机 | 73 | 餐桌 | 115 |
| 自行车 | 36 | 狗 | 54 |
| 鸟 | 265 | 马 | 79 |
| 船 | 129 | 摩托车 | 17 |
| 瓶子 | 121 | 人 | 1 185 |
| 汽车 | 21 | 盆栽 | 178 |
| 小轿车 | 202 | 羊 | 76 |
| 猫 | 50 | 沙发 | 52 |
| 椅子 | 340 | 火车 | 46 |
| 牛 | 46 | 电视机/显示器 | 80 |

### 7.4.4　KITTI 数据集

KITTI 数据集由德国卡尔斯鲁厄理工学院和丰田美国技术研究院联合构建，是目前国际上最大的自动驾驶场景下的计算机视觉算法评测数据集，可用于评测立体匹配、光流、视觉测距（visual odometry）、3D 物体检测和 3D 跟踪等计算机视觉技术在车载环境下的性能。KITTI 数据集包含在市区、乡村和高速公路等场景采集的真实图像数据，每张图像最多含有 15 辆车和 30 个行人，图像中的目标存在不同程度的遮挡与截断。整个数据集由 389 个立体光流图像对、39.2 km 视觉里程测距序列以及在嘈杂场景中捕获的超过 200 000 个的三维物体图像标注组成。总体上看，原始数据集被分为五大类：公路、城市、住宅区、校园和人。对于 3D 物体检测，标签类别细分为小轿车、面包车、卡车、行人、坐着的行人、骑行人、电车以及杂项。图 7.16 ~ 图 7.19 是 KITTI 数据集示例，分别表示带有传感器的记录平台、视觉里程基准轨迹、视差和光流图和用于目标检测任务的 3D 物体的标注。

**图 7.16　KITTI 数据收集所使用的带有传感器的记录平台示例**[28]

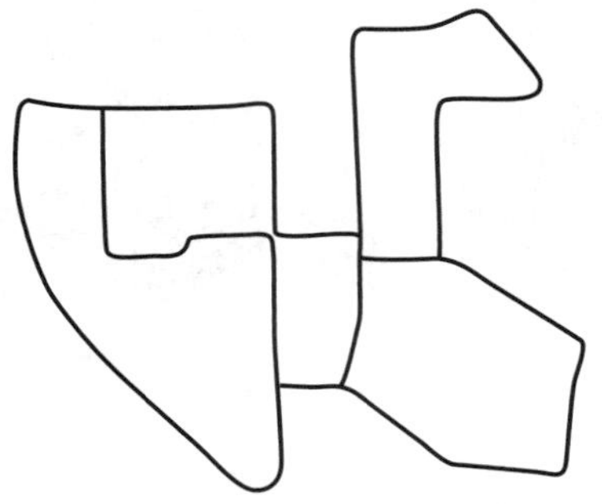

**图 7.17　KITTI 数据集中的视觉里程基准轨迹示例**[28]

**图 7.18　KITTI 数据集中的视差和光流图示例**[28]

**图 7.19　KITTI 数据集中的 3D 物体标注示例**[28]

### 7.4.5　SIM 系列数据集

SIM 系列数据集是从游戏 *Grand Theft Auto* V（《侠盗猎车手5》，GTAV）中采样的合成图像。该系列数据集一共包括3个数据集：①SIM 10 k 包含10 000张图像，含有58 701辆汽车的边界框注释；②SIM 50 k 包含了50 000张图像；③SIM 200 k 包含了200 000张图像。图7.20为SIM数据集图像示例。这些合成图像涵盖了白天、夜晚、早晨和黄昏的不同时段，还包括了复杂的天气和照明场景，比如汽车在阳光、雾、雨和霾等场景中行驶的画面。

图7.20　SIM 数据集图像示例[29]

### 7.4.6　目标检测评价指标

目标检测模型的性能好坏通常是用准确率和召回率来衡量。准确率描述了模型的查准率，即在预测为正的结果中有多少是真实正例的比例。召回率描述了模型的查全率，即在真实正例中有多少被预测为正的比例。如表7.3所示，将检测到的正确目标样本称为真阳性样本，检测到的错误目标样本称为假阳性样本，未检测到的正确目标样本称为假阴性样本，未检测到的错误目标称为真阴性样本，召回率和准确率分别由其中的三类样本所描述。在目标检测中，全类平均精度均值是常用的性能指标。

表7.3　准确率与召回率

| 真实情况 | 检测到 | 未检测到 | 召回率 |
| --- | --- | --- | --- |
| 检测目标 | TP（真阳性） | FN（假阴性） | $R=\frac{\text{TP}}{\text{TP}+\text{FN}}$ |
| 非检测目标 | FP（假阳性） | TN（真阴性） | |
| 准确率 | $P=\frac{\text{TP}}{\text{TP}+\text{FP}}$ | | |

对于每张输入图像，目标检测模型输出多个预测框（通常远超真实边界框数量）。目标检测结果与真值的交并比表示模型预测的边界框与真实边界框之间的重合程度，通过设置不同的交并比阈值来判定预测框是否预测正确。随着阈值的降低，召回率会上升。在不同的召回率水平下，对准确率做平均，得到平均准确率，最后再对所有的类别按照其所占的比例做平均，得到全类平均准确率。

# 7.5 方法性能分析

下面介绍域适应目标检测方法和渐进域适应弱监督目标检测方法在不同数据集上的性能。

## 7.5.1 域适应目标检测结果

域适应目标检测采用了无监督域适应的实验设置，即源域训练数据包括图像及其标注（边界框和物体类别），目标域训练数据是未标注的图像。实验的交并比评估阈值设为 0.5。采用三种实验任务以验证其性能，包括：①SIM10k→Cityscapes（S→C）：SIM10k 数据集为源域，其数据是从游戏软件中获取的合成数据；Cityscapes 数据集为目标域，其数据来自真实的城市街道场景。②Cityscapes→Foggy Cityscapes（C→FC）：Cityscapes 数据集为源域，其图像在良好的天气条件下采集得到；Foggy Cityscapes 数据集为目标域，其图像是在 Cityscapes 数据集上应用雾模拟生成的。③KITTI→Cityscapes 和 Cityscapes→KITTI（K→C 和 C→K）：KITTI 数据集和 Cityscapes 数据集分别是在不同的摄像机设置下采集得到的。表 7.4 为域适应目标检测方法在不同任务上的结果。

**表 7.4 域适应目标检测在不同任务上的结果[20]** 单位：%

| 项目 | 图像级自适应 | 实例级自适应 | 一致性正则项 | S→C<br>汽车平均准确率 | C→FC<br>全类平均准确率 | K→C<br>全类平均准确率 | C→K<br>全类平均准确率 |
|---|---|---|---|---|---|---|---|
| Faster R - CNN[12] | | | | 30.12 | 18.8 | 30.2 | 53.5 |
| 域适应目标检测 | √ | | | 33.03 | 25.7 | 36.6 | 60.9 |
| | | √ | | 35.79 | 26.3 | 34.6 | 57.6 |
| | √ | √ | | 37.86 | 26.6 | 37.3 | 62.7 |
| | √ | √ | √ | **38.97** | **27.6** | **38.5** | **64.1** |

从表 7.4 可以看出：①相比于 Faster R - CNN（以 S→C 任务为例），域适应目标检测仅采用图像级自适应就能获得 2.9% 的性能增益，仅使用实例级自适应能获得 5.6% 的性能增益。这表明图像级自适应和实例级自适应能够分别有效降低图像级别和实例级别的域偏移；②同时使用图像级自适应和实例级自适应，域适应目标检测能获得 7.7% 的性能提升，进一步验证了在图像和实例两个层面上均需减少域偏移的必要性；③通过增加一致性正则项，域适应目标检测达到了 8.8% 的性能提升，准确率达到了 38.97%。在其他任务上（C→FC，K→C，C→K），域适应目标检测均取得了比 Faster R - CNN 更好的性能，充分表明域适应目

标检测在迁移学习目标域检测任务上的有效性。

### 7.5.2　渐进域适应弱监督目标检测结果

渐进域适应弱监督目标检测方法将 PASCAL VOC 2007 和 PASCAL VOC 2012 数据集中的训练集作为源域，将 Clipart1k 数据集作为目标域，即 P→C。源域图像包含图像级标注和实例级标注，全部被用于训练。目标域图像按照 1∶1 的比例划分为训练集和测试集。渐进域适应弱监督目标检测方法采用多个不同的目标检测基础模型（Faster R－CNN、SSD300、YOLOv2）来验证其有效性。表 7.5 展示了该方法在不同基础检测模型上的性能。其中，“Ideal case”是用目标域训练集的实例级标注来微调目标检测器，可以认为是性能理论上界。“DT＋PL”是采用域迁移和伪标签生成实例级标注样本来微调源域检测器。“DT”是仅使用域迁移所获得的有标注的、与目标域相似的图像来微调源域检测器。“PL”是指仅使用带有伪标签的目标域图像对源域检测器进行微调。与基础模型 Faster R－CNN 相比，“DT”方法使得性能提高了 5.9%，“PL”方法使得性能提高了 3.6%，“DT＋PL”使性能提高了 8.7%。与 SSD300 和 YOLOv2 方法的基线方法相比，“DT”“PL”“DT＋PL”模型均带来了明显的性能提升。这些充分验证了域迁移和伪标签的有效性和互补性。图 7.21 为渐进域适应弱监督目标检测方法在不同数据集上的检测结果示例。

**表 7.5　渐进域适应弱监督目标检测方法在 P→C 任务上的性能[23]**

| 模型 | SSD300[14] | YOLOv2[13] | Faster R－CNN[12] |
|---|---|---|---|
| 基础模型 | 26.8 | 25.5 | 26.2 |
| DT | 38.0 | 31.5 | 32.1 |
| PL | 36.4 | 34.0 | 29.8 |
| DT＋PL | **46.0** | **39.9** | **34.9** |
| Ideal case | 55.4 | 51.2 | 50.0 |

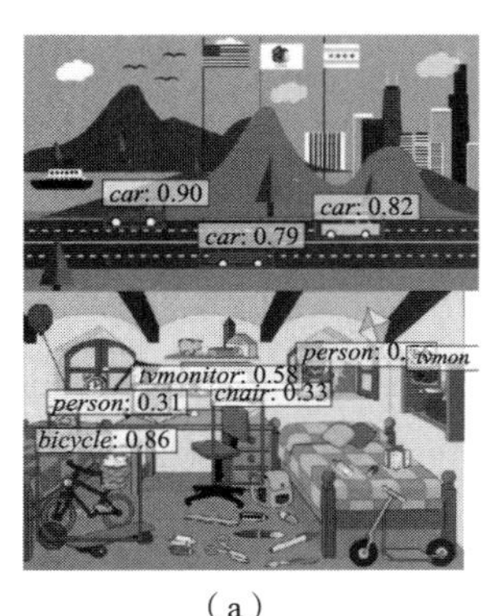

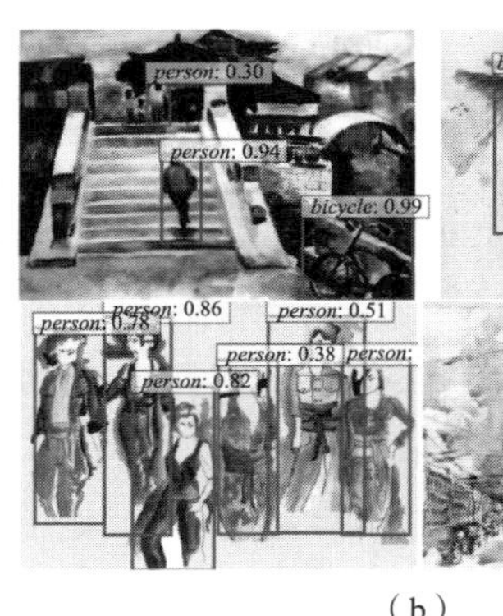

（a）　　　　（b）　　　　（c）

**图 7.21　渐进域适应弱监督目标检测方法在不同数据集上的结果示例[23]**

（a）Clipart1k；（2）Watercolor2k；（3）Comic2k

# 参考文献

[1] UIJLINGS J R R, VAN DE SANDE K E A, GEVERS T, et al. Selective search for object recognition [J]. International journal of computer vision, 2013, 104 (2): 154 - 171.

[2] ZITNICK C L, DOLLÁR P. Edge boxes: locating object proposals from edges [C]// European Conference on Computer Vision, 2014: 391 - 405.

[3] GIRSHICK R, DONAHUE J, DARRELL T, et al. Rich feature hierarchies for accurate object detection and semantic segmentation [C]//Proceedings of the IEEE Conference on Computer Vision and Pattern Recognition, 2014: 580 - 587.

[4] AHONEN T, HADID A, PIETIKAINEN M. Face description with local binary patterns: application to face recognition [J]. IEEE transactions on pattern analysis and machine intelligence, 2006, 28 (12): 2037 - 2041.

[5] PAPAGEORGIOU C, OREN M, POGGIO T, et al. A general framework for object detection [C]//International Conference on Computer Vision, 1998: 555 - 562.

[6] DALAL N, TRIGGS B. Histograms of oriented gradients for human detection [C]//Computer Vision and Pattern Recognition, 2005: 886 - 893.

[7] LOWE D G. Distinctive image features from scale - invariant keypoints [J]. International journal of computer vision, 2004, 60 (2): 91 - 110.

[8] BAY H, TUYTELAARS T, VAN GOOL L. Surf: speeded up robust features [C]// European Conference on Computer Vision. Berlin, Heidelberg: Springer - Verlag, 2006: 404 - 417.

[9] SUYKENS J A K, VANDEWALLE J. Least squares support vector machine classifiers [J]. Neural processing letters, 1999, 9 (3): 293 - 300.

[10] FREUND Y, SCHAPIRE R E. A decision - theoretic generalization of on - line learning and an application to boosting [J]. Journal of computer and system sciences, 1997, 55 (1): 119 - 139.

[11] GIRSHICK R. Fast R - CNN [C]//International Conference on Computer Vision, 2015: 1440 - 1448.

[12] REN S, HE K, GIRSHICK R, et al. Faster R - CNN: towards real - time object detection with region proposal networks [C]//Neural Information Processing Systems, 2015: 91 - 99.

[13] REDMON J, DIVVALA S, GIRSHICK R, et al. You only look once: unified, real - time object detection [C]//Proceedings of the IEEE Conference on Computer Vision and Pattern Recognition, 2016: 779 - 788.

[14] LIU W, ANGUELOV D, ERHAN D, et al. SSD: single shot multibox detector [C]//

European Conference on Computer Vision, 2016: 21 – 37.

[15] KRIZHEVSKY A, SUTSKEVER I, HINTON G E. Imagenet classification with deep convolutional neural networks [J]. Communications of the ACM, 2017, 60 (6): 84 – 90.

[16] SIMONYAN K, ZISSERMAN A. Very deep convolutional networks for large – scale image recognition[C]//International Conference on Learning Representations, 2015.

[17] SZEGEDY C, LIU W, JIA Y, et al. Going deeper with convolutions [C]//Computer Vision and Pattern Recognition, 2015: 1 – 9.

[18] HE K, ZHANG X, REN S, et al. Deep residual learning for image recognition [C]// Proceedings of the IEEE Conference on Computer Vision and Pattern Recognition, 2016: 770 – 778.

[19] GOPALAN R, LI R, CHELLAPPA R. Domain adaptation for object recognition: an unsupervised approach [C]//2011 IEEE International Conference on Computer Vision (ICCV 2001), 2011.

[20] CHEN Y, LI W, SAKARIDIS C, et al. Domain adaptive Faster R – CNN for object detection in the wild [C]//Proceedings of the IEEE Conference on Computer Vision and Pattern Recognition, 2018: 3339 – 3348.

[21] SHIMODAIRA H. Improving predictive inference under covariate shift by weighting the log – likelihood function [J]. Journal of statistical planning and inference, 2000, 90 (2): 227 – 244.

[22] BENDAVID S, BLITZER J, CRAMMER K, et al. A theory of learning from different domains [J]. Machine learning, 2010, 79 (1): 151 – 175.

[23] INOUE N, FURUTA R, YAMASAKI T, et al. Cross – domain weakly – supervised object detection through progressive domain adaptation [C]//Proceedings of the IEEE Conference on Computer Vision and Pattern Recognition, 2018: 5001 – 5009.

[24] ZHU J Y, PARK T, ISOLA P, et al. Unpaired image – to – image translation using cycle – consistent adversarial networks [C]//Proceedings of the IEEE International Conference on Computer Vision, 2017: 2223 – 2232.

[25] EVERINGHAM M, VAN GOOL L, WILLIAMS C K I, et al. The pascal visual object classes (VOC) challenge [J]. International journal of computer vision, 2010, 88 (2): 303 – 338.

[26] CORDTS M, OMRAN M, RAMOS S, et al. The Cityscapes dataset for semantic urban scene understanding [C]//Proceedings of the IEEE Conference on Computer Vision and Pattern Recognition, 2016: 3213 – 3223.

[27] SAKARIDIS C, DAI D, VAN GOOL L. Semantic foggy scene understanding with synthetic data [J]. International journal of computer vision, 2018, 126 (9): 973 – 992.

[28] GEIGER A, LENZ P, URTASUN R, et al. Are we ready for autonomous driving? The

KITTI vision benchmark suite [C]//Computer Vision and Pattern Recognition, 2012: 3354 - 3361.

[29] JOHNSON - ROBERSON M, BARTO C, MEHTA R, et al. Driving in the matrix: Can virtual worlds replace human - generated annotations for real world tasks? [C]//2017 IEEE International Conference on Robotics and Automation (ICRA), 2016.

[30] CASTREJON L, AYTAR Y, VONDRICK C, et al. Learning aligned cross - modal representations from weakly aligned data [C]//Proceedings of the IEEE Conference on Computer Vision and Pattern Recognition, 2016: 2940 - 2949.

# 第 8 章
# 迁移学习在语义分割中的应用

## 8.1 语义分割介绍

语义分割（semantic segmentation）是指对图像进行像素级的分类，是计算机视觉的经典问题之一。通常来说，语义分割任务就是预测出图像上每一个像素的类别，并使用不同颜色标记出来，使得不同类别的区域被区分开来。图像语义分割应用广泛，如自动驾驶、室内导航、医疗影像分析、地理信息系统、人机交互、计算摄影学等领域都需要精确且高效的分割技术。虽然传统的语义分割方法取得了不错的性能，但深度神经网络凭借其强大的拟合能力使得语义分割取得了更大的进展，其分割精度和效率都远远超过了传统方法。

语义分割是场景理解的重要内容。场景理解最早可以追溯到图像分类问题，即判断场景中的物体属于什么类别；然后发展为细粒度的理解，即物体检测，它不仅需要给出物体的类别，也需要给出物体的位置信息。语义分割是在对场景更精细的理解，它旨在对每个像素点预测类别，使得每个像素都被赋予相应的物体类别。最精细的场景理解就是实例分割，它对同类别的不同实例也给予不同的标签。图 8.1 为场景理解精细化的发展过程示例。

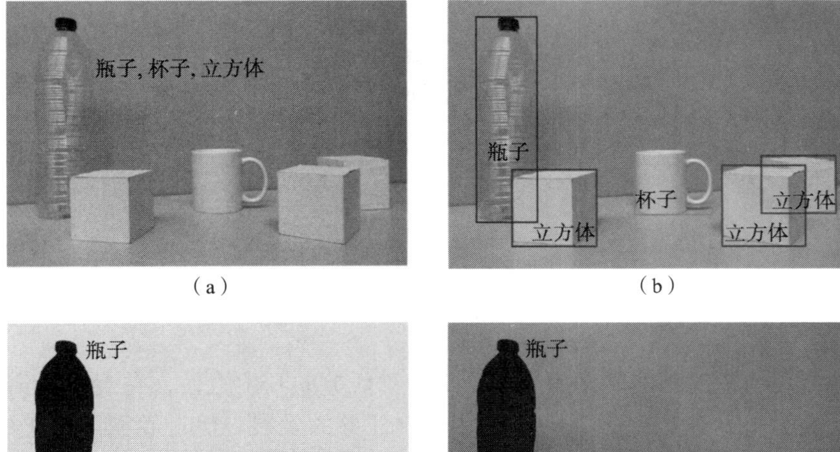

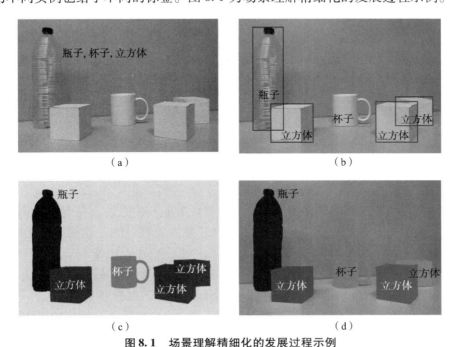

**图 8.1　场景理解精细化的发展过程示例**

(a) 图像分类；(b) 物体检测；(c) 语义分割；(d) 实例分割

## 8.2 语义分割经典方法

自20世纪70年代以来，语义分割因其重要的应用价值引起了研究人员的广泛关注，许多语义分割算法被提出，包括基于阈值[1]、基于区域[2]、基于边缘检测[3-4]的语义分割方法。因受到机器算力的限制，这些传统分割算法只能提取图像的纹理信息、颜色和形状等底层信息进行分割，且需要人工设计特征，导致分割准确度不够理想。随着计算机硬件设备的更新换代以及深度学习技术的快速发展，语义分割进入一个新的发展时期。通过深度神经网络学习图像低层、中层、高层特征，实现对图像端到端的像素级分类，从而大幅度提高了语义分割的精度和效率。

2015年，Long等人[5]提出了一种全卷积网络（fully convolutional networks，FCN）模型，实现对图像进行端到端的语义分割，如图8.2所示。以VGGNet[6]为例，该模型将VGGNet最后三层全连接层变换为等效的三层卷积层，使用在ImageNet[7]上预训练好的VGGNet模型参数作为初始化参数，然后对部分参数进行微调，大幅提升语义分割网络的训练效率。全卷积网络可以接受任意尺寸的输入图像，采用反卷积操作对最后一层卷积层的特征图进行上采样，使其恢复到输入图像尺寸，对每个像素进行类别预测的同时保留了输入图像的空间信息。通过将预测的分割结果与真实分割结果进行比较计算损失，对分割模型进行优化。

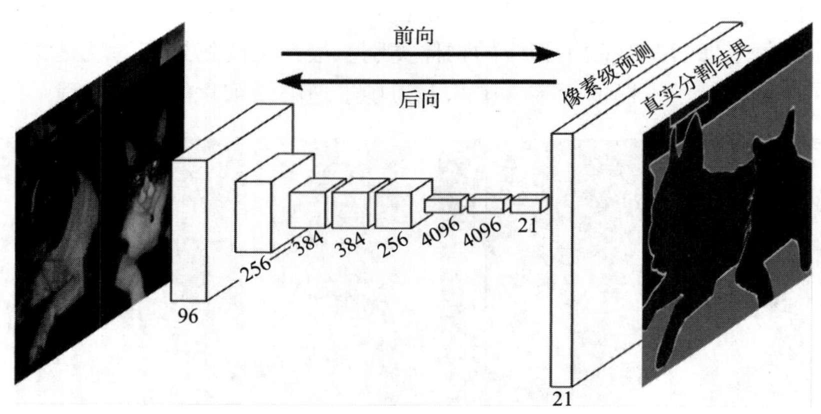


**图8.2 全卷积网络模型结构[5]**

全卷积网络是将深度神经网络应用于语义分割任务的开山之作，在当时达到了PASCAL VOC数据集上的最好分割结果，推动了语义分割任务的发展。但全卷积网络仍然有许多不足之处，如全卷积网络的下采样过程会造成特征图的感受变小，图像的部分空间信息会因此丢失。此外，全卷积网络还缺乏对图像上下文信息的利用。后来，研究者们对全卷积网络进行了改进，比如使用空洞卷积（atrous/dilated convolution，也称扩张卷积）[8-11]、特征融合[12-13]、注意力机制[14-15]等。下面将重点介绍基于空洞卷积的DeepLab系列模型[8-11]。

最有代表性的DeepLab模型是Chen等人提出的DeepLabV1模型[8]，其结构如图8.3所示。该模型将深度卷积神经网络的部分卷积改变为空洞卷积，在不增加额外参数的同时，扩大了特征图的感受野，从而获得更多的特征信息。此外，它在卷积神经网络的最后一层添加了全连接条件随机场（fully connected conditional random field，FCCRF）[16] 以增强捕获图像细节的能力，优化分割边界，获得更精确的分割结果。

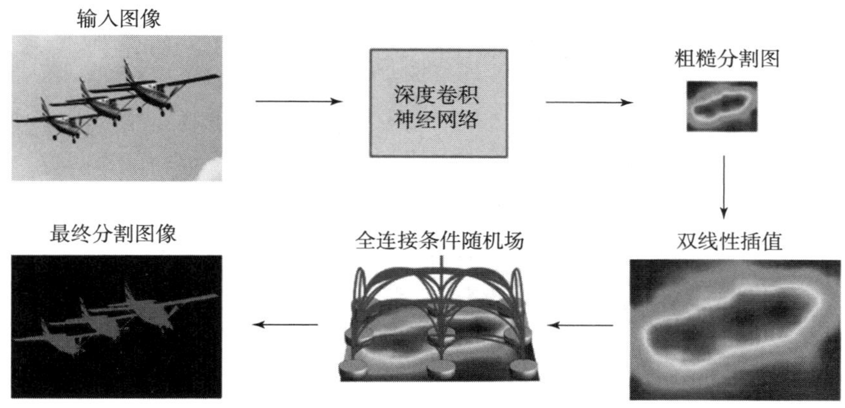


**图 8.3　DeepLabV1 网络语义分割流程[8]**

后来，Chen 等人对 DeepLabV1 模型进行了进一步改进，提出了 DeepLabV2 模型[9]，该模型将空洞卷积与空间金字塔池化模型相结合，通过包含带孔空间金字塔池化（atrous spatial pyramid pooling，ASPP）模块，使用多个不同采样率的空洞卷积来获取不同尺度的特征，并将不同尺度的特征融合以获取上下文信息。

2017 年，Chen 等人在 DeepLabV1 和 DeepLabV2 模型的基础上提出了 DeepLabV3 模型[10]，在带孔空间金字塔池化模块中增加了批标准化（batch normalization）层。同时，通过级联多个不同采样率的空洞卷积，更有效地提取特征和建模全局上下文信息，增强模型捕获多尺度信息的能力。相比 DeepLabV1 模型和 DeepLabV2 模型，DeepLabV3 模型去除了全连接条件随机场，但性能却进一步提高。针对 DeepLabV3 生成的预测图稀疏以及空洞卷积造成的边界信息丢失等问题，Chen 等人又提出了 DeepLabV3 + 模型[11]。它以 DeepLabV3 的编码网络为基础，建模全局上下文信息。同时引入解码网络模块，将底层特征与高层特征进一步融合来恢复目标的边界细节信息，提升了分割的准确度。

## 8.3　迁移学习的语义分割方法

深度卷积神经网络在语义分割方面取得了很大的进展。为了训练出一个好的语义分割模型，通常需要耗费大量的人力和财力获取大量图像的像素级标注，成本非常高。减少标注成本的一种可行方案是将自动生成标注的合成图像上训练的语义分割模型用于真实图像的语义分割。计算机图形学的发展使获取具有完整像素级标注的合成图像变得比较容易，例如常用的城市街道合成图像数据集 GTA5[17] 和 SYHTHIA[18]。但真实图像（目标域）和合成图像（源域）之间的域偏移削弱了利用合成图像训练的语义分割模型在真实图像上的性能。迁移学习中的域适应解决了真实图像与合成图像之间的域偏移问题。由于在这种设定下无法获取到真实图像（目标域）的标注，因此这类域适应方法通常被称为无监督域适应，如图 8.4

所示。与图像分类问题类似，用于语义分割的主流域适应方法之一是通过域对抗训练来学习域不变表示。也有方法通过图像转换模型，如生成对抗网络[19]，将源域图像转变为具有目标域属性的图像来缩小域偏移。

**图 8.4　用于像素级语义分割的无监督域适应[20]**

下面将介绍两种面向语义分割的域适应方法。这两种方法均关注于如何减少域偏移，将已有标注合成图像（源域）上学习的语义分割模型有效迁移到无标注真实图像（目标域）上，从而提高语义分割模型在目标域的性能。

### 8.3.1　基于全局和局部对齐的域适应语义分割

2016 年，Hoffman 等人[20]首次将域适应方法应用于语义分割任务，提出了基于全局和局部对齐的自适应语义分割方法，如图 8.5 所示。该方法首先通过像素级域对抗训练，最小化源域和目标域特征分布之间的距离，实现全局域对齐；然后通过将源域类别分布信息传递到目标域，实现局部域对齐。

设 $\boldsymbol{I}_S$ 为源域图像，$L_S$ 为 $\boldsymbol{I}_S$ 的像素级标注，经过源域数据训练的语义分割模型 $\phi_S(\cdot)$，可以得到源域图像像素级分类得分图 $\phi_S(\boldsymbol{I}_S)$。无监督域适应语义分割的目标就是学习一个

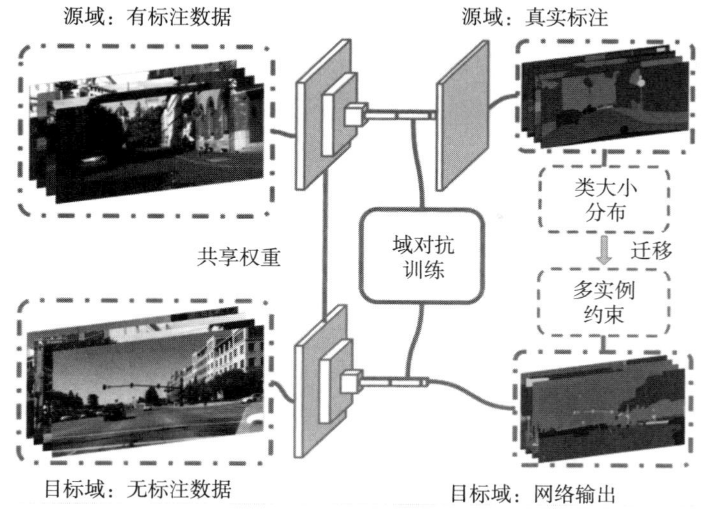


**图 8.5 基于全局和局部对齐的自适应语义分割方法框架图**[20]

注："类大小分布"代表从源域图像语义标签图中统计出的各类别像素百分比信息

适用于无标注目标域图像 $\boldsymbol{I}_T$ 的语义分割模型。如果源域和目标域之间不存在域偏移，则可以直接将源域数据训练的语义分割模型用于目标域，无须采用自适应方法。然而，在实际应用中，源域与目标域通常存在数据分布差异。这样的分布差异主要来源于：①全局变化，即在两个不同域之间存在特征边缘概率分布的差异；②局部变化，即不同域中的同一类目标存在表观差异。为解决上述全局变化和局部变化，引入两个语义分割损失函数，一个是最小化源域和目标域的全局分布距离的全局域对齐损失 $L_{\mathrm{da}}(\boldsymbol{I}_S,\boldsymbol{I}_T)$，另一个是使用目标域图像 $\boldsymbol{I}_T$ 和从源域传递的类别像素百分比 $P_{L_S}$ 来最小化局部域对齐损失 $L_{\mathrm{mi}}(\boldsymbol{I}_T,P_{L_S})$。基于全局和局部对齐的自适应语义分割模型的总体优化目标为

$$L(\boldsymbol{I}_S,L_S,\boldsymbol{I}_T) = L_{\mathrm{seg}}(\boldsymbol{I}_S,L_S) + L_{\mathrm{da}}(\boldsymbol{I}_S,\boldsymbol{I}_T) + L_{\mathrm{mi}}(\boldsymbol{I}_T,P_{L_S}) \tag{8.1}$$

其中，$L_{\mathrm{seg}}$ 为使用源域图像和源域像素级标注计算的语义分割损失函数。

**1. 全局域对齐**

在全局域对齐中，使用对抗训练帮助语义分割模型学习域不变的特征表示。对抗训练包含两个交替进行的优化过程：①最小化域分类器 $D$ 的分类损失，从而区分源域和目标域；②最小化源域和目标域数据分布之间的距离，从而混淆域分类器 $D$，使其无法区分源域和目标域。

设源域样本的域标签为 1，目标域样本的域标签为 0，用 $p_{\theta_D}(\boldsymbol{x}) = \sigma(D(\theta_D,\boldsymbol{x}))$ 表示域分类器 $D$ 的预测结果，其中，$\boldsymbol{x}$ 表示语义分割网络中像素级分类预测层的前一层输出；$\sigma(\cdot)$ 表示 softmax 函数。域分类器 $D$ 的分类损失 $L_D$ 定义为

$$L_D = -\sum_{I_S\in S}\sum_{h\in H}\sum_{w\in W}\log(p_{\theta_D}(R_{hw}^S)) - \sum_{I_T\in T}\sum_{h\in H}\sum_{w\in W}\log(1 - p_{\theta_D}(R_{hw}^T)) \tag{8.2}$$

其中，$R_{hw}^S = \phi_{l-1}(\theta,\boldsymbol{I}_S)_{hw}$ 和 $R_{hw}^T = \phi_{l-1}(\theta,\boldsymbol{I}_T)_{hw}$ 分别表示给定参数为 $\theta$ 的语义分割网络时，源域和目标域图像在像素级类别预测层的前一层输出在 $(h,w)$ 处的激活值。

定义对抗域损失 $L_{D_{\mathrm{inv}}}$，使语义分割模型学习域不变特征表示以混淆域分类器 $D$，使其将

目标域样本预测为来自源域，将源域样本预测为来自目标域，即目标域样本的预测域标签为 1，源域样本的预测域标签为 0。对抗域损失 $L_{D_{\mathrm{inv}}}$ 定义为

$$L_{D_{\mathrm{inv}}} = -\sum_{I_S \in S}\sum_{h \in H}\sum_{w \in W}\log(1 - p_{\theta_D}(R_{hw}^{S})) - \sum_{I_T \in T}\sum_{h \in H}\sum_{w \in W}\log(p_{\theta_D}(R_{hw}^{T})) \tag{8.3}$$

通过式（8.2）和式（8.3）交替迭代进行如下优化：$\min_{\theta_D} L_D$ 和 $\min_{\theta} \frac{1}{2}[L_D + L_{D_{\mathrm{inv}}}]$，来学习最佳域分类器以及最小化源域和目标域之间的距离。

**2. 局部域对齐**

在局部域对齐中，利用源域图像中的分割区域类别统计信息，对目标域图像的语义分割施加多实例约束（constrained multiple instance），从而使得目标域各类区域的像素百分比分布与源域保持一致。对于每个包含区域类别（下面简称类别）$c$ 的源域图像，首先计算具有类别 $c$ 标注的像素占所有类别标注像素数的百分比，称为类别 $c$ 的像素百分比。然后计算类别 $c$ 像素百分比直方图，得到包含类别 $c$ 的所有源域图像中类别 $c$ 像素百分比排序。将排序在后 10% 的像素百分比边界值记为 $\alpha_c$，平均像素百分比记为 $\delta_c$，排序在前 10% 的像素百分比边界值记为 $\gamma_c$。这样就可以使用源域的各个类别像素百分比分布约束目标域的各个类别像素数量，从而将场景布局信息从源域传递到目标域。例如在一个驾驶场景下，道路通常占据了图像的很大一部分，而路标则占据相对较少的图像空间。这样的约束信息对目标域语义分割是很有指导意义的。当目标域有图像级标注时，对于存在类别 $c$ 的目标域图像，其类别预测图 $p = \mathrm{argmax}\varphi(\theta, I_T)$ 有以下约束：

$$\delta_c \leqslant \sum_{h,w} p_{hw}(c) \leqslant \gamma_c \tag{8.4}$$

这一约束使得目标域图像 $\boldsymbol{I}_T$ 的类别预测图中标记为类别 $c$ 的像素百分比 $\sum_{h,w} p_{hw}(c)$ 符合源域中类别 $c$ 的像素百分比分布。由于这一约束需要目标域的图像级标注，而无监督域适应语义分割中目标域图像没有图像级标注，因此，需要给目标域图像生成图像级标注。

给定目标域图像 $\boldsymbol{I}_T$，类别 $c$ 在类别预测图 $p$ 中所占的像素百分比 $d_c$ 计算如下：

$$d_c = \frac{1}{H \cdot W}\sum_{h \in H}\sum_{w \in W}(p_{hw} = c) \tag{8.5}$$

如果 $d_c > 0.1 * \alpha_c$，则为图像分配一个类别 $c$ 的图像级标签。具体的优化细节请参考文献［22］。

## 8.3.2 双向学习的域适应语义分割

2017 年 Hoffman 等人[21]提出一个两阶段语义分割方法。第一阶段通过图像转换模型 $F$，将源域 $S$ 中的图像转换为与目标域 $T$ 中图像表观相似的图像；第二阶段使用第一阶段转换后的源域 $F(S)$ 中的图像训练自适应分割网络 $M$。其中，$F(S)$ 具有和 $S$ 相同的标注 $L_S$。两个网络可以采用顺序学习的方式进行训练，如图 8.6（a）所示。在顺序学习中，一旦学习得到图像转换模型 $F$，它就固定了，不能通过自适应分割网络 $M$ 的反馈来进一步调整其参数。为了解决这一问题，Li 等人[22]于 2019 年提出了双向学习框架，用于无监督域适应语义分割，如图 8.6（b）所示。该框架交替优化图像转换网络 $F$ 和分割自适应网络 $M$，以减少源域和目标域之间的域偏移，最终整个网络形成闭环学习。

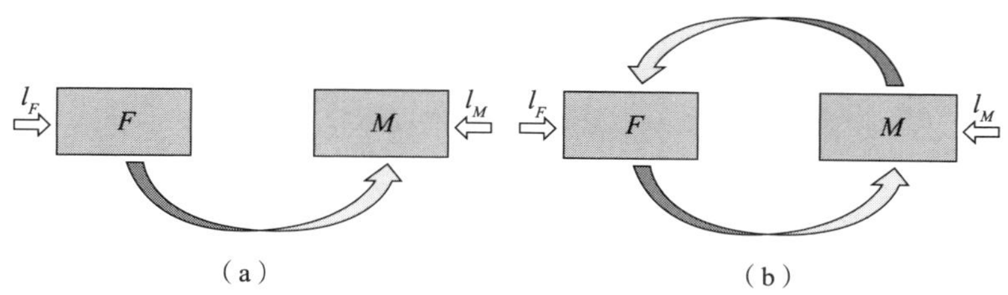


**图 8.6　域适应语义分割中的顺序学习与双向学习[22]**

(a) 顺序学习；(b) 双向学习

**1. 双向学习**

前向方向（即 $F \rightarrow M$）的学习类似于图 8.6（a）中的顺序学习。首先使用源域 $S$ 和目标域 $T$ 的图像数据训练图像转换模型 $F$，获得转换后的源域 $S' = F(S)$，$S'$ 具有和 $S$ 相同的像素级类别标签 $L_S$。然后利用 $S'$ 和 $L_S$ 来训练自适应分割模型 $M$，其相应的损失函数表示为

$$L_{M1} = \lambda_{\text{adv}} L_{\text{adv}}(M(S'), M(T)) + L_{\text{seg}}(M(S'), L_S) \tag{8.6}$$

其中，$L_{\text{adv}}$ 是域对抗损失，用来衡量 $S'$ 和 $T$ 在自适应分割模型中习得的特征表示分布之间的距离。$L_{\text{seg}}$ 是语义分割损失。$\lambda_{\text{adv}}$ 是平衡系数。

后向方向（即 $M \rightarrow F$）的学习是为了让更新过的自适应分割模型 $M$ 能反过来促进图像转换模型 $F$ 的进一步调整。训练图像转换模型 $F$ 的损失函数表示为

$$\begin{aligned} L_F = {} & \lambda_{\text{GAN}}[L_{\text{GAN}}(S', T) + L_{\text{GAN}}(S, T')] + \lambda_{\text{recon}}[L_{\text{recon}}(S, F^{-1}(S')) + L_{\text{recon}}(T, F(T'))] + \\ & L_{\text{per}}(M(S), M(S')) + L_{\text{per}}(M(T), M(T')) \end{aligned} \tag{8.7}$$

式中，$F^{-1}$ 旨在将目标域图像转换为与源域图像表观相似的图像。$T' = F^{-1}(T)$ 是转换后的目标域。生成对抗损失 $L_{\text{GAN}}$ 使得 $S'$ 和 $T$、$S$ 和 $T'$ 之间的分布差异减少。重构损失 $L_{\text{recon}}$ 使得 $S'$ 和 $T'$ 分别经过 $F^{-1}$ 和 $F$ 后能重新变换回 $S$ 和 $T$，也就是使得 $F^{-1}$ 和 $F$ 在改变图像表观的同时能够保持图像结构信息不变。感知损失 $L_{\text{per}}$ 保持了 $S$ 和 $S'$、$T$ 和 $T'$ 之间的语义一致性，这又意味着，一旦学得了理想的自适应分割模型 $M$，即使 $S$ 和 $S'$ 之间（或 $T$ 和 $T'$ 之间）存在域偏移，$S$ 和 $S'$（或 $T$ 和 $T'$）也应该具有相同的分割结果。$\lambda_{\text{GAN}}$ 和 $\lambda_{\text{recon}}$ 是平衡参数。

**2. 自监督学习**

在前向方向中，对目标域中图像进行像素级类别预测后，可以获得较高可信度的部分像素点的伪标签 $\hat{L}_T$。根据这些伪标签，相应的像素就可以通过分割损失直接与源域数据 $S$ 对齐。式（8.6）中训练自适应分割模型 $M$ 的损失函数可以改写为

$$L_{M2} = \lambda_{\text{adv}} L_{\text{adv}}(M(S'), M(T)) + L_{\text{seg}}(M(S'), L_S) + L_{\text{seg}}(M(T_{\text{ssl}}), \hat{L}_T) \tag{8.8}$$

其中，$T_{\text{ssl}} \subset T$ 是具有伪标签的目标域像素点构成的集合。图 8.7 解释了自监督学习的原理。在步骤一中，当第一次学习自适应分割模型 $M$ 时，由于源域和目标域的域偏移较大，$T_{\text{ssl}}$ 是空的，$S$ 和 $T$ 之间 的域偏移可以通过式（8.6）中的损失 $L_{M1}$ 来减小。这一过程对应图 8.7（a）。在步骤二中，在目标域数据 $T$ 中选取与 $S$ 对齐的像素点以构造子集 $T_{\text{ssl}}$，$T_{\text{ssl}}$ 通过式（8.8）中的的损失 $L_{M2}$ 来进一步减小域偏移，从而减少了目标域 $T$ 中需要与源域 $S$ 对齐的像素点个数。这一过程对应于图 8.7（b）。然后通过重复步骤二将未与源域对齐的目标域像素点向源域对齐。

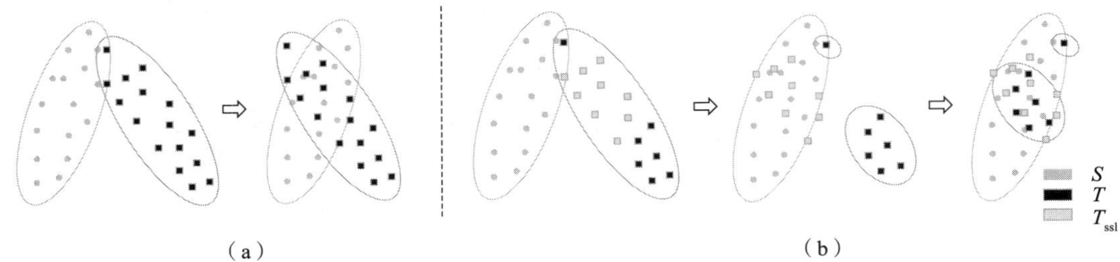


**图 8.7　双向学习域适应语义分割中的自监督学习过程[22]（见彩插）**

（a）步骤一；（b）步骤二

注：图中的点表示像素点

### 3. 网络结构和损失函数

图 8.8 为双向学习的域适应语义分割方法的整体网络结构和损失函数。

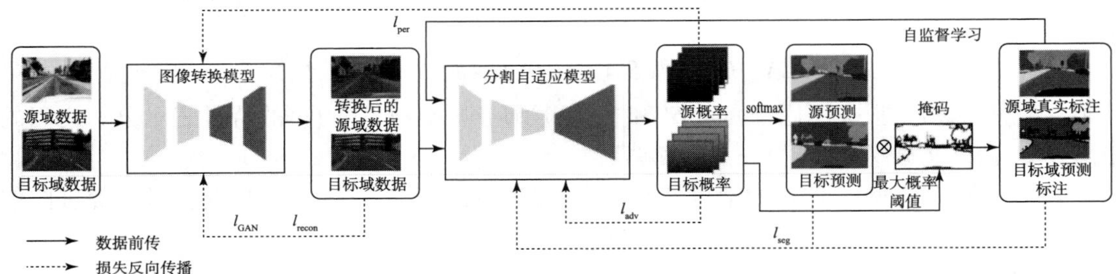


**图 8.8　双向学习的域适应语义分割方法的整体网络结构和损失函数[22]**

当学习图像转换模型 $F$ 时，生成对抗损失 $L_{GAN}$ 和重构损失 $L_{recon}$ 分别定义为

$$L_{GAN}(S',T) = \mathbf{E}_{I_T \sim T}[D_F(\boldsymbol{I}_T)] + \mathbf{E}_{I_S \sim S}[1 - D_F(\boldsymbol{I}'_s)] \tag{8.9}$$

$$L_{recon}(S,F^{-1}(S')) = \mathbf{E}_{I_S \sim S}[\|F^{-1}(\boldsymbol{I}'_S) - \boldsymbol{I}_S\|_1] \tag{8.10}$$

其中，$\boldsymbol{I}_S$ 和 $\boldsymbol{I}_T$ 分别是来自源域 $S$ 和目标域 $T$ 中的图像，$\boldsymbol{I}'_S$ 是源域图像 $\boldsymbol{I}_S$ 经过图像转换网络 $F$ 得到的转换图像，$\|\cdot\|_1$ 是 $L_1$ 范数。$D_F$ 是域分类器。对于重构损失 $L_{recon}$ 来说，$L_1$ 范数是为了保持 $\boldsymbol{I}_S$ 与 $F^{-1}(\boldsymbol{I}'_S)$ 之间的循环一致性，即使得 $\boldsymbol{I}'_S$ 经过 $F^{-1}$ 后还能变回 $\boldsymbol{I}_S$（这里仅列出了两项损失的正向表示，$L_{GAN}(S,T')$ 和 $L_{recon}(T,F(T'))$ 也可以同样定义）。感知损失 $L_{per}$ 将图像转换模型和自适应分割模型连接起来，约束 $\boldsymbol{I}_S$ 与 $\boldsymbol{I}'_S$、$\boldsymbol{I}_S$ 与 $F^{-1}(\boldsymbol{I}'_S)$ 的语义一致性，定义为

$$L_{per}(M(S),M(S')) = \lambda_{per}\mathbf{E}_{I_S \sim S}[\|M(\boldsymbol{I}_S) - M(\boldsymbol{I}'_S)\|_1] + \lambda_{per\_recon}\mathbf{E}_{I_S \sim S}[\|M(F^{-1}(\boldsymbol{I}'_S)) - M(\boldsymbol{I}_S)\|_1] \tag{8.11}$$

根据对称性可得到 $L_{per}(M(T),M(T'))$ 的定义。

在学习自适应分割模型 $M$ 时，域对抗损失 $L_{adv}$ 定义为

$$L_{adv}(M(S'),M(T)) = \mathbf{E}_{I_T \sim T}[D_M(M(\boldsymbol{I}_T))] + \mathbf{E}_{I_S \sim S}[1 - D_M(M(\boldsymbol{I}'_S))] \tag{8.12}$$

对于源域图像 $\boldsymbol{I}_S$，分割损失 $L_{seg}$ 采用交叉熵损失，定义为

$$L_{seg}(M(S'),L_S) = -\frac{1}{HW}\sum_{H,W}\sum_{c=1}^{C}\mathbb{1}_{[c=l_S^{h,w}]}\log P_S^{hwc} \tag{8.13}$$

其中，$H$ 和 $W$ 分别是输出像素级分类概率图的高度和宽度；$l_S$ 是源域图像 $\boldsymbol{I}_S$ 对应的像素级标签图，$l_S^{h,w}$ 表示像素（$h,w$）的类别标签，$C$ 是类别个数，$P_S$ 是自适应分割模型输出的像素级分类概率图，定义为 $P_S = M(\boldsymbol{I}'_S)$，$P_S^{hwc}$ 表示像素（$h,w$）属于类别 $c$ 的概率。对于目标域图像 $\boldsymbol{I}_T$，首先需要为其生成像素级伪标签图 $\hat{l}_T$。具体采用最大概率阈值（max probability threshold，MPT）方法选择具有较高置信度的像素。根据自适应分割模型输出的 $M(\boldsymbol{I}_T)$，$\hat{l}_T$ 可由 $\hat{l}_T = \mathrm{argmax}M(\boldsymbol{I}_T)$ 计算得到。由此，对于目标域图像 $\boldsymbol{I}_T$，其分割损失 $L_{\mathrm{seg}}$定义为

$$L_{\mathrm{seg}}(M(T_{\mathrm{ssl}}),\hat{L}_T) = -\frac{1}{HW}\sum_{H,W} m_T^{hw} \sum_{c=1}^{C} \mathbb{1}_{[c=l_T^{h,w}]} \log P_T^{hwc} \tag{8.14}$$

其中，$P_T^{hwc}$ 是分割自适应网络 $M$ 输出的目标域图像 $\boldsymbol{I}_T$ 中像素（$h$，$w$）处的类别概率；$m_T^{hw}$ 表示 $\boldsymbol{I}_T$ 中像素（$h,w$）处的掩码，若像素（$h,w$）处的预测类别标签得分大于阈值，$m_T^{hw}$ 为 1，否则为 0。

## 8.4　常用数据集

在域适应语义分割任务中，常用数据集有 Cityscapes 数据集[23]、GTA5 数据集[17]和 SYNTHIA（SYNTHetic collection of Imagery and Annotations）数据集[18]。其中，Cityscapes 数据集已在第 7.4 节中介绍，在此不再赘述。下面将介绍 GTA5 数据集和 SYNTHIA 数据集。

### 8.4.1　GTA5 数据集

GTA5 数据集来源于现代电脑游戏《侠盗猎车手 5》，具有像素级精确语义标签，如图 8.9

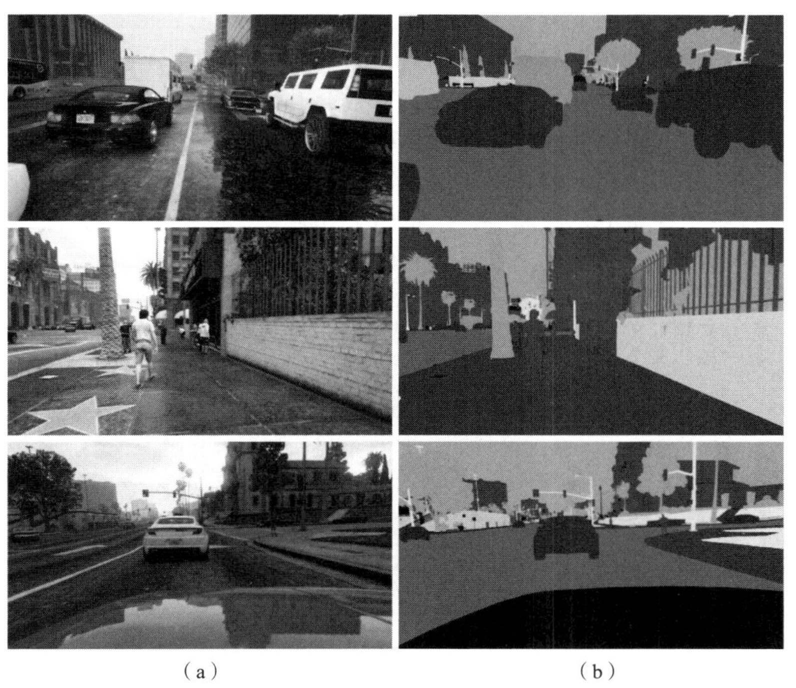

（a）　　（b）

**图 8.9　GTA5 数据集示例**

（a）《侠盗猎车手 V》游戏中提取出来的图片；（b）语义标签图[17]

所示。该数据集共包含 24 966 张图像，图像分辨率为 1 914 ×1 052 像素。每张图像的 98.3% 区域被标注了相应的语义类别，包含 19 个类别的定义：道路、建筑物、天空、人行道、植物、轿车、土地、墙、卡车、电线杆、栅栏、汽车、人、交通信号灯、交通标志、火车、摩托、骑手和自行车，其类别分布图如图 8.10 所示。

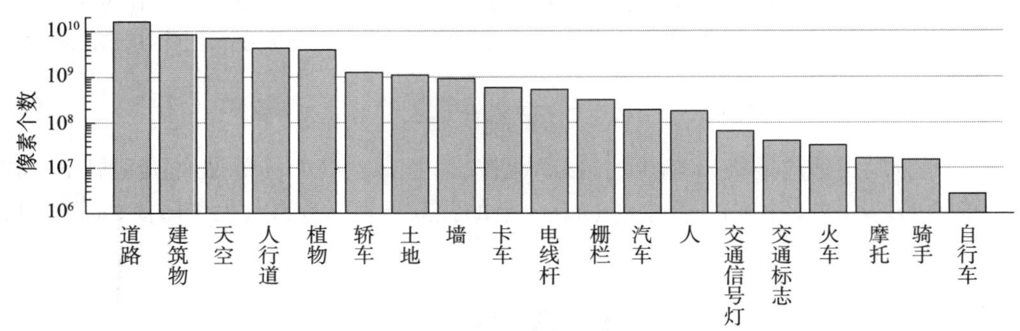


**图 8.10　GTA5 数据集中每个类别的标注像素数**[17]

## 8.4.2　SYNTHIA 数据集

SYNTHIA 是面向驾驶场景的语义分割数据集。该数据集由从 Unity 开发平台创建的虚拟城市渲染图像组成，包含了驾驶环境中较为重要的元素，如街区、高速公路、商店、公园和花园等 13 个类别，并提供了精确的像素级语义标注，如图 8.11 所示。虚拟环境允许在场景中自由地放置各种元素。这些元素的基本属性（如纹理、颜色和形状）可以随意改变而产生新的外观，增强了样本的视觉多样性。同时，SYNTHIA 数据集还包含 213 400 多张合成图像，由视频流中约 20 万张高清图像和独立快照中的约 2 万张高清图像组成。这些合成图像具有多种多样的景观，包括欧式小镇、现代城市、高速公路和绿地，还包含了春夏秋冬四个季节的景观，如冬天下雪、春天开花等，如图 8.12 所示。此外，动态照明引擎用于产生不同的照明条件来模拟一天中的不同时刻，包括晴天、阴天和黄昏，由云以及其他对象产生的阴影被动态地投影到场景上，增加了额外的真实感。

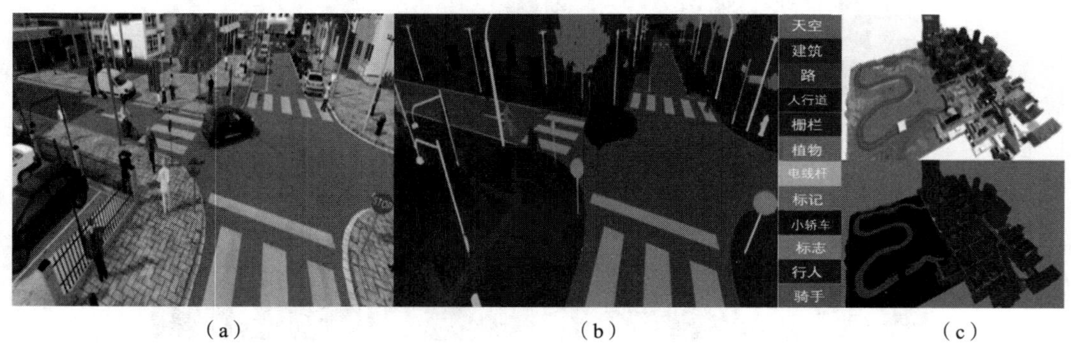


**图 8.11　SYNTHIA 数据集示例**[18]

（a）图像；（b）语义标签；（c）城市全景

图 8.12　同一区域在不同季节和光照条件下的图像[18]

(a) 秋天；(b) 冬天；(c) 春天；(d) 夏天

### 8.4.3　语义分割评价指标

对于语义分割模型来说，必须经过严格的、全面的评估才能评判其有效性，这包括模型的运行时间、内存占用和准确率三个方面。通常情况下，很难兼顾所有指标，对于实时系统可能因需要获取更高的运行速度从而牺牲部分准确率。对于精密仪器，因需要获取更高的准确率而牺牲运行时间和内存占用。

**1. 运行时间**

对于对运行速度要求严格的系统，运行时间是十分重要的一项评价标准。在评估运行时间时，需要给出系统运行的硬件信息和基准方法的配置，使得语义分割模型具有更好的可复现性，方便后续研究者判断模型的实用性和先进性。

**2. 内存占用**

内存占用是评价语义分割模型的另一个考量因素。一般情况下，扩充内存容量比较容易实现。但在人机交互应用中，内存并不会像高性能服务器中那样充裕，如机器人平台的板载芯片。因此，记录模型所占用的最大内存和平均内存是十分必要的。

**3. 准确率**

准确率是评价语义分割模型精度的最重要指标。目前常用的准确率评价指标有像素级准确率（Pixel Accuracy，PA）以及交并比。设共有 $k+1$ 个类别，即 $\{L_0, L_1, \cdots, L_k\}$，其中 $L_0$ 到 $L_{k-1}$ 是前景目标类别，$L_k$ 是背景类别，$p_{ij}$ 是类别 $i$ 被分类为类别 $j$ 的像素数量，$p_{ii}$ 代表分类正确的像素数量。像素级准确率和交并比的定义如下。

像素准确率是最简单的准确率指标，表示图像中分类正确的像素数量与总像素数量的比值，定义为

$$\mathrm{PA} = \frac{\sum_{i=0}^{k} p_{ii}}{\sum_{i=0}^{k} \sum_{j=0}^{k} p_{ij}} \tag{8.15}$$

平均像素准确率（mean pixel accuracy，MPA）表示所有类别分类正确的像素比值的平均值，定义为

$$\mathrm{MPA} = \frac{1}{k+1} \sum_{i=0}^{k} \frac{p_{ii}}{\sum_{j=0}^{k} p_{ij}} \tag{8.16}$$

平均交并比（mean intersection over union，MIoU）表示所有类别真实像素标签图与预测像素标签图的交并比的平均值，定义为

$$\mathrm{MIoU} = \frac{1}{k+1} \sum_{i=0}^{k} \frac{p_{ii}}{\sum_{j=0}^{k} p_{ij} + \sum_{j=0}^{k} (p_{ji} - p_{ii})} \tag{8.17}$$

频率加权交并比（frequency weighted intersection over union，FWIoU）是对平均交并比的改进，对于每个类别按照重要性（即出现频率）进行加权，定义为

$$\mathrm{FWIoU} = \frac{1}{\sum_{i=0}^{k} \sum_{j=0}^{k} p_{ij}} \sum_{i=0}^{k} \frac{\sum_{j=0}^{k} p_{ij} p_{ii}}{\sum_{j=0}^{k} p_{ij} + \sum_{j=0}^{k} p_{ji} - p_{ii}} \tag{8.18}$$

在上述的所有指标中，平均交并比是评价语义分割模型准确率的最常用指标。

# 8.5 方法性能分析

本节将对 8.3 节介绍的域适应语义分割方法在不同数据集上的性能进行分析。为了方便表述，采用 A→B 表示用 A 作为源域、B 作为目标域的迁移任务。源域训练数据包括图像及其像素级标注，目标域训练数据为未标注图像。

## 8.5.1 基于全局和局部对齐的域适应语义分割方法结果

为验证基于全局和局部对齐的域适应语义分割方法的有效性，采用 4 个数据集，在 3 个不同的迁移任务上进行实验。所有实验均以全卷积网络为基准模型。具体的迁移任务有：①从合成图像到真实图像的域适应语义分割，即合成→真实，以 GTA5 数据集和 SYNTHIA 数据集为源域，以 Cityscapes 数据集为目标域；②不同季节图像之间的域适应语义分割，即跨季节，以季节 $x$ 的 SYNTHIA 数据集为源域，以季节 $y$ 的 SYNTHIA 数据集为目标域（其中 $x$ 和 $y$ 为不同的季节）；③不同城市图像之间的域适应语义分割，即跨城市，以城市 $x$ 的 Cityscapes 训练集为源域，以城市 $y$ 的 Cityscapes 验证集为目标域（其中 $x$ 和 $y$ 为不同的城市）。

**1. 合成→真实**

表 8.1 展示了基于全局和局部对齐的域适应语义分割方法 GTA5→Cityscapes 和 SYNTHIA→Cityscapes 任务上的性能。从表 8.1 中可以看出，即使存在着巨大的域偏移，该方法仍能够明显提高源域分割模型在目标域上的性能。在 GTA5→Cityscapes 任务上，“GA”

（即全局域对齐）的准确率相比于“Dialation Frontend”[24] 提高了 4.4%。当增加“CA”（即局部域对齐），准确率进一步提高了 1.6%。在 SYNTHIA→Cityscapes 任务上，“GA”和“GA＋CA”的准确率也有类似的提升。这些结果表明，全局域对齐和局部域对齐在跨域语义分割中的有效性。

**表 8.1　基于全局和局部对齐的自适应语义分割方法在“合成→真实”任务上的性能[20]**

单位：%

| 源域 | GTA5 | | | SYNTHIA | | |
|---|---|---|---|---|---|---|
| 目标域 | Cityscapes | | | Cityscapes | | |
| 方法 | Dialation[24] Frontend | GA | GA + CA | Dialation[24] Frontend | GA | GA + CA |
| 路 | 31.9 | 67.4 | **70.4** | 6.4 | 11.5 | **11.5** |
| 人行道 | 18.9 | 29.2 | **32.4** | 17.7 | 18.3 | **19.6** |
| 建筑 | 47.7 | **64.9** | 62.1 | 29.7 | **33.3** | 30.8 |
| 墙 | 7.4 | **15.6** | 14.9 | 1.2 | **6.1** | 4.4 |
| 栅栏 | 3.1 | **8.4** | 5.4 | 0.0 | 0.0 | **0.0** |
| 电线杆 | 16.0 | **12.4** | 10.9 | 15.1 | **23.1** | 20.3 |
| 交通灯 | 10.4 | 9.8 | **14.2** | 0.0 | 0.0 | **0.1** |
| 交通标志 | 1.0 | 2.7 | **2.7** | 7.2 | 11.2 | **11.7** |
| 植物 | 76.5 | 74.1 | **79.2** | 30.3 | **43.6** | 42.3 |
| 地形 | 13.0 | 12.8 | **21.3** | 0.0 | 0.0 | **0.0** |
| 天空 | 58.9 | **66.8** | 64.6 | 66.8 | **70.5** | 68.7 |
| 人 | 36.0 | 38.1 | **44.1** | 51.1 | 45.5 | **51.2** |
| 骑手 | 1.0 | 2.3 | **4.2** | 1.5 | 1.3 | **3.8** |
| 小轿车 | 67.1 | 63.0 | **70.4** | 47.3 | 45.1 | **54.0** |
| 卡车 | **9.5** | 9.4 | 8.0 | 0.0 | 0.0 | **0.0** |
| 汽车 | 3.7 | 5.1 | **7.3** | 3.9 | **4.6** | 3.2 |
| 火车 | 0.0 | 0.0 | **0.0** | 0.0 | 0.0 | **0.0** |
| 摩托车 | 0.0 | 3.5 | **3.5** | 0.1 | 0.1 | **0.2** |
| 自行车 | 0.0 | 0.0 | **0.0** | 0.0 | 0.5 | **0.6** |
| **平均交并比** | 21.1 | 25.5 | **27.1** | 14.7 | 16.6 | **17.0** |

注：“GA”表示全局域对齐，“CA”表示局部对齐。

**2. 跨季节**

对于跨季节的域适应语义分割，通常使用有季节标注的合成图像数据集 SYNTHIA 进行实验。将每个季节图像集定义为一个域，分别在六种不同域组合之间进行分割模型迁移，即夏季→秋季、秋季→夏季、夏季→冬季、冬季→夏季、秋季→冬季、冬季→秋季。表 8.2 为基于全局和局部对齐的域适应语义分割方法在跨季节任务的分割性能，可以看到该方法在跨季节任务上获得了约3%的平均准确率提升。图 8.13 为基于全局和局部对齐的域适应语义分割方法在秋季→冬季任务上的语义分割结果示例。结果表明，即使在源域和目标域存在较大表观变化的情况下，该方法依然能够取得比较理想的分割结果。

**表 8.2　基于全局和局部对齐的域适应语义分割方法在跨季节任务上的性能[20]** 单位:%

| 方法 | 全卷积网络[5] | | | | | | | 基于全局和局部对齐的自适应语义分割方法 | | | | | | |
|---|---|---|---|---|---|---|---|---|---|---|---|---|---|---|
| 源域 | 夏季 | 秋季 | 夏季 | 冬季 | 秋季 | 冬季 | 平均 | 夏季 | 秋季 | 夏季 | 冬季 | 秋季 | 冬季 | 平均 |
| 目标域 | 秋季 | 夏季 | 冬季 | 夏季 | 冬季 | 秋季 | | 秋季 | 夏季 | 冬季 | 夏季 | 冬季 | 秋季 | |
| 天空 | 94.7 | 95.0 | 91.4 | 91.2 | 92.0 | 94.3 | 93.1 | 95.0 | 95.4 | 90.7 | 94.8 | 92.1 | 94.5 | 93.8 |
| 建筑 | 91.6 | 92.9 | 72.5 | 90.5 | 78.8 | 88.0 | 85.7 | 91.6 | 93.5 | 71.1 | 90.4 | 86.7 | 87.0 | 86.7 |
| 路 | 95.2 | 96.7 | 80.1 | 82.5 | 81.8 | 85.5 | 87.0 | 94.6 | 97.2 | 78.4 | 81.8 | 91.3 | 84.0 | 87.9 |
| 人行道 | 90.4 | 91.9 | 8.6 | 34.2 | 15.5 | 32.0 | 45.4 | 90.3 | 92.9 | 9.2 | 46.0 | 20.8 | 46.5 | 51.0 |
| 栅栏 | 86.9 | 90.2 | 66.1 | 53.3 | 31.7 | 56.2 | 64.1 | 86.8 | 91.6 | 64.0 | 59.6 | 72.7 | 62.7 | 72.9 |
| 植物 | 71.6 | 71.8 | 51.6 | 59.1 | 52.3 | 60.9 | 61.2 | 71.7 | 73.7 | 50.9 | 65.1 | 52.9 | 65.8 | 63.4 |
| 电线杆 | 50.0 | 53.4 | 43.1 | 49.2 | 43.4 | 48.7 | 48.0 | 49.4 | 56.7 | 42.8 | 51.8 | 46.5 | 51.0 | 49.7 |
| 小轿车 | 87.0 | 93.2 | 62.9 | 85.7 | 63.8 | 77.2 | 78.3 | 87.3 | 92.3 | 60.5 | 87.2 | 64.3 | 68.1 | 76.6 |
| 交通信号灯 | 52.9 | 50.6 | 55.5 | 44.7 | 41.3 | 47.0 | 48.7 | 54.7 | 57.4 | 56.1 | 48.4 | 50.0 | 55.7 | 53.7 |
| 行人 | 64.3 | 62.3 | 53.9 | 62.8 | 57.8 | 57.9 | 59.8 | 64.3 | 68.5 | 53.5 | 62.3 | 59.5 | 58.5 | 61.1 |
| 自行车 | 57.8 | 48.1 | 39.4 | 46.3 | 48.6 | 49.8 | 48.3 | 54.2 | 55.4 | 40.7 | 47.9 | 54.6 | 53.9 | 51.1 |
| 车道标线 | 72.3 | 82.7 | 47.8 | 44.6 | 56.7 | 46.6 | 58.5 | 69.7 | 85.3 | 49.2 | 42.0 | 57.5 | 48.3 | 58.7 |
| 交通灯 | 18.8 | 14.7 | 22.3 | 28.9 | 11.3 | 27.1 | 20.5 | 20.8 | 31.7 | 23.0 | 35.1 | 36.1 | 30.8 | 27.9 |
| **平均交并比** | 71.8 | 72.8 | 53.5 | 59.5 | 51.9 | 59.3 | 61.5 | 71.6 | 76.4 | 53.1 | 62.5 | 59.6 | 62.0 | 64.2 |

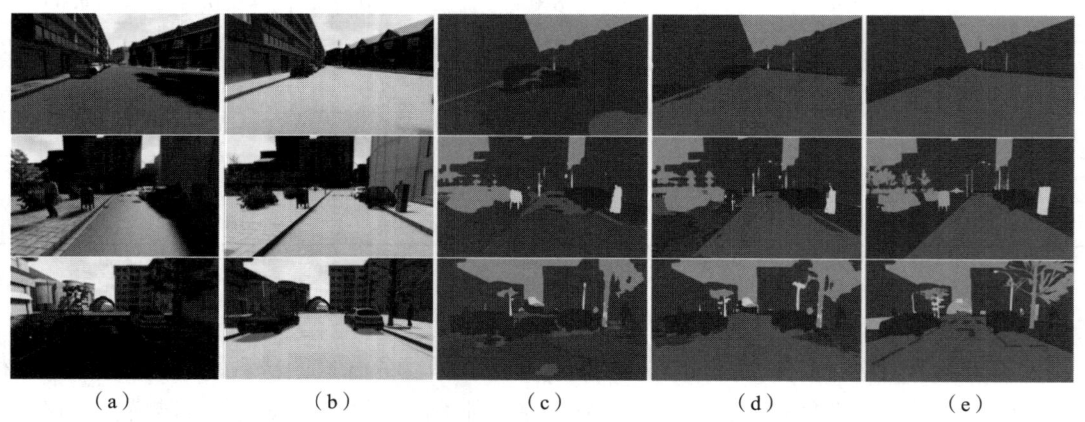


**图 8.13　基于全局和局部对齐的域适应语义分割方法在秋季→冬季任务上的分割结果示例[20]**

(a) 秋季图像;(b) 冬季图像;(c) 自适应前;(d) 自适应后;(e) 真实标注

**3. 跨城市**

表 8.3 展示了基于全局和局部对齐的域适应语义分割模型在 Cityscapes 数据集跨城市任务上的分割结果。可以看到相比于局部对齐，全局对齐对提升模型性能的作用更大。

**表 8.3　基于全局和局部对齐的域适应语义分割方法在跨城市任务上的性能[20]**

| 源域 | Cityscapes 训练集 | | |
|---|---|---|---|
| 目标域 | Cityscapes 验证集 | | |
| 方法 | Dialation Frontend[24] | GA | GA + CA |
| 路 | 96.2 | 97.0 | **97.0** |
| 人行道 | 76.0 | 79.6 | **79.6** |
| 建筑 | 88.4 | 89.6 | **89.8** |
| 墙 | 32.5 | **42.8** | 42.2 |
| 栅栏 | 46.4 | **49.9** | 49.0 |
| 电线杆 | 53.5 | 55.0 | **55.4** |
| 交通灯 | 52.0 | 55.2 | **56.3** |
| 交通标志 | 68.7 | **70.2** | 70.1 |
| 植物 | 88.6 | 91.2 | **91.2** |
| 地形 | 46.6 | 59.8 | **59.8** |
| 天空 | 91.0 | 92.5 | **92.6** |
| 人 | 74.8 | 75.4 | **75.5** |
| 骑手 | 46.0 | 46.5 | **48.1** |
| 小轿车 | 90.5 | 91.6 | **91.7** |
| 卡车 | 46.9 | **51.4** | 50.4 |
| 汽车 | 58.0 | **66.0** | 65.8 |
| 火车 | 44.7 | 49.3 | **53.2** |
| 摩托车 | 45.2 | **48.9** | 48.0 |
| 自行车 | 70.3 | 71.6 | **71.6** |
| **平均交并比** | 64.0 | 67.6 | **67.8** |

“GA” 表示全局域对齐，“CA” 表示局部域对齐。

## 8.5.2　双向学习的域适应语义分割方法结果

为验证双向学习的域适应语义分割方法的有效性，使用 GTA5 数据集和 SYNTHIA 数据集作为源域、Cityscapes 数据集作为目标域进行实验。具体的迁移任务包括 GTA5→Cityscapes 和 SYNTHIA→Cityscapes。将双向学习的域适应语义分割方法与顺序学习方法 Cycada[21] 进行比较。所有方法采用的基础网络有 ResNet101[25] 和 VGG16[6]。图像转换模型使用 CycleGAN[26]，语义分割模型使用 DeepLabV2[9] 和 FCN[5]。表 8.4 展示了在 GTA5→

Cityscapes 任务上的实验结果。可以看到相比以 VGG16 为基础网络的方法，以 ResNet101 为基础网络的方法结果有显著提升。不论以 ResNet101 还是以 VGG16 为基础网络，双向学习的域适应语义分割方法其结果均优于顺序学习方法 Cycada。

**表 8.4　双向学习的域适应语义分割方法和顺序学习方法 Cycada 在 GTA5→Cityscapes 任务上的性能[22]**

| 源域 | GTA5 | | | |
|---|---|---|---|---|
| 目标域 | Cityscapes | | | |
| 上限 | 65.1（ResNet101[25]） | | 60.3（VGG16[6]） | |
| 方法 | Cycada[21] | 双向学习的域适应语义分割[22] | Cycada[21] | 双向学习的域适应语义分割[22] |
| 路 | 86.7 | **91.0** | 85.2 | **89.2** |
| 人行道 | 35.6 | **44.7** | 37.2 | **40.9** |
| 建筑 | 80.1 | **84.2** | 76.5 | **81.2** |
| 墙 | 19.8 | **34.6** | 21.8 | **29.1** |
| 栅栏 | 17.5 | **27.6** | 15.0 | **19.2** |
| 电线杆 | **38.0** | 30.2 | **23.8** | 14.2 |
| 交通灯 | **39.9** | 36.0 | 22.9 | **29.0** |
| 交通标志 | **41.5** | 36.0 | **21.5** | 19.6 |
| 植物 | 82.7 | **85.0** | 80.5 | **83.7** |
| 地形 | 27.9 | **43.6** | 31.3 | **35.9** |
| 天空 | 73.6 | **83.0** | 60.7 | **80.7** |
| 人 | **64.9** | 58.6 | 50.5 | **54.7** |
| 骑手 | 19.0 | **31.6** | 9.0 | **23.3** |
| 小轿车 | 65.0 | **83.3** | 76.9 | **82.7** |
| 卡车 | 12.0 | **35.3** | 17.1 | **25.8** |
| 汽车 | 28.6 | **49.7** | **28.2** | 28.0 |
| 火车 | **4.5** | 3.3 | **4.5** | 2.3 |
| 摩托车 | **31.1** | 28.8 | 9.8 | **25.7** |
| 自行车 | **42.0** | 35.6 | 0.0 | **19.9** |
| **平均交并比** | 42.7 | **48.5** | 35.4 | **41.3** |

表 8.5 展示了在 SYNTHIA→Cityscapes 任务上、分别以 ResNet101 和 VGG16 为主干网络的分割结果。可以看到在以 VGG16 为主干网络的分割结果中，双向学习的域适应语义分割方法较基于全局和局部对齐的自适应语义分割方法有着极为显著的准确率提升。另外，双向学习的域适应语义分割方法在目标域（Cityscapes 数据集）上的分割结果比表 8.4 中结果要

差很多，特别是“道路”“人行道”和“小轿车”类别，其准确率降低了大约 10%。这是由于 SYNTHIA→Cityscapes 任务上的域偏移远比 SYNTHIA→Cityscapes 任务上的域偏移要大。

**表 8.5　双向学习的域适应语义分割方法与基于全局和局部对齐的自适应语义分割方法在 SYNTHIA→Cityscapes 任务上的性能**

| 源域 | SYNTHIA | | |
|---|---|---|---|
| 目标域 | Cityscapes | | |
| 上限 | 71.7（ResNet101[25]） | 59.5（VGG16[6]） | |
| 方法 | 双向学习的域适应语义分割[22] | 基于全局和局部对齐的自适应语义分割[20] | 双向学习的域适应语义分割[22] |
| 路 | 86.0 | 11.5 | **72.0** |
| 人行道 | 46.7 | 19.6 | **30.3** |
| 建筑 | 80.3 | 30.8 | **74.5** |
| 墙 | — | **4.4** | 0.1 |
| 栅栏 | — | 0.0 | **0.3** |
| 电线杆 | — | 20.3 | **24.6** |
| 交通灯 | 14.1 | 0.1 | **10.2** |
| 交通标志 | 11.6 | 11.7 | **25.2** |
| 植物 | 79.2 | 42.3 | **80.5** |
| 天空 | 81.3 | 68.7 | **80.0** |
| 人 | 54.1 | 51.2 | **54.7** |
| 骑手 | 27.9 | 3.8 | **23.2** |
| 小轿车 | 73.7 | 54.0 | **72.7** |
| 汽车 | 42.2 | 3.2 | **24.0** |
| 摩托车 | 25.7 | 0.2 | **7.5** |
| 自行车 | 45.3 | 0.6 | **44.9** |
| **平均交并比** | 51.4 | 20.2 | **39.0** |

# 参考文献

[1] YING－MING H A O, FENG Z H U. Fast algorithm for two－dimensional Otsu adaptive threshold algorithm [J]. Journal of image and graphics, 2005 (4): 484－485.

[2] VINCENT L, SOILLE P. Watersheds in digital spaces: an efficient algorithm based on immersion simulations [J]. IEEE transactions on pattern analysis & machine intelligence, 1991 (6): 583－598.

[3] KITTLER J. On the accuracy of the sobel edge detector [J]. Image and vision computing, 1983, 1 (1): 37 -42.

[4] CANNY J. A computational approach to edge detection [J]. IEEE transactions on pattern analysis and machine intelligence, 1986 (6): 679 -698.

[5] LONG J, SHELHAMER E, DARRELL T. Fully convolutional networks for semantic segmentation [C]//Proceedings of the IEEE Conference on Computer Vision and Pattern Recognition, 2015: 3431 -3440.

[6] SIMONYAN K, ZISSERMAN A. Very deep convolutional networks for large - scale image recognition[C]//International Conference on Learning Representations, 2015.

[7] DENG J, DONG W, SOCHER R, et al. Imagenet: a large - scale hierarchical image database [C]//2009 IEEE Conference on Computer Vision and Pattern Recognition, 2009: 248 -255.

[8] CHEN L C, PAPANDREOU G, KOKKINOS I, et al. Semantic image segmentation with deep convolutional nets and fully connected CRFs [C]//International Conference on Learning Representations, 2015.

[9] CHEN L C, PAPANDREOU G, KOKKINOS I, et al. Deeplab: semantic image segmentation with deep convolutional nets, atrous convolution, and fully connected CRFs [J]. IEEE transactions on pattern analysis and machine intelligence, 2017, 40 (4): 834 -848.

[10] CHEN L C, PAPANDREOU G, SCHROFF F, et al. Rethinking atrous convolution for semantic image segmentation [J]. CoRR, abs/1706.05587, 2017.

[11] CHEN L C, ZHU Y, PAPANDREOU G, et al. Encoder - decoder with atrous separable convolution for semantic image segmentation [C]//Proceedings of the European Conference on Computer Vision (ECCV), 2018: 801 -818.

[12] LIU W, RABINOVICH A, BERG A C. Parsenet: looking wider to see better [J]. CoRR, abs/1506.04579, 2015.

[13] LIN G, MILAN A, SHEN C, et al. Refinenet: multi -path refinement networks for high - resolution semantic segmentation [C]//Proceedings of the IEEE Conference on Computer Vision and Pattern Recognition, 2017: 1925 -1934.

[14] HUANG Z, WANG X, HUANG L, et al. Ccnet: criss - cross attention for semantic segmentation [C]//Proceedings of the IEEE International Conference on Computer Vision, 2019: 603 -612.

[15] FU J, LIU J, TIAN H, et al. Dual attention network for scene segmentation [C]// Proceedings of the IEEE Conference on Computer Vision and Pattern Recognition, 2019: 3146 -3154.

[16] KRÄHENBÜHL P, KOLTUN V. Efficient inference in fully connected CRFs with gaussian edge potentials [C]//Advances in Neural Information Processing Systems, 2011: 109 - 117.

[17] RICHTER S R, VINEET V, ROTH S, et al. Playing for data: ground truth from computer games [C]//European Conference on Computer Vision, 2016: 102 -118.

[18] GIRSHICK R, SELLART L, MATERZYNSKA J, et al. The synthia dataset: a large collection of synthetic images for semantic segmentation of urban scenes [C]//Proceedings of the IEEE Conference on Computer Vision and Pattern Recognition, 2016: 3234 – 3243.

[19] GOODFELLOW I, POUGET – ABADIE J, MIRZA M, et al. Generative adversarial nets [J]. Advances in neural information processing systems, 2014, 27: 2672 – 2680.

[20] HOFFMAN J, WANG D, YU F, et al. FCNs in the wild: pixel – level adversarial and constraint – based adaptation [J]. CoRR, abs/1612.02649, 2016.

[21] HOFFMAN J, TZENG E, PARK T, et al. cycada: cycle – consistent adversarial domain adaptation [C]//International Conference on Machine Learning. PMLR, 2018: 1989 – 1998.

[22] LI Y, YUAN L, VASCONCELOS N. Bidirectional learning for domain adaptation of semantic segmentation [C]//Proceedings of the IEEE Conference on Computer Vision and Pattern Recognition, 2019: 6936 – 6945.

[23] CORDTS M, OMRAN M, RAMOS S, et al. The Cityscapes dataset for semantic urban scene understanding [C]//Proceedings of the IEEE Conference on Computer Vision and Pattern Recognition, 2016: 3213 – 3223.

[24] YU F, KOLTUN V. Multi – scale context aggregation by dilated convolutions [C]//International Conference on Learning Representations, 2016.

[25] HE K, ZHANG X, REN S, et al. Deep residual learning for image recognition [C]//Proceedings of the IEEE Conference on Computer Vision and Pattern Recognition, 2016: 770 – 778.

[26] ZHU J Y, PARK T, ISOLA P, et al. Unpaired image – to – image translation using cycle – consistent adversarial networks [C]//Proceedings of the IEEE International Conference on Computer Vision, 2017: 2223 – 2232.

# 彩　插

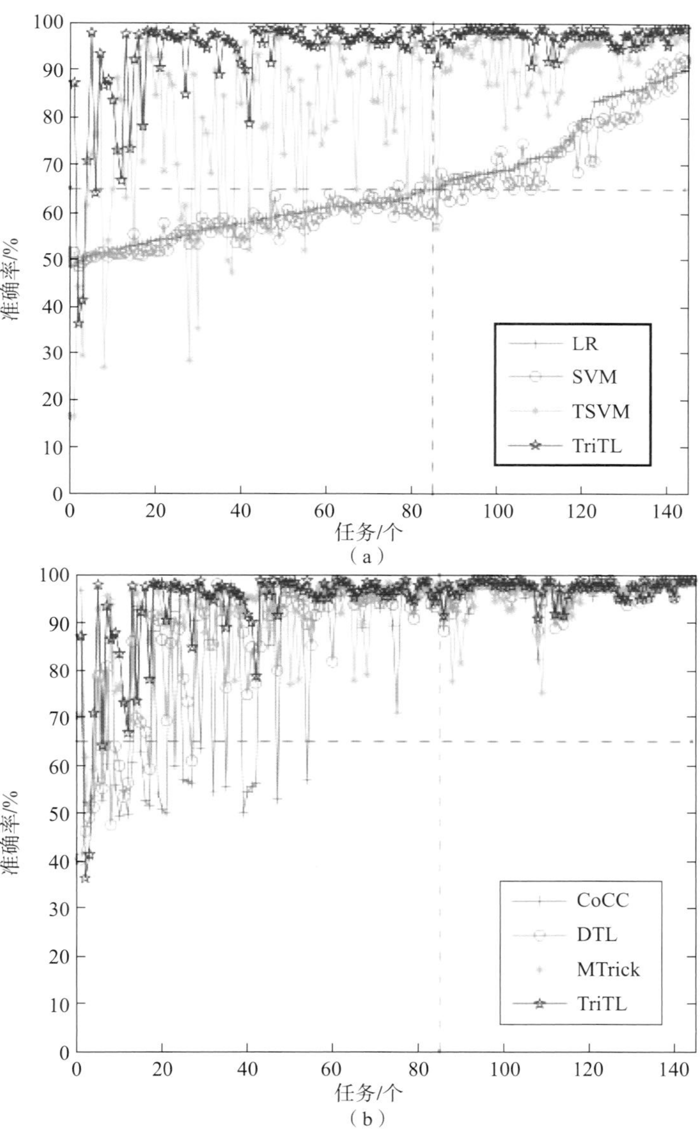


图 3.7　性能比较[31]

（a）TriTL 和 LR、SVM、TSVM 相比；（b）TriTL 和 CoCC、DTL、MTrick 相比

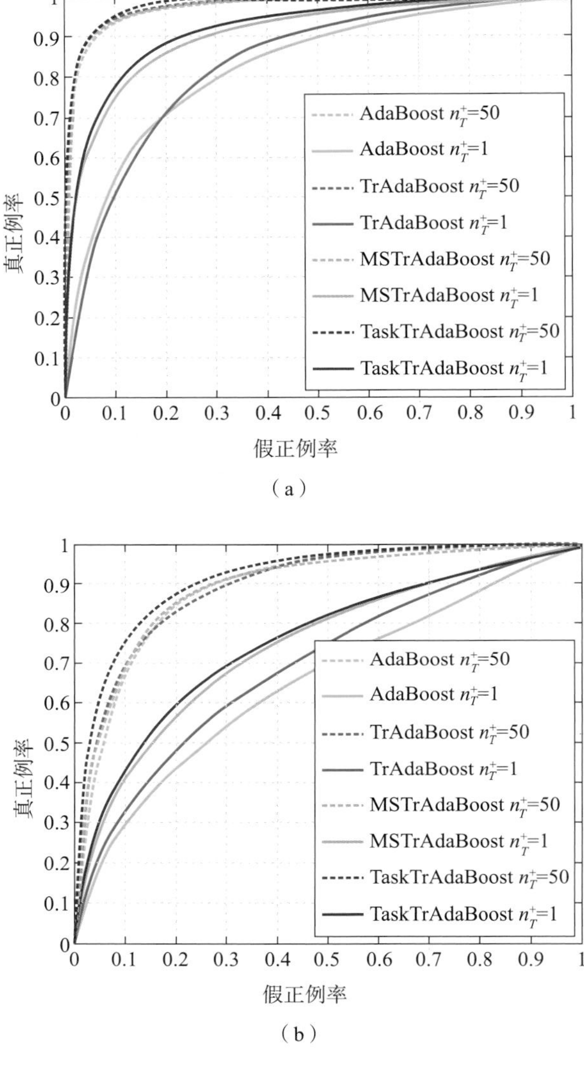


图 3.8　两方法的性能比较[7]

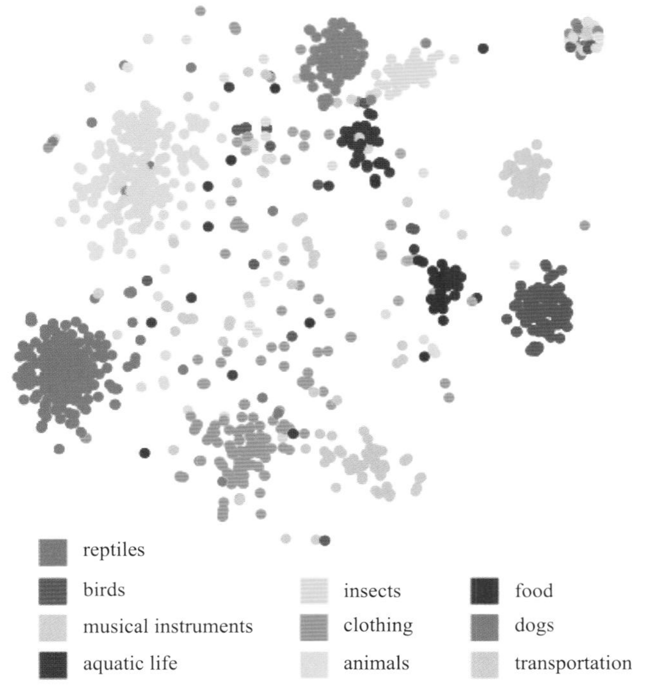


图 4.10　ILSVRC 2012 1K 中使用 skip－gram 神经语言模型的标签嵌入学习的 t－SNE 可视化子集[18]

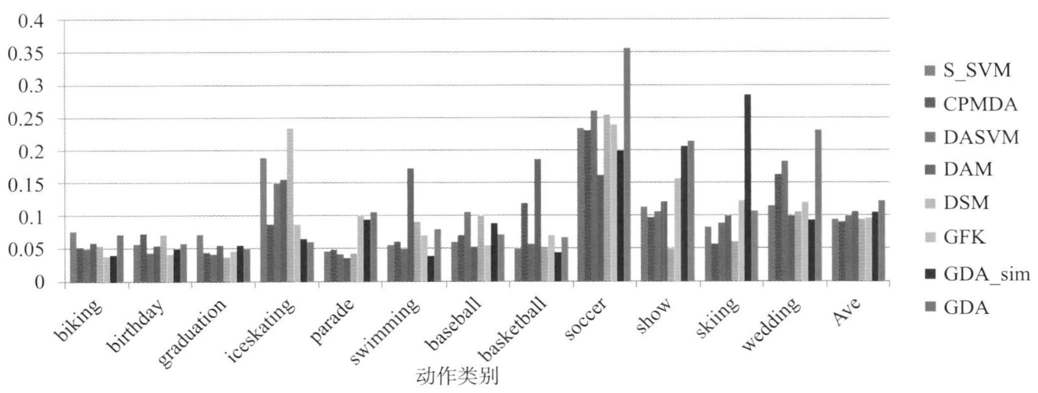


图 6.7　不同方法在 CCV 上的平均准确率[63]

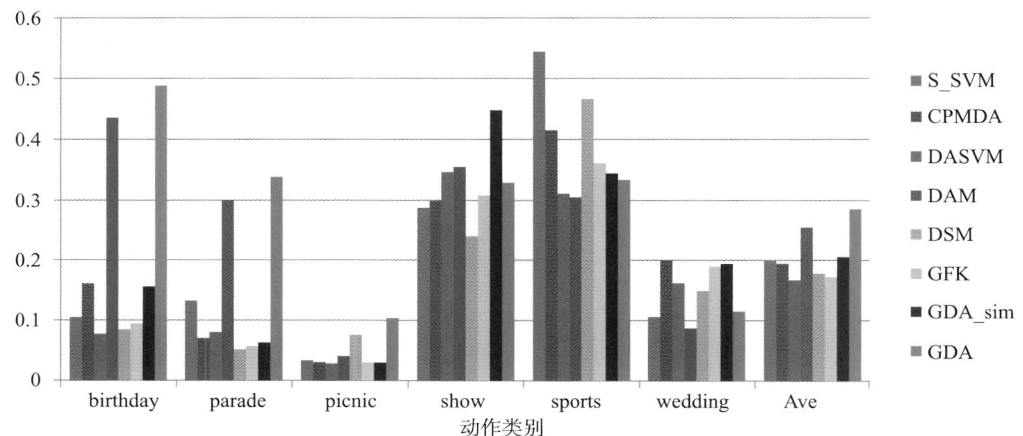


图 6.8　不同方法在 Kodak 上的平均准确率[63]

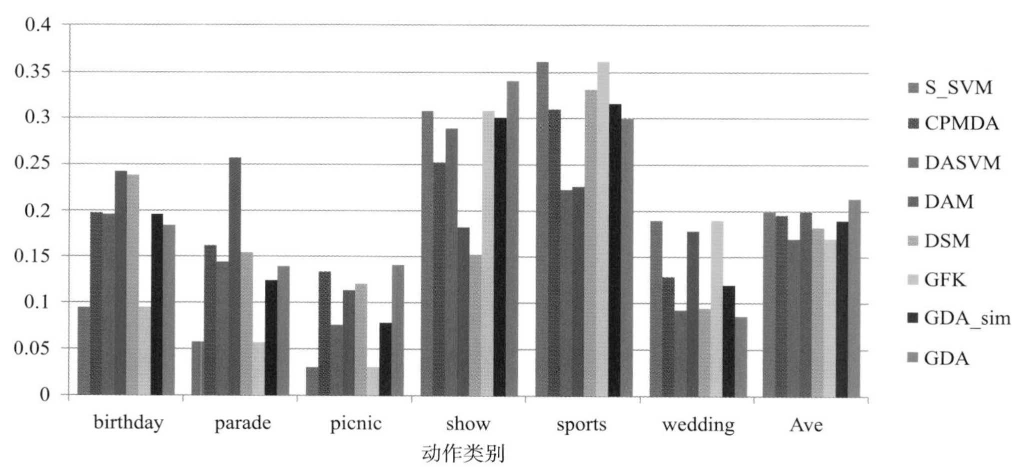


图 6.9　不同方法在 YouTube 上的平均准确率[63]

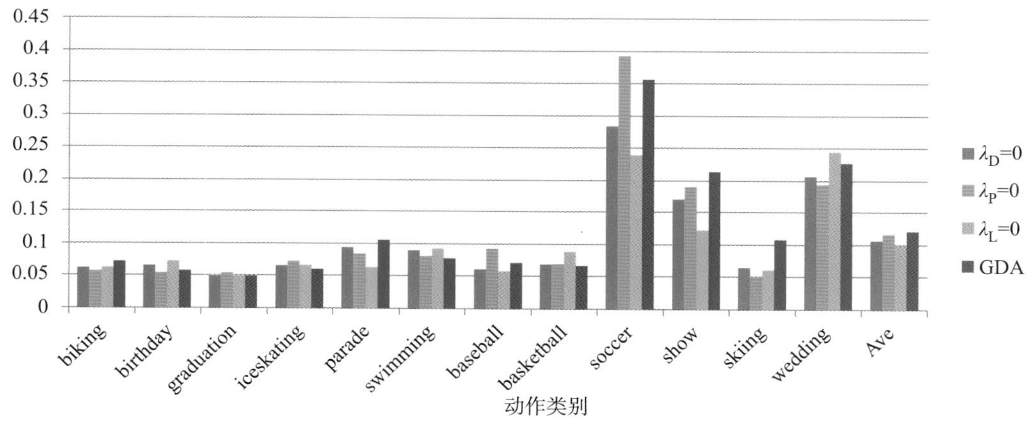


图 6.10　不同正则项对迁移性能的影响[63]

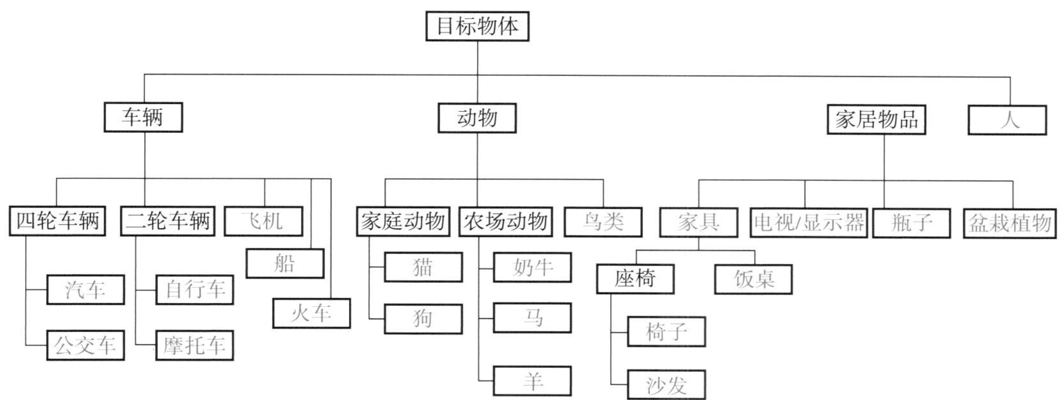


图 7.10 PASCAL VOC 数据集类别概况[25]

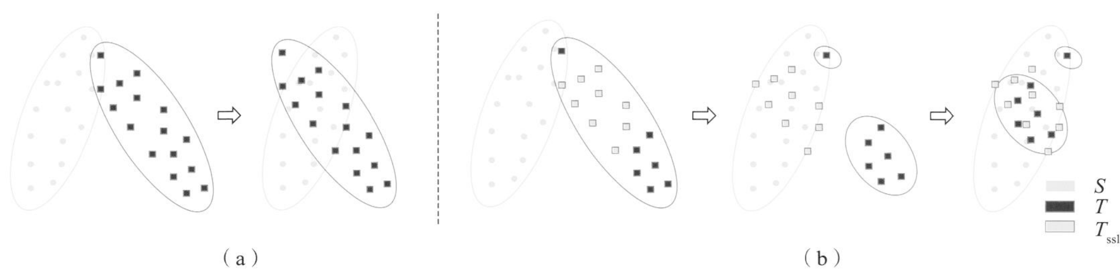


图 8.7 双向学习域适应语义分割中的自监督学习过程[22]

(a) 步骤一；(b) 步骤二

注：图中的点表示像素点